U0290335

《冰冻圈变化及其影响研究》丛书得到下列项目资助

- 全球变化国家重大科学研究计划
“冰冻圈变化及其影响研究”（2013CBA01800）

- 国家自然科学基金创新群体项目
“冰冻圈与全球变化”（41421061）

- 国家自然科学基金重大项目
“中国冰冻圈服务功能形成过程及其综合区划研究”（41690140）

本书由下列项目资助

- 全球变化国家重大科学研究计划“冰冻圈变化及其影响研究”项目
“极地冰雪关键过程及其对气候的响应机理研究”课题（2013CBA01804）

- 国家杰出青年科学基金项目
“极地冰冻圈”（41425003）

- 南北极环境综合考察与评估专项
“极地冰盖断面业务监测示范系统研发”（CHINARE 2017-02-02）

“十三五”国家重点出版物出版规划项目

冰冻圈变化及其影响研究

丛书主编 丁永建 丛书副主编 效存德

极地冰冻圈关键过程及其对气候的响应机理研究

效存德 武炳义 等/著

科学出版社

北京

内 容 简 介

本书较系统地总结了近年来我国主要极地冰冻圈学者对南、北极冰盖和海冰关键过程及其对气候响应机理方面的研究成果，主要体现在对南极冰盖和格陵兰冰盖物质平衡计算与模拟、高度计和重力卫星对冰盖冰量变化的算法改进、冰盖-冰架动力学模型的研发、影响冰盖稳定性的冰-气界面过程、冰内过程和冰-岩界面过程观测研究，以及南北极海冰变化特征研究、北极海冰变化对气候的影响与反馈作用研究、南北极海冰变化的长期序列重建等方面。

本书可供对冰冻圈、地理、气候、海洋、水文、生态和环境等相关领域感兴趣的大专以上学历人员、相关科研和教学人员以及政府管理部门有关人员阅读。

图书在版编目(CIP)数据

极地冰冻圈关键过程及其对气候的响应机理研究 / 效存德等著 . —北京：科学出版社，2019. 1

(冰冻圈变化及其影响研究 / 丁永建主编)

“十三五”国家重点出版物出版规划项目

ISBN 978-7-03-058134-1

Ⅰ. ①极… Ⅱ. ①效… Ⅲ. ①极地-冰川-气候影响-研究 Ⅳ. ①P343. 6

中国版本图书馆 CIP 数据核字（2018）第 135034 号

责任编辑：周 杰 王勤勤 / 责任校对：彭 涛

责任印制：张 伟 / 封面设计：黄华斌

科学出版社 出版

北京东黄城根北街 16 号

邮政编码：100717

http://www.sciencep.com

北京虎彩文化传播有限公司 印刷

科学出版社发行 各地新华书店经销

*

2019 年 1 月第 一 版 开本：787×1092 1/16

2019 年 1 月第一次印刷 印张：20

字数：470 000

定价：198.00 元

（如有印装质量问题，我社负责调换）

全球变化国家重大科学研究计划
“冰冻圈变化及其影响研究”（2013CBA01800）项目

项目首席科学家 丁永建

项目首席科学家助理 效存德

项目第一课题 “山地冰川动力过程、机理与模拟”，课题负责人：任贾文、李忠勤

项目第二课题 “复杂地形积雪遥感及多尺度积雪变化研究”，课题负责人：张廷军、车涛

项目第三课题 “冻土水热过程及其对气候的响应”，课题负责人：赵林、盛煜

项目第四课题 “极地冰雪关键过程及其对气候的响应机理研究”，课题负责人：效存德

项目第五课题 “气候系统模式中冰冻圈分量模式的集成耦合及气候变化模拟试验”，课题负责人：林岩銮、王磊

项目第六课题 “寒区流域水文过程综合模拟与预估研究”，课题负责人：陈仁升、张世强

项目第七课题 “冰冻圈变化的生态过程及其对碳循环的影响”，课题负责人：王根绪、宜树华

项目第八课题 “冰冻圈变化影响综合分析与适应机理研究”，课题负责人：丁永建、杨建平

《冰冻圈变化及其影响研究》丛书编委会

主　　编　丁永建　中国科学院寒区旱区环境与工程研究所 研究员

副 主 编　效存德　北京师范大学 中国气象科学研究院 研究员

编　　委　(按姓氏汉语拼音排序)

车　涛　中国科学院寒区旱区环境与工程研究所 研究员

陈仁升　中国科学院寒区旱区环境与工程研究所 研究员

李忠勤　中国科学院寒区旱区环境与工程研究所 研究员

林岩銮　清华大学 教授

任贾文　中国科学院寒区旱区环境与工程研究所 研究员

盛　煜　中国科学院寒区旱区环境与工程研究所 研究员

苏　洁　中国海洋大学 教授

王澄海　兰州大学 教授

王根绪　中国科学院成都山地灾害与环境研究所 研究员

王　磊　中国科学院青藏高原研究所 研究员

杨建平　中国科学院寒区旱区环境与工程研究所 研究员

宜树华　中国科学院寒区旱区环境与工程研究所 研究员

张世强　西北大学 教授

张廷军　兰州大学 教授

赵　林　中国科学院寒区旱区环境与工程研究所 研究员

秘 书 组

王世金　中国科学院寒区环境与工程研究所 副研究员

王生霞　中国科学院寒区环境与工程研究所 助理研究员

赵传成　兰州城市学院 副教授

上官冬辉　中国科学院寒区环境与工程研究所 研究员

《极地冰冻圈关键过程及其对气候的响应机理研究》著者名单

主　　笔　效存德　武炳义

成　　员　张东启　丁明虎　唐学远　崔祥斌　杨元德
李传金　王叶堂　郭井学　苏　洁　张　通
张胜凯　谢爱红　周春霞　窦挺峰　杨　佼
柳景峰

序　一

1972 年世界气象组织（WMO）在联合国环境与发展大会上首次提出了“冰冻圈”（又称“冰雪圈”）的概念。20 世纪 80 年代全球变化研究的兴起使冰冻圈成为气候系统的五大圈层之一。直到 2000 年，世界气候研究计划建立了“气候与冰冻圈”核心计划（WCRP-CliC），冰冻圈由以往多关注自身形成演化规律研究，转变为冰冻圈与气候研究相结合，拓展了研究范畴，实现了冰冻圈研究的华丽转身。水圈、冰冻圈、生物圈和岩石圈表层与大气圈相互作用，称为气候系统，是当代气候科学研究的主体。进入 21 世纪，人类活动导致的气候变暖使冰冻圈成为各方瞩目的敏感圈层。冰冻圈研究不仅要关注其自身的形成演化规律和变化，还要研究冰冻圈及其变化与气候系统其他圈层的相互作用，以及对社会经济的影响、适应和服务社会的功能等，冰冻圈科学的概念逐步形成。

中国科学家在冰冻圈科学建立、完善和发展中发挥了引领作用。早在 2007 年 4 月，在科学技术部和中国科学院的支持下，中国科学院在兰州成立了国际上首次以冰冻圈科学命名的“冰冻圈科学国家重点实验室”。是年七月，在意大利佩鲁贾（Perugia）举行的国际大地测量和地球物理学联合会（IUGG）第 24 届全会上，国际冰冻圈科学协会（IACS）正式成立。至此，冰冻圈科学正式诞生，中国是最早用“冰冻圈科学”命名学术机构的国家。

中国科学家审时度势，根据冰冻圈科学的发展和社会需求，将冰冻圈科学定位于冰冻圈过程和机理、冰冻圈与其他圈层相互作用以及冰冻圈与可持续发展研究三个主要领域，摆脱了过去局限于传统的冰冻圈各要素独立研究的桎梏，向冰冻圈变化影响和适应方向拓展。尽管当时对后者的研究基础薄弱、科学认知也较欠缺，尤其是冰冻圈影响的适应研究领域，则完全空白。2007 年，我作为首席科学家承担了国家重点基础研究发展计划（973 计划）项目“我国冰冻圈动态过程及其对气候、水文和生态的影响机理与适应对策”任务，亲历其中，感受深切。在项目设计理念上，我们将冰冻圈自身的变化过程及其对气候、水文和生态的影响作为研究重点，尽管当时对冰冻圈科学的内涵和外延仍较模糊，但项目组骨干成员反复讨论后，提出了“冰冻圈—冰冻圈影响—冰冻圈影响的适应”这一主体研究思路，这已经体现了冰冻圈科学的核心理念。当时将冰冻圈变化影响的脆弱性和适应性研究作为主要内容之一，在国内外仍属空白。此种情况下，我们做前人未做之事，大胆实践，实属创新之举。现在回头来看，其又具有高度的前瞻性。通过这一项目研究，不仅积累了研究经验，更重要的是深化了对冰冻圈科学内涵和外延的认识水平。在此基础上，通过进一步凝练、提升，提出了冰冻圈“变化—影响—适应”的核心科学内涵，并成为开展重大研究项目的指导思想。2013 年，全球变化研究国家重大科学研究计划首次设立了重大科学目标导向项目，即所谓的“超级 973”项目，在科学技术部支持下，丁永建研究员担任首席科学家的“冰冻圈变化及其影响研究”项目成功入选。项目经过 4 年实施，已经进入成果总结期。该丛书就是对上述一系列研究成果的系统总结，期待通过该丛书的出版，对丰富冰冻圈科学的研究内容、夯实冰冻圈科学的研究基础起到承前启后的作用。

该丛书共有 9 册，分 8 册分论及 1 册综合卷，分别为《山地冰川物质平衡和动力过程模拟》《北半球积雪及其变化》《青藏高原多年冻土及变化》《极地冰冻圈关键过程及其对气候的响应机理研究》《全球气候系统中冰冻圈的模拟研究》《冰冻圈变化对中国西部寒区径流的影响》《冰冻圈变化的生态过程与碳循环影响》《中国冰冻圈变化的脆弱性与适应研究》及综合卷《冰冻圈变化及其影响》。丛书针对冰冻圈自身的基础研究，主要围绕冰冻圈研究中关注点高、瓶颈性强、制约性大的一些关键问题，如山地冰川动力过程模拟，复杂地形积雪遥感反演，多年冻土水热过程以及极地冰冻圈物质平衡、不稳定性等关键过程，通过这些关键问题的研究，对深化冰冻圈变化过程和机理的科学认识将起到重要作用，也为未来冰冻圈变化的影响和适应研究夯实了冰冻圈科学的认识基础。针对冰冻圈变化的影响研究，从气候、水文、生态几个方面进行了成果梳理，冰冻圈与气候研究重点关注了全球气候系统中冰冻圈分量的模拟，这也是国际上高度关注的热点和难点之一。在冰冻圈变化的水文影响方面，对流域尺度冰冻圈全要素水文模拟给予了重点关注，这也是全面认识冰冻圈变化如何在流域尺度上以及在多大程度上影响径流过程和水资源利用的关键所在；针对冰冻圈与生态的研究，重点关注了冰冻圈与寒区生态系统的相互作用，尤其是冻土和积雪变化对生态系统的影响，在作用过程、影响机制等方面的深入研究，取得了显著的研究成果；在冰冻圈变化对社会经济领域的影响研究方面，重点对冰冻圈变化影响的脆弱性和适应进行系统总结。这是一个全新的研究领域，相信中国科学家的创新研究成果将为冰冻圈科学服务于可持续发展，开创良好开端。

系统的冰冻圈科学研究，不断丰富着冰冻圈科学的内涵，推动着学科的发展。冰冻圈脆弱性和风险是冰冻圈变化给社会经济带来的不利影响，但冰冻圈及其变化同时也给社会带来惠益，即它的社会服务功能和价值。在此基础上，冰冻圈科学研究团队于 2016 年又获得国家自然科学重大基金项目“中国冰冻圈服务功能形成机理与综合区划研究”的资助，从冰冻圈变化影响的正面效应开展冰冻圈在社会经济领域的研究，使冰冻圈科学从“变化—影响—适应”深化为“变化—影响—适应—服务”，这表明中国科学家在推动冰冻圈科学发展的道路上不懈的思考、探索和进取精神！

该丛书的出版是中国冰冻圈科学研究进入国际前沿的一个重要标志，标志着中国冰冻圈科学开始迈入系统化研究阶段，也是传统只关注冰冻圈自身研究阶段的结束。在这继往开来的时刻，希望《冰冻圈变化及其影响》丛书能为未来中国冰冻圈科学研究提供理论、方法和学科建设基础支持，同时也希望对那些对冰冻圈科学感兴趣的相关领域研究人员、高等院校师生、管理工作者学习有所裨益。

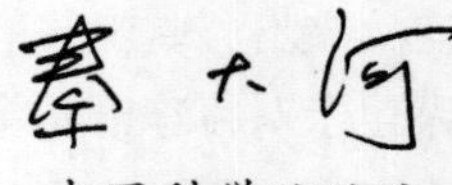

中国科学院院士

2017 年 12 月

序　二

冰冻圈是气候系统的重要组成部分，在全球变化研究中具有举足轻重的作用。在科学技术部全球变化研究国家重大科学研究计划支持下，以丁永建研究员为首席的研究团队围绕“冰冻圈变化及其影响研究”这一冰冻圈科学中十分重要的命题开展了系统研究，取得了一批重要研究成果，不仅丰富了冰冻圈科学研究积累，深化了对相关领域的科学认识水平，而且通过这些成果的取得，极大地推动了我国冰冻圈科学向更加广泛的领域发展。《冰冻圈变化及其影响》系列专著的出版，是冰冻圈科学向深入发展、向成熟迈进的实证。

当前气候与环境变化已经成为全球关注的热点，其发展的趋向就是通过科学认识的深化，为适应和减缓气候变化影响提供科学依据，为可持续发展提供强力支撑。冰冻圈科学是一门新兴学科，尚处在发展初期，其核心思想是将冰冻圈过程和机理研究与其变化的影响相关联，通过冰冻圈变化对水、生态、气候等的影响研究，将冰冻圈与区域可持续发展联系起来，从而达到为社会经济可持续发展提供科学支撑的目的。该项目正是沿着冰冻圈变化—影响—适应这一主线开展研究的，抓住了国际前沿和热点，体现了研究团队与时俱进的创新精神。经过 4 年的努力，项目在冰冻圈变化和影响方面取得了丰硕成果，这些成果主要体现在山地冰川物质平衡和动力过程模拟、复杂地形积雪遥感及多尺度积雪变化、青藏高原多年冻土及变化、极地冰冻圈关键过程及其对气候的影响与响应、全球气候系统中冰冻圈的模拟研究、冰冻圈变化对中国西部寒区径流的影响、冰冻圈生态过程与机理及中国冰冻圈变化的脆弱性与适应等方面，全面系统地展现了我国冰冻圈科学最近几年取得的研究成果，尤其是在冰冻圈变化的影响和适应研究具有创新性，走在了国际相关研究的前列。在该系列成果出版之际，我为他们取得的成果感到由衷的高兴。

最近几年，在我国科学家推动下，冰冻圈科学体系的建设取得了显著进展，这其中最重要的就是冰冻圈的研究已经从传统的只关注冰冻圈自身过程、机理和变化，转变为冰冻圈变化对气候、生态、水文、地表及社会等影响的研究，也就是关注冰冻圈与其他圈层相互作用中冰冻圈所起到的主要作用。2011 年 10 月，在乌鲁木齐举行的 International Symposium on Changing Cryosphere，Water Availability and Sustainable Development in Central Asia 国际会议上，我应邀做了 *Ecosystem services*，*Landscape services and Cryosphere services* 的报告，提出冰冻圈作为一种特殊的生态系统，也具有服务功能和价值。当时的想法尽管还十分模糊，但反映的是冰冻圈研究进入社会可持续发展领域的一个方向。令人欣慰的是，经过最近几年冰冻圈科学的快速发展及其认识的不断深化，该系列丛书在冰冻圈科学体系建设的研究中，已经将冰冻圈变化的风险和服务作为冰冻圈科学进入社会经济领域的两大支柱，相关的研究工作也相继展开并取得了初步成果。从这种意义上来说，我作为冰冻圈科学发展的见证人，为他们取得的成果感到欣慰，更为我国冰冻圈科学家们开拓进取、兼容并蓄的创新精神而感动。

在《冰冻圈变化及其影响》系列丛书出版之际，谨此向长期在高寒艰苦环境中孜孜以求的冰冻圈科学工作者致以崇高敬意，愿中国冰冻圈科学研究在砥砺奋进中不断取得辉煌成果！

傅伯杰

中国科学院院士

2017 年 12 月

前　　言

在当今全球变暖的大背景下，极地冰冻圈对气候的响应以快速、过程的非线性以及难以准确预测为特点。不突破这些难题将难以回答当今气候系统和可持续发展领域面临的诸多挑战：全球海平面上升、极端天气气候事件频发、极区航道、防灾减灾和风险管理，等等。

对南极冰盖和格陵兰冰盖而言，20 世纪 90 年代之前，由于缺乏技术，对冰盖整体物质平衡变化的定量计算非常困难，但之后随着三大卫星技术（高度计、合成孔径雷达、重力计）的使用，对冰盖整体物质平衡和冰量估算的进展取得了历史性突破。同样，对北极海冰和南大洋海冰整体变化的认识，很大程度上也是借助卫星时代以来的技术进步。当然，这些先进技术的利用并不能替代精细化的地面观测，尤其针对关键过程和机理的观测研究。只有将过程研究、长期观测、数据融合与同化、统计、数值模型构建有机结合起来，才可能取得上述科学问题上的突破。

中国是极地研究的后起国，研究积累与西方发达国家相比还有较大差距。为此，在 973 计划气候变化专项 A 类项目“冰冻圈变化及其影响研究”第四课题“极地冰雪关键过程及其对气候的响应机理研究”立项之初，构想如何抓住极地冰冻圈的几个关键前沿科学问题，既利用我国极地科学考察在某些断面和海区的独特优势，又充分利用国际极地观测技术和数据的优势，加上在算法改进和关键模型的自主研发上发力，做出具有国际同等水平的科研成果，成为课题设计的出发点。鉴于此课题着力于开展如下几方面难题的研究：①影响冰盖动力稳定性的界面过程：冰–气界面过程（表面物质平衡）、冰内过程、冰岩界面过程、冰架–海洋界面过程；②北极海冰快速变化过程；③北极海冰变化的影响；④构建长时间序列，研究极地冰冻圈的稳定性规律。

经过大约 4 年的努力，我们较好地完成了当初的设计。当然，研究仍有诸多不足，本书是对课题的较系统总结，希望广大读者对其中的不足之处不吝指正！我们还希望，本课题的队伍尤其青年科学家在已有研究的基础上，继续追踪国际前沿，做出创新性成果，推动中国极地冰冻圈科学不断进步。

本书共分 11 章，效存德撰写第 1 章、第 10 章和第 11 章以及其他章部分节；武炳义撰写第 9 章和第 2 章部分节；丁明虎撰写第 3 章和第 2 章部分节；唐学远、崔祥斌、郭井学撰写第 4 章；王叶堂、谢爱红撰写第 5 章；杨元德、周春霞撰写第 6 章和第 2 章部分节；张通、周春霞和唐学远撰写第 7 章；苏洁、张胜凯、窦挺峰等撰写第 8 章；杨佼、丁明虎、柳景峰、李传金撰写第 10 章部分节。任贾文、苏洁、王璞玉等对本书提出了审稿意见，再次特表谢忱！张东启对本书初稿进行了通稿，并汇编了参考文献。

本书在撰写和出版过程中得到“冰冻圈变化及其影响研究”项目全体成员的大力支持，科学出版社也给予了全方位的技术支持。项目组同仁对本书章节布局、内容取舍、逻辑合理性等方面提出宝贵修改意见，对此一并表示衷心的感谢。

项目秘书组王世金博士、王生霞博士、赵传成博士、上官冬辉博士和王文华高工在专著研讨、会议组织、材料编制等方面进行了大量工作，付出了很大努力。清华大学、武汉大学、山东师范大学、中国海洋大学、中国科学院水利部成都山地灾害与环境研究所、中国科学院寒区旱区环境与工程研究所在课题执行期间给予会议组织方面的大力支持，在本专著即将付梓之际，对他们的无私奉献表示由衷的感谢！

作　者
2017 年 9 月

目　　录

第1章　引　　言

1.1　概　　述

在全球冰冻圈中，极地冰冻圈是冰量最大、覆盖面积最广、冷储量最大的冰冻圈组成部分。例如，在陆地冰冻圈中，山地冰川和南极冰盖、格陵兰冰盖覆盖了全球陆地表面的10%，其中南极冰盖和格陵兰冰盖占9.5%；南极冰盖和格陵兰冰盖的冰体总和折合成水量，若全部释放到海洋，能使海平面分别上升约58.3m和7.36m。又如，5.3%~7.3%的海洋表面被海冰和冰架覆盖。北冰洋海冰最大范围可达$15\times10^6 km^2$，在夏季最小时约为$6\times10^6 km^2$。南大洋的海冰范围（sea ice extent，SIE）季节变化更大，9月最大时约为$18\times10^6 km^2$，2月最小时约为$3\times10^6 km^2$。

冰盖不稳定性是影响全球海平面长期变化的最大潜在因子。近10年来，极地冰量的加速损失已经抵消了由海洋热膨胀减缓对海平面上升的贡献，并使海平面几乎以相同的速率持续上升。重力卫星（GRACE）数据显示，2003~2010年格陵兰冰盖和南极冰盖冰量损失显示出显著的增加之势，冰量以392.8±70.0Gt/a的速率减少，相当于同期对海平面上升的贡献速率为1.09±0.19mm/a。尽管估算存在差异，2003~2010年冰盖物质损失约可解释25%的海平面上升量。政府间气候变化专门委员会（Intergovernmental Panel on Climate Change，IPCC）评估报告最新的评估结果表明：①对于山地冰川，2003~2009年所有冰川（包括两大冰盖周边的冰川）对海平面上升的贡献速率为0.71mm/a（0.64~0.79mm/a），在实际计算中有时难于将两个冰盖周围的冰川与冰盖的贡献分离开来，因此，在不考虑两大冰盖周围冰川情况下，全球冰川对海平面上升的贡献速率为0.54mm/a（0.47~0.61mm/a）（1901~1990年）、0.62mm/a（0.25~0.99mm/a）（1971~2009年）、0.76mm/a（0.39~1.13mm/a）（1993~2009年）及0.83mm/a（0.46~1.20mm/a）（2005~2009年）。②对于格陵兰冰盖和南极冰盖，两者对海平面变化的贡献途径略有不同。格陵兰冰盖物质平衡（mass balance）由其表面物质平衡（surface mass balance）和流出损失量组成，而南极冰盖物质平衡主要由积累量和以崩解与冰架冰流损失构成，两大冰盖对海平面变化贡献的观测真正开始于有卫星和航空测量的近20年，主要有3种技术应用于冰盖测量：物质收支方法、重复测高法和地球重力测量法。观测表明，格陵兰冰盖对海平面上升的贡献速率为0.09mm/a（-0.02~0.20mm/a）（1992~2001年）到0.59mm/a（0.43~0.76mm/a）（2002~2011年）；南极冰盖对海平面上升的贡献速率平均为0.08mm/a（-0.10~0.27mm/a）（1992~2001年）到0.40mm/a（0.20~0.61mm/a）（2002~2011年）。1993~2010年两大冰盖对海平面上升的贡献总量为0.60mm/a（0.42~

0.78mm/a)，与 IPCC 第四次评估报告给出的数据（1993 ~ 2003 年格陵兰为 0.21 ± 0.07mm/a、南极的 0.21±0.35mm/a）比较，冰盖对海平面上升的贡献速率明显增加。

北极作为北半球冬季冷空气的源地，对东亚地区的寒潮和冬季风均有重要影响。而北极海冰由于其阻隔了海-气之间的热量交换，以及通过反照率反馈机制对北极和欧亚大陆高纬度地区的冷空气活动有重要调制作用，进而影响东亚地区的天气和气候。早在 20 世纪 90 年代后期，我国学者就指出，喀拉海—巴伦支海是影响东亚气候变化的关键区域。冬季该海域海冰变化主要受北大西洋暖水流入量的影响，而且与 500hPa 欧亚大陆遥相关型有密切的联系：冬季该海域海冰异常偏多（少），则东亚大槽减弱（强），冬季西伯利亚高压偏弱（强），东亚冬季风偏弱（强），入侵中国的冷空气偏少（多）。近年来的观测和数值模拟试验也进一步证实了这一结论。

近几十年北极海冰的减少对北半球冬季降雪产生重要影响。结合观测资料分析和数值模式模拟发现：一方面，夏季北极海冰的大范围减少以及秋冬季北极海冰的延迟恢复可以引起冬季大气环流的变化，但这种环流变化却不同于北极涛动（Arctic Oscillation，AO），因而减弱了北半球中高纬度的西风急流，使其振幅增强，即变得更具波浪状。这种环流变化使得北半球中高纬阻塞环流出现的频率增加，进而增加了冷空气从北极向北半球大陆地区入侵的频率，造成北半球大陆地区出现低温异常。另一方面，夏季北极海冰的大范围减少以及秋冬季北极海冰的延迟恢复使得北极存在更多的开阔水域，从而将大量的局地水汽从海洋输送到大气。同时，北极的变暖也使得大气可以容纳更多的水汽。上述两方面结合在一起，导致近年来东亚、欧洲和北美大部分地区冬季出现异常降雪和低温天气。该研究还指出，如果北极海冰继续减少，很可能会在冬季发生更多的降雪（特别是强降雪过程）和严寒天气。

在气候变暖背景下，极地冰雪是气候系统中变化最为快速的内部变量之一。其中，极地冰盖物质平衡和动力不稳定性是关系未来全球海平面变化的关键因素，极地海冰变化则是影响全球气候尤其是极端天气/气候的重要因子。鉴于此，在极地雪冰诸多过程中，本研究重点关注冰盖-冰架系统的动力过程，以及北极海冰快速变化机制及其引发的极端气候事件。

在我国极地冰冻圈研究起步较晚、基础较弱的条件下，如何选择相对优势领域开展研究，以便为将来做出国际水平的成果打好基础和增加科学积累？本研究的思路是：在冰盖方面，选择中国冰盖考察的优势区域——东南极冰盖最大的冰流系统（Lambert 冰川—Amery 冰架流域系统，LGB—AIS 系统）开展综合现场监测研究，结合多源观测资料获取关键参数，从而构建具备一定自主知识产权的冰盖动力学模型，评估冰盖-冰架系统的动力不稳定性，并最终将模型推广到全南极冰盖，预估冰盖变化对全球海平面的影响；在两极海冰方面，侧重对东亚气候影响显著的北极海冰，分析造成海冰快速消融的动力、热力学机制，通过数值模拟和观测资料的诊断分析，研究海冰变化引发东亚地区，尤其是我国灾害性极端天气气候事件的强度和范围，为预测东亚地区天气气候变化提供科学依据。为解答上述思路的两个关键问题，还需要寻求冰盖消长的地质学证据以及冰芯记录中合理的代用指标，重建关键要素的长期序列，从较长时间尺度上提供冰盖动力模型所亟须的约束条件、结果验证的基础以及归因分析的依据。

本研究包含四大部分内容：

1）东南极冰盖表面物质平衡的星-地一体化观测计算与评估；

2）典型冰盖-冰架系统监测与模拟研究；

3）北极海冰时空变化特征、消融机制及其对天气气候变化的影响机理；

4）极地冰冻圈长期变化与气候的关系。

从国家重大需求来看，本研究将有助于提升我国极地冰冻圈研究的能力。我们力争在冰盖动力响应模拟方面取得突破性进展和重要科学认识，预估冰盖变化对海平面的影响，增强我国在气候变化与相关国际谈判的话语权和主动性；北极与我国天气气候变化密不可分，冬季北极冷空气向南爆发直接与我国的寒潮低温天气过程关系密切。北极海冰异常是影响东亚季风和降水的重要外强迫信号。因此，研究北极海冰变化的成因及其对东亚天气气候变化的影响，不仅在科学上有重要意义，而且对于我们理解东亚天气气候异常的原因，提高短期气候预测能力，应对和减轻气象灾害造成的损失，具有重要的现实意义。

1.2　国内外进展与趋势

1.2.1　东南极冰盖表面物质平衡的星-地一体化观测计算与评估

冰盖物质平衡指格陵兰冰盖或南极冰盖上的物质收入和物质支出之差，其中物质收入主要来自降雪或降水，物质支出主要由冰架崩解和底部融化、冰盖边缘融水以及冰盖表面升华组成。表面物质平衡是冰盖表面的物质收入和物质支出的净值。对于南极冰盖，其表面物质损失以升华为主，总量很少，可与雪积累率等同；格陵兰冰盖的表面有融化现象，因此较为复杂（丁明虎，2013；王慧等，2015）。

两极冰盖作为全球气候系统的冷源，不仅在气候变化中起到放大器和驱动器的作用，而且以固态形式储存了大量的淡水，其中南极冰盖尤其重要，冰川储量约占全球冰川储量的 90%，占全球淡水总量的 70%。冰盖物质平衡的微小变化都会对全球海平面变化、水循环、大气热动力循环等造成巨大影响，全球海平面上升将导致一系列的环境问题和社会问题。因此，了解全球海平面上升趋势及其原因极其重要，南极研究科学委员会（Scientific Committee on Antarctic Research，SCAR）专门设立了“冰盖物质平衡和海平面”（Ice Sheet Mass Balance and Sea Level，ISMASS）研究计划，着重针对极地冰盖物质平衡的各个分量进行研究。

20 世纪 90 年代之前，冰盖表面积累率、边缘冰架的崩解和底部相变的测量虽然一直受到重视，但由于自然环境恶劣，实地考察开展困难，所获得的直接资料十分有限，大部分集中在近海地区和常年考察站附近，同时这些有限资料，也因为测量标准不同，考察时期不一致等因素，其可比性受到约束。1991 年，SCAR 协调多国科学家参与国际横穿南极科学考察计划（International Trans-Antarctic Scientific Expedition，ITASE）[①]，其中一个重要方面就是获取数条横穿南极冰盖路线上的表面积累率，通过浅冰芯获取百年来的积累率序列，为海平面变化研究和冰盖物质平衡模拟研究提供了基础资料，并进一步评价了南极冰盖的物质平衡状态。

虽然已有多种方法可直接对冰盖表面物质平衡开展观测，如花杆法、雪坑和浅冰芯、冰雷达（ice radar）、超声高度计等（Eisen et al.，2008；丁明虎等，2009），极地冰盖物质平衡实测站位仍然十分稀少，能长期或大范围开展的观测更是少之又少（Favier et al.，2013）。尽管如此，这些数据是研究冰盖物质平衡的基础验证手段。为了更好地利用这些数据，Vaughan 等（1999）收集整理了南极冰盖表面物质平衡的观测数据，建立了参照数据集。使用该数据集作为验证，van de Berg 等（2006）、Krinner 等（2007，2008）、Lenaerts 等（2012）对南极冰盖物质平衡进行了模拟和评价。进一步补充数据之后，Arthern 等（2006）和 van de Berg 等（2006）使用空间插值方法对南极冰盖表面物质平衡进行评价，估算结果分别为 143mm/a 和 168mm/a。

在使用过程中，多个研究发现该数据集在部分地区与实测差异较大，主要原因是未经质量控制（Anschutz et al.，2009，2011）。因此，为了更正和补充表面物质平衡数据集，Agosta 等（2012）在 Adelie Land 建立了长达 40 年（1971～2011 年）的高分辨率数据集，Magand 等（2007）在南极冰盖 90°E～180°E 建立了长达 55 年（1950～2005 年）的数据集，并分别对所在地区的表面物质平衡状况开展了系统研究。

在 Vaughan 等（1999）的基础上，Favier 等（2013）收集整理了近十几年的观测数据，特别是补充了中国南极 Dome A 考察、国际分冰岭穿越考察（TASTE-IDEA）、瑞典-日本联合考察和意大利-法国 Dome C 考察的观测数据，并发展了一套质量控制方法，建立了新的表面物质平衡数据集。Wang Y 等（2016）则在此基础上进一步补充观测数据并改进了质量控制方法，建立了包含站位的数据集，为南极冰盖物质平衡的整体评估和模拟提供了基础参照。

随着计算能力加强、数据同化技术提高和观测数据增多，可用于评估极地物质平衡的再分析资料精度明显提高。自 2008 年以来，新的再分析资料产品相继问世，如欧洲中期天气预报中心（European Center for Medium-range Weather Forecasts，ECMWF）更新的再分析资料（ERA-Interim）、日本气象厅（Japan Meteorological Agency，JMA）的 55 年再分析资料（JRA-55）等。这些新的再分析资料较以前的版本大大改进了模拟表面物质平衡大尺度空间变化的能力，但是再现区域尺度空间变化特征却没有实质性的进展（Bromwich et al.，2011；Wang Y et al.，2016）。

全球大气环流模式是目前研究气候变化机制和未来气候变化预估的重要手段之一。但是，由于全球模式的水平分辨率较低，难以较细致地模拟出时间空间尺度范围相对较小的区域表面物质平衡的具体特点，区域气候模式在刻画冰盖表面物质平衡变化规律方面更具优势。目前可用的区域气候模式主要有荷兰皇家气象研究所（Royal Netherlands

---

① http：//www2. umaine. edu/itase/.

Metorological Institute，KNMI）的RACMO2、法国国家科学研究中心（CNRS）的MAR，德国阿尔弗雷德·韦格纳极地与海洋研究所（AWI）的HIRHAM和美国俄亥俄州立大学伯德极地与气候研究中心的Polar MM5，以及WRF的改进版本Polar WRF。在影响冰盖表面物质平衡各因素中，风吹雪过程作用显著，不容忽视。受水平和垂直分辨率限制，产生再分析资料产品的数值预报系统、AGCMs和区域气候模式早期版本并没有对风吹雪动力过程进行参数化，这被认为是南极冰盖海岸区域和下降风作用区模拟结果与实测值不一致的主要原因之一（Scambos et al.，2012；Das et al.，2013）。尽管有研究进行了风吹雪模型和RACMO2.1及MAR的耦合尝试（Lenaerts et al.，2012；Gallée et al.，2013；van Wessem et al.，2014b），但是风吹雪升华导致的表面物质损失模拟值仍然过小（Gallée et al.，2013）。因此，气候模式中对风吹雪物理过程的刻画能力成为改进冰盖表面物质平衡模拟效果的关键之一。同时，区域气候模式内部没有加以时间变化约束任其自由演化，使得没有一个区域气候模式能很好地再现表面物质平衡年际变化的能力，这成为制约利用区域气候模式研究冰盖表面物质平衡与气候相互作用的物理过程与反馈机制、科学预估未来气候与冰盖物质平衡变化的瓶颈之一。未来对这些模式进行动力降尺度改进，增强其随时间变化模拟能力是重要的研究方向。

与利用地面和模式手段对不同过程量观测和刻画不同，以卫星测高和卫星重力为代表的遥感手段，分别从几何和物理的角度对冰盖物质平衡进行整体描述。近年来在计算南极冰盖和格陵兰冰盖物质平衡度变化方面取得了突破性进展。

目前，国内外正针对这两种遥感手段进行联合研究，进展更加显著。可预期在以下几个方面取得突破：①利用卫星测高和卫星重力在相同时间尺度（如线性、年际等）的相关性，开展冰雪密度反演；②利用卫星测高的高空间分辨率，提高卫星重力结果的空间分辨率；③在假定密度时，联合卫星测高和卫星重力，分离表面和内部物质平衡；④针对流域尺度的高程、体积和物质平衡的时空分析。

1.2.2 典型冰盖–冰架系统监测与模拟研究

南北极冰盖水平尺度很大，达数千千米，同时底部地形起伏强烈，对动力学模型的构建提出了挑战。目前，不同的冰盖的力学模型之间仍具有相互不一致性，但各自都有其存在的合理性和必要性，在模型开发团队内部尚没有非常统一的开发方向。一方面，这是由不同复杂程度模型本身的特性决定的。例如，具有最佳理论模拟精度的Stokes冰流模型，因为高昂的计算成本和非常大的开发难度（物理过程的数值实现），还很难在流域及全冰盖尺度进行应用。大尺度的模拟受多方面因素制约，其中很重要的一点是现有的并行计算的能力和效率。要成功模拟冰盖的流动，必须在冰盖边缘和接地线附近等地形起伏剧烈或者边界条件变化迅速的区域使用非常密集的网格，这必然导致对计算资源的需求成倍增加。另一方面，虽然不同程度的简化模型可以节约相当的计算资源，同时简化物理过程的数值实现，降低开发难度，但其模拟的准确度依然是一个需要深入探讨的问题。例如，针对海洋性冰盖的比对实验表明，简化的冰盖动力模型和Stokes冰流模型的接地线变化过程存在不可忽视的差别，理论模拟误差必然会导致实际应用的不确定性。

由于国际社会对海平面变化问题的关注，冰盖的动力学模拟研究也在一定程度上集中在海洋性冰盖（西南极冰盖）和极地入海冰川（格陵兰）等领域，这两者都涉及冰架、海洋和大气之间的相互耦合。海水变暖会加剧冰架底部冰的消融，同时冰架表面气温（surface air temperature，SAT）的升高会导致冰面融池面积的扩大和数量的增加，进一步引起冰裂隙的发育以及冰体本身硬度的降低，从而诱发冰架的崩解。冰架的崩解会改变冰架末端的应力分布，并将该变化传输至接地线附近，引起冰盖与漂浮冰架连接区域动力学的变化，从而改变整个冰盖-冰架系统的动力机制。因此，理解冰与不同圈层（大气、海洋）之间的相互作用，并研究其作用的物理机理，也是目前冰盖模拟的一大挑战。

由于冰盖模式通常使用简化或混合有高阶项的冰动力学假设，模拟结果会受到边界条件的极大制约（Pollard et al.，2015）。在处理特殊区域（如冰穹和快速冰流区）时，动力学方程中的非线性项系数的参数化和下边界输入条件缺乏探测数据，通常无法给出较为实际的估计，从而导致模拟结果失效（Gagliardini et al.，2013）。有效地表述冰盖内部结构与底部环境已成为优化模式边界条件和参数化方案的前提。冰盖底部的应变与冰盖内部冰晶结构、底部水热特征紧密相关。例如，冰下湖和冰下水系的存在会引起冰流速度和形态的变化（Siegert et al.，2016），然而有模拟表明，冰流作用并不必然与冰下湖的存在直接相联系（Pattyn，2008）。截至目前，冰下湖的连通性质和水文过程仍没有被完整嵌入到冰盖模式中。另外，冰盖底部的沉积物分布、地热流空间梯度变化和冰下火山事件等冰下地质学特征对冰盖内部快速冰流的生成有重要影响，特别是冰盖底部暖冰与融水对冰盖的润滑作用，会增强冰盖的流动（van der Veen，2007）；冰盖内陆与冰盖边缘的交换过程与冰架的崩解以及冰盖内陆冰流扰动形成的新物质平衡线有关（Payne et al.，2004）。底部温度的空间分布差异，暖冰和水饱和沉积物会控制快速冰流的生成，然而至今冰盖模式对所有上述过程都未能进行有效地表达与模拟，即使在冰盖表面物质平衡输入项也是如此。Huybrechts 和 de Wolde（1999）的模拟研究显示，冰盖表面沉降物通量的变化可由目前冰盖表面的温度分布及其变化决定，但是也有研究表明，引起南极冬季变暖的大气温度上升相对应的降雪变化并无统计意义上的重要性（Monaghan et al.，2006）。因此，通过模拟理解南极冰盖降雪及其沉积过程，可能仍需要较大改进。目前来看，冰盖底部的地热流、冰下水系统、冰下暖冰和冰架崩解过程等被认为是冰盖模式亟待研究的问题。

1.2.3 北极海冰时空变化特征、消融机制及其对天气气候变化的影响机理

海冰作为气候系统的重要组成部分，其变化通过改变反照率而强烈影响海洋表面对太阳辐射能量的有效吸收，海冰的存在阻隔或隔绝了海-气之间的热量、动量和水汽交换，同时，由于海冰变化与海洋的淡水循环、海洋的表层浮力以及海洋的层结均有密切的关系，可能影响海洋深水循环以及气候的长期变化趋势。一系列研究揭示了北大西洋和北冰洋区域，海冰异常对大气环流的负反馈机制。北极海冰偏少将导致中纬度地区西风风速的

减小、风暴活动的加强以及副热带西风的加强，北极海冰偏多则影响相反。Alexander 等（2004）对比模拟的大气环流对北极海冰异常的响应和观测的大气环流异常后发现，观测到的异常几乎与模拟的大气环流异常相反。这表明，在北大西洋区域，北极海冰与大气环流的相互作用是减弱原本的大气环流异常，Magnusdottir 等（2004a）和 Deser 等（2004）的模拟研究也支持这一结论，这就是海冰密集度（sea ice concentration，SIC）与北大西洋区域大气环流响应的负反馈机制。同时，平流层和对流层相互作用，也是北极海冰异常偏少影响大气环流的可能途径之一。当初冬巴伦支海—喀拉海海冰偏少时，可以激发大气行星波从对流层向平流层传播。当波传播到平流层时，发生波破碎，进而影响平流层极涡强度，导致平流层极涡减弱。在冬季的中后期，减弱的平流层极涡下传到对流层，引起对流层大气环流出现类似 AO 负位相的异常，进而影响中纬度天气气候。

2007 年以来，9 月北极 SIE 频繁出现新低，而后期冬季，东亚地区频繁经历严冬的侵袭（如 2007 ~ 2008 年、2009 ~ 2010 年、2010 ~ 2011 年、2011 ~ 2012 年、2012 ~ 2013 年）。诸多研究表明，秋、冬季北极海冰异常偏少，冬季欧亚大陆容易出现冷冬。Francis 等（2009）研究指出，9 月 SIE 与冬季大尺度大气环流异常相联系。Honda 等（2009）进一步指出，远东地区早冬的显著冷异常和晚冬从欧洲至远东地区纬向分布的冷异常，均与前期 9 月北极海冰减少有关系，后者能够加强西伯利亚高压。Wu B 等（2011）发现，秋、冬季节北极关键海域（巴伦支海—喀拉海—拉普捷夫海以及这些海域的北部相邻海域）SIC 持续异常偏少，同时，在副北极和北大西洋海域海温异常偏高，后期冬季西伯利亚高压偏强，东亚地区冬季气温偏低。

2000 年以来，欧亚大陆北部冬季 SAT 呈降温的趋势，这显然与全球变暖趋势不一致。而秋季北极海冰的减少，以及北冰洋和北大西洋海温的升高，可能是欧亚大陆北部冬季气温呈现下降趋势的主要原因，在这一气候背景下，秋、冬季北极海冰的极端偏少导致近年来欧亚大陆冬季冷冬频繁出现。从动力学角度出发，Wu 等（2013）揭示了冬季欧亚大陆中高纬度（40°N ~ 70°N）地区逐日风场变率的最优天气模态，该天气模态包含两个不同子模态（偶极子模态和三极子模态）。研究发现，只有三极子模态的年际变化（包括强度和极端负位相的发生频次）与前期秋季北极海冰变化有密切的关系。在该研究中，极端负位相的定义为标准化的三极子模态的强度小于-1.28，对应其发生概率小于 10%（属于极端天气事件）。从这一点看，北极海冰融化与冬季欧亚大陆盛行天气型的极端事件有联系。但是，北极海冰融化如何影响中纬度地区的天气过程（特别是低频变化过程），包括极端天气事件，是国际上关注的焦点问题之一，也是当前国际研究的热点和前沿问题。目前，这方面研究工作还很有限，而且学术界还存在很大争论，因此，亟须开展深入细致的研究。

当然，全球变暖、大西洋暖水流入北冰洋（包括太平洋暖水的流入）、海冰反照率反馈以及风场的动力强迫均对北极海冰变化产生重要影响。例如，在北极海冰厚度变薄的背景下，从动力学角度看，9 月北极海冰范围频繁出现创纪录最小值和融化趋势是夏季北极表面风场变率的北极偶极子模态和中部北冰洋模态共同作用的结果。

1.2.4 极地冰冻圈长期变化与气候的关系

冰芯记录开展冰盖物质积累率的研究历史较长，使用不同分辨率的冰芯记录，得到不同时间尺度上冰盖不同区域的积累率变化预估值。这往往需要将单点数据外推到一定范围才能实现，存在插值方法的选取和合理性问题。

冰盖长期变化当然也可以通过冰盖动力模型开展研究，以往使用不同的模型反演了自冰盖形成以来大的阶段性变化；采用南极边缘海的深海钻探资料也针对冰盖演化给出了诸多解释，但这些内容不是本研究的重点。本研究侧重于将南极冰盖不同地区已有冰芯积累率资料加以汇总和归一化，得出数百年至千年尺度积累率变化的最新认识。同时，利用冰芯资料恢复南极海冰变化的历史也是本研究的主要内容。

在重建南极海冰历史变化的研究过程中，冰芯中的海盐离子以及甲基磺酸（methane sulphonic acid，MSA）记录作为海冰变化的代用指标。科学家通过对南极海冰边缘站点风速变化的研究发现，风速对海盐气溶胶（Na^+）源强度变化的影响微乎其微（Wolff et al.，2003），因而用环流的加强来解释海盐离子浓度在广阔海冰覆盖、输送距离增长时反而增加的现象是没有足够说服力的。有研究发现，对于南极大陆沿岸地区，海盐气溶胶主要来源于海冰表面高盐度的“霜花”（Wagenbach et al.，1998；Rankin et al.，2002）。进一步的研究发现，冰芯中的海盐离子可以较好地指示长时间尺度海冰范围的变化特征（Abram et al.，2013），并在不同扇区得到验证。已有研究表明，毛德皇后地（Dronning Maud Land，DML）冰芯海盐离子的浓度显示大西洋扇区 SIE 在末次间冰期显著减小（Fischer et al.，2007）。海盐离子指示的罗斯海扇区 SIE 在过去 6000 年以来呈现增加趋势，这与深海沉积物重建的结果一致（Steig et al.，2000）。与罗斯海不同，威德尔海 SIE 在约 6500 年前有显著减小，距今 6000 ~ 3000 年显著扩增。Severi 等（2017）通过计算 Talos Dome 冰芯中的 $ssNa^+$通量，重建了罗斯海至西太平洋的 SIE，指出此区域 SIE 在 20 世纪 60 年代显著增加，在过去百年尺度，最大增加速率发生在 90 年代。

由于南极大陆边缘冰芯中海盐离子受大气环流和局地地形等因素影响较大，超过千年尺度的冰芯时间分辨率将降低，无法准确地指示海冰的变化。20 世纪末 Welch 等（1993）首次发现南极雪芯中 MSA 的浓度与南大洋的 SIE 有一定的联系。海冰边缘浮游生物腐烂排出的二甲基硫醚（DMS）经大气氧化成 MSA 传输至南极大陆，南极的海冰几乎每年经历生成和消融过程（Comiso and Nishio，2008），伴随着浮游生物生成的 MSA 沉降到南极大陆（Curran and Jones，2000），因此，冰芯中记录中的 MSA 序列就可以作为年际尺度 SIE 重建的代用指标之一。利用 Law Dome 冰芯记录的 MSA 浓度，Curran 等（2003）首次重建了 1841 ~ 1995 年东南极印度洋—西太平洋扇区的冬季 SIE 时间序列，并指出自 1950 年以来东南极海冰退减了约 20%。西南极半岛冰芯中的 MSA 记录亦显示别林斯高晋海（Bellingshausen Sea）的海冰在 20 世纪向南退缩了 0.7 个纬度（Abram et al.，2010）。与别林斯高晋海和印度洋—西太平洋海冰退减趋势相反，Thomas 和 Abram（2016）指出阿蒙森海—罗斯海区域 MSA 指示 SIE 在过去一百年和三百年均呈现增长趋势。虽然有些地区

MSA与海冰的关系不明显，甚至呈现出负相关性，但是至少在某些海区可以用MSA作为SIE的代用指标。MSA与SIE之间关系不明显的区域，往往是由影响MSA浓度变化的其他复杂气象要素造成，在考虑环流输送等因素之后，MSA记录也可以较好地定性指示海冰变化。另外，在时间序列较长的冰盖内陆地区冰芯中，雪积累率往往是非常低的，在这种情况下，MSA会在冰芯中产生复杂的迁移过程，因此如何确定MSA的迁移是一个迫切要解决的问题。有研究发现，冰芯记录和大洋沉积物资料相结合，可以作为南极冰期-间冰期尺度上海冰重建工作的数据基础（Röthlisberger et al.，2010）。多种代用指标相结合的方法来重建SIE变化，可能是未来研究的重要方向，这样可以综合各种代用指标的优点，使海冰重建更加准确。

1.3 问题与主要关注点

根据国内外研究进展与趋势，结合我们的研究现状，本研究主要关注以下几个方面的问题。

1.3.1 冰盖物质平衡计算的不确定性及多源数据的融合计算

（1）基于遥感技术物质平衡计算的不确定性及融合

冰盖物质平衡包括表面物质平衡、内部物质平衡等，其中冰盖表面物质平衡是由降水、表面蒸发、风吹雪引起的升华和积雪沉积/侵蚀及表面雪融化共同决定的。与地面和模式手段对不同过程量观测和刻画不同，以卫星测高和重力卫星为代表的遥感手段，分别从几何和物理的角度对冰盖物质平衡整体进行描述，其结果还包含了以冰川均衡调整（glacial isostatic adjustment，GIA）为典型代表的非冰盖物质平衡的影响。对于卫星测高，除自身的误差外，通常认为GIA的量级在卫星测高观测结果精度范围以内而忽略其影响，将其观测的几何高程变化转换为冰盖物质平衡，主要受密实化、冰雪密度及无法区分表面和内部物质平衡等因素的影响，目前通常采用模型表述或者忽略密实化的影响，冰雪密度则主要采用模型描述，表面和内部物质平衡过程，目前的研究还基本没有涉及。对于重力卫星GRACE，数据处理过程是影响其精度的一大因素，随着数据处理技术的提高，该因素变得越来越不重要；与卫星测高不同，GIA是影响重力卫星监测冰盖物质平衡的主要因素。另外，重力卫星空间分辨率低这一自身缺陷，也影响了其估算小区域的物质平衡，因此单独利用卫星测高和重力卫星观测冰盖物质平衡均存在各自明显的优缺点。

（2）冰盖物质平衡计算的不确定性

冰盖表面物质平衡是由降水、表面蒸发、风吹雪引起的升华和积雪沉积/侵蚀及表面雪融化共同决定的。对这些影响因素的准确刻画与否决定了再分析资料和气候模式模拟表面物质平衡能力。近年来，计算能力、数据同化技术、模式分辨率及物理过程的参数化精细水平等取得了长足进步，然而现有的模式仍不能很好地描述海岸区域复杂的地形，包括云物理参数化方案简单，积雪过程过于理想化（如风吹雪动力过程等），冰盖内陆晴空降水没有参数化等。再分析资料产品的数值预报系统、全球大气环流模式和多数区域气候模式并没有对风吹雪动力过程进行参数化，导致南极冰盖表面物质平衡估算值至少偏高 11 ~ 36.5Gt/a（Das et al.，2013）。再分析资料和多数区域气候模式对冰盖内陆表面物质平衡模拟值偏低，而边缘地区模拟值偏高的问题仍然存在。不同的再分析资料往往其数值预报模式及同化方案不同，同时，同化的观测资料种类和数量也存在差异，观测系统改变会引入非真实的变化趋势，系统误差会放大这种不真实的变化趋势，如 MERRA、JRA-55 等模拟的南极冰盖表面物质平衡存在时空不一致问题。尽管区域气候模式为了适应极地区域的模拟，在边界层参数化方案、云物理过程、云辐射传输过程、雪冰表面物理过程以及海冰的处理等方面进行了很大的改进，但是不同的气候模式的模拟能力差异较大，如 PMM5 南极冰盖内陆模拟值偏高，MAR、RACMO 等偏低，而且到现在为止仍没有一个区域气候模式能很好地模拟冰盖物质平衡年际变化。为减少模式系统性误差和随机误差，常常将多个气候模式进行集成已成为一种趋势，但是极地冰盖表面物质平衡多模式集成方面进展缓慢，相关的报道不多。

1.3.2 影响冰盖动力不稳定性的几个关键问题

与陆地冰盖不同，广义的海洋性冰盖包含下游的冰架系统。通过冰架的快速流动将冰盖内陆区域的物质运送至海洋，海洋与冰盖冰架下边界的直接接触和冰架的存在使得海洋性冰盖的动力过程比陆地冰盖更为复杂。

影响海洋性冰盖不稳定性的主要因素是冰盖的动力学效应。许多冰体运动的力学过程来自对几何尺度较小的山地冰川的研究经验，这些力学过程是否在大尺度的冰盖演化过程仍然有效一直存有疑问。例如，控制冰盖系统的物理过程有着显著的尺度效应，在冰盖内陆大范围运动较慢的区域与接地线附近或快速冰流区的动力学机制表现形式不同的内在机制产生的原因有哪些；哪些因素本质上控制了冰架-海洋毗邻区域的冰海相互作用过程；冰盖底部环境特征包括控制快速冰流的地质和地形条件以及冰盖内部的冰下水文状况，特别是底部融化和热量分布如何影响冰流的运动；冰盖表面的物质输入与冰盖稳定性的具体关系如何。这些问题与影响冰盖不稳定性的两个主要方面相联系，即接地线不稳定和热力学不稳定。一般认为，冰盖底部处于海平面以下的地区能直接浸入海洋，导致了冰盖的不稳定性，其对气候变暖的响应可能具有不可逆性，因而针对该问题的研究格外重要。研究表明，如果冰架下方海底坡度沿着冰盖内陆下降，当海水深度超过某个临界点，接地线将趋向不稳定性，一旦后退，该过程将不可逆，最终结果会改变冰架控制冰盖内部的物质输出。该观点基于如下认识：接地线处在冰盖与冰架的过渡区域，其空间尺度狭小，应力传输非常微弱，气候变暖可能引起冰川崩解和底部融化加剧，会导致支撑冰架的剪切力显著减弱，从而加速接地线的不稳定性产生，最终控制冰量交换的冰架变得不稳定。同时，接地线不稳定通常导致冰流的动力振荡，然而对这种振荡的力学机制目前仍不清楚。热力学不稳定的来源主要由冰盖模式识别出来。目前有三种类型：蠕变不稳定性、从冻结到融化过渡带的不稳定性、冻结底部冰岩界面附近暖冰的出现。其中，前两种类型与冰流流动定律中出现的温度参数相联系，底部暖冰则依赖于底部温度场的空间分布。这些不稳定源是冰盖本身固有的，它们直接来自冰盖内部冰流的热力演化。在适当的条件下，即使没有外强迫，此类热力学不稳定性会导致冰盖边界的自由振荡，出现循环行为。

冰架本身的支撑效应也是影响海洋性冰盖不稳定性的一大因素。由于冰架的存在会对接地线的应力状态产生一定的影响，在一定条件下，冰架会减缓或加速接地线的动力过程。

1.3.3 北极增暖、北极海冰融化对中纬度区域影响中存在的科学问题

2012年，Francis 和 Vavrus 发表了他们的代表性文章，即北极增暖将有利于大气波列传播速度变慢，环流的径向性加大，使得北半球某些区域容易出现阻塞型环流异常，有利于极端天气事件的发生。按照这一观点，北半球的阻塞型环流异常在某些区域应该有明显的增加趋势，但是，Barnes（2013）的分析结果表明，阻塞型环流没有呈现任何显著的上升趋势，这一分析结果导致北极增暖可以影响中纬度急流，进而影响中纬度地区的极端天气事件备受质疑。Francis 和 Vavrus（2012）与 Barnes（2013）分别代表了截然不同的两种观点，他们的争论已经不仅仅局限于对中纬度急流和极端天气影响，而是已经扩展到是北极增暖（或北极海冰减少）影响重要还是中低纬度对北极的影响重要。

Barnes 和 Screen（2015）认为，北极增暖是否对中低纬度天气有影响，尚无定论。他们认为，尽管数值模拟试验结果支持北极增暖可以显著地影响中纬度大气环流，但是，这并非意味着北极增暖已经影响或将要影响中纬度大气环流，持这种观点的主要依据是，中高纬度区域大气内部变率远大于北极增暖的影响，多数模拟试验结果显示，模式对北极海冰融化的响应振幅明显偏小。此外，目前可用的观测记录太少，尚不足以研究北极增暖的确切影响，他们更倾向于中低纬度大气环流影响了北极增暖。还有一些学者认为，评估近期北极变化对现在和未来天气气候的影响的可能性是困难的，甚至是颇具争议的话题（Jung et al.，2015）。在问题的描述、研究方法以及影响机制方面在学术界还少有一致性，更有甚者利用相同的资料却得出不同的结论。正是由于存在这些问题（争论），迫切需要开展深入细致的研究，来明确北极海冰在中低纬度地区天气气候事件中所起的作用。

1.3.4 年代际至百年际冰芯记录反映的极地冰冻圈变化

过去千年尺度的气候变化研究是全球变化研究关注的核心内容之一，它对揭示年代至百年尺度的气候变化规律，辨识现代及未来气候变化的自然背景，评判20世纪气候变暖的历史地位，评估当前全球变暖的自然和人为驱动贡献，预估未来气候变化规律具有极为重要的意义。目前对于过去千年的气候变化研究主要基于代用资料和古气候模式，将两者相结合进行互相比对校正有利于提高结果的可靠性，利用统计方法借助代用资料重建过去气候特征有一定的不确定性。在代用资料和重建方法的选择上，要尽量遵循最优化原则，

但往往没有一个特定的最优方案存在。不同的代用资料和不同的重建方法，都有其各自的特色和优势。具体应用时，需要具体问题具体分析，先明确需要研究的问题、时空尺度，根据以往学者的研究经验，尽可能多地选取几种较为合适的代用资料和重建方案，进行对比分析，最后的结果最好能在相应的尺度上融合气候模式，集合几种不同的方案作为结果输出的参照。

从各种代用指标开展南北极关键区域海冰变化是本研究的重点之一。本研究的重点是利用南极冰盖冰芯内可能的海冰变化代用资料，研究长期 SIE 变化历史。由于中国在南大洋的印度洋扇区掌握资料最丰富，我们将首先从南大洋的印度洋扇区入手，分扇区重建完成后，再以适当方法将各扇区融合为环南极海冰平均变化序列，为将来开展归因和预测研究奠定基础。

冰芯记录是恢复冰盖积累率长时间尺度变化的有效手段。由于微地形变化、沉积过程等对冰芯记录的影响，基于冰芯记录区分积累率局地变化与区域、大陆尺度变化具有很大的挑战。近几十年来，南极冰盖不同区域冰芯记录的积累率呈现了较小或成倍增加、降低及没有显著变化各种变化趋势。为了评估冰盖尺度上积累率变化，常常将冰芯记录进行合成或与气候模式相结合。研究人员以 ERA-40 为背景场，利用冰芯记录重建了自 20 世纪 50 年代以来南极积累率变化，并表明在此期间没有显著的变化趋势（Monaghan et al.，2006）。具有年分辨率的 67 个南极冰芯记录合成结果表明，过去 800 年来并没有统计意义上的显著变化趋势（Frezzotti et al.，2013）。基于 86 个高分辨率冰芯记录结合区域气候模式和 20 世纪再分析资料进行了格陵兰冰盖积累率重建，结果表明，自小冰期结束以来，积累率增长了 12%，而且 1840 ~ 1996 年的积累率比 1600 ~ 2009 年高 30%（Hanna et al.，2011；Box et al.，2016）。南极冰盖欧洲南极冰芯钻探计划（European Project for Ice Coring in Antarctica，EPICA）在 DML、Dome C 的 Vostok、Talos Dome 和 Law Dome 冰芯记录显示，末次冰消期积累率增加趋势明显，在几千年尺度上，对气温变化十分敏感，积累率与气温变化的线性斜率为 5%/℃（Frieler et al.，2015）。但是西南极分冰岭冰芯的最新结果显示，在百年至千年尺度上积累率与气温变化并没有显著的相关关系（Fudge et al.，2016）。百年至千年尺度气温与积累率变化之间的定量联系是未来积累率变化预估的重要依据，考虑冰芯记录受局地影响很大，未来无疑需要更多的高分辨率冰芯记录进一步探求两者之前的联系。

鉴于显著影响我国天气气候的北极海冰位于喀拉海和巴伦支海一带，本研究的一个重点是重建该区域的海冰长期变化序列，以便与我国 500 年极端气候记录的历史文献做对比性研究，探讨关键区海冰变化与中低纬度极端事件之间是否存在稳定的相关关系。当然，北极海冰与中国极端气候乃至气候型之间的关系以及乌拉尔山阻塞高压等中间环节，需要大力研究，使用古气候模式加以深入分析和验证是重要的途径之一。

第2章　研究区域与方法

2.1 研究区域

本书主要的研究区域为：南极中山站—Dome A 断面、LGB-AIS 系统、南极冰盖和格陵兰冰盖、阿拉斯加巴罗角（71°18′N，156°46′W）、巴伦支海—喀拉海—拉普捷夫海及这些海域的北部相邻海域的北极海冰变化关键海域（图 2-1）。

图 2-1　极地冰冻圈研究区域

2.1.1 南极冰盖和格陵兰冰盖

南极冰盖绝大部分分布在南极圈内，直径约为 4500km，面积约为 1398 万 km^2，约占南极大陆面积的98%，平均厚度为2000～2500m，最大厚度达4200多米。南极冰盖的总体积约为2450万km^3，占世界陆地冰量的90%，占淡水总量的70%。冰盖外围发育有面积约为150万km^2的陆缘冰，主要有Ross（罗斯）冰架、Filchner（菲尔希纳）冰架和Amery（埃默里）冰架等。在内陆冰盖的补给和推动下，冰架边缘不断崩解出大量的平顶冰山。

南极大陆被称作白色的沙漠，是世界上最干燥的大陆。据观测记录，整个南极大陆的年平均降水量只有55mm。降水量从沿海向内陆呈明显下降的趋势。沿海地区，冷暖气流交汇，降水量较多，每年降水可达300～400mm，但这些降水量较多的地区都处在南极大陆的边缘。南极点附近只有5mm，几乎没有降水现象。

南极被称作世界的“风极”。南极的狂风常常超过12级台风。在南极半岛、Ross岛和南极大陆内部，风速常常达到55.6m/s以上，有时甚至达到83.3m/s。

南极是世界上最寒冷的地方，堪称“世界寒极”。南极点附近的平均气温为-49℃，寒季时可达-80℃。南极没有春夏秋冬四季之分，只有暖季和寒季之别，即使是11月至次年3月的暖季，南极内陆的月平均温度也在-34～-20℃。至于每年4～10月的寒季，南极内陆的气温一般在-70℃～-40℃。

格陵兰岛大部分位于北极圈内，全岛面积为2 166 086km^2，南北长为2530km，最宽（北缘附近）为1094km，是世界最大的岛屿。格陵兰冰盖面积约为181.3万km^2，平均厚度约为1500m，最大厚度达3200m，年平均气温为-31℃，占世界冰量的7%～9%，是覆盖格陵兰岛约83.7%地区的单一冰盖，为北半球最大冰体。它由南北两个穹形冰盖连接而成，冰层由顶峰向四周移动，其边缘到达梅尔维尔湾形成许多外流冰川，流入大洋成为无数冰山。

格陵兰冰盖显示出更强的极地海洋性冰川性质。冰盖西南部沿海的年平均气温高达1℃，1月和7月的平均气温分别为-7.8℃和9.7℃，年降水量达1000mm，雪冰积累量和消融量都很大。冰盖内部的情况显著不同，年平均气温约为-30℃，2月和7月的平均气温分别为-47.2℃和-12.2℃，年降水量仅为200mm，气温低、降水少，雪冰积累量和消融量较小，成冰过程缓慢。

格陵兰冰盖的规模仅次于南极冰盖，但却更加脆弱。比起南极冰盖，它距离寒冷的极地要远得多，冰盖南端几乎与苏格兰东北部设得兰群岛处于同一纬度。从20世纪90年代起，覆盖格陵兰岛大部分区域的格陵兰冰盖以越来越快的速度融化，冰川融化速度被当作衡量地球变暖的尺度。气候变化专家警告说，地球变暖导致冰川融化和海平面上升，可能摧毁沿海国家和岛国。2012年的研究显示，全球变暖对格陵兰岛冰层的影响比此前估计的要大，即使温度只小幅度上升，长期下去仍可能使格陵兰岛冰层完全融解，如果冰层完全融化，海平面将上升7.2m左右，地球上许多沿海三角洲和一些岛屿将被淹没。

（1）重点研究区域1：LGB-AIS系统

LGB-AIS系统是指南极冰盖中所有经Amery冰架前缘排出的冰流所覆盖的地区，其地理范围为68.5°S～81°S，40°E～95°E。LGB-AIS系统是东南极最大的冰川-冰架系统，是影响南极冰盖总物质平衡极为重要的冰流盆地（图 2-2），同时也对南半球海洋环流特征和南极底层水形成具有较大的影响（Fricker et al.，2000；Wen et al.，2008）。LGB-AIS 系统主要包括冰川中部盆地区域、Lambert 冰川及 Amery 冰架 3 个部分，LGB-AIS 系统约占南极冰盖面积的 1/10，面积约为 1.55×10^6km^2，其中漂浮在海表的 Amery 冰架的面积为 6.9×10^4km^2（Ren et al.，2002）。从上游来的冰流通过不到 200km 的 Amery 冰架前缘排出，最终进入海洋，其前端出口宽度约为整个南极海岸带长度的 1/60，这使得该冰流系统活动性强，对全球气候和海平面变化极为敏感。

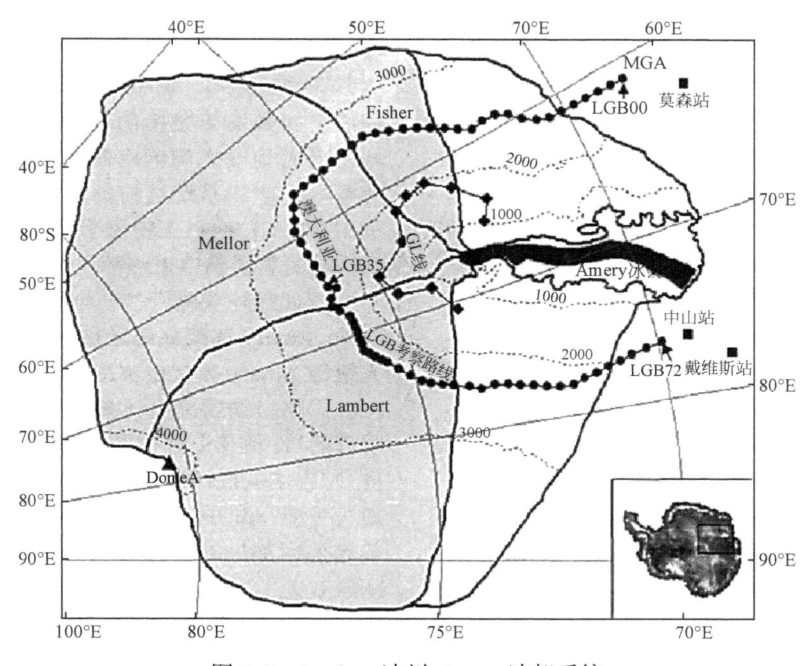

图 2-2 Lambert 冰川-Amery 冰架系统

Lambert，Mellor 和 Fisher 冰川（浅灰色）及其冰流带（深灰色）的位置，沿澳大利亚 GB 考察路线的 PGS 观测站（圆点）和 GL 线上的冰川运动观测点（菱形）。等高线为虚线，间距为 1000m

Ren 等（2002）于 1998～1999 年对横跨 LGB-AIS 系统断面的上表层积累率进行了测量，测得该地区的平均积累率为 419mm（图 2-3）。东西部积累率呈现出完全不同的规律：东部积累率高于平均值，西部靠近内陆地区则相反。南极普里兹湾—埃默里冰架—Dome A 的综合断面科学考察与研究计划测得该区域表层 20cm 雪层的平均密度为 376.8±42.2kg/m^3，在下降风较强的区域可高达 493.3kg/m^3，而 Dome A 地区的密度仅有 265.6kg/m^3（Ding et al.，2015）。

LGB-AIS 系统表层冰厚不一，沿海地区冰层厚度最小，一般小于 500m，在 Vestfold 山脉以及 Davis 站和 Amery 冰架之间有裸岩出露。海拔相对较高的查尔斯王子（Prince Charles）山和格罗夫山（Grove Mountains）冰厚也较小，也有裸岩出露。在 Lambert 地堑，冰厚能达到 2500m，由此向北冰厚在接地线附近降至 900m 左右，在冰架边缘冰厚只有

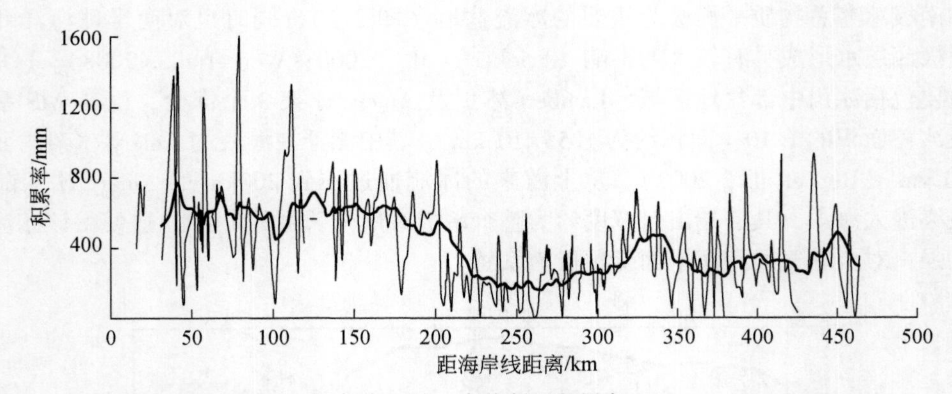

图 2-3　1998 ~ 1999 年中山站—内陆断面积累率（Ren et al.，2002）

270m，在流域边缘的内陆地区，冰厚可高达 3000 ~ 3500m。然而根据地震探测，同样位于流域边缘的 Dome A 地区，由于 Gamburtsev（甘布尔采夫）冰下山脉的存在，其冰厚只有约 600m（Hambrey，1991）。Lambert 冰川盆地中部地区表面高程由南至北呈现明显下降的趋势，走势平稳，表面高程在西南角海拔最高，最高处高程值为 3039m。在 Lambert、Mellor 与 Fisher 冰川交汇处，高程值偏低，最小值为 122m。LGB-AIS 系统的平均高程值高于海平面 1133m。

在冰下地形方面，LGB-AIS 系统的查尔斯王子山和格罗夫山向内陆延伸近 700km，在两山之间为一地堑谷地，谷地宽约为 50km，长约为 400km，最大深度约为 2500m，该地堑从晚始新世或早渐新世冰盖形成以来就起着冰体外流通道的作用，并且一直活跃至今，最终演变成现今 Amery 冰架地区（Ding et al.，2015）。由于 Lambert 冰川平均高程仅数百米，比周围地区低很多，周围数百千米内的冰体都汇集在这些冰流上，构成了面积达百万平方千米的冰盖盆地。该冰盖盆地中部地区冰下地形起伏相对剧烈，冰川作用地貌特征显著，地堑深切其间，分布有明显的冰蚀主槽谷和支谷。Lambert、Mellor 与 Fisher 冰川覆盖下的 3 条深谷沿着冰流方向不断加深，在 Amery 冰架后缘处产生交汇，在交汇处达到最深，基岩高度在海平面以下 2000m（黄龙，2013）。交汇处的冰流速最大可达 800m/a，在 Amery 冰架边缘甚至可高达 1200m/a（Rignot et al.，2011a；Liu et al.，2012；邓方慧等，2015），由于上游冰川的冰流涌入，冰架受挤压而形成褶皱，Amery 冰面并不平坦。

在物质平衡方面，据 Allison（1979）估算，内陆盆地的冰通量为 60Gt/a，而由 Lambert 冰川和 Amery 冰川流出的冰通量为 11Gt/a。温家洪等（2007）利用现场观测与遥感数据对 Lambert、Mellor 和 Fisher 冰川的物质平衡及其在 Amery 冰架的底部融化与冻结状况进行了估算，结果表明，整个 Lambert、Mellor 和 Fisher 冰川均接近于平衡状态，3 条冰川总净平衡为 -2.6 ± 6.5Gt/a；靠近 Amery 冰架南端接地线区域冰架底部的平均融化速率为 -23.0 ± 3.5m/a，并向下游方向快速减小，在距冰架最南端约为 300km 处过渡为底部冻结。据 Yu 等（2010）估算，整个 Amery 冰架的底部消融量为 27.0 ± 7.0Gt/a。

（2）重点研究区域 2：中山站—Dome A 断面

中国南极科学考察中山站—Dome A 断面考察路线，从中山站出发大致沿 77°E 经线向南延伸，其西侧紧邻 Lambert 冰川流域。澳大利亚曾对 Lambert 冰川流域有较多的考察研究，特别是 1990 ~ 1994 年完成了海拔约为 2500m 等高线的环绕冰川流域的路线考察。中国考察路线的前 300km 与澳大利亚考察路线重合，重点开展冰盖表面地形特征、微地形及表面雪性质（相对硬度、密度、温度等）、冰体厚度、冰盖表面运动速度、表面物质平衡（雪积累率）、气象条件和冰下结构等方面的观测，同时开展雪坑、浅冰芯、大气化学等样品的采集工作（任贾文等，2001；Ding et al.，2011）。

1996 年以来，中国南极科学考察队多次进行了中山站—Dome A 断面的南极冰盖内陆考察，并于 2005 年 1 月抵达南极冰盖最高点——Dome A，该区域距离海岸约为 1248km。截止到 2016 年，共开展过 10 次全程考察，沿全程布设了 6 台自动气象站和 6 个花杆网阵，并沿整个断面布设了 663 个花杆，为该断面的表面物质平衡研究提供了完善的基础数据。

2.1.2　北冰洋

北冰洋是以北极点为中心的周围地区，是一片辽阔的水域。位于北极圈内的北冰洋，整个面积为 1310 万 km^2，是世界四大洋中最小的一个，只有太平洋面积的 1/14。因此，北冰洋又被称为北极海。北冰洋海水的总容积为 1690 万 km^3，平均深度为 1296m，利特克海沟深度为 5449m。北冰洋占北极地区面积的 60% 以上，其中 2/3 以上的海面全年覆盖着厚 1.5 ~4m 的巨大冰块。

北冰洋被陆地包围，近于半封闭，通过挪威海、格陵兰海和巴芬湾同大西洋连接，并以狭窄的白令海峡沟通太平洋。根据自然地理特点，北冰洋分为北极海区和北欧海区两部分。北冰洋主体部分、喀拉海、拉普捷夫海、东西伯利亚海、楚科奇海、波弗特海及加拿大北极群岛各海峡属北极海区；格陵兰海、挪威海、巴伦支海和白海属北欧海区。北极圈以北的地区称北极地方或北极地区，包括北冰洋沿岸亚、北欧、北美三洲大陆北部及北冰洋中许多岛屿。

北冰洋海冰最大范围可达到 $15\times10^6 km^2$，在夏季最小时仅为 $6\times10^6 km^2$。北极作为北半球冬季冷空气的源地，对东亚地区的寒潮和冬季风均有重要影响。而北极海冰由于其阻隔了海-气之间的热量交换，并通过反照率反馈机制对北极和欧亚大陆高纬度地区的冷空气活动有重要调制作用，进而影响东亚地区的天气和气候。

重点研究区域是巴罗角，其位于美国阿拉斯加最北端（图 2-4），又称巴罗。位于北极圈（66°34′N 纬线圈）以北 515km 处，当地年平均气温约为-12℃，降水量较少，多云雾，蒸散作用微弱，属极地长寒气候。每年 5 月初至 8 月初为极昼，11 月至次年 1 月为极夜（2 个月）。

巴罗地区西北-西-西南方向为楚科奇海，东北-东方向为波弗特海，当地富藏石油和天然气。9 月底巴罗周边海域开始结冰，5 ~6 月开始消融，海冰开始冻结和消融的时间呈现显著年际变化，巴罗地区位于北极西北航道的入口，海冰冻融时间对于航道开通的窗口期具有重要指示意义。

巴罗地区平均海拔约为 3m，对海平面变化极为敏感，同时，巴罗为多年冻土覆盖区。

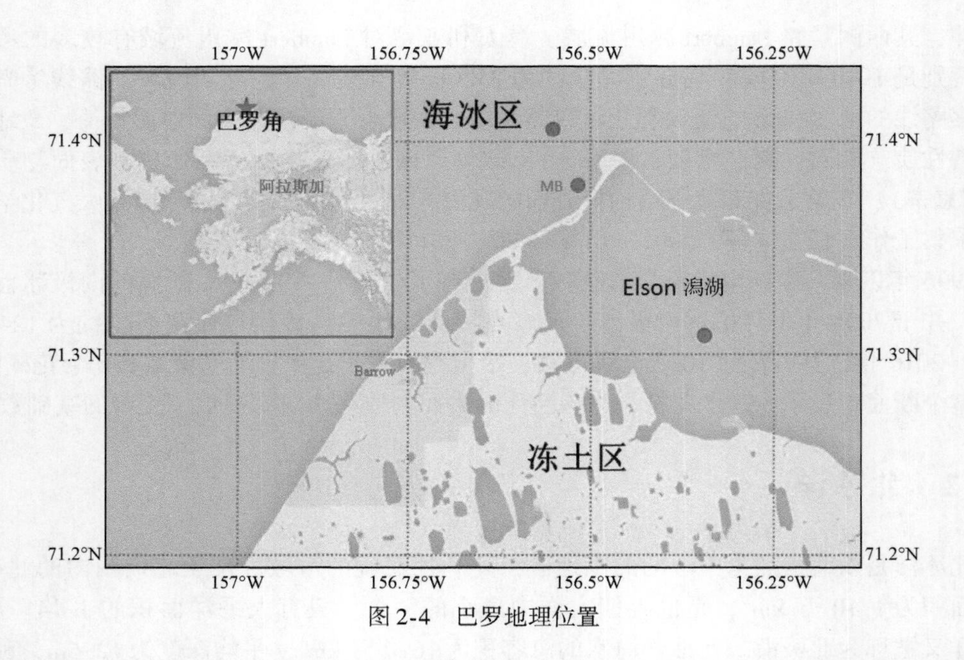

图 2-4 巴罗地理位置

每年 5 月底或 6 月初，在冻土活动层快速融化期间，夏季水分无法下渗，导致土壤表层滞水，形成沼泽型苔原植被。当地植被主要由苔藓、地衣、多年生草本和矮小灌木组成。冬半年，海冰和冻土表面被 20～50cm 厚积雪所覆盖，呈现出一片白茫茫的景象。巴罗沿岸地区海底冻土也较为发育，受白令海水流和大西洋暖流的共同影响。

巴罗是北极圈内较大的因纽特（爱斯基摩）人聚居区（Inupiat Eskimo settlement）之一，当地依然保留有淳厚的爱斯基摩土著文化。2010 年其常住人口约为 4500 人，当地人以捕鲸、捕鱼、捕猎为生，也为科学考察人员提供后勤支持，日常生活以天然气和电力为主，没有燃煤和生物质燃烧等，因而当地空气质量较高。

当地动物种类较少，但个体数量很多，主要有旅鼠、驯鹿、北极狐、北极熊等，池沼中有蚊蝇类。同时，夏季也有大量候鸟迁来繁息，在沿岸许多地方形成“鸟市”。当地海洋生物有海象、海豹、鲸鱼、鳕鱼、鲑鱼等，以及数十种浮游植物。每年春末（5 月中下旬）进入巴罗捕鲸旺季。巴罗的生态系统非常发达，除冻土和植被外，巴罗地区也分布有多处湖泊。

2.2 研究方法

2.2.1 冰盖物质平衡

冰盖物质平衡研究方法包括：地面观测（如花杆法、超声高度计、雪坑和浅冰芯、冰雷达等）、气候模拟、测高卫星、重力卫星等，本研究主要侧重于地面观测、遥感观测

(测高卫星和重力卫星) 和气候模拟方法，下面对这几种方法做简要介绍。

(1) 地面观测

1) 花杆法。花杆法是最简单易行的测量表面物质平衡的方法，它通过测量一定时间段内的雪面高度变化获取积累数据，能够提供区域性的物质平衡分布信息。目前花杆法在南极被广泛应用。

除单个花杆外，花杆断面和花杆网阵也在南极广泛应用。花杆断面常沿南极考察穿越路线布设；花杆网阵设置在小区域内 (10^4 ~ $10^6 m^2$)，通过多个花杆的平均得到准确的区域积累值，连续的花杆网阵监测可以得到积累率的年际变化甚至季节变化信息。

花杆法的误差主要来源于两个方面：①高度测量误差，主要指雪降落时受花杆影响产生自然扭曲、测量人员经过花杆网阵时对雪面影响以及测高精度所产生的误差，故应在下风向测量以减小人为误差；②密度测量的误差部分已在第 1.3 节讲述，另外受到小尺度地形多样性 (风化壳和雪丘等微地形) 的影响，花杆网阵不同位置的密度也不同，应采用多点平均的方式减小误差。自然原因是产生误差的主导因素，可以通过增加花杆数目和长时间观测来弥补 (表 2-1)。曾有研究表明，Vostok 地区单个花杆的标准差为 18kg/ (m^2 · a)，约占年平均积累率的 85%，这说明东南极内陆低积累率地区单个花杆的测值无任何代表意义。也有研究表明 Dome C 地区单个花杆或浅冰芯短期内的结果无法代表该区域的积累信息，甚至某些高积累地区 [250kg/ (m^2 · a)]，因有超过 20cm 高的雪丘分布，观测结果的可信度受到影响。

表 2-1　冰盖表面物质平衡实测方法实施要点及误差来源

方法	实施要点/原理	误差分析	
		误差来源	误差类型
花杆	雪面平整地区设置，轻质花杆，高度不超过 4m，长期观测	测高精度 底部沉降、花杆弯曲 表面地形变化 密度测量	高度 高度 高度 物质量
超声高度计	开阔地带设置，保持合适高度，定期复查收集气温，最好与气象站结合使用	结霜 气温 声速 支架沉降 表面地形变化 积雪迁移 老化、腐蚀 密度测量	高度 声速 高度 高度 高度 高度 精度 物质量
雪坑和浅冰芯	挖掘雪坑或钻取浅冰芯，选择合适定年指标	年际变化 密实化作用 定年因子选择 浅冰芯变形等 冰流	定年 定年 定年 物质量 雪层厚度

续表

方法	实施要点/原理	误差分析	
		误差来源	误差类型
冰雷达	追踪等时反射层，进行时间-深度转换，确定等时反射层的年龄，计算密度-深度及其在空间上的变化函数，多次计算得出物质平衡值	波速-深度函数 时间-深度转换 深度-年龄转换 密度测量 密度剖面插值 冰流 冰芯解释	深度 定年 定年 物质量、波速 物质量 雪层厚度 物质量

2）超声高度计。随着低温材料的进一步发展，超声高度计最近十几年开始在东南极使用，其基本原理是通过记录锥形向下发射和接收（一定面积的）雪面反射回的超声波的时间差来计算雪面高度变化（图 2-5），严格地说，需要配合实时温度数据来校正声波传输速度。目前，超声高度计在南极的海岸地区、内陆高原地区、强下降风地区及冰架上被广泛使用。

图 2-5　超声高度计示意图

（a）安装在气象站上的超声高度计；（b）气象站支架下方积累的雪丘；（c）超声高度计特写

超声高度计最常见的问题是传感器下部结霜，影响声波的发射和接收。在传感器四周固定一个锥形物体可以在一定程度上防止结霜，但同时也增加了锥形物外围由于积雪过多而结冰的可能性，易损坏支架。研究发现，坡度大的地区下降风较大，下层大气干燥，结霜现象少见，所以在内陆冰穹和冰架地区应少用超声高度计来观测表面物质平衡。受老化、腐蚀和温差过大的影响，传感器记录数据的准确性会逐渐降低。东南极冰盖表面辐射多数为负，所以传感器与地面附近空气的温度相差很大，天气晴朗的极夜温差甚至能达到5℃（3～4m 高度差），用来校正声波速度的温度记录不一定是准确的平均值。在结霜现象严重的地区（内陆平缓的高原），支架上物质积累过多容易掉落在正下方，积累成中小尺度的雪丘［图 2-5（b）］，被超声高度计当成降雪记录下来，有时风速过大时会吹起地面的“雪团”，经过探测器下方时会被误认为积雪。通过与气象站记录结合可以检测出飘雪事件，剔除当时的记录便可（表 2-1）。

3）雪坑和浅冰芯法。雪坑和浅冰芯法是通过挖掘雪坑/钻取浅冰芯（图 2-6），获取不同深度、不同时间沉降的雪冰，对这些样品进行化学分析，测定典型元素信息（如 NO_3^-、β 活化度），可以得到不同深度的年代信息；在挖掘雪坑/钻取浅冰芯的同时测定不同深度的密度，两者结合便可得到一定时间段内的积累量。

(a)浅冰芯钻取

(b)雪坑采样

图 2-6　雪坑和浅冰芯野外示意图

确定雪坑和浅冰芯年龄的方法有三个：一是通过高分辨率的物理、化学、同位素记录的季节性循环确定浅冰芯年层厚度；二是通过特殊化学记录（如火山事件、核事件）来确定特殊年层；三是通过核素的自然衰变定年，这种方法使用较少，具体使用方法要根据研究的需要和研究区域的积累率来决定。

研究表明，风和升华会改变同位素的组成，可能导致季节信号的误判和丢失；海洋生物释放出来的硫化物沉降到雪冰中，会干扰海岸地带火山源硫化物记录；^{210}Pb 容易受到年层丢失、^{226}Ra 含量过高、空气垂直交换（额外 ^{222}Rn 进入）、融水等因素的影响，误差较大，需同时使用多个指标来减小定年误差。多个指示因子结合定年同时也增长了误差出现的可能，如容易加入错误的季节信号、错误的火山年龄等。一般来说，通过参考相关地区的研究，定年可以把误差控制在 1 年左右，但若参考地区距离过远会造成误差过大。

冰盖运动的影响也需考虑，冰流的伸张作用会造成年层向四周扩展而变薄。一般来说，在东南极寒冷广大的内陆冰盖地区，由伸张而引起的减薄率在 0.01%/a 左右，不超过 100m 的浅冰芯相对误差在 5% 以下，可以忽略，但在运动较快的冰流或者冰架地区减薄率约为 1%/a，100 年老的雪层相对误差可达 13%（表 2-1）。

4）冰雷达。冰雷达可通过勘测连续年层（等时反射层）在研究剖面上的深度变化，为物质平衡研究提供重要信息，它需要与高分辨率的冰芯结合才能为雪层定年。

高精度全球定位系统（global positioning system，GPS）测量是冰雷达的重要补充，配合使用可以探测积累率在空间上的变化，大大降低了建立积累模型的难度；高频冰雷达（100MHz 至 1GHz）能对冰盖上部百米的冰雪层结构进行高分辨率成像，提供过去几百年的物质平衡演化信息。冰雷达因其经济性和携带方便等特点被广泛应用，如 ITASE 和 EPICA 的相关项目。

冰雷达通过接收等时反射层反射回来的电磁信号来探测冰雪层结构，该设备可以固定在雪地车或其他雪面交通工具上，其地理位置变化通过 GPS 同时测量并自动记录（图 2-7）。有 3 个因素会影响电磁脉冲在雪冰中的传导：①与密度相关的介电常数，是制约上部数百米反射信号的主要因素；②电磁脉冲的频率（或波长）的改变能控制冰层深部的反射；③冰盖深部（超过 1000m）冰晶结构的发育，会造成电导率各向异性。

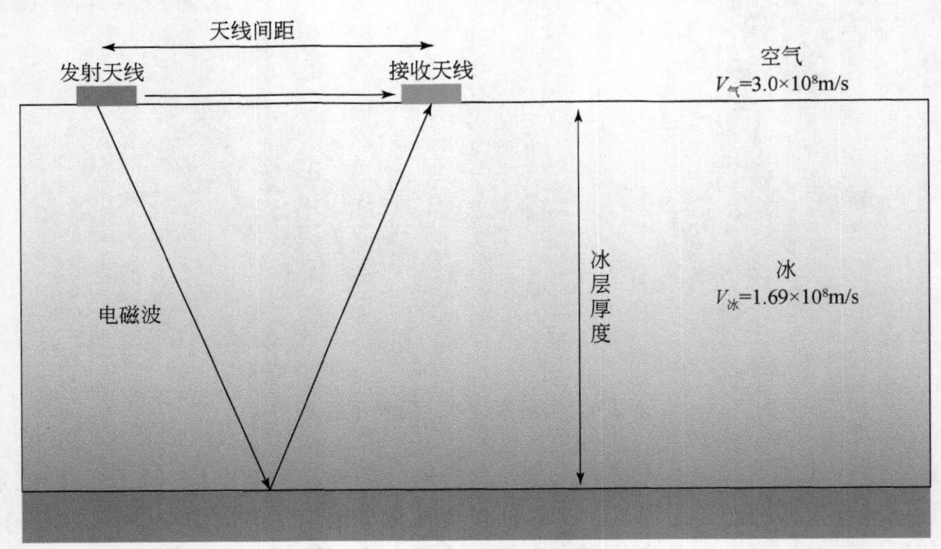

图 2-7 冰雷达探冰原理示意图

$V_{气}$是电磁波在空气中的速度；$V_{冰}$是电磁波在冰内的平均速度

冰雷达测表面物质平衡方法的误差可分为等时反射层深度确定相关误差、等时反射层定年相关误差及上部物质量估算误差，另外内陆地区与沿海地区的密度-深度（波速-深度）均一性也不相同，对雷达剖面进行空间内插或者外推以获取密度信息时也会产生误差。在实际操作中，雷达勘测路线不可能直接穿过取样点，或者不能保证在同一年进行，某些取样点与勘测剖面之间的距离甚至远超 10m，会造成较大的误差。雷达系统的工作频率决定了等时反射层的垂直分辨率，理论上讲，等时反射层间隔为波长 1/4 时能达到最佳分辨率。据 Ricker 法则，两个反射脉冲的旅行时间间隔超过脉冲周期一半时就能分离出来，但是大部分雷达都采用多个频率同时勘测的方式，分辨率随之下降。

综上所述，四种地面方法各有优劣，花杆法使用广泛、操作简单，且能覆盖大面积区域，若复测间隔短虽可保证一定的时间分辨率，但同时增加了后勤费用；复测周期是限制花杆法的重要因素，只能在常年考察区域实施。超声高度计由于其实时性，可高时间分辨率地记录积累、消融事件，这对于用冰芯反演古气候记录有重要作用，但其单件器材成本过高使其不能像花杆法那样多点设置，故空间指示意义低。雪坑和浅冰芯能获得长时间序列的积累信息，目前在南极穿越考察路线上已做了大量研究，但受局地多样性和风速、温度等因素的制约，其空间指示意义相对较低。冰雷达能安装在雪地车等交通工具上快速并多次在南极冰盖进行勘测，覆盖面积广，但由于必须与冰芯结合才能解译等时反射层，其深部层位分辨率低，误差较大，并且受到区域地形多样性的制约，其密度-深度的侧向均一性随勘测空间的增大而急剧减小，特别是在上部 3 ~ 20m 的雪层中（表 2-2）。

表 2-2　四种测量方法的优劣比较

方法	优点	缺点
花杆法	简单易实施 覆盖范围广（花杆断面） 局域指示意义强（花杆网阵）	单点误差大 后勤费用高 实施周期长 易受局部地形影响
超声高度计	时间分辨率高 实时记录积累、消融 可与气象站结合实施	空间指示意义低 支架下方易积累雪丘
雪坑和浅冰芯	快速 时间序列长 时间分辨率比较高	空间指示意义较低 影响因素多
冰雷达	快速 经济 覆盖范围广	必须和浅冰芯结合来解释数据 时间分辨率低 精度受器材制约 受区域地形变化制约

（2）遥感观测

目前存在两种遥感手段观测冰盖物质平衡，其一为卫星测高，其二是重力卫星 GRACE。其中，卫星测高在原理上是监测获取同一点的高程，从而记录长时间的高程时间序列，利用监测点的密度，得到物质平衡。卫星测高最早应用于平坦海平面的监测，因此卫星轨道不完全重合，对海平面监测没有太大影响，这也使得卫星测高一直无法应用于冰盖高程和物质平衡监测。卫星测高监测高程变化，早期是监测同一点的高程变化，其缺点是可用数据有限，使得结果分辨率偏低，近几年随着数据处理技术提高，是否重复已变得不重要。通常一颗卫星测高的使用寿命不超过 10 年，要监测长时间序列的高程和物质平衡，需要利用多颗卫星测高，此时需要考虑不同测高卫星之间的系统偏差。与卫星测高监测几何高程不同，重力卫星 GRACE 是由轨道高度约为 500km、相距约为 250km 的两颗卫星组成，除了携带传统的定位等设备外，其显著点在于携带了测距仪，测量两颗卫星之间的距离，然后求解并发布每个月的地球重力场。GRACE 于 2002 年发射升空，设计寿命为 5 年。由于重力场的变化在短期内主要由水圈变化引起，重力卫星成为研究冰冻圈变化的重要手段。

国内外正针对这两种遥感手段进行联合研究，并取得了一定的进展。目前可预期在以下几个方面取得突破：①利用卫星测高和重力卫星在相同时间尺度（如线性、年际等）的相关性，开展冰雪密度反演；②利用卫星测高的高空间分辨率，提高重力卫星结果的空间分辨率；③在假定密度时，联合卫星测高和重力卫星，分离表面和内部物质平衡；④针对流域尺度的高程、体积和物质平衡的时空分析。

区域气候模式 RACMO2.3 被用来模拟冰盖现代表面物质平衡及其影响因素时空变化。该模式将高分辨率有限区域模式（HIRHAM）的动力过程与 ECMWF 综合预报系统提供的物理包的有机结合。为了更好地用于南北极地区的天气与气候模拟，引入了多层积雪方案，包括了融化、重新冻结、融水径流等过程（Greuell and Konzelmann，1994；Ettema et al.，2010），改进了雪粒大小预测方案，计算了雪反照率（Munneke et al.，2011），耦合了风吹雪物理过程（Lenaerts et al.，2012a，2012b），对云微物理过程、大气湍流和辐射传输过程等进行了参数化（van Wessem et al.，2014a）。以 ERA-Interim 再分析数据为侧边界和海洋边界条件驱动该模式，模拟了南极冰盖现代表面物质平衡时空变化。未来南极冰盖表面物质平衡变化预估采用了 Agosta 等（2013）发展的一套计算效率高的表面物质平衡动力降尺度模式（SMHiL），该模式引入了 Galleé 等（2011）的复杂地形条件下降水降尺度方案和在此基础上的表面能量平衡降尺度参数化方法，计算了冰盖表面固态和液态降水、蒸发、消融和再冻结等表面物质平衡过程，其侧边界条件是由 LMDZ4 全球模式的预测结果提供。

2.2.2 海冰观测

（1）干舷测高

自 20 世纪 70 年代以来，计算机技术和空间探测技术不断发展，极大地推动了地球系统观测的研究进展。卫星测高就是在这一大背景下逐渐发展起来的新型边缘学科。卫星测高这一概念由美国大地测量学家考卡（Cauca）于 1969 年首次在固体地球和海洋物理大会（Geodesy/Solid Earth and Ocean Physics，GEOP）上提出。卫星测高技术利用携带在卫星上的雷达测高计、激光测高计、辐射仪、散射计、多普勒定位仪等高科技传感器实现对地球的实时观测。40 多年以来，其应用从最初的单一获取海面形状发展到精确获取海洋大地水准面、高分辨率全球海洋重力场、海底地形、冰冻圈变化情况、海洋环流、海洋潮汐等方面。卫星测高数据越来越成为大地测量学、地球物理学和海洋学研究的主要数据源，极大地推动了这些领域研究的发展。

卫星测高技术在 40 多年的发展中，不断改进提高，传感器性能大大改善，测高算法也日渐成熟。期间经历了由单波段到双波段，单频至双频，雷达测高到激光测高，雷达测高精度由此前米级到分米级再到如今的厘米级，空间分辨率由几十千米到如今的几百米，空间覆盖范围最大的 CryoSat-2 卫星能覆盖到南北纬 88°。观测对象不再仅仅局限于海面，冰盖、海冰及陆地也都能实现覆盖，在时间分辨率方面，卫星测高能提供长时间序列，全天候重复轨道观测。随着卫星测高的发展，其已经成为能够大规模、长时间序列、高精度、高空间分辨率获取地球观测数据的方式，极大地提升了我们对地球系统的认识。在两极海冰的科学研究中，卫星测高技术发挥了巨大潜力。两极地区受到恶劣的自然环境影响，开展科学研究工作面临巨大的挑战，很难获得两极地区的实测数据，目前也只能在两极地区观测到少部分极为宝贵的数据，但是卫星测高技术的出现为人类提供了一种观测极区的有效途径。

由于海冰密度低于海水密度，海冰实际上是漂浮在海面上的，如图 2-8 所示。海冰表面高与海面的差即为海冰干舷高，表示为 H_f，图 2-8 中 H_{seaice} 为海冰厚度，H_{draft} 为海冰吃水深度。

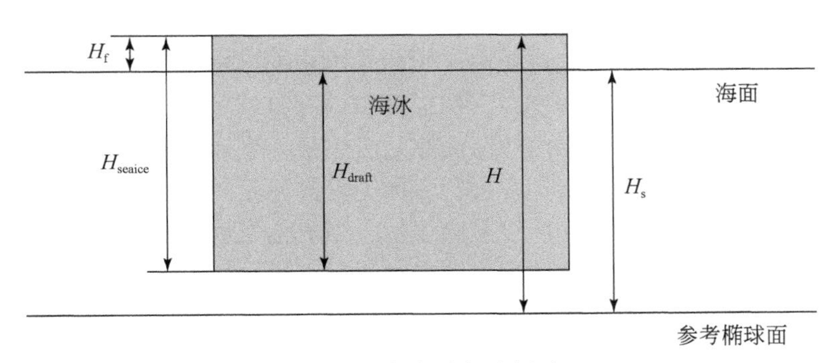

图 2-8 海冰厚度示意图

测高卫星测量得到的为地表大地高，即海冰表面大地高程 H。海冰干舷高即为海冰表面和海水面之间的高差。可由式（2-1）表示：

$$H_f = H - H_s \tag{2-1}$$

式中，H 为测高卫星所测的海冰表面大地高；H_s 为海平面大地高，可用式（2-2）表示：

$$H_s = H_g + H_t + H_a + H_d + \sigma \tag{2-2}$$

式中，H_g 为大地水准面高；H_t 为海洋潮汐对海面高程的影响；H_a 为大气压对海面高程的影响；H_d 为动态地形影响；σ 为误差。虽然海冰干舷高可以通过表面高程减去同时间段的海面高程得到，但是干舷对测量的精度要求较高，目前已有的测量手段以及模型还不能满足干舷测量的需要，因此很难利用直接相减的方法得到海冰干舷高，也就是说，目前很难通过式（2-2）解算海冰干舷高。但是，海洋潮汐、洋流等因素的影响，使得漂浮在海面上的海冰并不是一整块覆盖在海面上，而是会出现一些开阔水域或薄冰区域，称为冰间水道。冰间水道的高程可以看作海面高程，ICESat 卫星在测量地表高程时，会同时测量冰面和冰间水道的表面高。因此，通过区分两者高程测量值并求差也是获得海冰干舷高的一条有效途径。

目前利用 ICESat 卫星测高数据，有三种探测冰间水道的方法。第一种方法是利用遥感影像数据，区分海水与 SIE，然后提取 ICESat 卫星在海水范围内测量得到的高程值。这种方法准确度最高，但是要利用大量遥感影像数据，并且要求遥感影像数据和 ICESat 数据的采集时间保持一致，并不适合大范围、长时间解算。第二种方法是利用 ICESat 卫星信号的反射信号波形特征区分所测的地域是水面还是冰面，同样通过求差计算海冰干舷高。部分海冰表面的反射特征和海水面相同，使得部分海冰被判断成海水面，这样会高估海水表面。特别是在夏季，海冰表面会出现一些融池现象，即海冰表面会被水覆盖，会导致这种判断方法出现较大误差。第三种方法是基于海面高程总是低于海冰表面高程的假设，通过选取区域内测量数据中高程最低的部分数据作为该区域内的海面高程值，其他数据则为海冰表面高程，最后求差即可得到海冰干舷高。这种方法对数据的精度要求较高，目前卫星测高数据在测量海冰时的精度能够达到几厘米，相对精度将会更高，一般能够满足测量需求。

大地水准面在椭球面上的起伏较为明显，在解算海冰干舷高时容易受到大地水准面的影响，带来较大测量误差，因此必须去除大地水准面趋势的影响。在解算过程中，考虑到尽量提高解算分辨率，同时尽可能避免由于大地水准面的不准确性带来更多的误差，可根据测高卫星的空间采样率选取采样窗口，保证窗口内有足够的数据量参与计算。确定了冰间水道的高程值，即为该窗口范围内的海面高之后，最后利用窗口范围内剩下的数据高程减去海面高，即可得到海冰干舷高。在进行海冰干舷高测量时，不同雷达高度计对雪层的穿透性都需考虑，如激光高度计几乎没有穿透性，激光信号能够直接测量得到雪超出水面的高度，而雷达高度计频率低，穿透性强，能渗透到雪层中，在计算海冰干舷高时需要考虑雷达高度计的穿透性，得到海冰干舷高之后，结合积雪厚度 H_{snow}，利用浮力定理即可将干舷转换成海冰厚度。海冰厚度的计算公式为

$$H_{seaice}=\frac{\rho_w}{\rho_w-\rho_i}H_f-\frac{\rho_i-\rho_s}{\rho_w-\rho_i}H_{snow} \tag{2-3}$$

式中，ρ_w、ρ_i、ρ_s 分别为海水、海冰、雪的密度，在反演海冰厚度的过程中一般采用密度参数，分别为 1023.9kg/m^3、915.1kg/m^3、300kg/m^3。

（2）巴罗定位观测

主要从物质平衡和能量平衡两个方面观测海冰的变化过程及成因（图 2-9）。物质平衡使用海冰物质平衡浮标进行观测，可获得海冰表面积雪厚度、海冰厚度变化，以及大气-海冰-积雪-海水的温度变化数据。能量平衡使用涡动协方差系统进行观测，观测大气-海冰界面的显热通量、潜热通量、动量通量及摩擦风速等。待融池形成后，使用地物光谱仪对融池反照率进行观测。海冰密度由称重法估算，积雪物理特性由雪特性仪测得，同时，用自动气象站数据对观测期间的温、压、风、湿进行连续观测，用雨量筒对海冰表面降水进行观测，以获取天气系统变化方面的信息。整个观测系统由风力供电系统供电，同时，对观测区域的积雪-海冰进行采样，分析其中包含的成分，包括气溶胶、生物活性元素 Fe、有机物等。

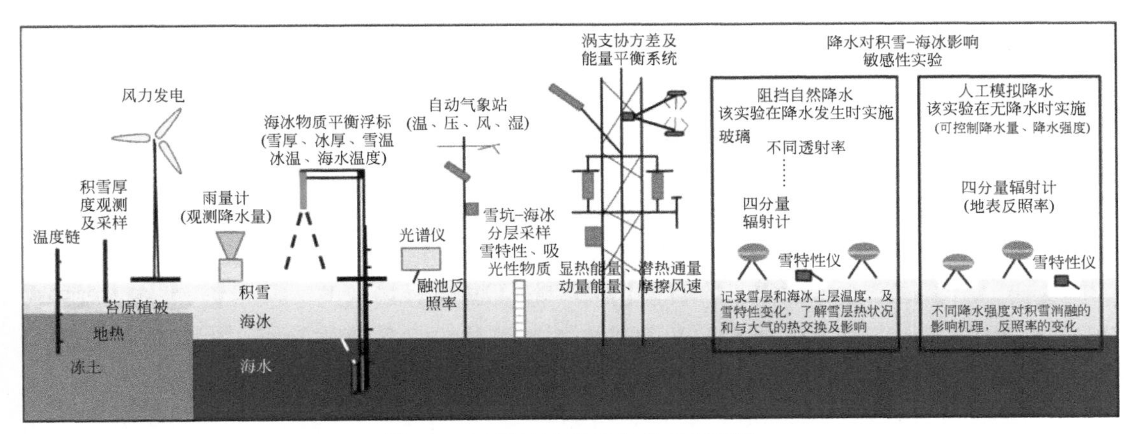

图 2-9　巴罗站冰雪半定位观测系统

该系统包括海冰能量平衡、物质平衡观测系统，以及冰-气、海-冰界面通量观测

2.2.3　冰盖动力：三维 Stokes 冰盖动力模型的构建

在获取三维冰盖地形基础上，通过合适的有限元网格生成软件，先构建适宜的二维网格，并随后根据冰厚数据将二维网格扩展至三维。利用有限元离散方法，将控制冰流运动的三维 Stokes 方程的变分形式进行离散，为保持计算稳定，选择 Taylor-Hood 方式（P2P1）分布冰内三维速度场和一维压力场自由度，即在各单元格点和边上分布速度场，而仅在格点处分布压力场。同时，对控制冰盖温度变化的热传导扩散方程的变分形式进行离散，构建模拟速度场和温度场的求解器进行求解。为了可以应用并行计算方法，在求解之前还需利用合适的网格剖分软件（如 METIS 等）将计算网格剖分成若干子网格，子网格的最大数目由计算机支持的计算核数决定。

对于实际的海洋性冰盖模拟而言，需要赋予一定的底部滑动边界条件并处理接地线动力过程。目前常见的底部边界条件主要有三类：①线性条件；②非线性 Weertman 条件；③非线性 Schoof 条件。在模型中实现滑动条件时，需要将底部坐标系旋转，满足法向速度为零，并允许切向自由滑动。确定接地线位置的方法主要有两类：①浅冰架近似模型中的静水平衡条件；②Stokes 模型中的应力平衡条件。静水平衡条件利用简单的冰水漂浮关系，而应力平衡条件需要计算冰底的法向应力大小并和海水压力进行比较。

一般而言，冰盖的 Stokes 模拟需要利用计算服务器，通常需要数百至上千核的并行能力，这对模型本身的并行效率提出了要求，如果模型的并行效率较高，则通过增加计算节点可有效地缩减模型的模拟时间。

2.2.4　大气动力诊断与模拟

风吹雪引起的升华对海岸带区域和下降风作用区域表面物质平衡的影响是显著的：风

吹雪引起的升华量与表面蒸发量相当，甚至超过了表面蒸发量。对于风吹雪过程的刻画，主要分为两个部分：一个是表面的雪粒跳跃过程，另一个是雪粒在空中的飘浮和运动过程。当风吹动地表的雪粒进行紧贴地表的水平运动时，由于碰撞作用的存在，雪粒会弹至一定高度，这个过程即跳跃过程。跳跃过程也是发生风吹雪的触发条件，对这个过程的模拟主要依赖于从统计方法得出的经验公式，跳跃过程发生的条件取决于地表的粗糙度、积雪的温度和近地面风速。当雪粒通过跳跃过程离开地表时，根据边界层中湍流运动的强弱来诊断雪粒下落速度和上升气流之间的平衡关系，并通过垂直和水平扩散方程来描述风吹雪的传输。出于预报业务的需求，目前已有一些发展相对成熟的风吹雪模型，如 PBSM、WINDBLAST、SnowTran-3D 和 SNOWSTORM 等，这些模型各有优缺点，但主体都是基于上述原理来实现风吹雪的模拟。

Lenaerts 等（2012a）将 Déry 和 Yau（1999）建立的风吹雪物理过程参数化方案，充分考虑 RACMO 区域气候模式与风吹雪动力过程模型之间的水热能量及动力过程的相互作用，保证耦合过程中物质与能量交换的守恒性与耦合模式积分的稳定性，进行了风吹雪动力过程模型与 RACMO 的耦合，基于该耦合模式，定量诊断风吹雪动力过程对表面物质平衡的定量影响。

2.2.5 冰芯重建方法

冰冻圈记录研究是全球变化研究的重要手段，特别是冰芯记录研究具有信息量大、保真度好、分辨率高、时间尺度范围大等特点，在监测气候环境变化的研究中具有不可替代的作用。例如，轨道尺度气候变化规律、快速气候变化、古大气成分记录等都依赖于冰芯研究。

冰芯研究始于 20 世纪 50 年代初期，科学家发现粒雪层中氧同位素比率变化与雪层层位特征及气温季节变化具有很好的一致性。1954 年美国科学家 Bader 首先提出在极地冰盖钻取连续冰芯以重建古气候环境的设想，并于 1956 年和 1957 年在格陵兰开展了深孔冰芯钻取计划。到目前已在两极冰盖及极区大冰帽的几十个地点钻取了中等深度（>200m）以上的冰芯，其中南极 Vostok 冰芯是目前在极区钻取的深度最深（3650m），而欧洲 9 个国家共同钻取的 Dome C 冰芯年代跨度预计超过了 90 万年。70 年代中期开始探索开展中低纬度的山地冰芯研究，到目前在中低纬度山地冰川钻取的冰芯超过百支，其中在青藏高原西昆仑山钻取的古里雅冰芯是迄今中低纬度所获得的长度最长（309m）、年代跨距最大（约 760ka）的冰芯。

通过对冰芯物理性质和化学成分的分析，可以恢复过去气候与环境变化。主要通过以下方法来恢复冰芯气候与环境记录：

（1）利用冰芯中氢（δD）、氧（$\delta^{18}O$）稳定同位素比率变化（δ 值）重建温度变化

在水汽蒸发-凝结过程中存在稳定同位素的分馏过程：较重的水分子（^{18}O，D）比正常分子（^{16}O，H）蒸发得慢，较重的水分子比正常分子凝结得快，而分馏的强度与温度有关，温度越低，其强度越大，因此在水循环中重同位素越少，到达高山、内陆和极地时，其含量达到最低。温度是控制降水中稳定同位素比率最重要的因素，而我们很容易得

知降水地点的年平均温度，因此，Dansgaard（1964）得出降水中^{18}O与年平均温度（T）之间的经验关系：

$$\delta^{18}O=0.67T-13.7 \tag{2-4}$$

通常将SMOW（standard mean ocean water，标准平均大洋水）作为标准样品（$\delta\approx 0‰$），但实际测量中，通常使用由SMOW标定后的二级标准。

$$\delta^{18}O\text{样品}(‰)=[(^{18}O/^{16}O)\text{样品}-(^{18}O/^{16}O)\text{标准}]/(^{18}O/^{16}O)\text{标准}\times1000 \tag{2-5}$$

δD与$\delta^{18}O$之间存在固定关系：

$$\delta D=8\delta^{18}O+10 \tag{2-6}$$

这样，通过测量冰芯中的δD、$\delta^{18}O$稳定同位素比率（δ值）就可以重建温度的变化。

（2）重建降水指标

冰芯是由历年的降雪经过不断压实而形成的，在不考虑其他损失（如融化流失、风吹雪损失和升华作用等）的情况下，冰芯钻取地点的降水量（年际尺度）可以通过年层厚度与该年层冰体密度来近似推算得出。

（3）间接反演古大气环流（风力）的强度

陆源性粉尘含有大量的Ca、Al等金属元素，而海洋来源的物质中则含有大量的Na等元素，通过分析这些元素的含量，可以反演出这些物质沉降时的大气环流的强度。例如，冰期大量水汽集中到大陆形成冰盖，全球海平面下降，陆地面积扩大，平均风力大，使得大量陆源性粉尘沉降到冰川上；而间冰期则相反，海平面上升，陆地面积减小，海陆温差导致的风力变小，沉降到冰川上的物质以海洋来源的居多。

（4）重建某些自然界特殊事件

自然界发生的一些特殊事件可以在冰芯中留下印迹，如火山喷发会产生大量的硫酸盐气溶胶，特别大的喷发可以使这些物质上升到平流层并最终随大气环流的运动沉降到冰川上，通过分析冰芯中的非海盐硫酸根（$nssSO_4^{2-}$），可以反演出较大的火山喷发事件及喷发的强度；而森林火灾产生的大量K^+也会沉降并保留在冰芯内。超新星爆炸时会产生大量的X射线，当这些射线进入地球大气层后会使大气中产生大量的NO（NO和NO_2是NO_3^-的前身），从而在爆炸事件发生之后的冰雪沉积层中形成明显的NO_3^-浓度峰值。南极点冰芯中的NO_3^-浓度记录，发现有4个高于NO_3^-背景浓度2～3倍的峰值，其峰值浓度年代和已知的超新星爆炸事件相对应激起了天文学家对冰芯研究结果的浓厚兴趣。大气中宇宙成因同位素（如^{14}C、^{10}Be、^{36}Cl等）产生速率的变化可以揭示太阳活动的信息。研究表明，全新世时期冰芯中的^{10}Be浓度记录受降水变化的影响较小，可以很好地揭示太阳活动状况。

（5）重建微生物的生存环境

冰川冰芯虽然不能提供微生物的生长环境，但它却是保存生物的良好载体。随着分子生物学技术的发展，在北极Hans Tausen冰帽冰芯中找到了真菌、植物、藻类和原虫等多种生物，进一步的研究发现这些微生物既包括远源微生物又包括北极局地环境下的微生物。研究发现南极Vostok冰芯底部湖冰样品中存在细菌，同时发现融化的湖冰水样中包含能生长发育的活性呼吸细胞。另外，对格陵兰过去的14万年以来的不同时期的冰芯样品进行扩增，均检测到了西红柿花叶病毒（tomato mosaic tobamovirus），并且其基因型与现代的一致，这预示着人类及其他寄生物的一些稳定性病毒也可以保存在冰川中，而且古老的活性病毒可以随着冰川的融化而向现代环境中释放。

（6）利用冰芯气泡中包含的古大气重建古大气浓度

目前古气候研究中，冰芯是所有介质中唯一可以提取过去大气成分含量变化完整信息的介质，通过冰芯气泡中气体成分的恢复，可以研究古大气成分及其变化。例如，南极 Vostok 冰芯记录恢复了过去42 万年以来的大气中温室气体（CO_2和 CH_4）含量的变化，发现在过去的 42 万年以来，大气中温室气体 CO_2的含量基本在 180 ~ 280 ppm① 波动，而 CH_4含量基本在 320 ~ 350ppb② 到 650 ~ 770ppb 波动。而工业革命以来，大气中 CO_2和 CH_4含量迅速增加，目前分别达到近 385ppm 和 1800ppb，为近百年来全球增暖主要是由于人类活动影响提供了证据。

（7）重建人类活动对环境的影响

格陵兰冰芯记录表明，古希腊和古罗马时期的 Pb 含量约是全新世早期的 4 倍，而同期格陵兰冰芯中 Cu 含量的明显峰值揭示了罗马帝国对于铜合金产品（用于军备器械和钱币等）需求的增加。对于近几百年来格陵兰冰雪中 Pb 含量的分析研究，发现人类工业化以后 Pb 含量逐渐增加，到 20 世纪 60 年代约增加到距今 7000 年前的 200 倍。而美国等西方国家从 1970 年开始限制含 Pb 汽油的使用后，从 70 ~ 90 年代格陵兰冰雪记录中的 Pb 含量约降低了 7 倍。南极 Dome C 冰芯 Pb 含量记录以及南极许多地点降水中的 Pb 含量记录表明人类活动的影响已波及南极地区，人类向大气释放的放射性物质也在极地冰川中留下了印记。例如，1954 年和 1961 ~ 1962 年发生在北半球的核试验，不仅在北半球山地冰芯和格陵兰冰芯中形成了 β 活化度（主要由裂变产物^{90}Sr 和^{37}Cs 产生）和^{3}H 浓度的强信号记录，而且在南极冰芯中也有明显的表现。

2.3 基本研究思路

2.3.1 本研究的基本思路

本研究分四个主要科学问题：①东南极冰盖表面物质平衡的星-地一体化观测计算与评估；②典型冰盖-冰架系统监测与模拟研究；③北极海冰时空变化特征、消融机制及其对天气气候变化的影响机理；④极地冰冻圈长期变化与气候的关系（图 2-10）。

通过执行本研究，达到如下目标：

1）初步设计和构建包含冰架系统的三维 Stokes 冰盖模型，重点模拟接地线的动力过程；

2）建立南极冰盖表面物质平衡数据库和卫星数据校正方法，获取过去 10 ~ 30 年准确

① $ppm = 10^{-6}$.

② $ppb = 10^{-9}$.

测高数据和重力数据；评估南极冰盖物质变化特征；

3）揭示北极海冰消融对冬季欧亚大陆盛行天气型及其所对应的极端天气的影响；揭示夏、秋季节北极海冰变化的主要特征；

4）揭示南极冰芯反映的南半球不同纬度大尺度环流变化，重建关键海域海冰变化的长期序列。

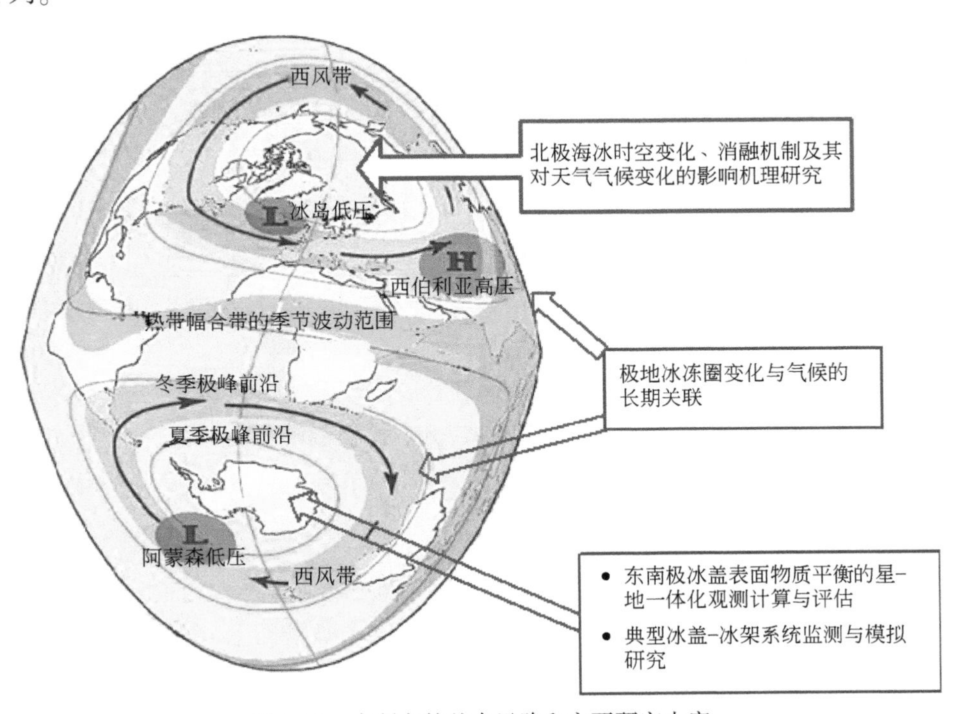

图 2-10　本研究的基本思路和主要研究内容

2.3.2　采用的技术路线

利用中国南极中山站—Dome A 断面连续 20 年来以及未来 5 年获取的断面物质平衡、冰盖流速、冰下地形、冰层厚度、气象观测、冰芯记录等丰富资料，结合遥感手段获取冰盖表面高程变化、重力场变化、冰流速场等关键要素，开展从冰盖边缘至顶点不同高度带的遥感/地面实测验证与纠正，借助合理算法和模型，重新评估东南极冰盖表面物质平衡状态和变化，定量评估对全球海平面的抑制作用。利用实测和国际共享的“Dome A—Lambert 冰川流域—Amery 冰架”系统冰下地形、DEM、冰流速场、冰架与海洋相互作用等参数，构建耦合温度场的三维 Stokes 冰盖流动模型，对 Lambert 冰川流域进行诊断性模拟，主要是 Lambert 冰川流域的冰流速场、温度场和底部特征（滑动系数等），模拟 Amery 冰架的动力构成并预测其未来变化。通过古记录结合现代过程的观测研究，探索北极海冰快速消减与南极海冰增长“悖论”的成因，结合气候诊断与数值模式手段，探讨极地海冰变化对外围地区，尤其是中低纬度地区极端气候事件的影响范围和强度（图 2-11）。

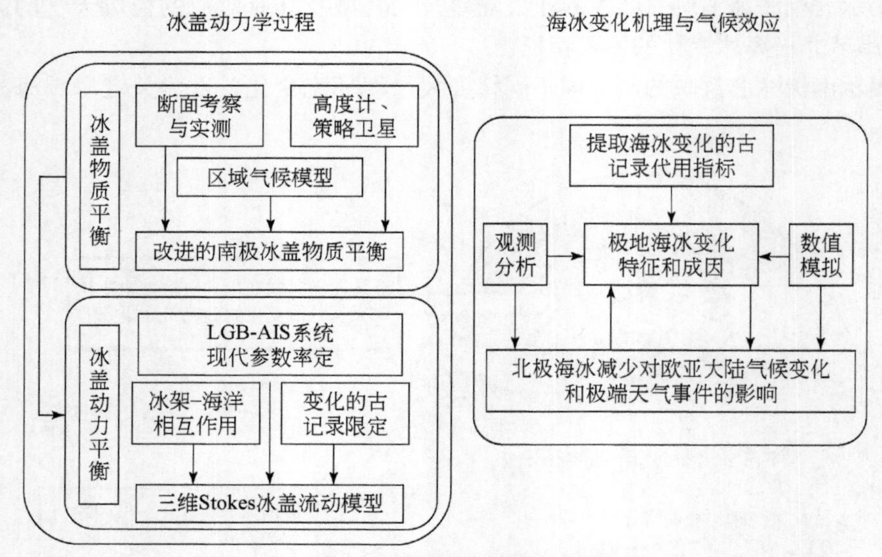

图 2-11　本研究拟采用的技术路线

具体而言，针对四大研究内容采取的技术路线如下。

（1）典型冰盖-冰架系统监测与模拟研究

LGB-AIS 系统位于东南极（67°S～75°S，68°E～75°E），包含约 13% 的南极陆地冰，是全球最大的冰川-冰架系统之一，其不稳定性对全球海平面上升具有重要影响。模拟 LGB-AIS 系统的动力学过程主要包括。

1）模拟 Lambert 冰川流域的动力过程，包括模拟三维冰川流动速度场和三维冰川温度场。其中，模拟三维冰川流动速度场需根据实测表面流速率定出冰盖底部滑动参数，通过敏感性试验估计 Lambert 冰川流域冰川学关键参数（如冰体温度和底部热通量等）对冰川流动（冰量损失）的潜在影响。

2）研究 Amery 冰架与海洋之间的相互作用过程。初步探讨冰架底部的消融过程，初步建立冰架崩解模型并将其与三维冰盖模型进行耦合，以此模拟 Amery 冰架的崩解过程及其对 Lambert 冰川流域动力过程和冰通量的影响。

3）研究 Lambert 冰川与 Amery 冰架之间的相互作用过程。模拟接地线附近冰川的动力过程，重点是接地线进退变化对 Lambert 冰川和 Amery 冰架的动力反馈和影响。

为解决上述问题，我们将进行冰川/冰盖动力模型的研发，包括：构建适合模拟 Lambert 冰川流域的一至三维热力耦合的流线型模型；构建适合模拟 Amery 冰架动力过程的三维冰架模型；构建适合模拟完整 LGB-AIS 系统的三维热力耦合冰盖模型。

通过构建上述冰流模型，我们将在不同维数（一至三维）上研究 LGB-AIS 系统的冰流特征、物质损失及由此导致的东南极冰盖不稳定性和对海平面上升的贡献。

与此同时，根据数值模拟的需求，开展模型所需输入和验证资料的实地观测，包括冰下地形的探测、冰盖表面冰流速度和物质平衡的观测等。基于现有的中国南极科学考察路线（中山站—Dome A），在冰盖-冰架典型区域（Lambert 冰川流域东侧上游）开展深部冰雷达探测，获取该区域的冰厚和冰下地形数据，深入分析冰厚分布异常、冰盖内部冰层扰动、冰下地貌、冰下地形粗糙度和冰岩界面冻结/融化状态，并探索这些参数影响现代冰盖动力过程的机制。同时，借助卫星测高和卫星重力、合成孔径雷达等遥感手段，监测南极冰盖/冰架水平和垂直方向变化趋势。通过地面测量，在重点研究区域 Dome A 和 Amery 冰架建立 GPS 观测站，结合历史数据，获取冰盖/冰架水平和垂直方向运动速度，结合冰盖/冰架表面地形与运动测量，监测南极冰盖变化，为物质平衡研究提供重要参数（图 2-12）。

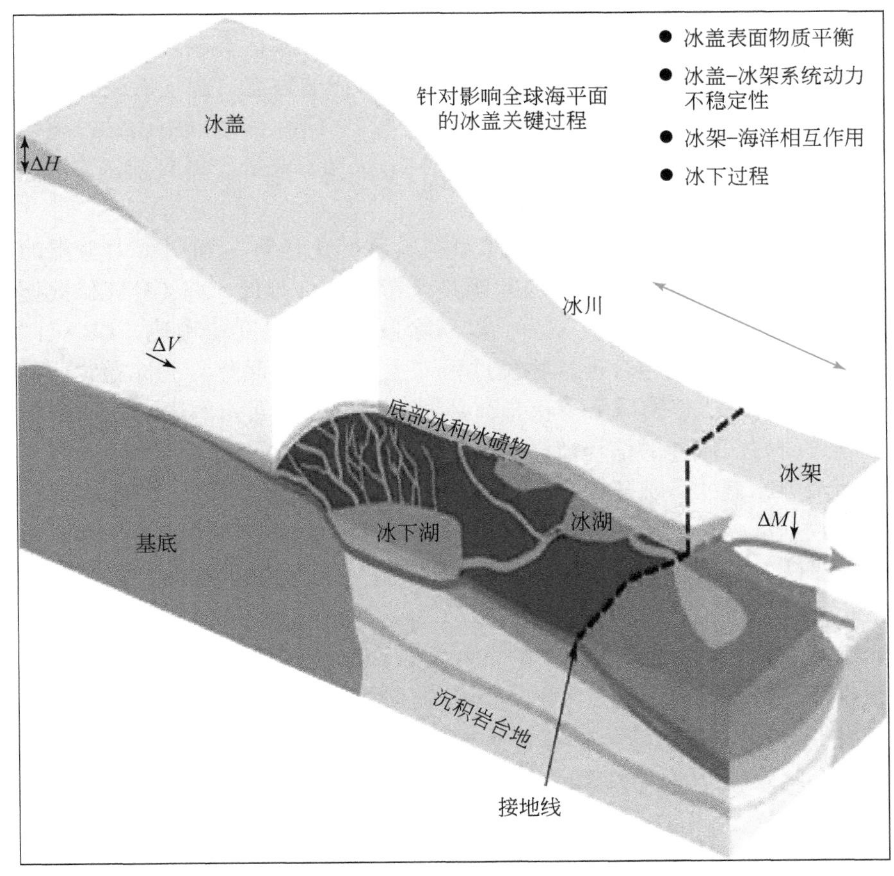

图 2-12　影响冰盖稳定性的关键过程以及本研究的主要关注点

（2）东南极冰盖表面物质平衡的星-地一体化观测计算与评估

冰盖表面实测物质平衡数据，不仅可用于选取波形重定算法与地球物理修正、评估冰面地形及高程变化精度，还可与测高数据融合，弥补算法的不足，而联合重力卫星与卫星测高数据，可以精确地确定冰盖冰后回弹。利用地面实测数据，可以精确地评估和校正模型模拟结果。结合冰雷达等时层积累记录与物质平衡模型，可以重建冰盖物质平衡历史。多方法结合可以弥补各自的缺陷，是未来研究的主要发展方向，但因为连续的实测冰盖表面物质平衡数据非常匮乏，目前仍未得到有效实施。本研究基于中国南极科学考察队在LGB-AIS地区开展的较为连续的地面观测，渴望得到一种可行的融合算法，为确定冰盖的高程变化、物质平衡状态做出贡献。主要开展如下研究内容。

1）建立南极冰盖物质平衡实测数据库，建立实测物质平衡评价模型。经过ITASE、ISMASS计划的顺利开展和国际极地年（International Polar Year，IPY）合作，整个南极冰盖特别是东南极冰盖内陆地区实测物质平衡覆盖度已大大提高，因而本研究计划建立物质平衡实测数据库，以建立物质平衡模型。

2）测高卫星数据的评估校正与冰盖高程时空变化。冰盖高程变化反映冰盖的物质平衡状态，重复轨道和轨道交叉点分析是获取卫星测高冰盖高程时间序列的常用算法，实际应用时，需要比较选取这两种算法，但两种算法缺少基准，而高精度的花杆、GPS测量结果可解决该问题，联合卫星测高与实测数据是切实可行的方案，为了有效地联合卫星测高与实测数据，需要研究这两类数据的数据融合算法。本研究计划以中山站—昆仑站断面为第一实验区，联合实测GPS、花杆、CryoSat、Envisat和ICESat，得到使用多源数据开展冰盖高程和表面物质平衡变化研究的方法。

3）重力卫星数据的分析处理与南极冰盖的质量变化计算。利用重力卫星的球谐函数反演地球区域质量变化时，首要解决的问题是条带现象，因此，将GRACE数据应用于冰盖物质平衡研究时，必须研究滤波算法，以消除条带现象提高信噪比。GRACE结果只反映冰盖总质量变化，该变化包含地球物理过程（主要为冰后回弹）和冰盖物质平衡，因此利用GRACE监测两极冰盖物质平衡状态，必须分离出冰后回弹的影响。球谐函数无法取到无穷阶，导致研究区域外的信号泄露到研究区内，引起泄露误差。冰后回弹与地球内部构造有关，而两极冰盖的特殊环境决定了该区域很难实施长期观测，利用地面GPS实测数据和卫星测高数据可以对冰后回弹进行计算，改善重力卫星的结果精度。因而本研究计划通过建立滤波算法和冰后回弹模型来处理重力卫星数据，进而精确估算南极冰盖的质量变化。

4）南极冰盖物质平衡的历史记录的重建。结合冰芯气候记录，使用冰雷达等时层对冰盖历史积累记录进行反演，气候模式对冰盖物质平衡的预测需要符合历史规律。因而，本研究将开展1~2次南极冰盖浅层冰雷达探测，获取冰盖浅部的内部等时层分布，结合冰盖断面和昆仑站区域已有浅冰芯的定年数据以及地层学原理，重建冰盖过去的物质积累记录。

5）探讨南极冰盖物质平衡状态及其对全球海平面的贡献。本研究将使用多种手段综合评价南极冰盖物质平衡状态，进而评价其对全球海平面的贡献。

(3）北极海冰时空变化特征、消融机制及其对天气气候变化的影响机理

自20世纪70年代后期以来，北极SIE一直呈现减少的趋势，特别是90年代后期以来，海冰呈现加速消融的趋势。在国际上，大多数气候模式都明显低估了夏季北极SIE的消融趋势。自2005年以来，夏季9月北极SIE频繁出现创纪录低值。2012年9月16日，北极SIE成为有卫星观测记录以来的最低值，而2007年9月和2011年9月北极SIE分别是有观测记录以来的第二和第三低值。伴随着北极海冰的快速消融，北极的区域气候和生

态环境正在发生显著的变化。不仅如此，与北极毗邻的欧亚大陆的中高纬度地区也正在经历着快速变化：东亚地区已经历了连续两个冷冬（2010～2011 年、2011～2012 年），极端阶段性严寒和强降雪极端天气事件在欧亚大陆的中高纬度地区似乎也在增加。因此，迫切需要研究北极海冰的时空变化的特征、消融的原因，以及对欧亚大陆天气和气候的影响。

具体研究内容包括以下三个方面。

1）北极海冰的时空变化特征，以及海冰变化与海洋和大气环流变化的关系。本研究特别关注巴伦支海和喀拉海及其北部海域海冰变化的机理，原因是该海域海冰变化与东亚气候变化有密切的关系。研究大气的动力强迫和北大西洋暖流流入对海冰消融的影响。

2）研究北极对流层中、低层大气增暖的时空变化主要特征，以及大气增暖与北极海冰快速消融的可能联系机理。本研究关注北极海冰消融和北大西洋海温升高在北极增暖中的作用。

3）研究北极海冰消融与北极增暖对东亚天气气候变化的影响，其中，重点研究夏-秋-冬季北极海冰持续性异常对后期大气环流的影响过程和机理，为我国季节气候趋势预测提供科学依据。

（4）极地冰冻圈长期变化与气候的关系

构建冰盖动力模型时，需要以古冰盖高程、接地线位置、积累率、冰盖范围等已知条件约束模型参数，作为回报试验检验其可靠性，从而预估未来变化；研究海冰变化及其影响时，也需要根据其长期变化考察海冰与气候要素之间关系的稳定性。为此，拟通过实地考察与资料收集，提取第四纪关键时段的区域冰盖高度、范围、接地线位置等参数；通过寻找冰芯内较为可靠的代用指标，重建海冰长期变化序列、揭示高纬度地区大尺度大气环流变化等。

拟具体开展如下研究。

1）建立极地特定区域（扇区）海冰长期变化的雪冰代用指标，开展序列重建及其变化机理研究。主要针对南大洋印度洋扇区和格陵兰海/喀拉海区开展，尝试重建过去数年海冰变化。

2）南极冰芯反映的南半球不同纬度大尺度环流变化。例如，冰芯记录结合其他代用指标，重建长序列南半球环状模（southern annular mode，SAM）；通过冰盖不同高度带冰芯记录，反映气候变化不同阶段气候带扩展/萎缩的可能性，西风急流的变化及其规律性；极涡东西半球之间偏心规律，南极绕极波的长期变化。

3）格陵兰 NEEM 冰芯内全新世粉尘 Fe 记录及其气候效应评价。例如，全新世粉尘内可溶性 Fe 的变化；工业化以来 Fe 对海洋 C 泵作用与工业化前有无明显变化，即区分人类活动释放的 Fe 与自然粉尘 Fe 的各自作用；Fe 对生物 C 泵作用的影响评价。

4）通过实地考察和搜集资料，获取 LGM 以来尤其全新世以来冰盖高度、范围和着地线位置等相关资料，作为冰盖动力模型约束的基本条件，为动力模式检验提供依据。

第3章　南极冰盖典型流域表面物质平衡

3.1　南极冰盖表面物质平衡的影响因素

南极冰盖表面物质平衡，顾名思义，是南极冰盖表面物质的净平衡，主要受降雪、升华/凝华、风吹雪搬运等过程影响，因此又称为雪积累率。

南极冰盖物质的主要来源为近至沿岸海域、远至南半球中低纬度的水汽，受气温的影响，全部水汽都以固态降水的方式降落到冰盖表面。南极冰盖的降水分布主要受距海岸距离的控制，即离海洋越远，其降水量越少。据研究，海岸地区积累率可高达800mm，而降水最少的 Dome A 地区积累率仅为19~21kg/（m^2·a）（Ding et al.，2016）

降雪沉积到冰盖表面，受太阳辐射和冰气温差的影响，表面雪冰会发生升华现象，导致物质的损失；极夜期间，由于持续低温，也容易导致凝华的发生。在这个过程中，冰盖表面反照率起到决定因素，观测和数值模拟表明，雪的粒径、密度、含水量以及污化度或杂质等物理属性都会影响反照率的变化，反照率随着雪的这些物理属性的增加而减小。冰盖表面虽具有不同的形态，如近岸地区的松软表面、强下降风区域的风化壳表面、分冰岭周边的雪丘/雪垅崎岖表面和冰穹地区的蓬松表面，其反照率虽有差异，但总体都非常高，在80%~90%（Scambos et al.，2012）。主要原因有：南极降水中不可溶杂质非常少，达ppt[①]级；南极气温非常低，因此雪层中几乎没有液态水存在；雪冰的密实化过程也非常稳定。受极昼极夜循环和低温的控制，升华主要发生在11月至次年2月，在海岸地区可以达到总降水量的20%（van den Broeke et al.，2004），在冰穹地区为年降水量的10%~15%（Ding et al.，2017）；凝华则主要发生在3~10月，冰穹地区为年降水量的5%~10%（Kameda et al.，1997；Ding et al.，2017），沿岸地区冬季降雪量非常大，所以凝华所占比例非常少。总体来看，超过95%的降水能保存在南极冰盖（秦大河，1995）。

受热动力作用和风的影响，降雪时或降雪后雪的物理性质和所处位置会随着时间的变化而变化，统称沉积后作用（post depositional process）（Frezzotti et al.，2002a；Eisen et al.，2008）。其中，风在雪积累过程中具有极其重要的作用，其搬运、堆积以及加速升华等作用可以造成雪层的丢失或者异常积累，并在雪冰沉积物中留下干扰信号，影响冰芯、雪坑等记录的准确性（Bintanja and Reijmer，2001；Frezzotti et al.，2002b；Scarchilli et al.，2010）。已有许多研究针对风吹雪开展研究：Watanabe（1978）研究了 Mizuho Plateau

① 1ppt=1×10^{-12}.

地区风对雪的影响作用，并将该地区地貌划分为四种不同影响类型；Frezzotti 等（2004，2007）在 Talos Dome 地区开展了大量观测研究，发现坡度对风吹雪有加强作用，特别是在几十米到几千米的空间尺度上；在冰穹或部分内陆地区，由于雪面松软，降雪量也非常少，风吹雪的影响甚至可以与降雪量相比，如 Dome C 和 Eagle 附近（Petit et al.，1982；Ding et al.，2017）。风吹雪的发生往往伴随着强天气过程，对区域表面物质平衡有非常大的影响（Lenaerts et al.，2010；Groot Zwaaftink et al.，2013），但在整个南极冰盖尺度上，该作用也不容忽视（Lenaerts and van den Broeke，2012）。

需要特别说明的是，有很多研究发现南极地区会发生降水，这些地区全部集中在南极半岛地区或海冰区，南极冰盖地区天气系统较为稳定，气温非常低，其降水方式全部为固态降水；也有研究发现在南极冰盖边缘或冰架末端，由于纬度较高，距海洋距离非常近，容易受到暖气团的影响，会在夏季发生表面融化或强升华现象。

3.2　南极冰盖海岸至内陆表面物质平衡变化规律

南极冰盖面积广袤，自海岸至内陆冰穹地区距离可达上千米，海拔自海平面逐渐升高到约 4000m，冰盖厚度的差异也非常大，最厚的地区可以超过 4000m。

相对其他六大陆，南极大陆及周边自然环境较为简单，因此南极冰盖不同地区的气候差异性较弱。其天气过程主要受南极绕极流（SAM）、南极高压、Amundsen（阿蒙森）低压等几个系统的控制，其地区差异性主要受南极横断山脉、距海岸距离、海拔等几个因素的影响（Mayewski Goodwin，1997）。本节，以 ITASE 计划的三个重要考察断面为例，展示南极冰盖海岸至内陆表面物质平衡的变化规律。

3.2.1　中山站—Dome A 断面表面物质平衡变化

任贾文和秦大河（1996）及 Ding 等（2016）针对该区域的冰盖表面形态和气象条件做了详细的研究，结合美国国家冰雪数据中心（National Snow and Ice Data Centre，NSIDC）最新 DEM 数据，可以把整个考察断面划分为五个不同地带（图 3-1）。

1）海拔急剧上升地带（steeply sloping section，SS），距离海岸 68 ~ 202km，平均坡度为 11.0m/km，最大坡度为 18.3m/km，主坡向为北西（NW）。

2）转换地带（transition section，TS），距海岸距离 295 ~ 600km，海拔缓慢上升，平均坡度为 5.4m/km，主坡向为北北西（NNW）；风向在此处与两侧有较大不同，下降风所占比例较大。

3）分冰岭地带（ice divide section，IDS），距海岸距离 700 ~ 1024km，地形变化非常复杂，直径从几十米至几千米的盆地依次出现，坡向变化也大；平均坡度为 4.3m/km，比预期低，可能与计算采用格点半径较大有关。

4）冰穹地带（dome section，DS），距海岸距离 1125 ~ 1248km，坡度非常小，平均为 2.6m/km；此处风向多变，但风速长期保持在 3m/s 以下。

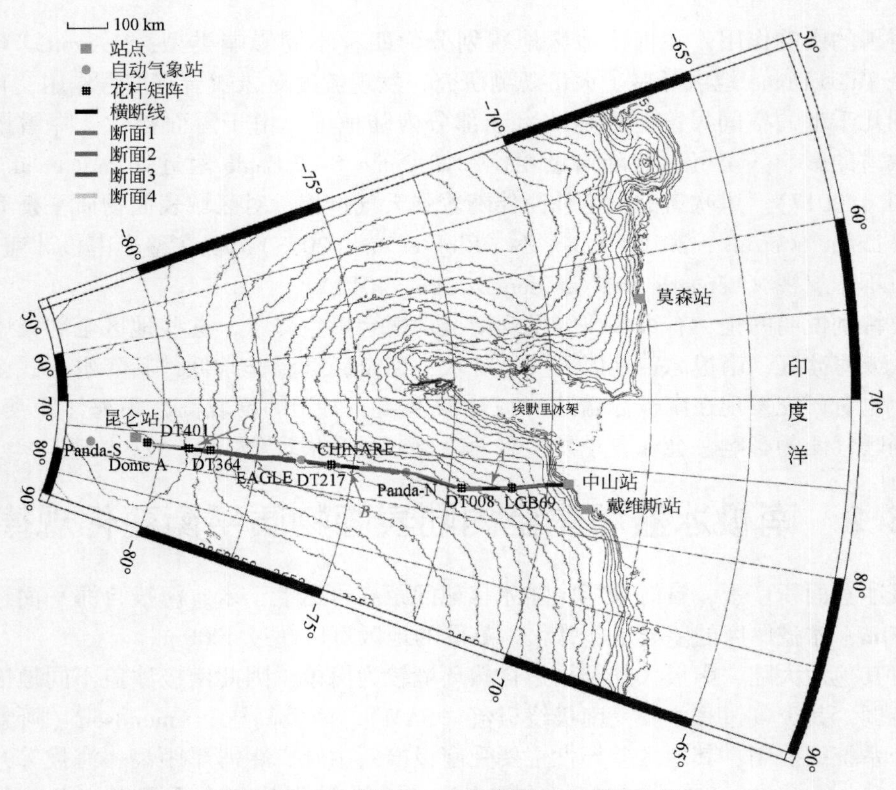

图 3-1 中山站—Dome A 断面 5 个不同地带

(1) 中山站—Dome A 断面表面物质平衡空间分布特征

图 3-2 显示了考察断面在 1997 ~ 2013 年的净积累率。可以看出，中山站—Dome A 断面积累率呈现逐步降低的趋势，这种趋势和意大利 Terra Nova Bay—Dome C 考察路线(Frezzotti et al., 2008) 以及日本 Syova—Dome Fuji 考察路线上 (Furukawa et al., 1996) 的观测结果一致。详细来看，202km 以内的积累率逐步降低，202 ~ 350km 的积累率先呈升高趋势，然后又降低，直到 524km；524 ~ 800km 的积累率较低且比较稳定。800 ~ 1128km 的 IDS 积累率有缓慢地上升趋势，而 DS 则呈现稳定且最低的年净积累率。

Ding 等 (2017) 根据气象和表面物质平衡差异分为四段 (表 3-1)，第一段 (SS) 表面物质平衡非常高 [71.3 ~ 189.9kg/ (m^2 · a)]，且其异质性仅有 23%；由于强烈的表面升华，第二段 (TS) 和第三段 (IDS) 为典型风化壳发育地区，表面物质平衡变化距离，其标准差分别可达 68% 和 50%；第四段 (DS) 为靠近 Dome A 的地区，表面物质平衡仅有 30.7kg/ (m^2 · a)，坡度较缓，雪面非常软。

降水/雪积累的首要控制因素为大气传输，其次为地形。在相同风场和类似地形的控制下，年均积累率的分布特征可以反映风控制下的消融过程 (Noone et al., 1999; Frezzotti et al., 2004)。通过表 3-1 和图 3-2 可以看出，年均积累率和坡度呈正相关关系；这可能与气团向内陆运行过程中，不同地形下沉降过程不同有关。另外，通过回归分析可以发现，四个地区中雪积累率的标准差与该区域的平均坡度呈正相关关系，相关系数

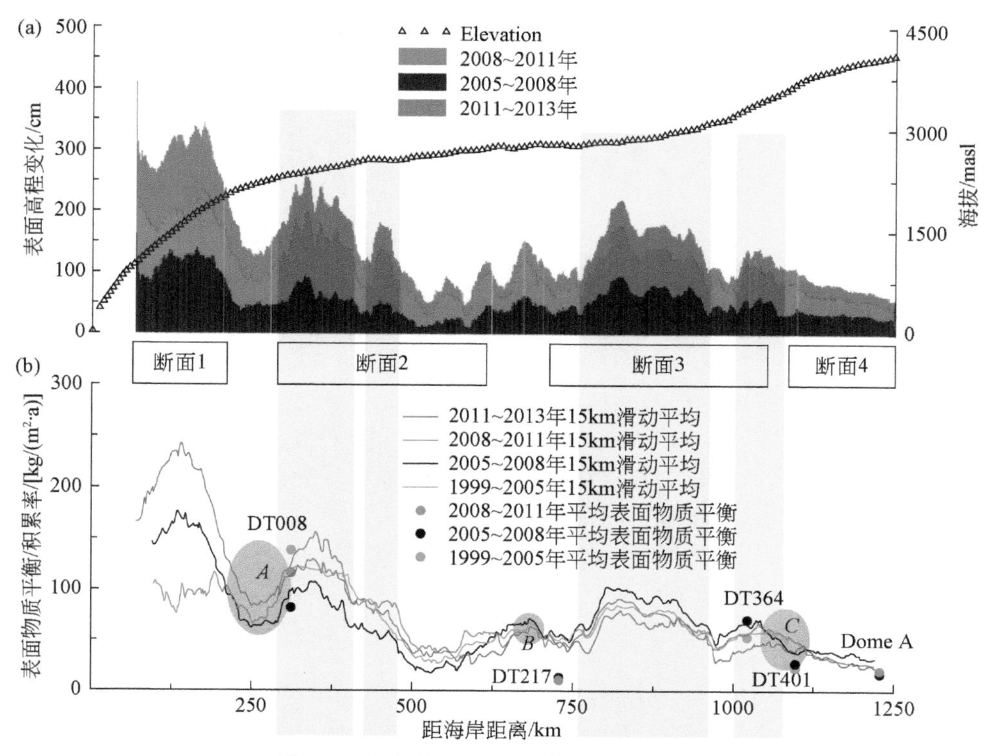

图 3-2 中山站—Dome A 断面积累率变化

(R^2) 为 0.76；强风可以搬运或堆积表层雪，并加速雪丘等表面地貌的发育（Xiao et al.，2005)，故 4 个地带的风速应该与雪积累率的标准差也呈正相关关系，但由于实地气象数据较少，无法给出统计证明。太阳辐射因其在融化、升华等过程中的重要作用，也是影响物质平衡的重要因素（秦大河，1995)，但可以认为风是影响表面雪积累的最重要因素，因为它不仅仅能搬运表层雪，还对雪密度和表面地貌有至关重要的影响作用。

表 3-1 南极中山站—Dome A 断面不同网阵积累率

区域	距海岸距离/km	海拔/m	表面物质平衡/[kg/(m²·a)]						
			1998～1999 年	1998～1999 年	1999～2005 年	2005～2008 年	2008～2011 年	2011～2013 年	2005～2013 年
SS	68～202	1031～1984	606.5±119.0	235.8±102.8	—	155.2±64.6	101.7±98.9	206.9±70.8	141.3±31.8
TS	295～600	2321～2715	—	—	62.9±47.6	55.6±54.7	85.8±71.3	73.5±65.8	67.5±46.2
IDS	700～1040	2785～3402	—	—	64.0±33.6	73.9±44.6	64.6±39.5	54.7±45.2	65.7±33.4
DS	1125～1248	3807～4091	—	—	—	34.8±18.3	28.0±14.4	28.4±23.2	30.7±10.8
SS—IDS	202～1040	1984～3402	—	—	65.4±40.8	65.0±48.4	73.8±56.4	65.2±55.0	68.4±38.6
SS—DS	68～1248	1031～4091	—	—	—	71.1±57.2	70.7±61.6	74.1±70.6	71.3±44.3

（2）中山站—Dome A 断面表面物质平衡时间分布特征

花杆网阵的测量结果在不同地段表现出不同的时间变化特征。DT008 网阵 1998～2005 年年均积累率为 137.5kg/（m^2·a），2005～2008 年则降低到 80.1kg/（m^2·a），减少了 41.7%。同期，DT217、DT364 和 DT401 由 1998/1999～2005 年①的年均积累率分别为 11.3kg/（m^2·a）、56.2kg/（m^2·a）和 24.8kg/（m^2·a），升高到 2005～2008 年的 12.4kg/（m^2·a）、72.4kg/（m^2·a）和 28.3kg/（m^2·a）；分别增加 9.7%、28.8% 和 14.1%，相近的增长率证明它们可能处在相似的气候背景下。Dome A 网阵年均积累率 2005～2009 年增加了 16%，但是观测时间较短，增长率可信度有限。此处年均积累率为 18.9kg/（m^2·a），比 Dome Fuji 的积累率 27.3kg/（m^2·a）要低得多（Kameda et al.，2008）。同时，积累率较高的网阵其变率较大。

虽然从图 3-3 中可以看出 1999～2005 年的高斯分布曲线更宽，负积累的花杆更少，但由于两次测量间隔不同，分别为 6 年和 3 年，并不能证明研究区域的表面地貌特征在近年来更为复杂，多年平均平滑了局地异质性。

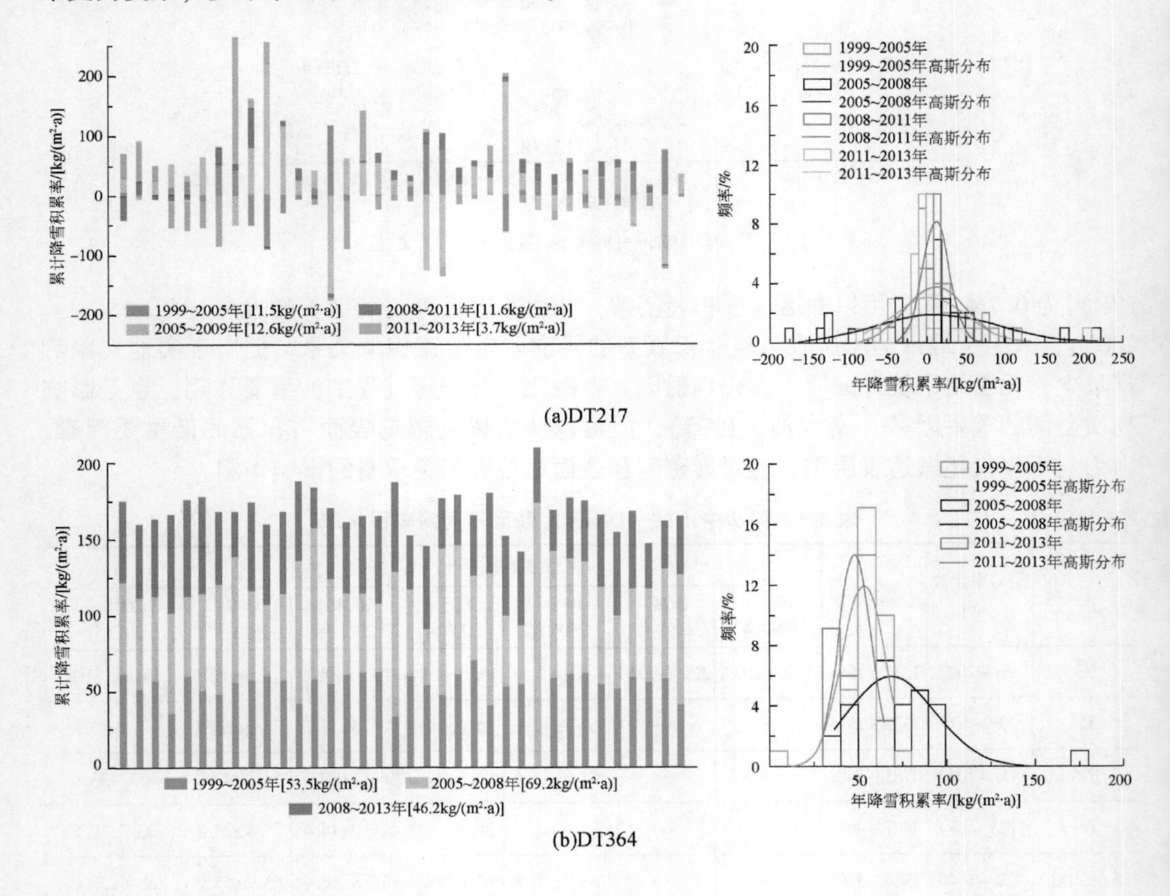

① 1988/1999 年代表 1988/1999 物质平衡年。

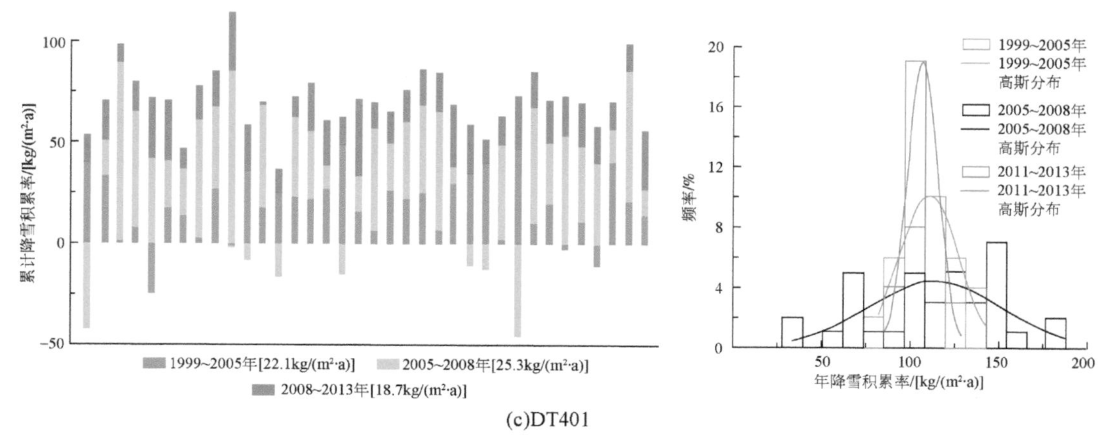

(c)DT401

图 3-3 DT217、DT364 和 DT401 积累率时间变化

图 3-4 显示了由 6 支冰芯反演得出的过去一个世纪中山站—Dome A 断面雪积累率变化特征。1940～2014 年，DT001 和 DT085 积累率缓慢上升；DT401 和 DT263 在 1900～1960 年处于缓慢下降状态，但从百年尺度来看仍然为积累率逐步增长趋势；LGB69 和 Dome A 则在过去一个世纪积累率呈下降趋势。需要特别指出的是，除 Dome A 之外，其余 5 支冰芯均在 20 世纪 50 年代末或 60 年代初有一段明显的低积累时期。Dome A 虽然整体为积累率下降，但在 1993 年之后积累率有较大增长。许多模拟研究认为，在全球变暖背景下，南极冰盖降雪量应该处于增加状态（Monaghan et al.，2006），但该区域过去一个世纪的积累率记录未表现出明显的统计性增长趋势。

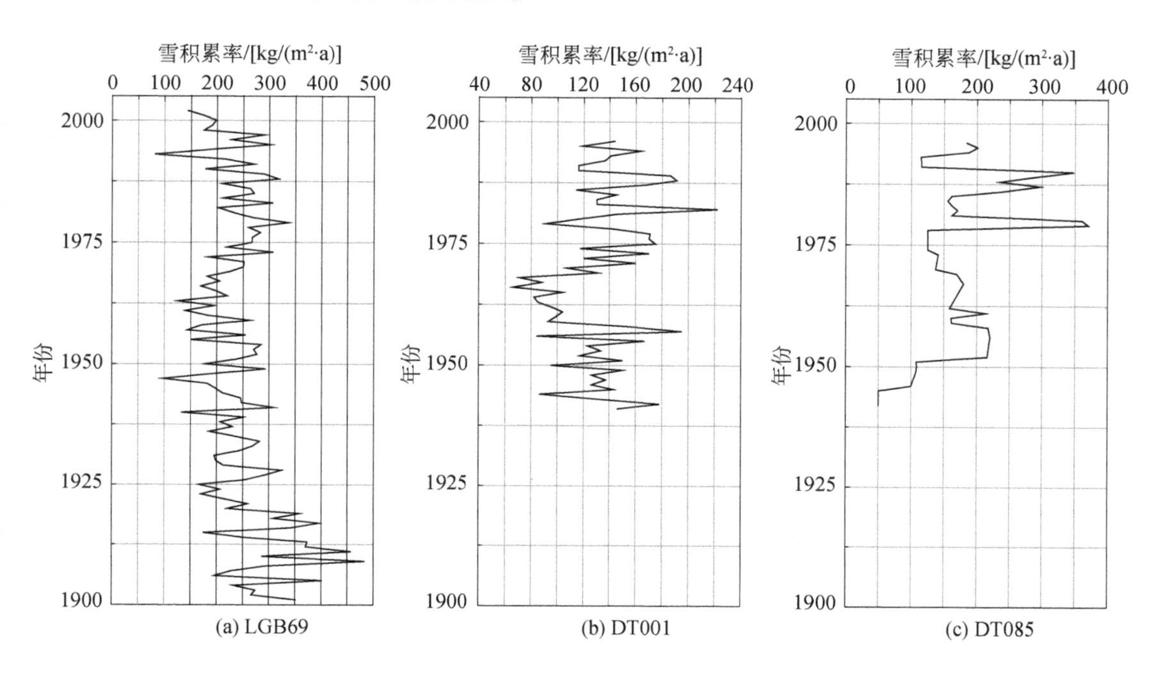

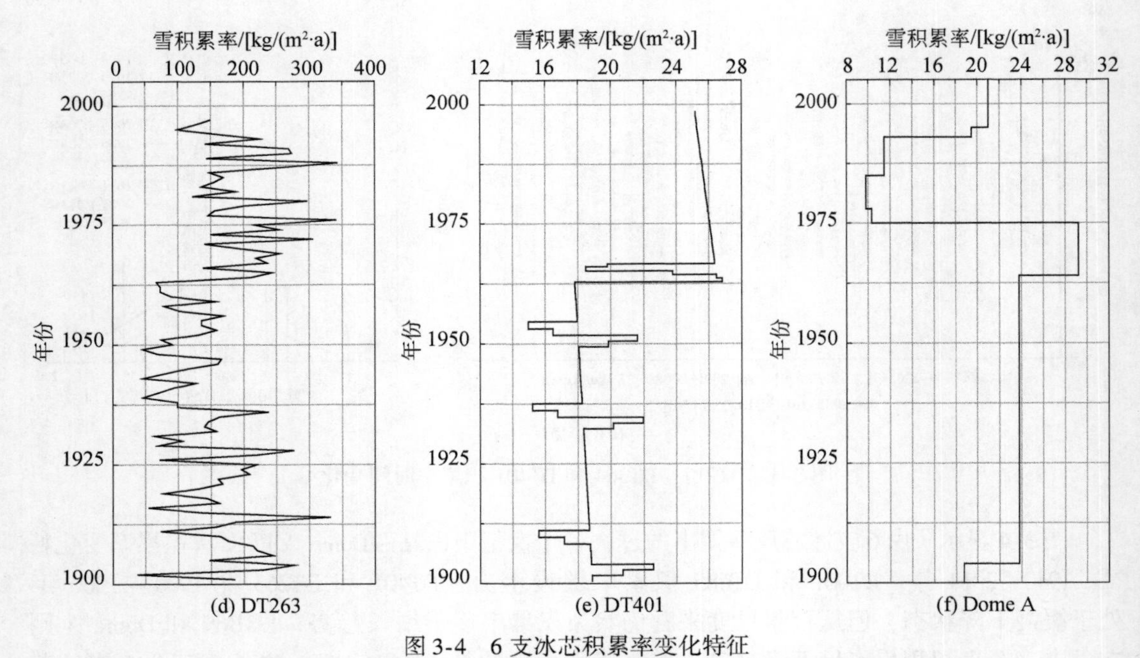

图 3-4　6 支冰芯积累率变化特征

从冰盖边缘至顶点，因积累率变化很大，冰芯积累率纪录的分辨率差异很大，内陆地区，尤其是冰盖最高区域的冰芯积累率变化只能得出总体趋势

中山站—Dome A 区域尺度的雪积累率变化，所有分区均呈现高标准差/高差异；因为考察范围有限，68 ~ 202km 的 SS 和 1125 ~ 1248km 的 DS 在 1999 ~ 2005 年无可用物质平衡数据。然而，通过比较有限数据，可以发现 68 ~ 202km 的 SS 年均积累率从 1998 ~ 1999 年的 606. 5kg/ (m^2 · a)急剧降低到 2005 ~ 2008 年的 155. 2kg/ (m^2 · a)；这和任贾文等 (2002) 的研究结果正好相反，他们观测到在 1994 ~ 1999 年，该区域雪积累率处于逐步增加状态。在 295 ~ 600km 的 TS 年均积累率从 1999 ~ 2005 年的 62. 9kg/ (m^2 · a) 降低到 2005 ~ 2008 年的 55. 6kg/ (m^2 · a)；同样的时段，700 ~ 1040km 地段的年均积累率从 64kg/ (m^2 · a) 增长到 73. 9kg/ (m^2 · a)。通过计算还可以发现，202 ~ 1040km 的雪积累率近年来没有明显变化，1999 ~ 2005 年为 65. 4kg/ (m^2 · a)，2005 ~ 2008 年为 65kg/ (m^2 · a)。总而言之，1999 ~ 2008 年，Lambert 冰川流域东侧地区的雪积累处于稳定状态，但海岸地区的年均积累率正在减少，而内陆地区正在增加。

3. 2. 2　Syova—Dome F 断面表面物质平衡变化

(1) Syova—Dome F 断面表面物质平衡空间分布特征

540 个花杆实测数据，结合改进的密度空间插值结果，评估 Syova—Dome F 断面积累率空间变化特征表明：表面物质平衡空间变化与地形因子联系密切，表面物质平衡空间变化与海拔、距海岸距离呈显著负相关关系，即随着海拔和距海岸距离增加表面物质平衡下降，表面坡度对下降风作用区表面物质平衡影响同样显著（图 3-5）(Wang et al. , 2015)。

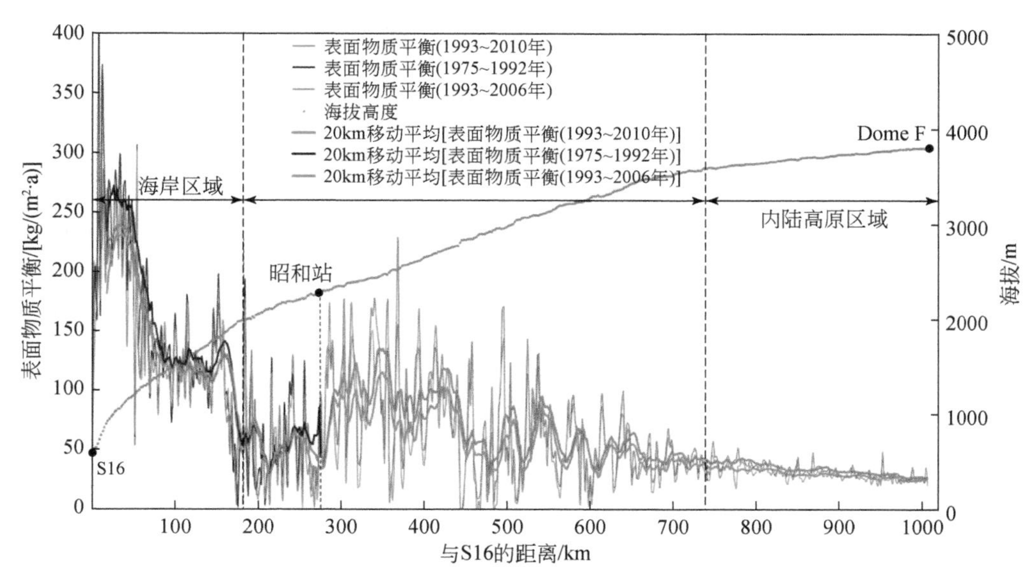

图 3-5 Syova—Dome F 断面表面物质平衡空间变化（Wang et al.，2015）

Furukawa 等（1996）和 Wang 等（2015）对该断面的冰盖表面形态做了详细地研究，结合 DEM 将断面分为三个区域：海岸区域、下降风作用区域和内陆高原区域，通过不同区域的表面物质平衡，可以进一步了解断面表面物质平衡空间变化特征。

海岸区域，指低于海拔 2000m 的区域，该区域广布小雪丘及雪垄（图 3-6）。受海岸气旋活动影响，降水随着海拔升高而降低，加上风吹雪过程的作用，表面物质平衡也离海岸越远越低。

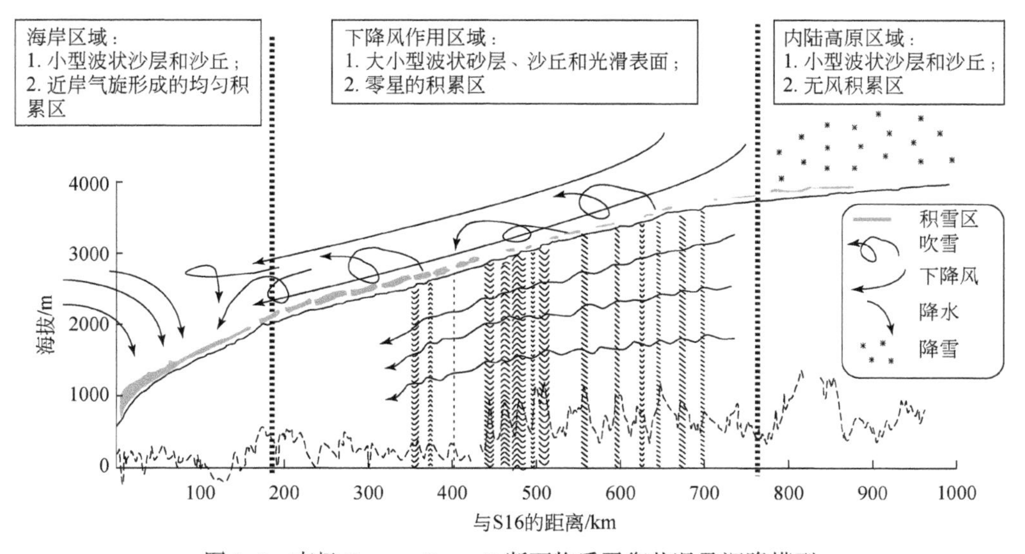

图 3-6 南极 Syova—Dome F 断面物质平衡状况及沉降模型

下降风作用区域，指海拔 2000～3600m 的区域，该区域下降风作用显著，使得表面物质平衡呈现随海拔没有显著变化到显著增加再减少的变化趋势。

内陆高原区域，指海拔3600m以上的区域，该区域年均积累率为34kg/（m^2·a），最大积累率为47kg/（m^2·a），最小为6kg/（m^2·a），标准差为15%。该区域坡度相对平缓，风速非常小，是空间分布异质性最低的主要原因。

（2）Syova—Dome F断面表面物质平衡时间分布特征

Furukawa等（1996）通过对花杆记录以及表面微地形进行统计性研究，将Syova—Dome Fuji断面路线分为三个区域，海岸区域以大量的小雪丘为特点，下降风作用区域同时有小雪丘、大雪丘、雪垄（snow dune）、雪壳（snow crust）等地貌发育，而内陆高原区域只有少量小雪丘；他们还对比了冰雷达记录，发现雪壳一般发育在凸形基岩的地区，这说明冰盖底部状况也是控制表面雪积累过程的重要因子，Watanabe（1978）的调查从侧面证明了Furukawa等（1996）的结果。Kameda等（2008）对花杆网阵结果进行统计，得出Dome Fuji 1995～2006年的平均雪积累率为27.3±1.5kg/（m^2·a），与过去700年的冰芯反演结果［26.4kg/（m^2·a）］基本一致；他们还通过实地观测发现，积累时期主要为冬季（5～10月），而升华作用主要发生在夏季（11月至次年2月）。Takahashi和Kameda（2007）对表层雪剖面密度计算方法进行改进，重新对该处花杆网阵积累结果进行了计算，得出2003年雪积累率为36.5kg/（m^2·a），比前人研究结果高27%，这同时也证明了冰盖内陆高原地区雪密度测量和计算方法对物质平衡净值的重要影响。Wang等（2015）利用花杆测量结果认为该断面海岸区域过去40年来，内陆高原区域过去20年来没有显著的变化趋势（图3-7）。

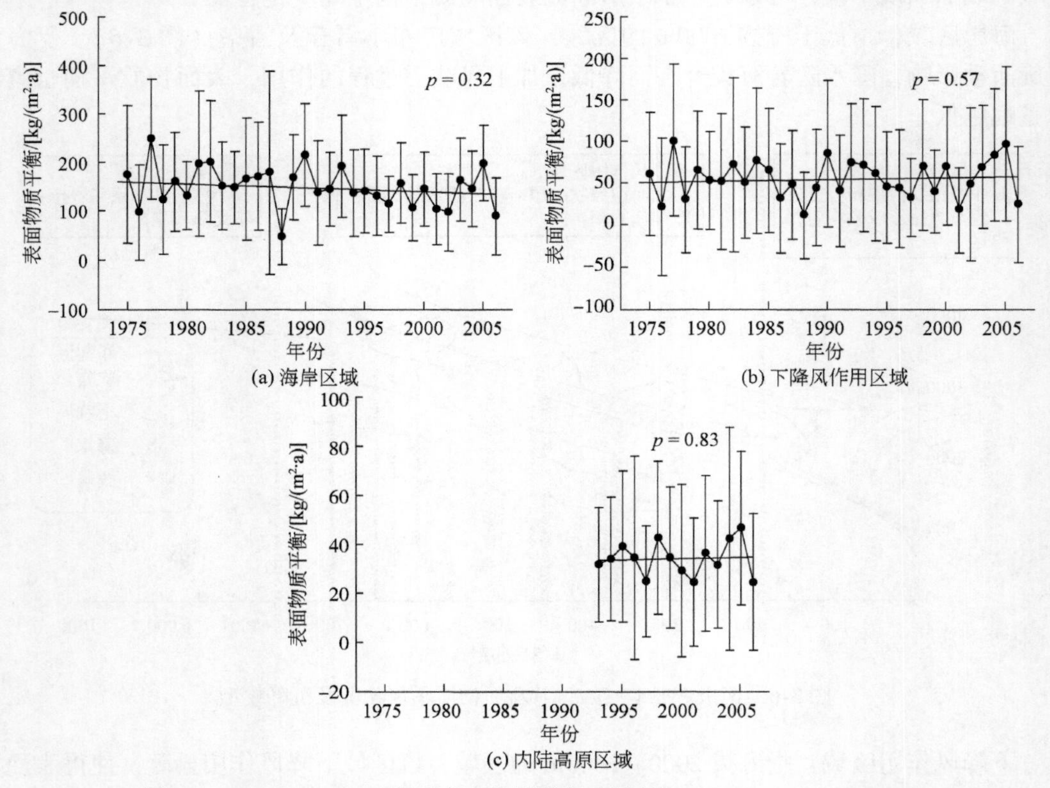

图3-7　Syova—Dome F断面表面物质平衡时间变化（Wang et al.，2015）

3.2.3 Terra Nova Bay—Dome C 断面表面物质平衡变化

（1）Terra Nova Bay—Dome C 断面表面物质平衡空间分布特征

Frezzotti 等（2007）根据东南极 Terra Nova Bay—Dome C 断面共超过 1000km 路线上的花杆、花杆网阵、浅冰芯、雪坑以及冰雷达探测的结果，将断面分为 5 段进行了区域表面物质平衡比较，结果很好地体现了从海岸到内陆逐渐降低的空间变化特征（图 3-8）。海岸（GPR20）到 GV7 段，年均积累率为 266kg/（m^2·a），最大积累率为 441kg/（m^2·a），最小为122kg/（m^2·a），标准差为 21%；GV7 到 GPR20 距离 150km，年均积累率为 184kg/（m^2·a），最大积累率为 253kg/（m^2·a），最小为 138kg/（m^2·a），标准差为 17%；距离 GPR20 150km 到 Talos Dome，年均积累率为 118kg/（m^2·a），最大积累率为 161kg/（m^2·a），最小为 64kg/（m^2·a），标准差为 22%；Talos Dome 到距离 GPR20 348km，年均积累率为 95kg/（m^2·a），标准差仅为 5%；距离 GPR20 348km 到 31DptA，年均积累率为 90kg/（m^2·a），最大积累率为 118kg/（m^2·a），最小为 67kg/（m^2·a），标准差为 11%。

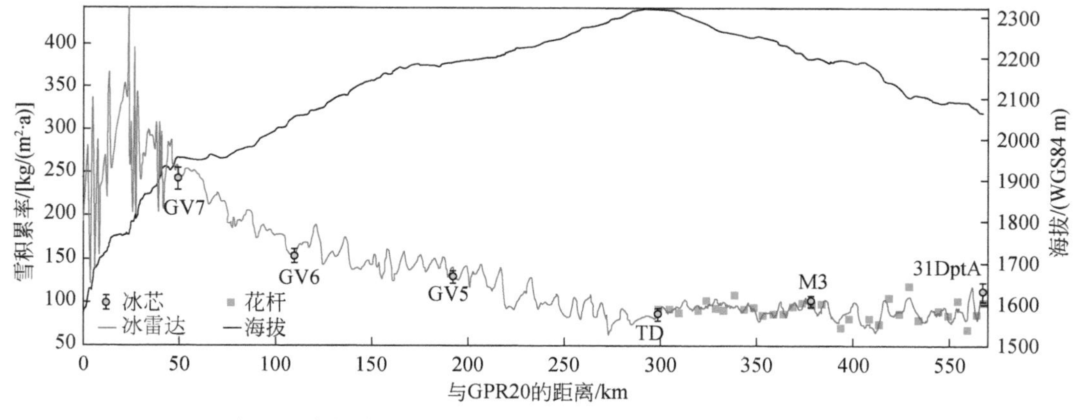

图 3-8 南极冰盖 Terra Nova Bay—Dome C 断面物质平衡状况

（2）Terra Nova Bay—Dome C 断面表面物质平衡时间分布特征

东南极冰盖 Victoria、Dome C、Law Dome、Vostok 等地（90°E ~ 180°E）在 1950 ~ 2005 年的实测资料进行了研究，分析发现虽然雪积累率整体随海拔上升而下降，但实际在海拔 500 ~ 1500m最高，0 ~ 500m 的雪积累率和内陆中段地区相差不大，应与海岸地带风力强劲和升华作用强烈有关（Magand et al.，2007）。Scarchilli 等（2008）通过检验 Talos Dome 地区的自动气象站记录并对比花杆网阵结果，发现风导致的升华速率一般在 0.1 ~ 0.2mm/d，在大风天气偶尔能上升到 0.5mm/d，但与表面温度及底层大气相对湿度的作用相比较弱。Bintanja 和 Reijmer（2001）在 DML 的研究结果与 Scarchilli 等（2008）研究结果基本一致，但是他们认为风的作用更重要也更复杂。Frezzotti 等（2008）指出地貌与雪积累过程息息相关，表面微地形（如雪丘等）能影响季节尺度的雪积累过程，较大的坡度能控制 20km 范围内的雪积累空间分布，进而对百米深度的冰芯产生影响；而流域起伏状况、基岩地形和水汽传输过程则在大范围（几十千米到几百千米）的雪积累过程中产生影响。Frezzotti 等（2007）对 Talos Dome 地区 GPR20—31DptA 路线上的花杆和花杆网阵进行研究发现，沿主风向坡度分量与升华作用正相关，同样表面气候状况下的地区若坡向不同雪积累率差可以达到 200kg/（m^2·a）；平均来看，内陆地区年均升华量为 50kg/（m^2·a），而海岸地区由于风较强可以达到 260kg/（m^2·a），占年均降雪量的 20% ~75%。另外，我们对 Frezzotti 等（2007）所研究的冰芯进行检验，发现 1980 ~2005 年没有明显的雪积累率变化（图 3-9），工业革命后的雪

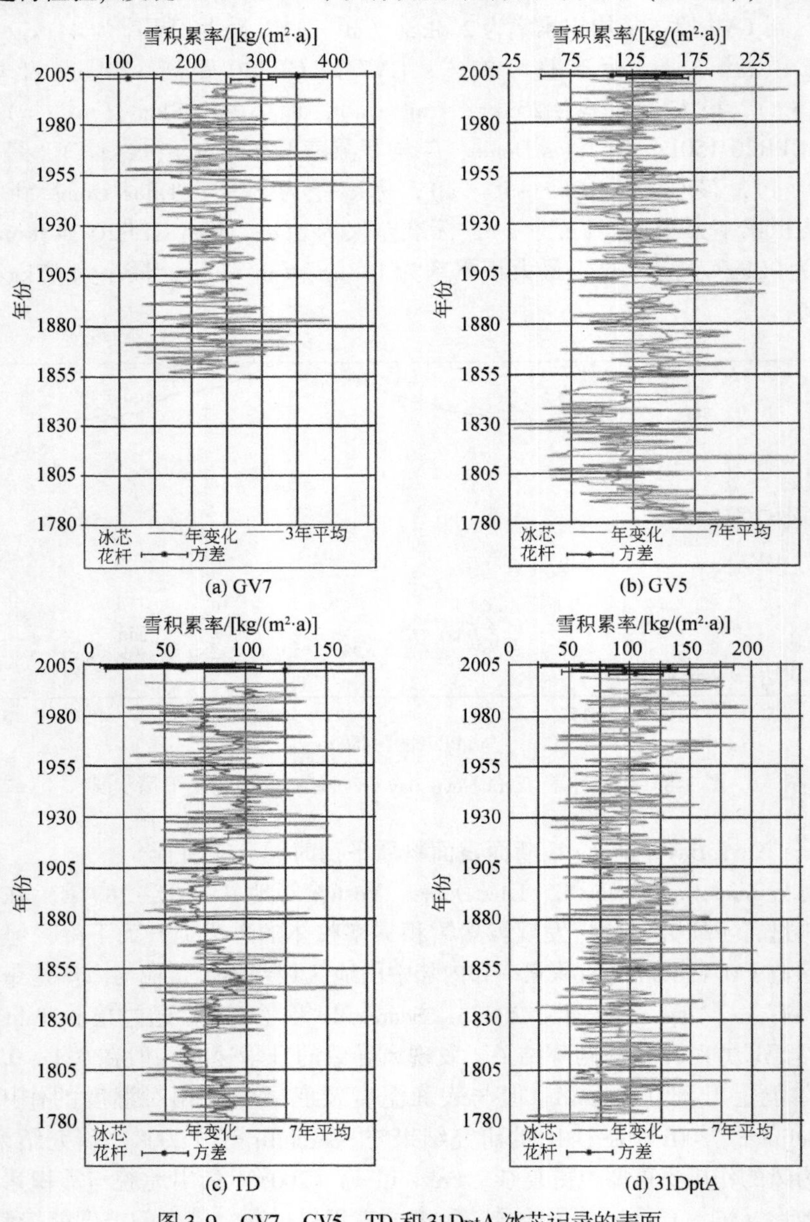

图 3-9　GV7、GV5、TD 和 31DptA 冰芯记录的表面物质平衡时间变化（Frezzotti et al.，2007）

积累率要比过去 5000 年的积累率高 30%，特别近 10 多年中 Talos Dome 顶点两侧相同海拔处雪积累率具有相反的时间变化，这与气团通过该区域的运行路径不断改变有关。Urbini 等（2008）对 Talos Dome 和 Dome C 两地的冰芯和雷达结果进行了分析，发现 Talos Dome 的雪积累率自 1923 年来正在降低，而 Dome C 的雪积累率自 1950 年来正在增加；两地趋势不同的原因是控制雪积累的机制不同，Talos Dome 地区主要受表面风的控制（这也可由沿主风向自 Talos Dome 顶点向下区域雪积累率年际递减率增大反映出来），而 Dome C 地区的雪积累过程主要受水汽通道改变的影响。

3.3 三个典型区域表面物质平衡的异同

中山站—Dome A、Syova—Dome F 和 Terra Nova Bay—Dome C 断面表面物质平衡均揭示了大尺度上共同的空间变化特征，即从海岸到内陆随着海拔升高而表面物质平衡降低，主要是由大尺度降水空间特征所决定的。然而，南极冰盖表面物质平衡是由降水、表面蒸发、风吹雪引起的升华和积雪沉积/侵蚀及表面雪融化共同决定，尤其风吹雪作用显著，使得区域表面物质平衡空间变化复杂，三个断面区域尺度上表面物质平衡变化不一致。

受南极十分恶劣的自然环境和后勤保障的条件限制，花杆监测的时间跨度小而且不连续，同样三个断面观测时间也很不一致，中山站—Dome A 和 Terra Nova Bay—Dome C 断面观测并不连续，又考虑表面物质平衡年际变化很大，使得无法放到统一时间尺度上进行比较表面物质平衡时间变化异同。总体来说，近 10 ~ 30 年，冰盖内陆高原区域表面物质平衡变化相对稳定，海岸区域变化差异显著。

冰芯记录是恢复南极表面物质平衡长时间尺度变化的有效手段。由于微地形变化、沉积后过程等对冰芯记录的影响，基于冰芯记录区分积累率局地变化与区域、大陆尺度变化具有很大的挑战。基于冰芯记录，过去几十年中南极冰盖雪积累率处于增长或减少状态未能达成一致。Pourchet 等（1983）对 Terre Adelie Land、Vostok、Dome C 和 South Pole 的物质平衡进行研究，发现 1955 ~ 1975 年南极冰盖雪积累率增长了 30%；Peel 等（1988）的研究则表明南极半岛雪积累率在过去 50 年中增长了 20%；Qin 和 Wang（1990）对 Wilkes Land 两支冰芯进行研究，发现 GC30 处的雪积累率和年均气温在 1950 ~ 1980 年处于增长状态；在 Eastern Wilkes Land 的研究则揭示该区域雪积累率 1960 ~ 1990 年增长了 20%（Goodwin，1990；Morgan et al.，1991）；Dome C 地区在过去两个世纪中雪积累率增长了 30%（Frezzotti et al.，2005）。同样，也有部分研究发现南极某些地区的雪积累率处于降低或没有明显的变化趋势（Jacobs et al.，1992；Isaksson and Karlen，1994；任贾文等，2002；Xiao et al.，2004）。可见，由于南极洲面积广袤，地形和气候特征复杂，其表面物质平衡的时空差异显著。

第4章　影响冰盖物质平衡的冰下和冰内过程

冰盖与大气、海洋的物质与能量交换会产生一系列的气候环境变化。大气-海洋-冰相互作用过程蕴含着冰盖对温室气体的响应及其反馈。理解冰盖对未来气候变化的响应，主要是厘清其对海平面变化的贡献量。估算冰盖对海平面的贡献量，需要对冰盖的能量与物质变化以及冰盖对大气及海洋的动力热力学反馈进行区分。在冰期-间冰期，气候变化对海洋环境的主要影响表现为南极冰盖在大陆上的扩张和收缩，重构海冰的厚度、分布范围以及海洋环流。近30年来，冰盖的演化过程及其与大气和海洋相互作用已成为全球变化研究的热点。针对全新世以来的极地冰盖的动力过程和内部结构变化地研究是理解目前冰盖变化趋势及其对全球气候变化反馈的关键。本质上，评估南极冰盖对海平面变化的贡献的前提是必须计算出冰盖体积及其随时间的变化，并同时估计出排放到海洋的液态水的质量，即需要了解各个时期冰盖的体积和冰盖内部的环境变化。这强烈依赖于对冰盖的冰厚、冰下地形、内部结构、冰下水环境和冰底冰岩界面等冰盖物理要素的基本理解。

4.1　冰盖的冰厚与冰下地形

冰厚和冰下地形是冰盖的基础参数。准确的冰厚是计算冰盖的物质总量的前提，冰下地形是冰盖的底部边界条件，两者是模拟冰盖冰流和动力学的重要边界条件和参数，因此，冰厚和冰下地形对于评估冰盖的快速变化和不稳定性、研究冰盖物质平衡及其对海平面上升的贡献有重要的价值（Drewry，1983；Lythe and Vaughan，2001；Fretwell et al.，2013）。

20世纪50年代，研究人员发现机载雷达回波方法可以用于探测冰盖厚度和冰下地形（Evans and Robin，1966）。雷达回波探测（radio echo sounding），又称为冰雷达（ice radar）或透冰雷达（ice penetrating radar），相较于以往的地震和重力方法，其获取数据的效率、数据的分辨率、精度和信息量都大大地提升。因此，针对南极冰盖，各国随后开展了大量的航空和地面雷达回波探测，准确地获取了冰盖的冰厚和冰下地形，这些数据被先后汇总编译生成南极冰盖冰下地形和冰厚的数据库（Bedmap 1 和 Bedmap 2），不仅为人类认识南极冰盖的几何特征提供了最主要的数据基础，而且从雷达回波信息中提取了冰盖内部冰层、冰下水和冰下湖等信息，进而用于冰盖动力、沉积历史、冰底过程和冰盖的演化研究，极大地促进了对南极冰盖变化及其与全球变化互相作用和影响的认识（崔祥斌等，2009）。

4.1.1 Bedmap 数据库评述

鉴于冰厚和冰下地形对于南极冰盖大尺度模拟和研究的重要性，Lythe 和 Vaughan (2001) 综合之前在南极完成的绝大部分冰厚和冰下地形测量结果，其中主要来自雷达回波探测，编译绘制了第一个版本的南极冰盖冰下地形和冰厚的数据库——Bedmap 1 (Lythe and Vaughan，2001)。Bedmap 1 的出现，极大地促进了冰盖数值模拟研究，不过，在数据精度、数据覆盖范围以及数据间的一致性方面存在很大的不足和缺陷。2013 年，Bedmap 2 编译完成（图 4-1），其收录的观测数据量比 Bedmap 1 增加了多个数量级 (Fretwell et al.，2013)。Bedmap 2 收入了 Bedmap 1 之后在南极完成的大量观测数据，一方面填补了 Bedmap 1 中许多数据空白，将 Bedmap 1 的数据网格分辨率从 5km 提高到 1km；另一方面航空和遥感观测技术和数据处理方法的改进，显著地提升了数据的精度，协调了 Bedmap 1 中不同数据间的矛盾（Fretwell et al.，2013）。

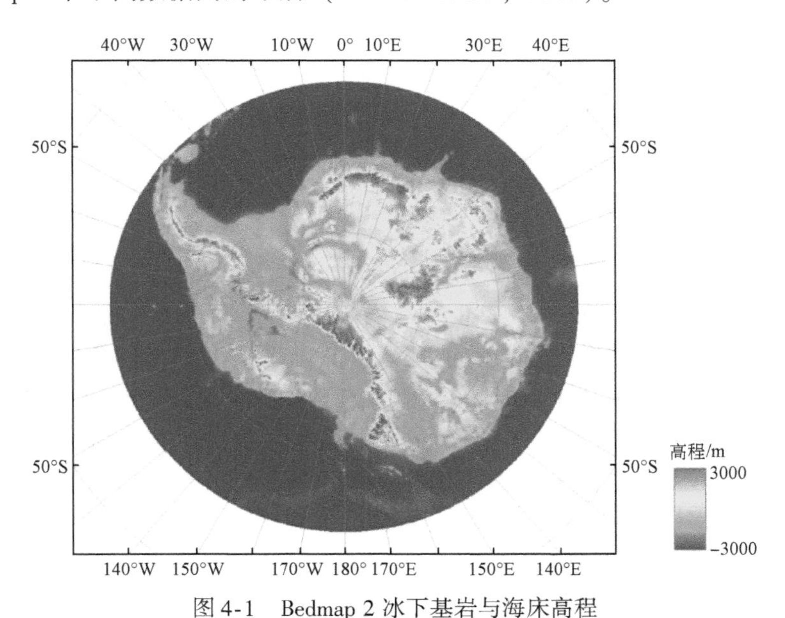

图 4-1 Bedmap 2 冰下基岩与海床高程

Bedmap 2 相较于 Bedmap 1，最突出的改进是增加了大量的冰雷达和重磁测量结果，特别是第四次 IDY（2007～2008 年）开展的大型国际南极冰盖航空地球物理调查计划，如 AGAP（Antarctica's Gamburtsev Province）计划对东南极内陆 Gamburtsev 冰下山脉区域和 Lambert 冰川盆地进行了详细的航空地球物理调查（Bell et al.，2011），ICECAP (Investigating the Cryospheric Evolution of the Central Antarctic Plate) 计划对东南极 Aurora 盆地和 Byrd 冰川及其上游区域的扇形航空地球物理调查（Young et al.，2011），IceBridge 计划对西南极冰盖和南极半岛的大范围地球物理调查（Schodlok et al.，2012），针对西南极冰盖最活跃的区域——Amundsen 海扇区、Coats Land 和东南极 DML 等局部区域的航空地球物理调查计划（Rippin et al.，2004；Ferraccioli et al.，2005；Holt et al.，2006；Vaughan et al.，2006），以及包括中国南极内陆考察断面在内的地面冰雷达探测计划等。

此外，新的更加精确的卫星遥感数据也极大地提升了 Bedmap 2 数据的质量，其中，ICESat 等激光测高卫星提供了南极冰盖表面高程数据，并与 ERS 等测高卫星的数据相互整合，生成完整的南极冰盖和冰架表面高程数据；GRACE 和 GOCE 等重力观测卫星提供了更准确的冰厚反演数据。最终，比 Bedmap 1 数据量提升了多个数量级的观测数据被用于 Bedmap 2 的冰盖表面高程、冰厚和冰下地形高程三类栅格数据的编译，使得 Bedmap 2 的网格分辨率从之前的 5km 提升到 1km（陈昀等，2014）。

我国在南极冰盖的地球物理调查方面起步较晚，而且由于后勤保障能力和技术手段方面的限制，主要依靠车载冰雷达系统，观测范围非常有限，主要集中在中山站—Dome A 考察断面及其周边。不过，鉴于地面冰雷达探测的优势，我们实现了单条断面的不同类型冰雷达系统的多次观测以及对局部区域的高分辨率网格化测量，为 Bedmap 2 的生成做出了贡献。

虽然 Bedmap 2 大幅地提升了观测数据的覆盖范围，但是在南极仍有多个地方存在大面积的数据空白，而通过重力数据反演生成的这些区域的冰厚和冰下地形数据，其分辨率和精度都相对较差，甚至很不可靠。其中，最具代表性的是东南极冰盖的伊丽莎白公主地（Princess Elizabeth Land）和 Recovery—Support Force 冰川的区域。

我国在南极开展雷达回波探测始于 2004 ~ 2005 年的中国第 21 次南极科学考察，之后在中国第 24 次（2007 ~ 2008 年）、第 28 次（2011 ~ 2012 年）和第 29 次（2012 ~ 2013 年）南极科学考察期间，陆续运用不同类型的雪地车载冰雷达系统，对中山站—Dome A 的内陆考察断面以及 Dome A 区域的冰盖结构进行了观测（孙波和崔祥斌，2008）。在此过程中，中国极地研究中心联合中国科学院电子学研究所自主研制了可用于冰盖深部探测的冰雷达系统和用于冰盖浅部冰层探测的调频连续波（FMCW）冰雷达系统，均达到了国际先进水平。2015 年，在中国第 32 次南极科学考察期间，“雪鹰 601”固定翼飞机及其机载的航空科学考察系统，首次投入南极冰盖的大范围地球物理调查，并在一个南极季节里，对伊丽莎白公主地进行了航空调查。未来，随着中国雪鹰航空科学观测平台对南极冰盖的连续调查，必将快速地提升中国在南极冰盖科学研究中的影响力，并且在 Bedmap 后续的版本中扮演重要的角色。

4.1.2 中山站—Dome A 断面的冰厚和冰下地形

东南极冰盖中山站—Dome A 断面是我国南极内陆考察的主要线路，全长约为 1300km，沿途经过 Lambert 冰川东侧上游、Gamburtsev 冰下山脉和 Dome A 等南极科学研究的热点区域，是 ITASE 的核心断面之一，具有重要的科学价值。自 1996 年以来，我国通过历次南极内陆考察，积累了断面上包括冰面地形、浅部雪层特征、雪积累率、气象、古气候变化和冰流运动等大量的科学数据，在物质平衡过去以及现在气候变化研究方面产出了丰富的科研成果（Ren et al.，2001；Zhang et al.，2008；Ding et al.，2015）。

中国第24次南极科学考察期间，通过车载冰雷达探测（图4-2），首次生成了沿断面的冰厚分布和冰下地形特征。中山站—Dome A断面的冰厚、冰面高程和冰下地形高程随距离变化的特征曲线如图4-3（a）和图4-3（b）所示，其中ZS位置为断面起点（76.465°E，69.851°S，距离为0，更接近中山站位置的冰盖边缘没有探测数据），Dome A为终点（77.351°E，80.367°S，距离为1170km）（Cui et al.，2010a）。断面上696～910km［图4-3（a）虚线部分］的冰厚和冰下地形数据是根据两侧的冰下地形和内部层的走向估计的结果。冰雷达未能探测到该段的冰岩界面，导致无法得到准确的冰厚和冰下地形高程值。断面起点ZS位置891m的冰厚为观测到的最小值，而内陆深处1020km位置冰盖厚度也较小，仅为1078m。中山站—Dome A断面上，冰雷达探测到冰岩界面的部分，绝大部分冰盖的厚度小于2500m，在靠近700km的位置，冰厚较大。断面上，冰盖的平均冰厚为2037km，900km后的平均冰厚为1702m，0～600km的平均冰厚为1778m。断面上，冰面和冰下地形高程变化如图4-3（b）所示。冰面高程从ZS位置的984m逐渐上升到Dome A的4090m（车载GPS现场观测值，略低于4093m的准确高程）。冰盖边缘和内陆深处冰面高程抬升较快，其中0～200km升高了1195m，900～1170km升高了930m，而断面中段冰面高程变化较缓。断面上，冰下地形的平均高程为728m，内陆深处1034km位置海拔最高，达到2650m。900～1170km冰下地形高程相对较大，发育了大量的山峰和山谷地形，谷深接近或超过1000m。700km以内，只有靠近700km的位置，有较大的山峰和山谷地形。100～150km、350～400km和550～600km冰下地形起伏明显，而对应位置的冰流速度则较低［图4-3（c）］。

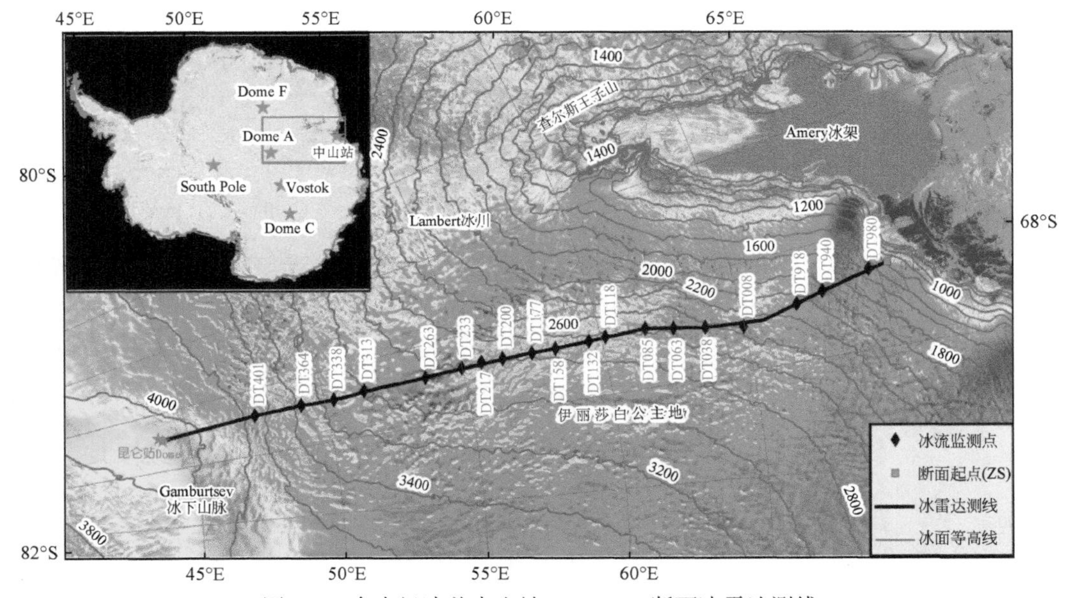

图4-2　东南极冰盖中山站—Dome A断面冰雷达测线

图中卫星影像采用RADARSAT影像，冰面高程等值线数据引自Liu等（2001），冰流监测点数据引自Zhang等（2008），冰流监测点位置标记源自内陆断面物质平衡测量花杆（2km间隔）标记

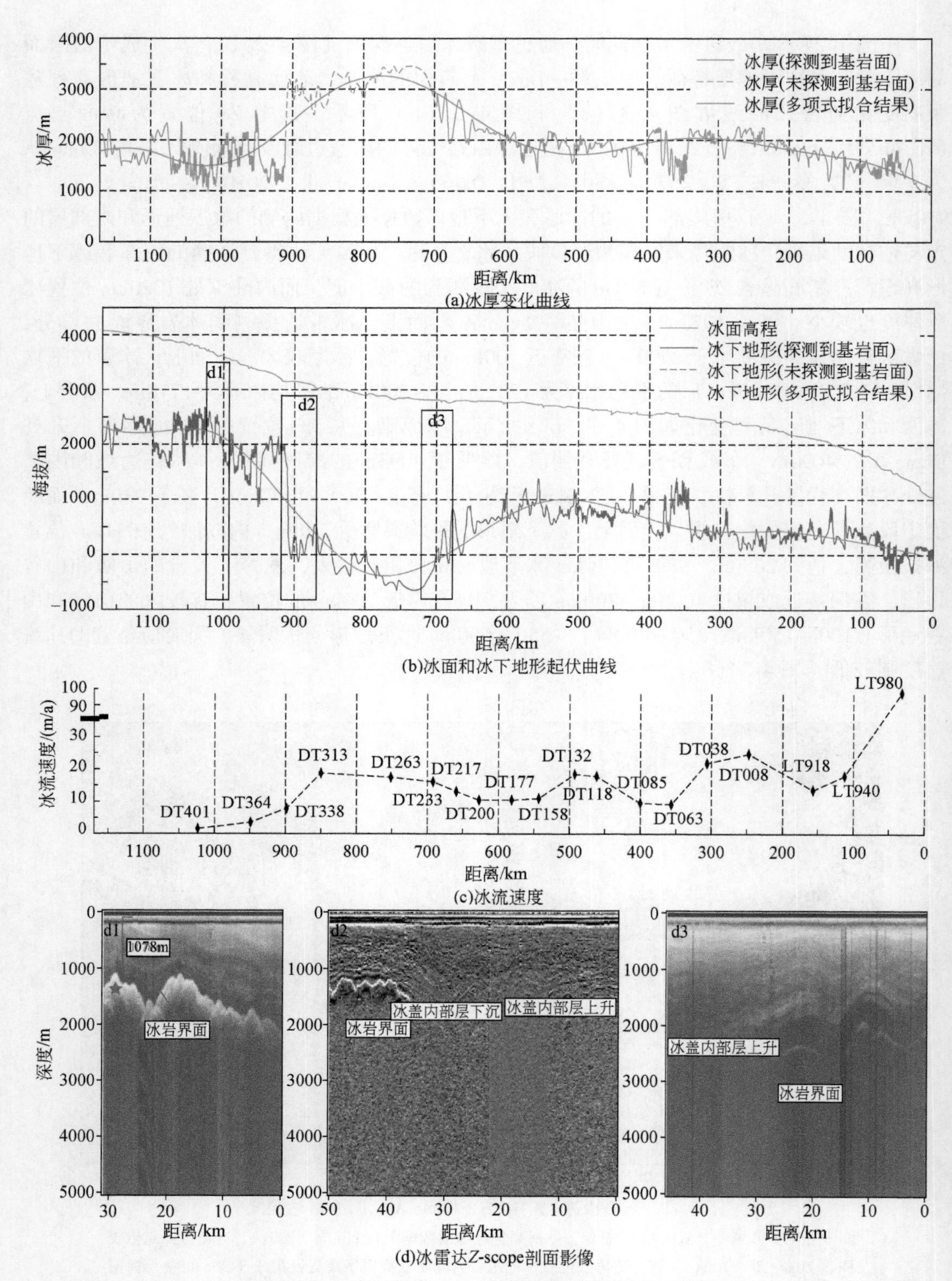

图 4-3 中山站—Dome A 断面冰厚和冰下地形

冰面高程数据来自 GPS 实测数据；(d) 位置分别对应 (b) 中灰色矩形 d1、d2 和 d3

小尺度上，除冰岩界面未探到部分外，断面上冰下地形起伏相对密集且剧烈，表明中山站—Dome A 断面上冰下地形起伏变化快速，幅度也较大，许多区域水平数千米到数十千米范围内的冰厚变化和冰下地形高程差超过 500m，部分区域甚至超过 1000m。冰雷达未能探测到 700 ~900km 的冰岩界面，与雷达信号穿透冰体能力不足以及在冰盖冰体内传播衰减（包括冰体对雷达信号的强烈散射和吸收）严重有关，说明该段冰盖的冰厚较大且冰盖内部结构复杂。

4.1.3 Dome A 核心区域冰厚和冰下地形

Dome A 是南极冰盖的最高点，海拔为 4093m，与南极地理极点、磁极点和位于 Vostok 的寒点并列，是南极冰盖科学研究的制高点之一（Hou et al. , 2007；Xiao et al. , 2008）。中国第 21 次南极科学考察期间，中国南极科学考察内陆队首次从中山站沿内陆考察断面抵达 Dome A，并在 Dome A 开展了包括冰雷达探测、测绘、物质平衡、冰芯和遥感等多学科的综合观测，其中，冰雷达探测以花瓣状的辐射线条观测为主（图 4-4 中粉色线条），尽可能拓展探测范围，探明 Dome A 区域的冰盖结构。之后，中国第 24 次南极科学考察在 Dome A 核心区域 30km×30km 范围内，设计了更加详细的冰雷达测线网格（图 4-4 蓝色线条，部分测线由于 GPS 数据缺失被剔除），包括了 5km 间隔交叉测线和以现在昆仑站位置

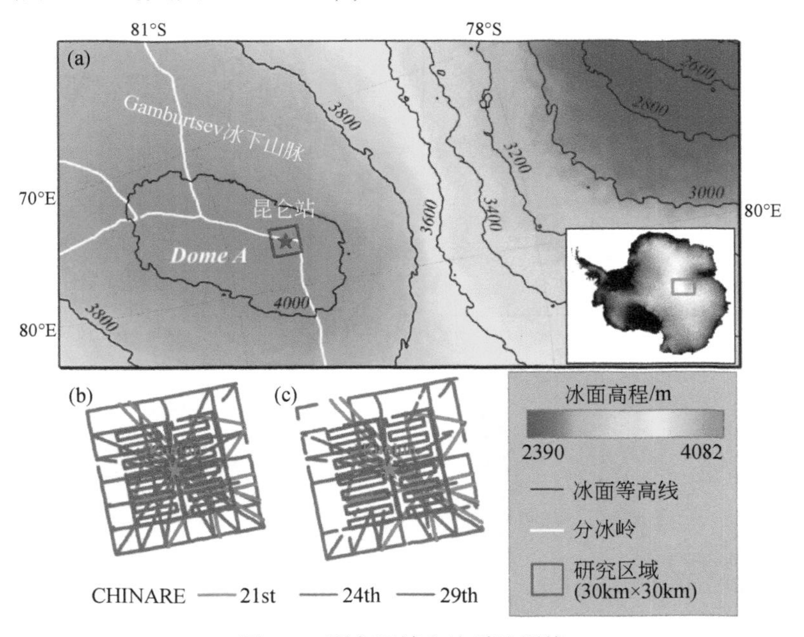

图 4-4 研究区域和冰雷达测线

CHINARE 指中国极地科学考察，包括中国南极科学考察和中国北极科学考察。(a) 蓝色正方形区域显示了 30km×30km 的冰雷达覆盖区域，底图为冰面高程，冰面高程等值线间距为 200m，冰面高程和等值线都来自 Bedmap 2 数据库；(b) 冰雷达测线网格；(c) 最终用于生成冰厚和冰下地形 DEM 的可用冰雷达测线数据

为中心的辐射测线（Cui et al.，2010b）。基于上述两次冰雷达探测，Cui 等（2010b）首次揭示了 Dome A 区域的冰下地形特征，即 Dome A 下伏的 Gamburtsev 大型冰下山脉的地形特征。结果显示，Gamburtsev 冰下山脉地形呈现典型的山地冰川作用地貌特征，通过高网格分辨率的三维冰下地形图，可以识别被冰川深度侵蚀的山谷和树枝状分布的支谷、插入的冰谷阶地的台阶或山谷台阶、悬挂的支谷和陡峭拱形峭壁的冰斗等。Sun 等（2009）通过分析山地作用冰川地形形成的气候条件以及大陆冰盖形成后地形很好地保存至今，推断了南极冰盖及其 Gamburtsev 冰下山脉形成和早期演化的历史。中国第 29 次南极科学考察期间，进一步在核心 20km×20km 的范围开展了直方波形的冰雷达探测（图 4-4 中绿色线条）。

2015 年，综合过去 3 次在 Dome A 区域的冰雷达探测，总计 38 409 个带有 GPS 位置信息的冰雷达观测数据点被用于冰厚和冰下地形的分析，Cui 等（2015）编译生成更加精细的 Dome A 核心区域的冰厚和冰下地形高程模型，经过插值后的数据网格分辨率达到了 150m，如图 4-5 所示。与 2010 年的结果类似，Dome A 区域，大的冰厚集中分布在该区域

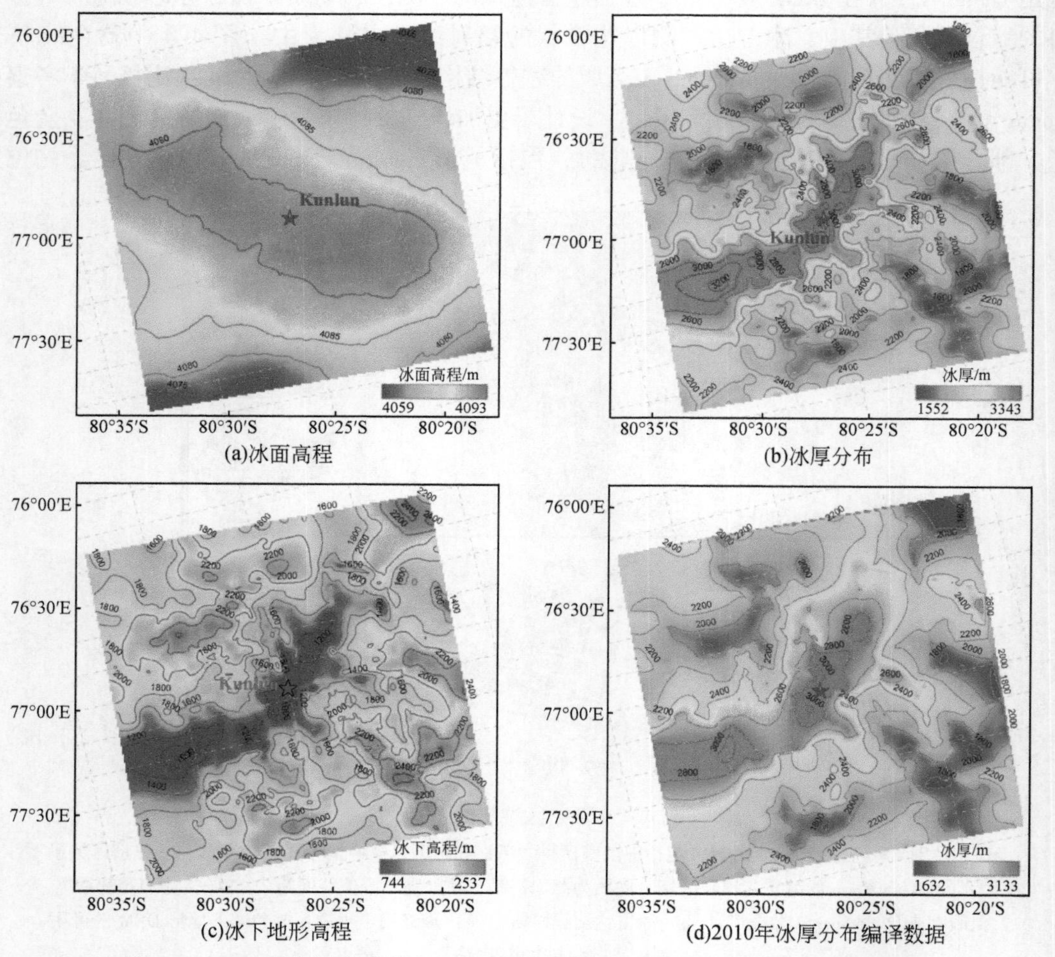

图 4-5　2015 年编译生成的 Dome A 30km×30km 区域的冰厚和冰下地形高程

（a）来自 DiMarzio 等（2007）冰面地形等值线为 5m，其他所有等值线的间距均为 200m

中部近南北向的深谷及其支谷内，冰面非常平坦，但冰下地形起伏剧烈。近南北向的冰下深蚀山谷及其支谷非常明显，深谷起源于测量区域的西北角，一直延伸到南侧的测量区域外。不过，新的冰厚分布数据确定最大的冰厚在昆仑站南部 10km 位置，冰厚达到 3347m，冰厚最小为 1548m，在昆仑站的东北。与之前的结果相比，新的冰厚和冰下地形数据不仅修正了早前认为昆仑站位置的冰厚最大为 3139m 的结果，而且更加精细地刻画了 Gamburtsev 冰下山脉早期山地冰川作用后形成的地形和地貌，包括冰下深谷谷底的地形起伏、两侧高地高程的逐级升高特征、山脊和山峰的轮廓等。

通过计算新旧数据库的差值（图 4-6），发现两者差值较大的区域主要在中心 20km×20km 区域，主要是新增加的中国第 29 次南极科学考察冰雷达测线集中在这一区域，新的观测数据的补充修正了之前数据库中的插值数据，两者差距最大约为 500m，差值较大的位置，主要是过去没有冰雷达探测数据的位置。与过去的冰厚和冰下地形数据对比，新的冰厚分布显示冰厚在东南和西北侧有明显的增加，而在西南和东北则减小。之前的冰厚和冰下地形数据，在很大程度上低估了这一区域冰厚和冰下地形变化的范围和复杂性。

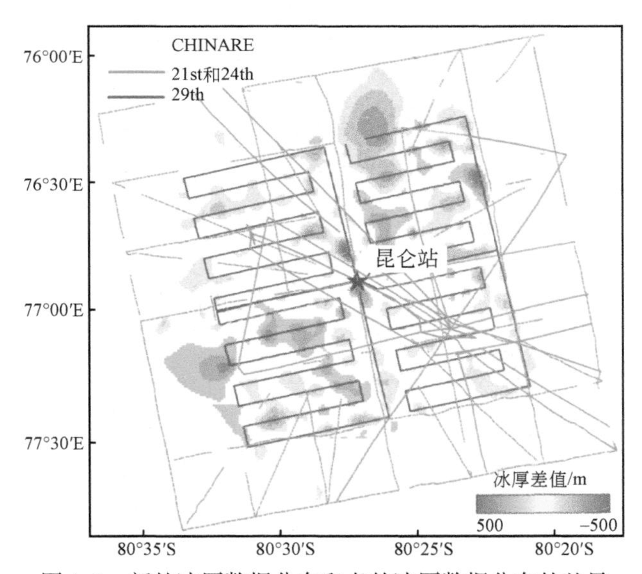

图 4-6　新的冰厚数据分布和老的冰厚数据分布的差异

冰厚增加的区域用红色显示，冰厚减少的区域用蓝色显示，冰厚变化小于 100m 的区域用白色显示

Dome A 核心区域的网格化冰雷达探测结果，为我国在这一区域建设昆仑站并实施首支深冰芯钻探的选址提供了直接的数据依据。Dome A 区域是被认为最有可能获取南极冰盖最古老冰芯的位置，根据冰盖模式的模拟结果，很可能可以钻取到超过百万年的南极冰芯记录（IPICS，2008①；Ren et al.，2009）。

① IPICS. 2008. The oldest ice core：A 1.5 million year record of climate and greenhouse gases from Antarctica. http：//www. pages-igbp. org/ipics/documents. html.

出于了解 Dome A 区域分冰岭南北两侧的冰盖特征和冰下地形的目的，在中国第 24 次南极科学考察期间，车载冰雷达系统对 Dome A 中心位置南北两侧各 100km 的矩形“中国墙”（图 4-7 中黑色矩形框）开展了观测（Cui et al.，2016），矩形“中国墙”东西向宽度为 30km，其中图 4-7 中的关键位置点的经纬度坐标见表 4-1，*EFGH* 为本节中提到的 Dome A 核心 30km×30km 区域。冰雷达系统探测到了矩形“中国墙”测线上的全部冰岩界面，不过，车辆故障导致冰雷达在 *CB*1-*B* 和 *B*-*BF*1 停止工作，没有获得观测数据。

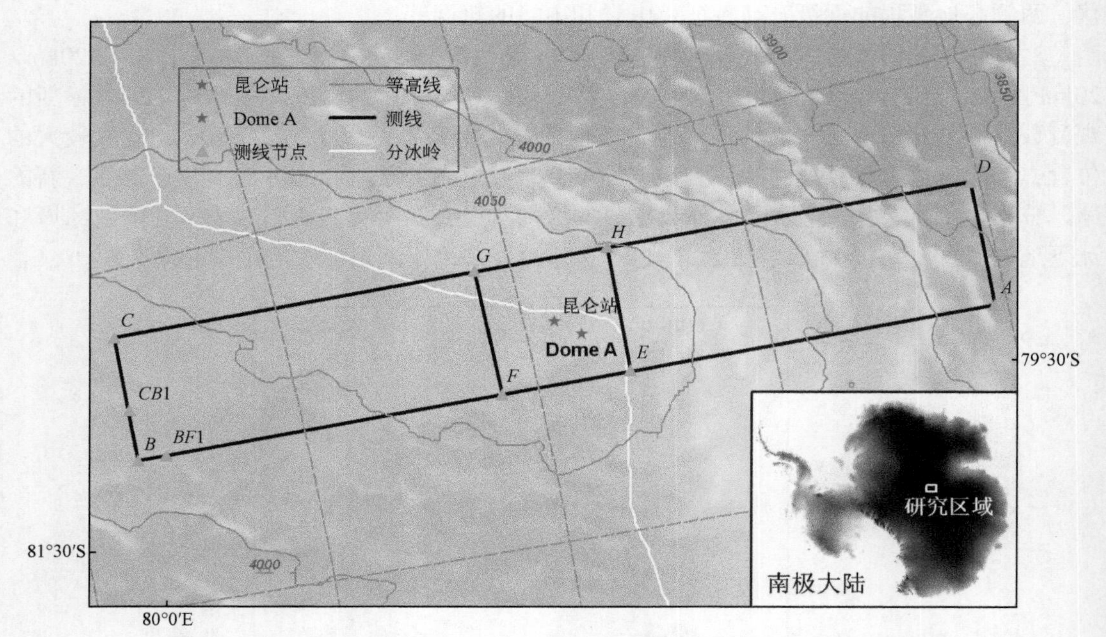

图 4-7　沿以昆仑站位置为中心的矩形 *ABCD*“中国墙”的计划冰雷达测线

背景图为冰面特征卫星影像，来自 Radarsat Antarctica Mapping Project（Liu et al.，2001），冰面高程等值线来自 Bedmap 2（Fretwell et al.，2013），*EFGH* 为以昆仑站为中心的 30km×30km 的核心区域，曾开展了精细的网格化冰雷达测量（Cui et al.，2010b），研究区域所处的南极冰盖位置见右下角图

表 4-1　Dome A 区域“中国墙”重要节点经纬度坐标

节点	*A*	*B*	*C*	*D*	*E*	*F*	*G*	*H*	*CB*1	*BF*1	昆仑站
经度	78.06°E	77.81°E	75.99°E	76.55°E	77.95°E	77.92°E	76.24°E	76.33°E	77.06°E	77.82°E	77.12°E
纬度	79.51°S	81.34°S	81.32°S	79.50°S	80.28°S	80.56°S	80.56°S	80.27°S	81.33°S	81.28°S	80.42°S

沿“中国墙”获得的冰雷达数据点为 8663 个，生成的冰厚和冰下地形如图 4-8 所示。沿“中国墙”的冰厚分布主要集中在 1600～2800m，而冰下地形高程主要分布在 1200～2400m，相对略小的冰厚和略高的冰下地形，主要是因为 Dome A 区域冰下 Gamburtsev 山脉的存在。在“中国墙”上，冰厚超过 3200m，或者冰下地形高程小于 1000m 的地方相对很少。按 Dome A 区域分冰岭位置，将“中国墙”划分为南北两侧，那么相对于北侧，南侧的冰厚相对略大，冰下地形略低。分冰岭南侧冰雷达测线经过了存在 4 个明显的冰下低谷，分

冰岭北侧，则仅在 *E*—*A* 段有明显的冰下低谷。“中国墙”处于冰盖顶部冰穹区域，冰流运动微弱，冰雪沉积过程相对稳定，因此，冰下地形对冰面地形的影响并不明显。同时，大尺度上，RAMP 冰面卫星影像显示的冰面特征也与冰下地形的关系不明显。

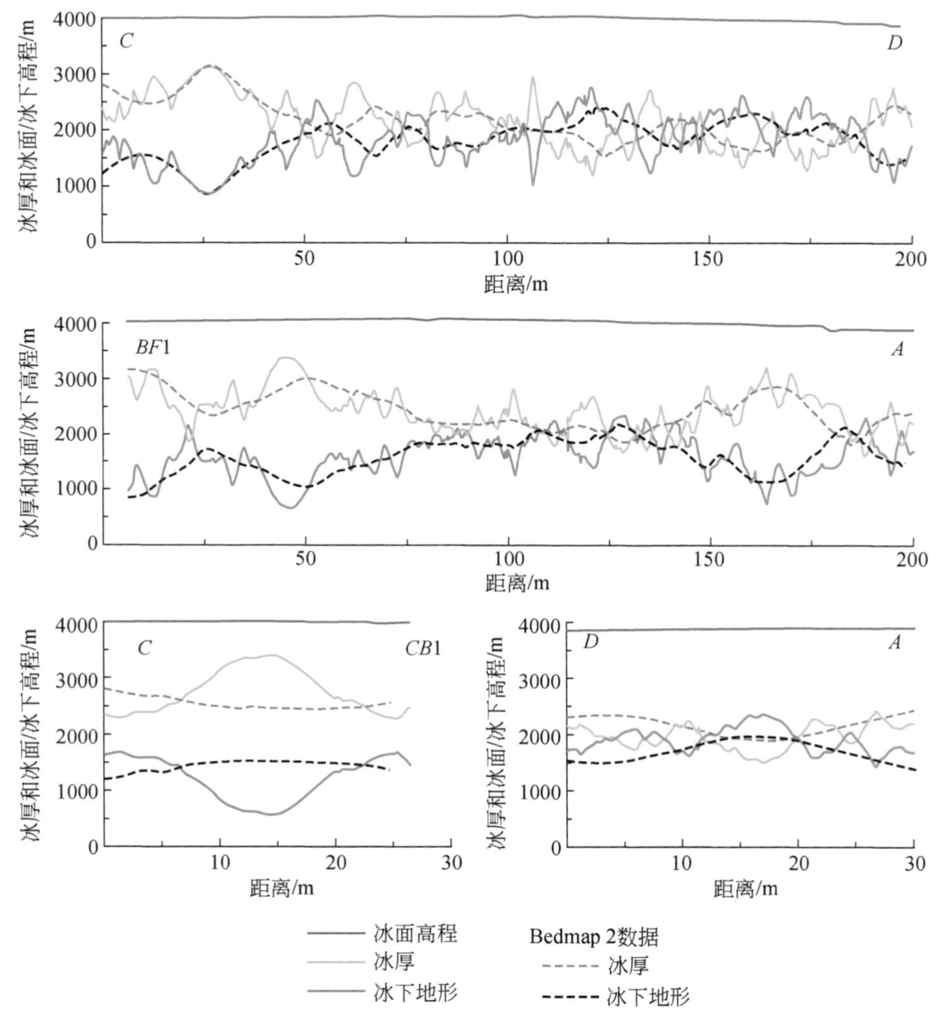

图 4-8　沿“中国墙”各分段测线的冰面高程、冰厚和冰下地形高程曲线
各分段测线的起止节点位置见图 4-7 和表 4-1

我们利用“中国墙”的位置数据，从现有的 Bedmap 2 中提取了对应位置的冰厚和冰下地形，并与车载冰雷达的实测结果进行了对比（图 4-8）。结果显示，Bedmap 2 总体上反映了沿“中国墙”的冰厚和冰下地形变化特征。不过，虽然 AGAP 计划在该区域进行了详细的机载冰雷达网格化观测，并被收入 Bedmap 2 中，但是其冰厚和冰下地形数据的准确性仍非常有限，在冰下地形变化剧烈的位置，冰厚和冰下地形数据的差值超过了 500m。

4.1.4 泰山站的冰厚与冰下地形

中国第30次南极科学考察（2013～2014年）建立的泰山站（73°51′50″S，76°58′28″E）(图4-9)位于中国南极中山站与昆仑站之间的伊丽莎白公主地，站址距中山站522km，距昆仑站715km，距相邻的格罗夫山85km。该地区冰面地形平坦开阔，较少发育雪丘，年积累率非常小，坡向朝西，盛行风向为偏东风，年均风速为6.5m/s，年均风向为55°。泰山站作为中继支持和应急保障基地极大地提升了中山站通往昆仑站、格罗夫山、埃默里冰架接地线区域和查尔斯王子山等地区进行科学考察的能力，巩固和强化了中国在东南极冰盖典型区域基础设施的战略布局。在科学上，针对泰山站所在的伊丽莎白公主地的冰川动力学、冰盖物质平衡和冰下环境的研究将大幅度提升对东南极气候变化与冰盖演化地认识（Li et al.，2009）。

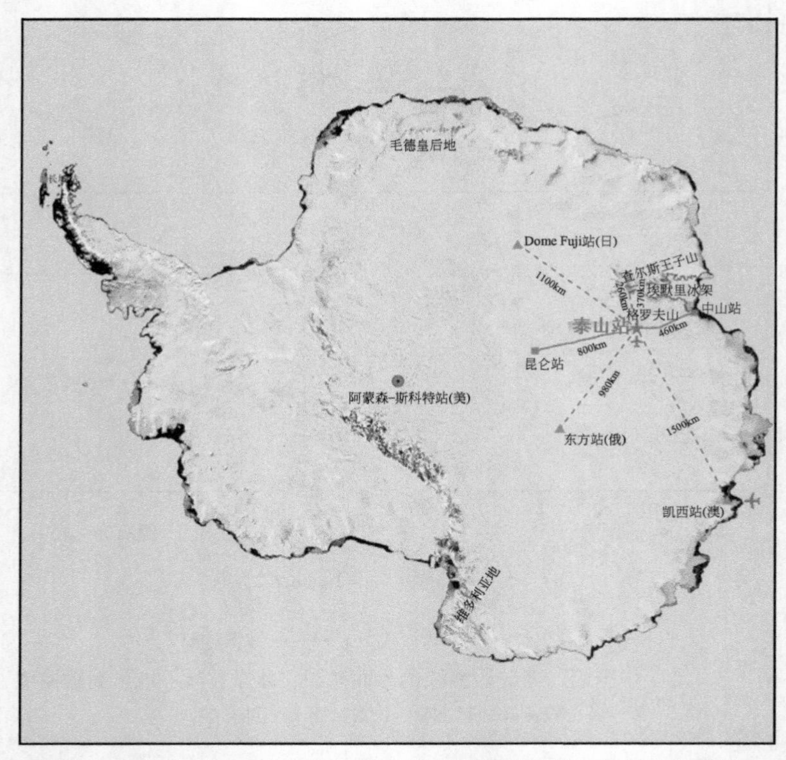

图4-9 东南极冰盖中山站—昆仑站考察断面与泰山站的地理位置

根据已有的研究（Tang et al.，2016），中国第29次南极科学考察在东南极冰盖伊丽莎白公主地中国泰山考察站站址所在区域，通过探地冰雷达和GPS进行了地球物理探测，获得了站址所在区域的表面高程、冰厚、冰下地形。其中，围绕泰山站站址2km×2km区域的底部雷达反射信号由150MHz雷达探测给出，表面高程由相应GPS确定。冰厚分布如图4-10（a）所示，沿着雷达测线，最大的冰厚为1949m，位于该区域的西北边缘；最小的冰厚为 1856m，站址下方的冰厚为 1870m，小于昆仑站所在位置的冰厚 3135m（Sun et al.，2009）。

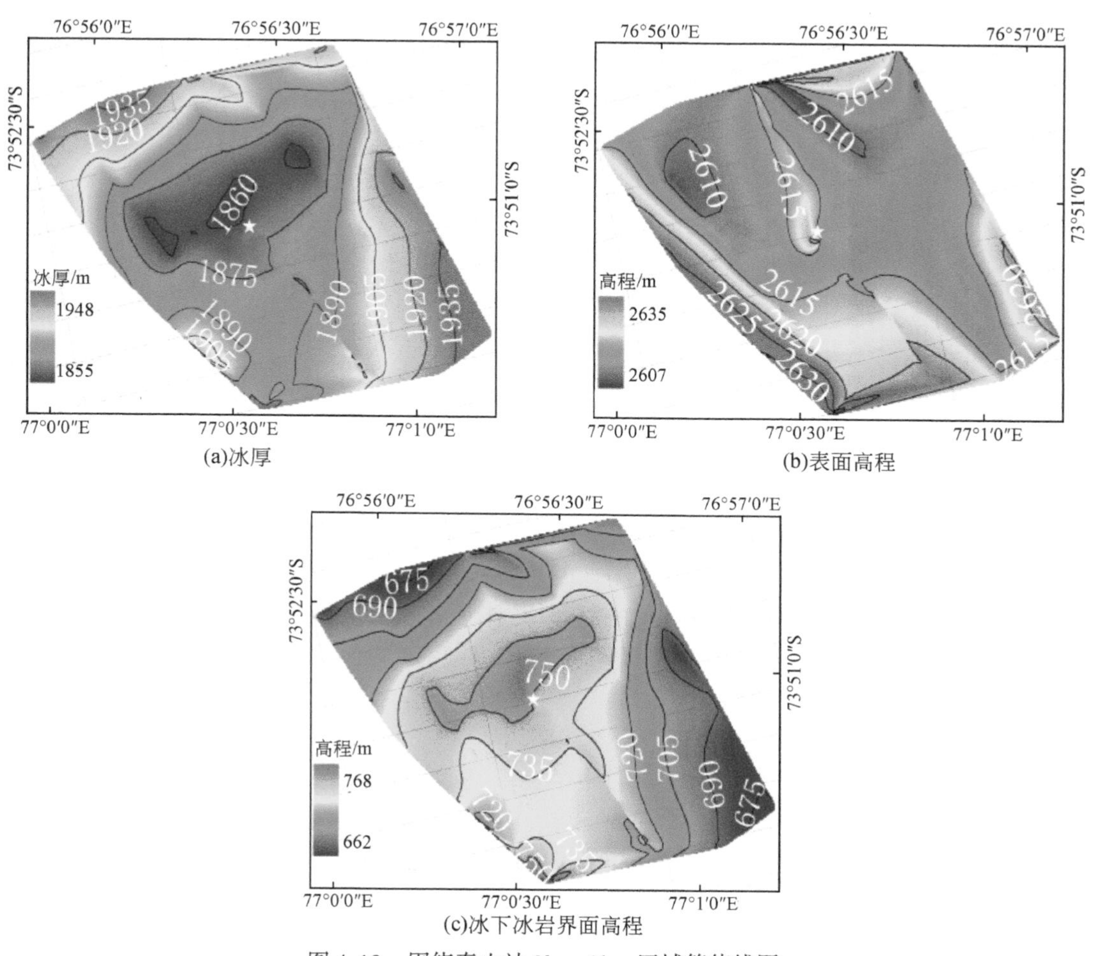

(a)冰厚 (b)表面高程

(c)冰下冰岩界面高程

图 4-10 围绕泰山站 2km×2km 区域等值线图

白色五角星表示泰山站站址所在位置（Tang et al.，2016）

GPS 观测显示该范围内的冰盖表面地形起伏很小，海拔为 2607～2636m，表面平均高程为 2616m，其中泰山站站址所在地的表面高程为 2621m。冰盖表面自西向东海拔降低，坡度小于 5m/km，呈现相对平坦的地形特征［图 4-10（b）］。冰盖表面高程与冰厚数据联合分析发现该地区的冰下地形相对起伏剧烈，该区域的冰底冰岩界面高程在 662～770m，反映出冰下地形为山地地貌［图 4-10（c）］。冰岩界面平均高程为 716.5±25.4m，其中泰山站站址下方的冰岩界面高程为 751m，泰山站站址下方是一个相对独立的小台地或山峰，海拔在 720～770m，较其周围高。由于泰山站毗邻格罗夫山，此冰下地形可能暗示了下方存在一个冰下山脉（Cui et al.，2010a）。雷达图像未显示出泰山站下方存在底部融化或冰下湖的迹象，是由于站址所在区域位于埃默里冰架的上游，被海拔较高的格罗夫山所阻挡，此处大部分冰体沿着冰流方向流向兰伯特冰川进入埃默里冰架（Zhang et al.，2008）。

这是首次绘制出泰山站站址所在区域的冰厚、表面及冰下地形和内部等时层分布图，填补了 Bedmap 2 在伊丽莎白公主地的相应空白（Fretwell et al.，2013），获得的冰厚、表面以及冰下地形数据有望被用来获取并构建大量的冰盖演化历史信息及恢复该区域的古气候要素，以及提升对该地区的风蚀、表面雪积累以及冰盖流动过程的理解。

4.1.5 格罗夫山的冰厚与冰下地形

格罗夫山是东南极兰伯特裂谷以东和东南极内陆冰盖伊丽莎白公主地的共 64 座裸露角峰群山区的统称，平均海拔约为 2000m，最高峰梅森峰海拔为 2363m（王泽民等，2011）。地理位置在 72°20′S～73°10′S，73°50′E～75°40′E，距离中山站约为 450km，总面积约为 8000 多平方千米（张胜凯等，2006）。由于该地是东南极冰盖上重要的岩石露头区，其对流向兰伯特冰川的冰流起到了很强的阻挡作用，整个地区地形复杂，加上存在许多冰裂隙，该地区的冰流非常复杂（程晓等，2006）。格罗夫山地区一直是中国南极科学考察的重点研究区域，截至 2014 年已经进行了 6 次科学考察，开展了陨石回收、地质调查、测绘、暴露年龄、沉积岩和孢粉、冰雪生态环境、土壤取样等研究工作。研究表明，东南极冰盖在上新世暖期时可能经历过大规模退缩，其边缘可能到达过格罗夫山地区，冰盖底部可能存在由终碛堤作用形成的古沉积盆地（Liu X et al.，2010）。因此，该地区复杂的演化历史蕴含的环境信息对于理解东南极冰盖与古气候变化的关系有着重要的科学意义。

中国第 26 次南极科学考察和中国第 30 次南极科学考察期间，对格罗夫山地区进行了两次探地雷达探测，获得了该地区的冰厚和冰下地形，获得了该地区冰原岛峰冰下的地貌形态，获得了哈丁山北部和萨哈罗夫岭与阵风悬崖之间详细的冰厚及冰下地形特征。基于李亚炜等（2015）的研究，哈丁山北部区域平均冰厚为 580m，冰厚自东北方向沿东南方向逐渐减小。最大冰厚超过 1000m，出现在该区域的东北方向，而东南方向冰厚相对较小。该区域冰面地形起伏不大，因此其冰下地形起伏基本与冰厚对应。冰下地形在该区域东北角处海拔最低，不足 1000m，冰下地形海拔从该区域东北方向沿东南方向逐渐增大，平均海拔为 1420m。萨哈罗夫岭与阵风悬崖之间区域的平均冰厚为 610m，最大冰厚超过 1100m，该区域冰下地形平均海拔为 1390m，冰下地形起伏剧烈且存在两条槽谷，左侧槽谷走向近似 SW—NE，右侧槽谷走向近似 S—N，每条槽谷均存在多个凹陷盆地。该地槽谷发育十分成熟，槽谷形态近似呈 U 形（图 4-11）。

根据王泽民等（2014）通过雷达数据绘制格罗夫山核心区冰下地形图（图 4-12），发现该区域存在众多下凹的盆地，其中哈丁山—萨哈罗夫岭的槽谷已经发育成 U 形谷，说明历史上有可能存在过冰川终端湖泊，暗示格罗夫山地区在历史上可能曾经成为东南极大冰盖的边缘。基于李亚炜等（2015）的研究，雷达剖面影像显示格罗夫山地区可能存在两个冰下湖泊。

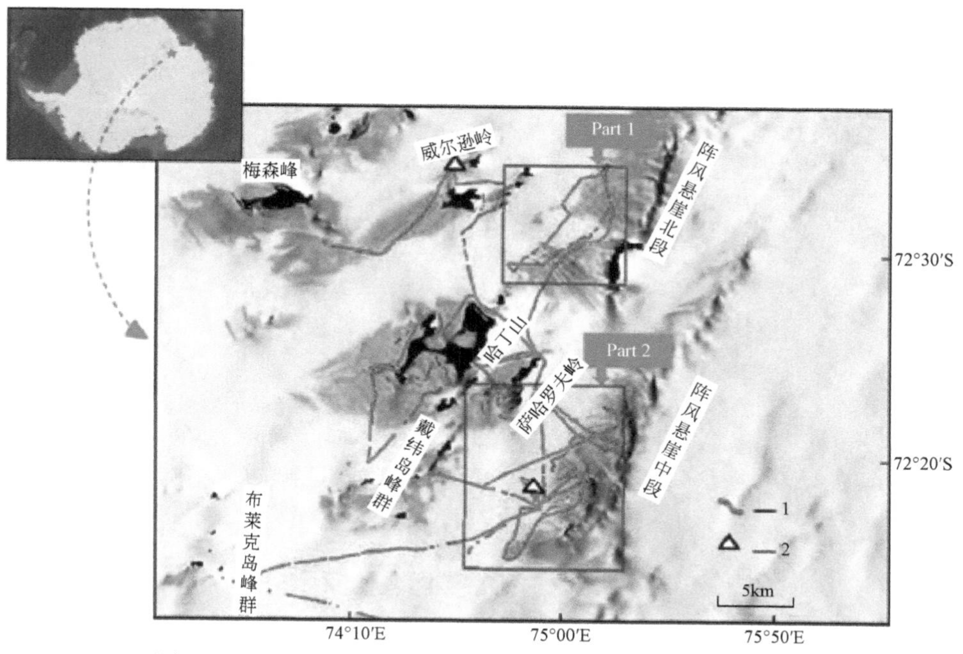

图 4-11 格罗夫山地区冰下地形调查区域（李亚炜等，2015）

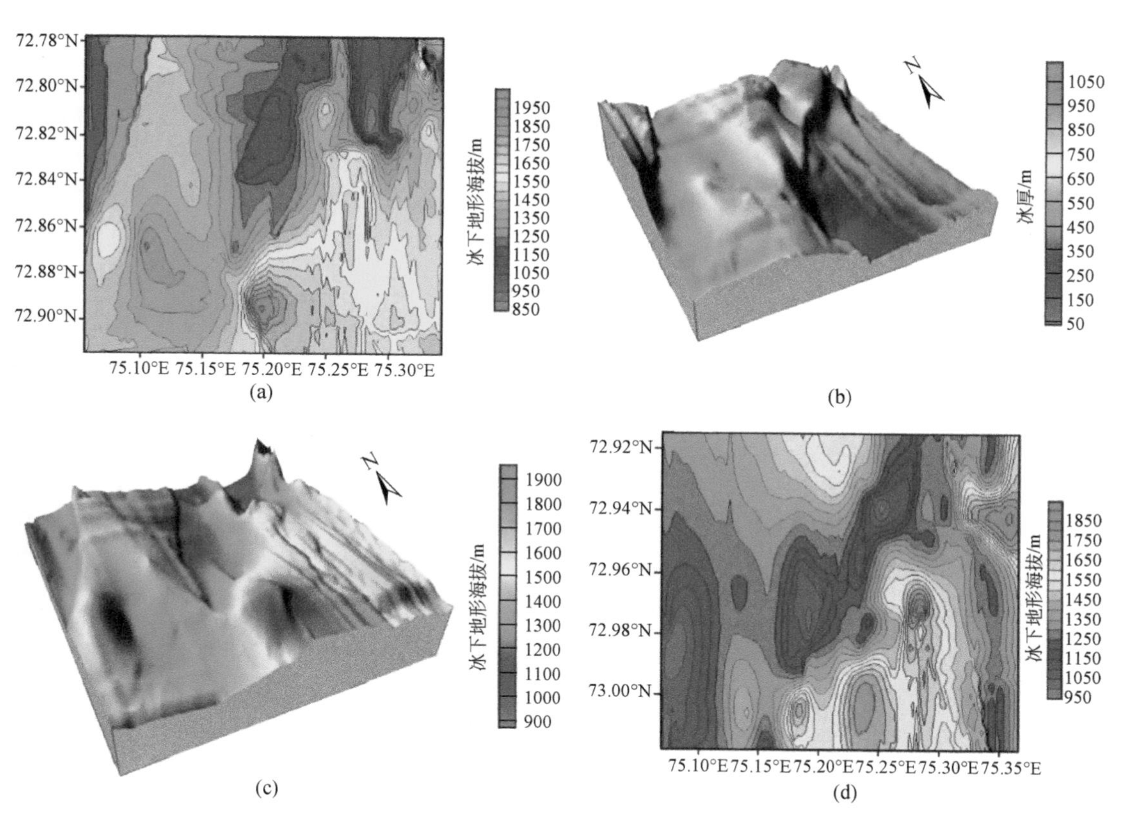

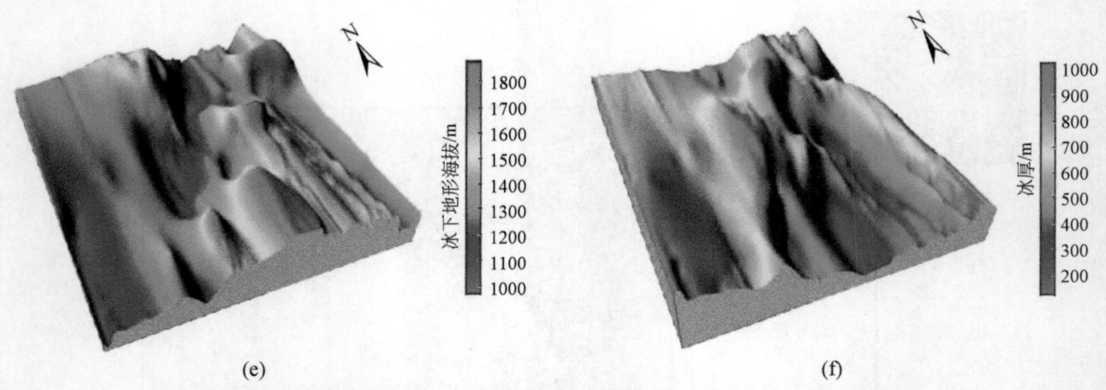

图 4-12　格罗夫山部分区域冰下地形等值线图、冰厚及冰下地形表面图

(a)、(b)、(c) 分别为图 4-11 中 Part 1 中冰下地形等值线图、冰厚、冰下地形表面图；
(d)、(e)、(f) 分别为图 4-12 中 Part 2 中冰下地形等值线图、冰厚、冰下地形表面图

4.2　冰盖内部等时层及其应用

自 Waite 等 (1962) 第一次利用机载脉冲雷达高度计探测南极冰盖的冰厚以来，人类使用雷达技术对南极冰盖的直接观测已有 50 多年的时间。雷达技术最早的应用是获得冰盖的冰厚及其副产品——冰下地形，后来经过技术改进，穿越冰盖的长距离冰内分层结构也被清晰地分辨出来 (Robin et al., 1969；崔祥斌等，2009a)。冰盖内部等时层是雷达反射信号显示的冰盖内部可区分的层状结构，主要由冰盖内部的冰密度、冰体酸度和冰晶组构变化所形成，同一冰层代表了某个历史时刻的冰盖表面，即具有“等时性” (isochronous) 特征 (唐学远等，2010)。内部等时层被认为记录了不同时期冰盖表面的特征及其演变，因此蕴含了丰富的冰下环境信息，已被广泛应用于研究冰盖历史上的物质平衡、冰盖动力学特征以及大范围的冰盖演化等细节。当前，通过结合地球物理观测特别是冰雷达系统的大规模应用，已经实现了极地冰盖内部等时层在大陆尺度上的可视化。通过这些内部等时层，冰川学研究将南极冰盖内部的古冰流与千年至百万年时间尺度的地貌及冰下环境的变化细节联系起来，得到了一系列数量化的结果 (图 4-13)。根据唐学远等 (2015) 的研究，冰盖内部层有如下两个性质：①同一内部反射层是近乎相同年代的雪被后来的雪冰覆盖、压实而成的冰层，因而具有“等时性”，称为内部等时层；②内部等时层的几何形态和结构是历史上冰盖表面物质积累、冰面地形、内部流场变化、底部融化和底部地形共同形成的结果，因而可以被用来理解冰盖的运动和演化。内部等时层在冰川学中的应用研究已经很多，如 20 世纪 70 年代英国剑桥大学斯科特极地研究中心 (Scott Polar Research Institute, SPRI) 与美国国家科学基金委员会 (National Scientific Foundation, NSF)、丹麦技术大学 (Technical University of Denmark, TUD) 在南极冰盖展开了第一次大面积的机载冰雷达调查，获得了近 400 000km 的冰盖断面数据 (图 4-13)。

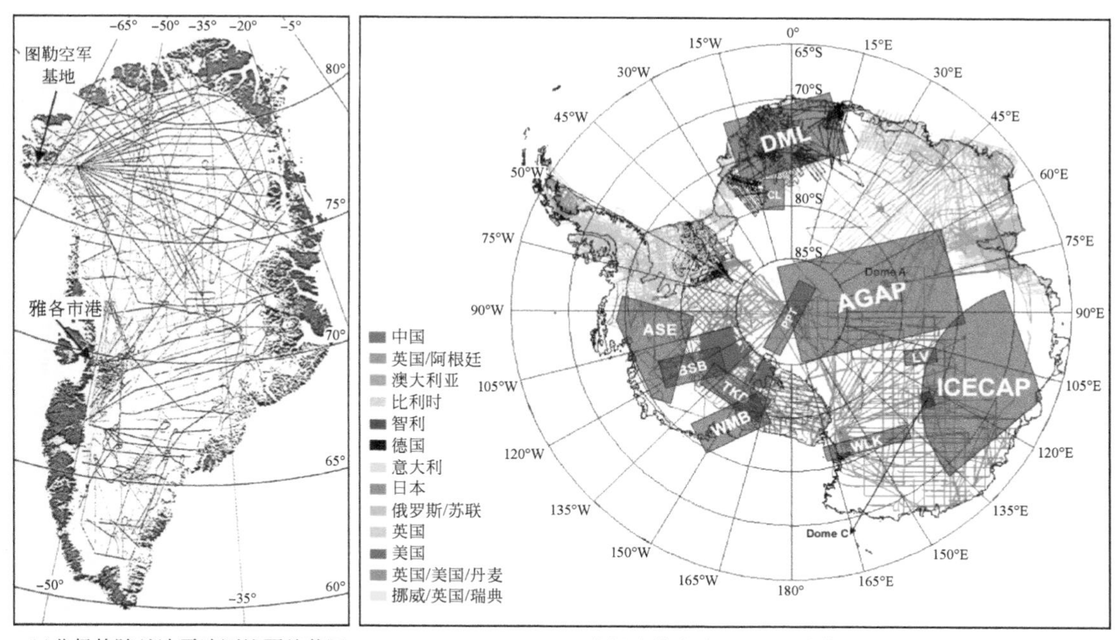

(a)北极格陵兰冰雷达测线覆盖范围　　(b)南极冰盖冰雷达测线覆盖范围

图 4-13　北极格陵兰和南极冰雷达数据覆盖范围（崔祥斌，2010）

4.2.1 内部等时层的表示

基于唐学远等（2015）的归纳：冰雷达观测结果并不是简单的反射波组合，而是多个反射相互干涉的结果。雷达图像显示的冰盖剖面实际上是冰下不同深度上的回波。自 20 世纪 90 年代后，理论研究发现冰盖内部反射层可能代表了由近乎相同年代的雪被压实后形成的冰层，或冰下基岩与冰的交界面。在水平方向表现为层的结构表征了冰盖内部冰介电性质的差异（Paren and de Robin，1975）。目前有三个主要的冰内电介质差异被识别出来，即冰密度变化、冰体酸度变化和冰晶组构变化（Fujita and Mae，1999）。雷达接收的冰盖内部反射信号用其接收和记录的反射信号电压值（W）的对数表达式给出，称为反射功率（A），其中一种表达方式是：$A=20\lg W$（唐学远等，2010）。通过雷达反射信号数据，内部等时层可由图像形式直观表达（图 4-14）。图像分为单道或多道记录波形图（A-scope）和多道时间剖面图（Z-scope）（王甜甜等，2013）。通常，在空间尺度上识别并提取内部等时层使用 Z-scope 图像。利用 Z-scope 图像显示的内部等时层所在冰盖内部的空间位置与几何特征，获取其所埋藏的深度和位置信息。只是有时反射信号易被测量装置和环境产生的各种噪声所干扰，使得某些内部等时层产生剧烈的扰动或者断裂，而很难被示踪，分析单点回波信号时，则使用 A-scope。

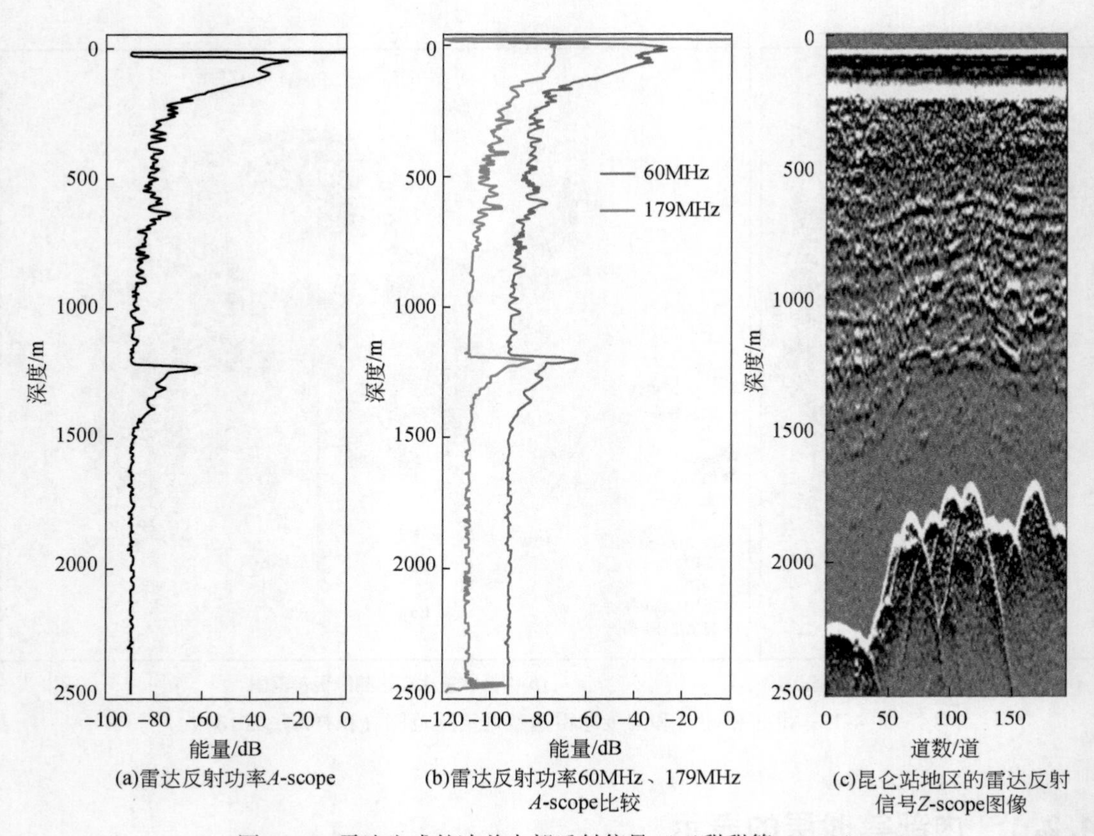

图 4-14　雷达生成的冰盖内部反射信号（王甜甜等，2013）

纵坐标表示冰盖下方相对于表面的深度；（a）和（b）为 A-scope 图像，

其横坐标表示雷达反射功率；（c）为 Z-scope 图像，其横坐标表示距离雷达观测线的道数

4.2.2　内部等时层的形成机制

研究发现，南极冰盖雪的密实化过程和成冰深度在不同位置是不同的。然而，在雪转成冰的过程中，自冰盖表面以下，密度变化有两个明显的深度临界点：从表面向下，随深度增加密度迅速增加，密实化过程由机械压密阶段向塑性变形和再结晶阶段逐渐转变，其临界密度为 550kg/m^3；到达此临界密度后，密度增加幅度减缓，830kg/m^3 成为雪层内空隙封闭为气泡的临界密度。冰芯研究表明，冰密度变化的下限在 700～900m，随着深度增加，冰内气泡被孤立和压缩，最后相变进入晶格内部形成笼形水合物，冰密度也趋于 917kg/m^3 从而稳定下来，再往下密度趋于均匀。在冰盖浅部介电常数变化引起的反射波主要是由密度变化引起，相反在深部出现与介电常数有关的反射主要是由晶体组构（crystal orientation fabrics，COF）变化产生。根据介电常数和电导率来区分优势反射原因是基于冰晶体六方晶系复杂的介电特性，据此可找出引起反射的优势原因是介电常数还是电导率。研究表明，浅层的冰密度变化（深度<700m），较深层的酸性物质和冰晶组构变化（深度

>900m）决定了不同深度的内部层结构（Fujita and Mae，1999）。密度和导电性变化具有等时性特征（Vaughan et al.，2004）。在判别内部等时层的形成来源究竟是冰密度变化、冰体酸度变化还是冰晶组构变化时，有效的途径是采用双频或多频冰雷达系统进行探测试验对比，分析雷达回波信号在冰盖不同深度和局部的变化特征（Fujita et al.，1994；Eisen et al.，2004）。密度变化引起介电常数的变化（P_D），主要在冰盖最上层 700m 内显现；在深度>900m 时，密度变化很小，不会显著影响介电常数。酸度变化主要引起冰体电导率的变化（C_A）。酸度变化的主要来源是火山喷发悬浮物沉淀在雪冰中所形成的酸性层。冰晶结构变化主要是指冰盖内部冰晶 C 轴的指向变化，其能引起介电常数的变化（P_{COF}）。冰晶结构的细微变化可能引起介电常数的剧烈变化，形成内部反射层。

令 R_P 和 R_C 分别为介电常数和电导率的反射系数，则介电常数（P_D 和 P_{COF}）和电导率（C_A）可用来区分相对优势的反射波。在平坦边界，R_P 与介电常数 $\Delta\varepsilon$ 变化的平方呈正比（即 $R_P \propto \Delta\varepsilon^2$），其中涉及密度对介电常数 P_D 的影响和冰晶结构对介电常数 P_{COF} 的影响；R_C 与电导率 $\Delta\sigma$ 变化的平方也呈正比［即 $R_C \propto \left(\frac{\Delta\sigma}{f}\right)^2$］，涉及酸度对电导率的影响（$C_A$），这里 f 为电磁波频率。冰雷达信号不是记录的反射功率系数，而是接收功率的时间序列。接收天线的接收功率（P_R）和目标体的反射可通过式（4-1）描述：

$$P_R = \frac{P_T G^2 \lambda^2 q R}{64\pi^2 z^2 L} \tag{4-1}$$

式中，P_T 为发射功率；R 为反射功率系数，表示为 R_P 或 R_C；G、λ 和 q 分别为天线增益、真空中波长和折射增益；z 为反射体深度；L 为能量吸收引起的衰减因子。

因此对于同一深度双频雷达系统接收的相对 P_R 系数，我们有

$$\Delta P_R = 10\lg\left[\frac{P_R\ (f_1)}{P_R\ (f_2)}\right] = 10\lg\left[\frac{R\ (f_1)}{R\ (f_2)}\right] + C \tag{4-2}$$

通过对比两种频率的雷达反射信号，计算其反射功率差值，可判定出反射主要是由哪种变化机制所引起的。物理机理在于：与频率相关的独立项 C 与引起反射的冰盖内部冰介质电磁参数无关，而只与仪器系统参数相关。如果能忽略独立项 C，将得到只与反射功率系数相关的 ΔP_R 值。如果反射主要是由 P_D 或 P_{COF} 引起，则式（4-2）ΔP_R 中第一项值为 0（dB）；如果反射主要是由 C_A 引起，则 ΔP_R 中第一项值为 $20\lg\ (f_2/f_1)$（dB）。假定固定雷达的 λ、P_T 和 G 等参数，则第二项值 C 将是一个固定的差值。通过观测 ΔP_R 随深度变化的量值［$20\lg\ (f_2/f_1)$（dB）］，能从 C_A 反射中区分出 P_D/P_{COF} 引起的反射（图 4-15）。根据上述雷达信号包含的冰体信息，可给出冰盖雷达剖面上由冰密度、冰晶组构和酸性物质决定的各个区域以及信号空白区（echo-free zone，EFZ）。

冰晶组构与内部等时层的关系是当前的一个研究热点，研究表明冰晶组构可能也具有等时特征，然而它易受冰体流动的影响（Matsusoka et al.，1996）。冰芯记录表明，在冰盖深部晶体结构主轴方向在冰川上游和下游有结构性的差异：上游以单极结构的单晶冰为主，水平方向为各向同性特征，双折射使得接收功率在水平面上具有 90°的变化周期；而在下游地区则以垂直带状冰为主，水平方向具有各向异性，水平面内接收功率的变化周期

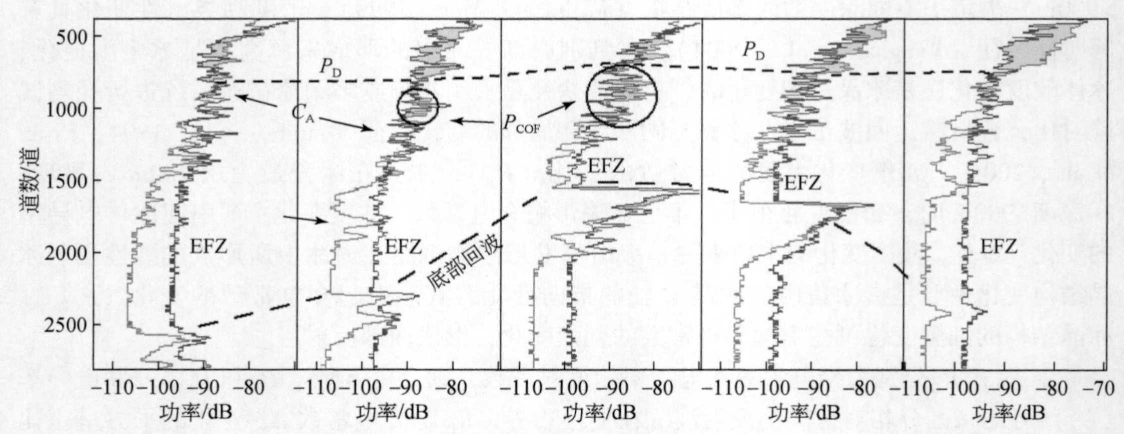

图 4-15　中山站—Dome A 断面 5 个测点的详细单道 A-scope 的冰盖内部回波信号的比较

注：测点自左至右坐标分别为（79.608°E，78.798°S）、（79.560°E，78.482°S）、（79.068°E，76.990°S）、（78.788°E，77.032°S）、（78.346°E，77.004°S）。数据由中国第 21 次南极科学考察队在南极内陆冰盖断面使用 $f_1=60$MHz和 $f_2=179$MHz 双频极化雷达获得。红线和蓝线分别表示 PR（179MHz）和 PR（60MHz）。$\Delta PR=PR-PR>0$ 的部分用黄色显示，不同深度范围的主要反射机制用 P_D、P_{COF}、EFZ 和 C_A 来表示（王帮兵，2007）

为 180°（蒋芸芸等，2009）。说明使用雷达极化测量可识别冰晶组构在冰盖不同区域的变化规律（Paren，1973）。例如，中国第 21 次南极科学考察队在 Dome A 开展的旋转极化面观测，共测量了覆盖 360°范围内的 16 个方向反射功率系数。研究表明，Dome A 多极化雷达信号中出现以 90°为周期的双折射特征，冰晶组构类型是被拉长的单极结构的单晶冰，而且在不同周期上，其主轴方向存在的偏差可能与冰流方向在不同深度的变化有关（Wang et al.，2008）。

4.2.3　内部等时层的形变

内部等时层的形态被认为与冰流运动与冰下地形紧密相关。首先，等时层空间分布与冰下地形密切相关，但并不与冰下地形严格一致。冰下等时层形态与冰盖内部冰流在山脉附近可能发生的转向有关，Robin 等（1977）指出等时层信号扰动通常由不规则的冰流所引起。内部等时层受到冰流剧烈的扰动，形成不规则的空间分布。数值模拟表明，内部等时层的几何结构与冰下地形的起伏存在的相关性可由冰盖内部剪切力梯度在水平方向的变化来解释，即在一定程度上内部等时层追踪了冰流线的轨迹（Hindmarsh et al.，2006）。可能的原因是冰盖在这里的流速的水平分量很小而垂向分量起决定作用，并且冰盖底部可能存在滑动现象，从而导致冰盖内部冰流出现显著的垂向运动。特别地，假设底部没有冻结，在冰穹地区（如 Dome A），其近似径向的冰体运动将物质从冰盖上表面输送到下表面，使得流线轨迹在冰盖底部与等时层渐近重合（Tang et al.，2010）。在泰山站地区，雷达图像显示在冰盖内部上方约 60% 的深度上具有清晰的内部等时层，在泰山站下方，内部等时层由于呈现交叉、褶层或扰动而只能部分能被示踪（图 4-16）。考虑到泰山站所在的位置位于兰伯特冰川的物质输出区，一个可能的解释是过去连续光滑的内部等时层在增强冰流的影响下发生了形变，如快速冰流的分叉与改道。内部等时层的褶皱现象可能暗示冰体在过去经历了一个复杂的沉积过程（Tang et al.，2016）。中国第 32 次南极科学考察队在伊丽莎白公主地进行的机载雷达探测已经发现了被冰流运动扰动的冰盖内部沉积结构。

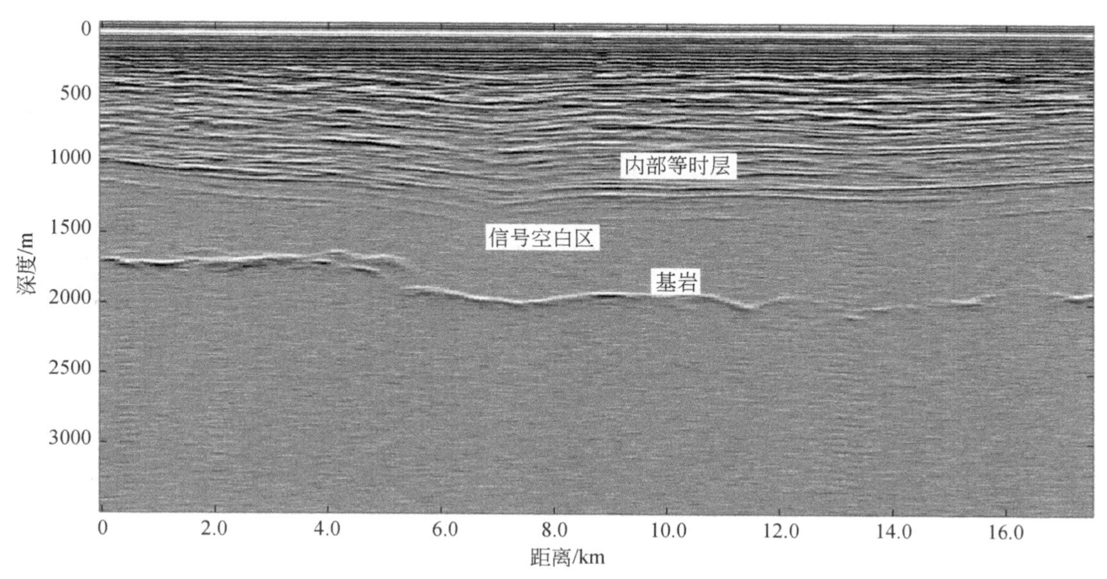

图 4-16 中国第 21 次南极科学考察获得的泰山站冰盖 60MHz 雷达剖面（Tang et al.，2016）

冰岩界面信号返回时在表面产生的平移依赖于冰下地形的波长，其结果也会影响等时层的形变。由于内部等时层会追踪冰下地形，覆盖长波波段上的起伏，而在短波波段则趋向于平行于冰岩界面，并产生褶皱，局部的单个冰下山峰（不论其空间尺度多大）将使内部等时层产生强烈的形变（Hindmarsh et al.，2006）。在冰盖 500m 以上的近表面和浅层，由于积累率在空间分布上的变化，内部等时层会出现局部背斜和向斜现象。在积累率增加的局部，等时层出现向上突出的背斜层；而在积累率相对减少的局部，内部等时层出现向下弯曲的向斜层。冰芯研究表明，在厘米尺度上冰芯剖面上可识别的等时层形变由冰盖内部局部存在的物理和化学性质差异所造成（Siegert et al.，2005a，2005b）。然而，雷达信号中显示的内部等时层水平分辨率在数十米级，而垂向分辨率至少在米级，因此雷达剖面显示的内部等时层的不连续或断裂来自结构性干涉信号的缺失。

4.2.4 内部等时层的应用

考虑到冰盖内部等时层具有的独特性质，其在深冰芯断代和选址、冰盖动力学过程和冰下环境等方面有着广泛的应用。

（1）深冰芯断代与选址

内部等时层反映了冰盖的冰体介电性质的成层性变化和扰动特征，其几何特征包含了历史上的火山喷发、降水差异等以反映冰盖过去特定时间的冰体形变特征。因此，通过内部等时层可将已有深冰芯钻孔与潜在的深冰芯位置连接起来，获取其深度-年代关系，然后利用数值模式对深冰芯候选点进行断代和估计古平均积累率，为冰芯断代与选址提供数据支持（Siegert and Payne，2004）。Siegert 等（1998）利用内部等时层将 Dome C 与 Vostok 冰芯连接起来，在长度超过 500km 雷达剖面里找出了 5 条连续的内部等时层，为 Dome C 深冰芯位置定年。结果显示，在末次间冰期（120 000 年）Dome C 冰沉积对应的冰厚比 Vostok 大 300m；在同一深度上，Dome C 冰芯处在 10 000 ~ 25 000 年的冰比 Vostok 对应的冰年轻。Steinhage 等（2001）对 EPICA 在 DML 的冰芯钻探计划做出前期调查，在其深度的 2/3 范围内的雷达剖面上部，对数百上千米范围内的等时层同时进行了示踪定年，对 DML 深冰芯钻探候选位置进行了评估。另外，可通过内部等时层将已有的冰芯记录年代信息拓展到南极冰盖的内部，获得某些有独特环境地区的冰盖内部冰体特定深度的年代地层学信息。例如，通过雷达测线与 Vostok 冰芯的结合，可获知 Titan Dome 最底部的冰层年代在 165 000 年，说明南极点存在涵盖末次冰期-间冰期旋回记录的冰芯，是一个潜在的高分辨率冰芯钻探理想位（Siegert et al.，2003）。对 Hercules Dome 和南极点之间冰盖雷达断面的研究显示，那里存在一个适合冰芯钻探的冰下盆地，该盆地埋藏在一个有显著表面侵蚀，海拔高达 1400m 的冰下山脉附近（Welch and Jacobel，2005）。Wang T 等（2016）、Tang 等（2012）利用内部等时层连接的相关性将 Dome A 连接到了 Vostok，获得昆仑站地区的年代信息（图 4-17 和图 4-18）。

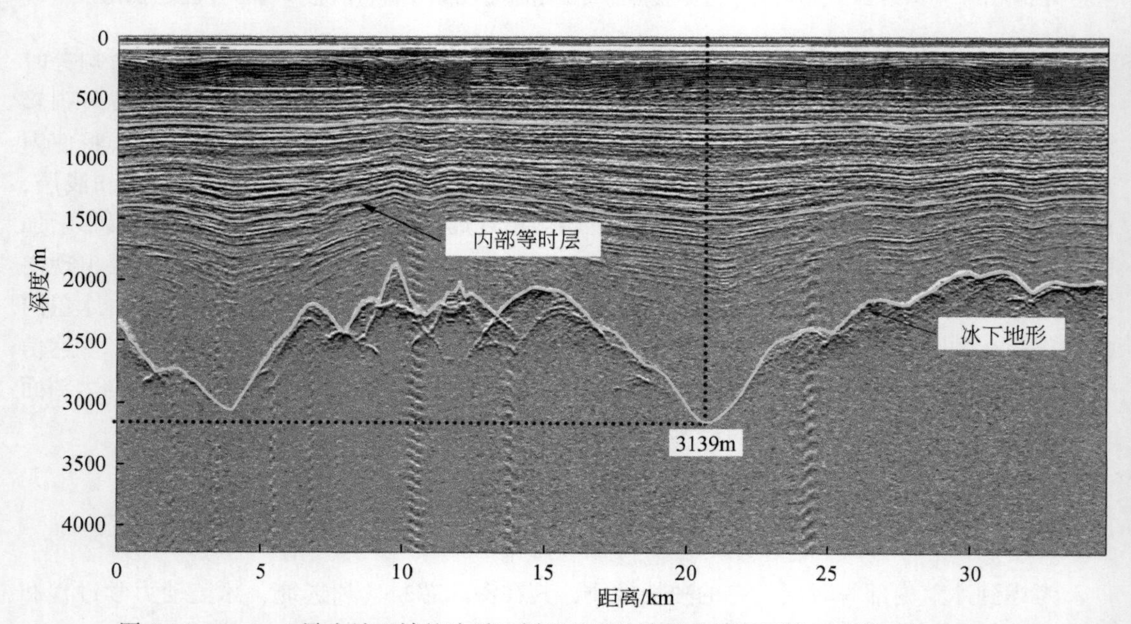

图 4-17　Dome A 昆仑站区域的冰雷达剖面显示的冰盖内部层示踪（唐学远等，2012）

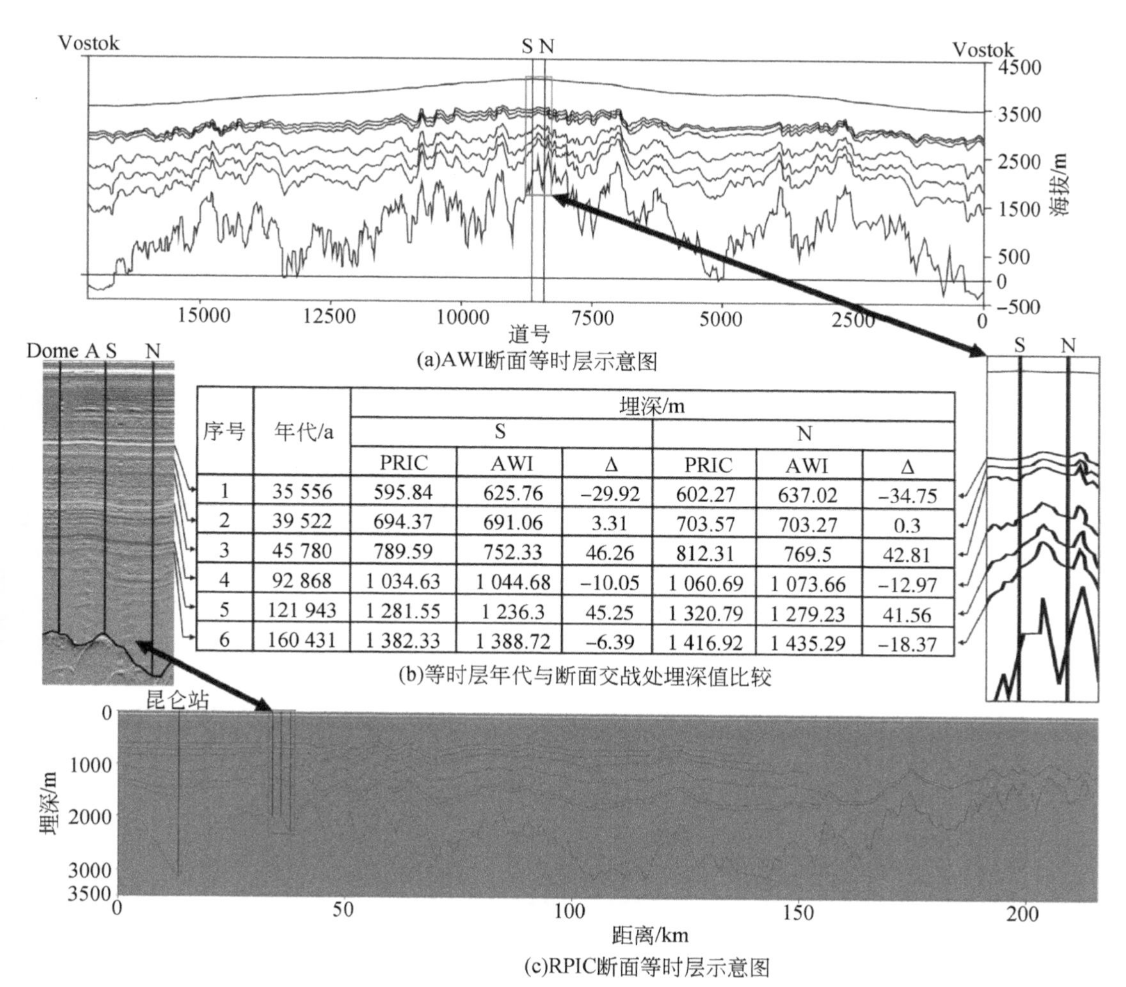

序号	年代/a	埋深/m					
		S			N		
		PRIC	AWI	Δ	PRIC	AWI	Δ
1	35 556	595.84	625.76	−29.92	602.27	637.02	−34.75
2	39 522	694.37	691.06	3.31	703.57	703.27	0.3
3	45 780	789.59	752.33	46.26	812.31	769.5	42.81
4	92 868	1 034.63	1 044.68	−10.05	1 060.69	1 073.66	−12.97
5	121 943	1 281.55	1 236.3	45.25	1 320.79	1 279.23	41.56
6	160 431	1 382.33	1 388.72	−6.39	1 416.92	1 435.29	−18.37

图 4-18　Dome A 昆仑站—Vostok 站两条冰雷达断面的等时层连接及其内部等时层定年

（Wang Tian T et al. ，2016）

S、N 分别指机载雷达测线与地面雷达测线的两个交点

基于目前在甘布尔采夫山脉的大量研究，该地区冰芯钻探计划的远期目标可能至少要恢复两个不同位置的冰芯记录，因此下一步的选址将尤为重要。考虑到要在东南极冰盖大范围地区寻找到满足大冰厚、低的雪积累率、低流速、平坦光滑的内部等时层的钻探候选点的同时，从冰川学理论上看，还需要预测候选点尽可能古老的冰芯记录。使用机载雷达探测获得大范围长距离并穿越各已知深冰芯钻探点（如 Dome C、Dome Fuji、Dome A 等）将尤为重要。事实上通过已知冰芯数据的年代信息将能更精确地估算候选钻探位置的冰芯年代。年代-深度信息能够作为输入条件和约束条件，通过模拟能了解该钻探位置底部的如下细节：①底部温度以及冰盖断面的温度分布；②钻探地点的深度-年代关系估计；③冰流影响，最终为冰芯钻探选址提供支持。

（2）冰盖动力学过程

内部等时层也可被用来研究冰盖流动历史及内部形变过程，并评估冰盖内部形变及估计速度场的空间分布特征。基于雷达剖面能估计并描绘冰盖内部一些特殊区域的流场特征，平坦的内部等时层往往暗示冰下湖泊的出现，而湖上方等时层呈现的许多局部隆起和凹槽则意味着湖上的冰流受表面坡度的影响。使用内部等时层通过湖岸坡度判断，可以计算湖中的水深以及对湖泊表面上方的冰盖流场进行估算。在某些特定情况下内部等时层可作为冰盖内部流场的指示物，如褶皱形态的内部等时层通常伴有一条揭示古冰流特征的长距离对称轴（数十至数百上千米不等），此类对称轴在西南极冰盖已被发现通常不与现代冰流方向一致，其形态揭示出南极冰盖内部冰流历史上发生过突然的转向如图 4-19 所示（Siegert et al.，2004a，2004b）。

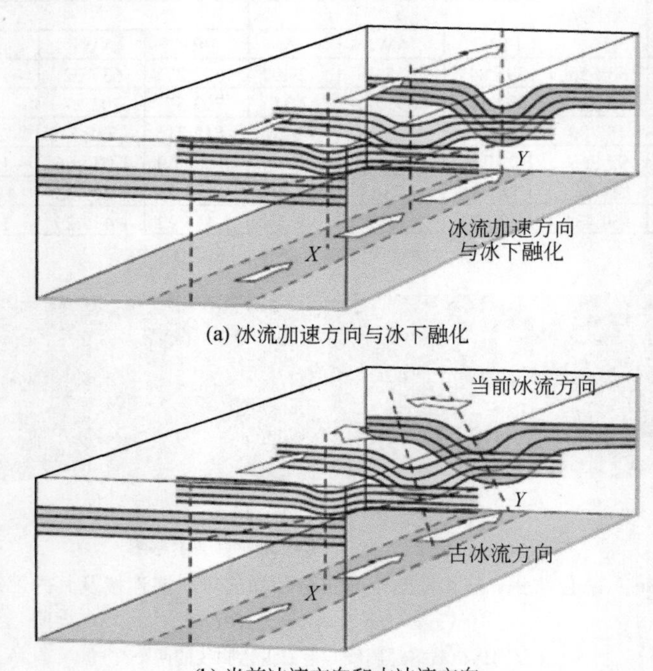

(a) 冰流加速方向与冰下融化

(b) 当前冰流方向和古冰流方向

图 4-19　基于雷达内部等时层建立的冰流与等时层褶皱变化关系概念模型（Siegert et al.，2003）

根据内部等时层是否被扰动这一性质可对冰盖雷达断面进行分类，其中被扰动的内部等时层意味着来自冰盖表面和底部的反射存在明显的发散。此类内部等时层近似平行于冰盖表面与底部地形等几何曲面。被扰动内部等时层和光滑冰下地形能表征过去或者目前的增强冰川支流。因此，在某些冰流区域，即使不存在卫星或者地面观测数据，也可通过冰盖雷达图像并综合数值化计算（如冰盖底部的粗糙度和底部反射因子），识别出快速冰流区的内部状态、范围和源头（Bingham et al.，2007）。断代后的内部等时层与模式相结合也被用来讨论冰盖历史上的消融状态。例如，Siegert 等（2003）通过考察沿着穿越南极横断山脉前缘的一条冰流（绕过一座几何尺度>1km 的冰下山脉）的冰盖内部等时层，将这些层连接到与 Vostok 冰芯联系后进行了定年，再使用一个二维的冰流模式计算稳定条件下内部等时层和冰晶颗粒的轨迹，发现在末次冰期最盛期（过去85 000年以来），那里存在一个大的表面消融区。内部等时层的几何形态也蕴含着冰穹运动的信息。事实上，冰盖的弧形内部层总是出现在底部冻结的稳定冰穹内部。如果底部处于冰的压力融点之上，通过雷达图像呈现的冰流状态能判断出底部冰是否曾经发生过滑动，从而识别出冰穹已经发生了迁移或者底部发生了滑动的特征（Neumann et al.，2008）。

冰下山脉的地形与冰流的时空演化图景直接相关，内部等时层的形态与冰下地形的相关性对于了解冰盖内部的冰体运动历史尤为重要。一般来说，内部等时层与冰下地形之间的关系有两种特征：①内部等时层覆盖了下面的冰下地形，在那些冰下山峰上方的内部等时层不会随着山峰的起伏而起伏，几何上表现为较为平坦的形态；②内部等时层呈现褶皱状态，随着冰下山峰的起伏而起伏（唐学远等，2010）。Hindmarsh 等（2006）通过数值模式显示，这两种特征与冰下地形波长、冰厚的相对大小显著相关。当冰下地形波长处于小于等于冰厚的短波波段时，内部等时层不反映冰下地形的起伏变化；当冰下地形波长处于大于冰厚的长波波段时，内部等时层表现为褶皱。不管是固定的冰床还是滑动的冰床，内部等时层形成上述两种特征之一的决定性因素是冰下地形波长的变化或者说是底边界条件的变化。而且当冰下地形除以冰厚波长小于冰速除以积累率时（即沿着流线冰龄水平梯度小于沿着任何其他路径的冰龄水平梯度时），内部等时层与冰流线的形态相似，即此时内部等时层可以用来近似表征冰流线。

（3）冰下环境

冰下环境对于冰流的状态和演化起着重要的控制作用。利用内部等时层的几何特征，能识别冰盖下方的冰下山脉、冰下湖、冰下水系、冰盖底部的冻结状态等冰下环境。通常，当其下方的冰岩界面倾斜时，内部等时层会发生相应的扭曲和倾斜，这可能是冰下冰岩界面变化使得其上方冰体的剪切力和应变率发生相应变化引起的（Robin and Millar，1982）。不规则冰盖表面与冰下的剪切力变化会产生冰盖内部等时层的褶皱、混合和断裂，导致连贯一致的反射受到约束（Siegert et al.，2005a），在不同的介质界面可能形成显著的层状结构，从而成为识别冰下不同环境特征的有效工具。

内部等时层几何图像的一个重要应用是可用来发现冰盖下方的湖泊。实际上，冰下湖上方的内部等时层往往倾向于平行湖面表面，而湖面表面通常具有平坦的性质。冰下湖是由冰盖底部的地热形成的融水聚集在冰下的凹陷谷地所生成的（图 4-20）。目前，在南极冰盖上共发现了超过 380 个冰下湖（Wright and Siegert et al.，2012），其中最大的冰下湖是 Vostok 湖，该湖宽度超过 250km，深度达 1000m（Siegert，2005b）。另外，冰盖内部回波强度和冰厚可用来估计局部区域的平均变化率，评估冰盖底部是否具有液态水体——高底部反射率意味着底部有水相出现（Jacobel et al.，2009）。

内部等时层的几何形态在一定程度上反映了冰盖内部冰晶组构与冰盖内部回波信号空白区的性质。所谓回波信号空白区，就是冰盖内部的某些区域在雷达波穿透并返回时，在该区域不同深度上并无显著的回波强度差异，从而在其内部不出现分层结构。一般回波信

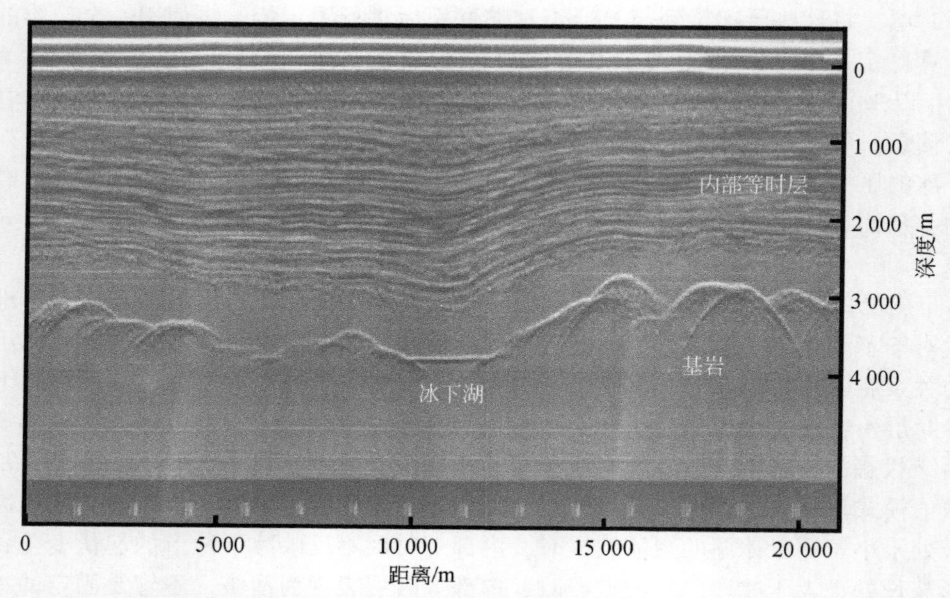

图 4-20　南极 Ridge B 附近由冰雷达发现的冰下湖（Robin et al.，1977）

Lake no. 46. Ridge B（77.4°S，100.4°E）

号空白区出现在距冰岩界面上方几百米无反射信号或者信号很弱的区域。由于缺乏其来源的直接证据，以前对产生这一现象的原因是不清楚的。Drews 等（2009）通过比较 EPICA 在 DML 钻探点的反射信号，分析 EPICA-DML 冰芯的微结构和介电性质，发现内部等时层信号的缺失与冰盖内部冰流的扰动有内在联系。EPICA 在 DML 的研究表明，EFZ 的出现以 2100m 深度为上边界，在该深度之下，冰流可能经历不同程度的扰动。因此在 1900m 以下有关气候记录断代面临的困难大大增加，到 2400m 以下，它与 Dome C 冰芯记录的关联则全部消失。该现象表明，在流变学上，EFZ 内部与内部等时层清晰存在的冰盖区域显著不同。若回波信号空白区不是来源于雷达系统的敏感性，那么冰体的冰晶结构重组（重结晶化）可能代表了回波信号空白区形成的一个重要因子（Siegert and Kwok，2000）。通过其上方的内部等时层，可估算出回波信号空白区冰体相应深度上的年代下界，从而可以为评估冰盖内部在不同时期的演化状态提供依据。自回波信号空白区发现以来，尽管 EFZ 在南极冰盖的广大地区都有所发现，在格陵兰冰盖的冰穹附近也已有发现，然而由于没有直接的证据可以利用，并不了解为何 EFZ 内会出现层缺失现象（Matsuoka et al.，2003）。有研究已发现，内部等时层缺失的部分回波信号空白区也能被新的雷达系统识别出来，它们代表了冰盖底部水重复冻结形成复结冰（frozen-on ice）。这一过程由汇集于冰盖底部的水通过对流、冷却，或是当水从陡峭谷壁被挤迫而上遭遇超级冷冻时发生的，结果可能改变冰体的热力学和晶体结构，使得该区域冰体的介电性质差异变得紊乱，形成了复结冰。复结冰在南极冰盖被认为广泛存在（Bell et al.，2011，Wolovick et al.，2013）。

4.3 冰下复结冰、冰下湖和冰下水系统

冰盖实际上一直都在发生变化，其形态随着外界迫动从渐变到突变，在扩张与退缩间震荡。其结果直接影响全球海平面的升降和全球温盐环流的变异，造成地球气候系统的巨大变化，然而由于针对冰盖内部的观测非常困难，对于冰盖内部的结构特征的观测资料较为有限。例如，在冰盖底部接近压力融点的局部区域与冰盖下方基岩的相互作用的具体机制从任何意义上来说都不清楚。目前理解冰盖底部过程的一个有效方式是使用冰雷达进行探测。最近 10 多年在极地冰盖的雷达探测已经取得了显著进展，主要进展体现在冰下复结冰、冰下湖和冰下水系统三个方面。

4.3.1 冰下复结冰

一般而言，在光滑的基岩表面，即使内部剪切力和坡度都很小，冰盖底部未冻结冰下边界与基岩之间也无黏着阻力，非常容易滑动。然而冰盖底部并不绝对光滑，在各种几何尺度上有着复杂的粗糙度，且对应着不同的冰盖内部过程。因此，从理论上考虑，在冰绕过障碍物运动的过程中，会产生一种重复冻结的复冰机制，即当冰遇到障碍物时在其前方接触面受到阻碍，所受压力增加，从而降低该处的融点，加速冰的融化，产生的融水绕过障碍物后所受压力降低，其压力融点降低，融水重新结冰，即复结冰现象。而冻结释放的潜热，会通过障碍物和周围的冰体传导到冰流上游，加速那里的冰融化。较大几何尺度的复结冰可通过冰雷达成像识别。研究表明，这类复结冰结构是由于汇集于冰盖底部的水热传导冷却，或当水从冰下山谷谷壁被挤迫而上遭遇超级冷冻时而重新冻结的冰体与周围其他冰体的热力学和晶体结构产生差异的结果（Bell et al.，2011；Wolovick et al.，2013）。复结冰在揭示冰盖底部过程，估算积冰分布，寻找冰下湖、底部融化区以及年代较古老的冰样等方面有重要的应用。现在已经确认在南极冰盖复结冰分布广泛，在格陵兰冰盖也局部分布。

在 2012 ~ 2013 年，中国第 29 次南极科学考察队使用 150MHz 冰雷达系统获得了中山站—昆仑站冰盖考察断面上 1300km 的雷达数据，发现断面上的伊丽莎白公主地、Lambert 冰川流域以及 Dome A 地区存在复结冰分布。此次观测使用的雷达系统带宽为 100MHz，天线发射功率为 500 W，最大探测深度为 3500m，垂向分辨率达 1m。通过理论分析和数值模拟研究发现测线上存有一个典型的复结冰结构（图 4-21）。分析表明，复结冰区所在的冰盖区域的表面高程为 3610 ~ 3750m，冰厚为 910 ~ 2250m，其冰厚显著小于最早发现复结冰的 Dome A 区域的冰厚。研究表明，该反射内部结构具有如下四个特征：①相互交叉的雷达测线下方的连续底部反射；②比较基于数值实验计算出的底部温度与融点曲线证明该区域底部处于融点之上；③该区域较深的山谷地形及临近甘布尔采夫一个冰下水系统；④该区域的冰盖表面梯度与冰下地貌特征同复结冰区反射特征有较强相关关系。这些特征显示该冰盖内部结构是复结冰结构而不是冰岩界面或者大倾角反射地形。

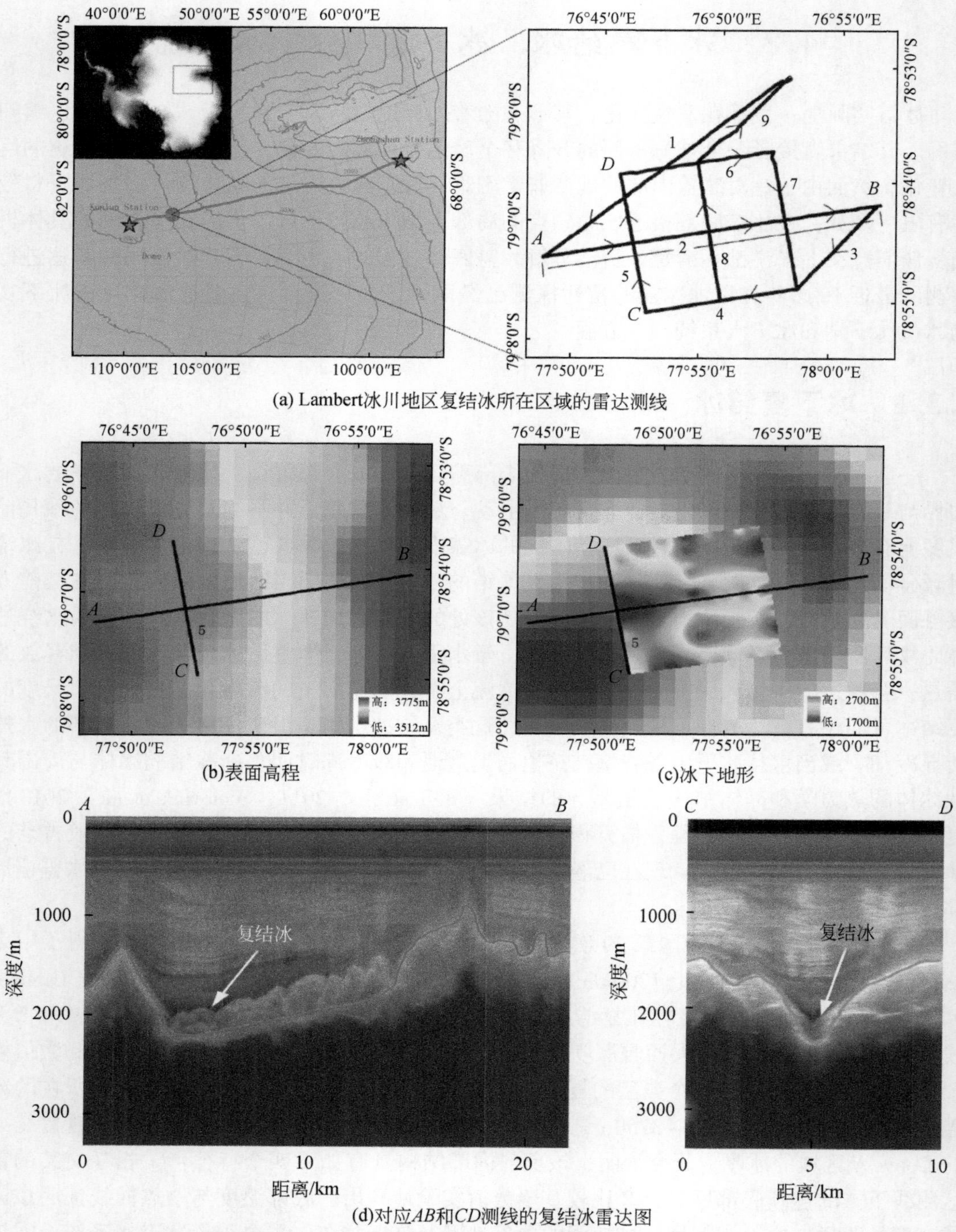

图 4-21 东南极冰盖中山站—昆仑站考察断面的复结冰雷达成像（Tang et al., 2015）

该地区的三维冰盖内部结构图也部分证实了此地经历了复杂的沉积过程。刘春等(2015)基于此次冰雷达数据，得到了附近部分区域的 100m 分辨率的冰下基岩 DEM(图 4-22)和冰盖内部等时层 DEM。同时，利用南极 Bedmap 2 冰表面栅格影像得到了该地区 100m 分辨率的冰盖表面 DEM。研究发现，在该地区，部分测线上存在内部等时层的不连续特征，同时利用 MODIS 灰度值影像以及 Ted Scambos 的光洁区分布图发现了冰盖表面存在光洁区微地貌，经过对比发现内部等时层不连续区域与光洁区微地貌分布区域非常吻合，并且两者吻合区域的表面灰度值变化也较为明显，因此光洁区的形成与冰盖内部等时层不连续性有较为密切地联系。光洁区的沉积特征与底部冰体的运动的相关性可能导致内部等时层的三维分布的复杂化。

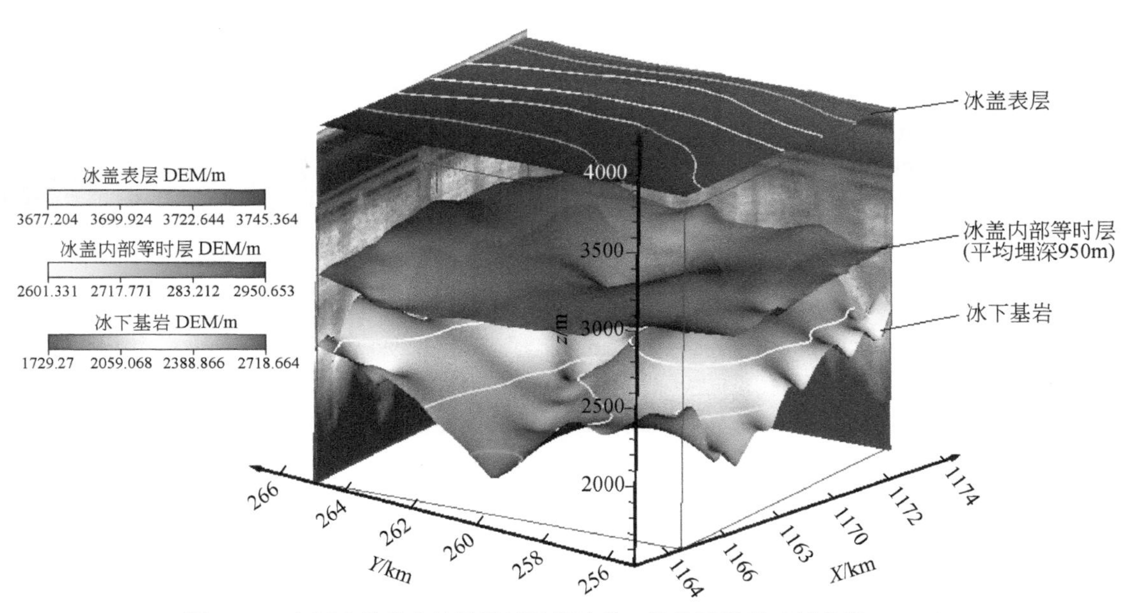

图 4-22 南极冰盖泰山站局部区域的冰盖三维分层模型（刘春等，2015）

研究还表明，冰盖表面光洁区微地貌区域的物质积累率极低，光洁区的形成意味着该区域容易受到风力吹蚀作用影响，物质不易沉积造成了等时层的不连续，由此可以推断如果在该地区做冰芯钻探取样时需要避开有光洁区微地貌分布的区域，因为这些光洁区域极有可能对应着底部的复结冰分布。

Sun 等（2014）为评估昆仑站深冰芯钻探点的年代–深度关系。针对 Dome A 地区做了系统的雷达观测和模拟比较研究，发现 Dome A 地区可能广泛地存在底部融化特征(图 4-23)。

Sun 等（2014）使用一个描写冰盖演化的完备 Stokes 方程三维热力–动力耦合冰流模式，在不同冰晶组构条件作为假设的前提下，对以昆仑站为中心的 70km×70km 区域进行了深度、年代、温度的数值模拟。模拟结果表明，在昆仑站底部获得至少 70 万年的高分辨率深冰芯记录的可能性很大，但是获得超过 100 万年的冰芯样品则存在极大的

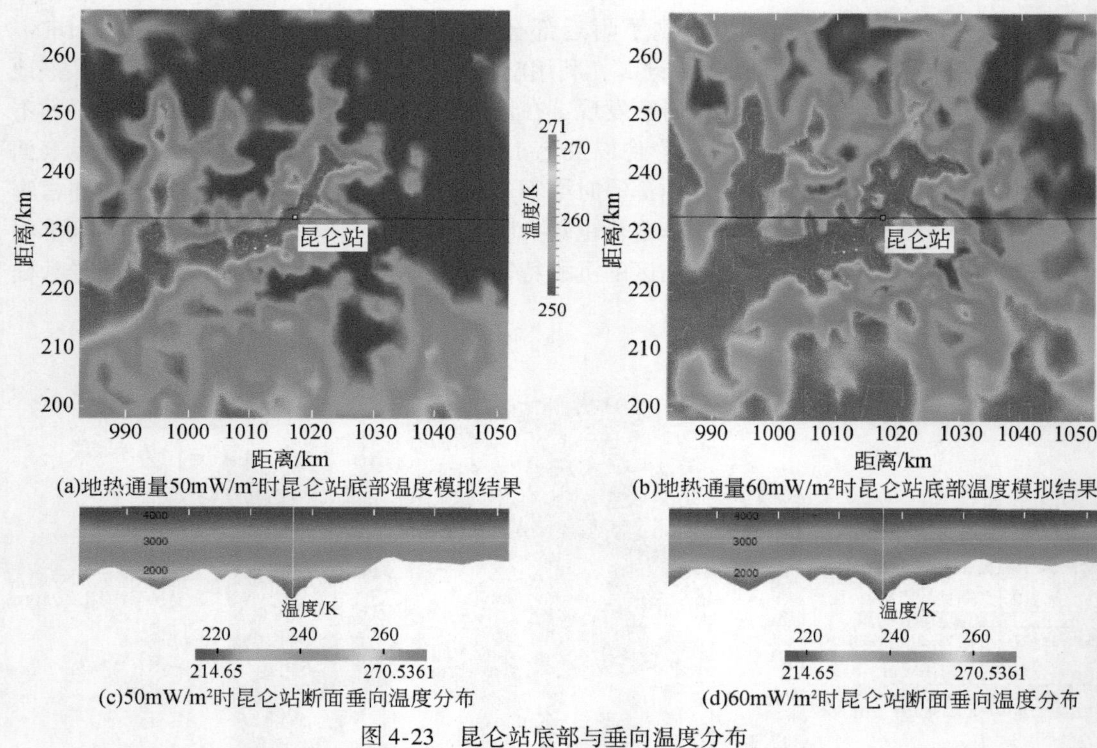

(a)地热通量50mW/m²时昆仑站底部温度模拟结果

(b)地热通量60mW/m²时昆仑站底部温度模拟结果

(c)50mW/m²时昆仑站断面垂向温度分布

(d)60mW/m²时昆仑站断面垂向温度分布

图 4-23 昆仑站底部与垂向温度分布

昆仑站 70km×70km 区域底部与垂向温度分布模拟使用了地热通量 50m·W/m² [(a)、(c)]和 60m·W/m² [(b)、(d)]。垂向温度分布断面(黑线)自西向东穿越昆仑站钻探点。白色点装廓线表示处于压力融点的区域(Sun et al., 2014)

不确定性(至少 50 万年不确定性),这主要是由底部融化存在复结冰的可能性极大而产生的。他们根据底部年代和温度分布对地热通量和表面环境条件的敏感性实验发现,Dome A 地区在过去冰期旋回期间虽然只经历了温和的表面高度变化,但是表面的微弱变化也仍然引起了底部环境的变异,即这与由雷达观测到的复结冰特征相吻合(图 4-24)(Bell et al., 2011)。

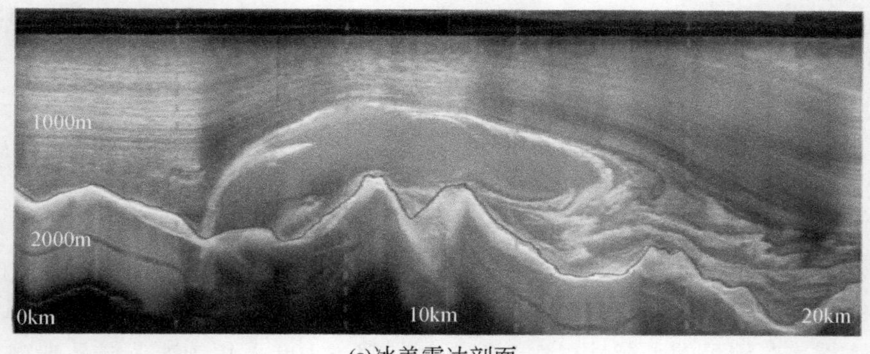

(a)冰盖雷达剖面

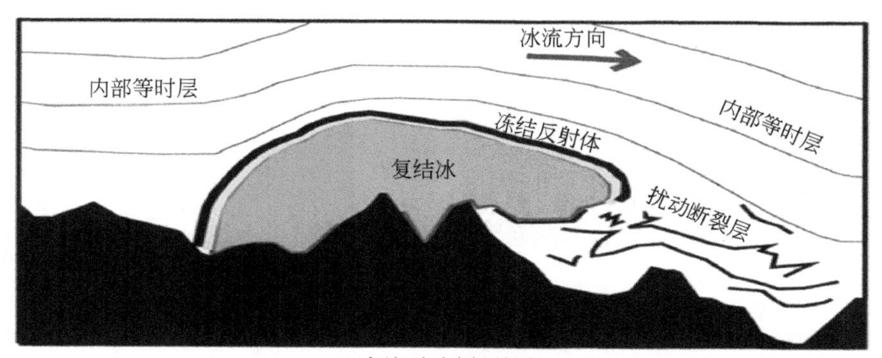

(b)冰盖雷达剖面解析

图4-24　Dome A 冰盖雷达剖面解析

(a) 位于 Dome A 地区冰下山谷下流 20km 长雷达断面显示的冰岩界面、内部等时层、EFZ 与底部反射信号“亮区”表达的重复冻结冰区域；(b) 根据雷达图像描述的内部等时层、复结冰区、冰岩界面以及冰流方向；其中：复结冰区厚度达 1100m，其上方的内部等时层向上偏转扰动 400m 以上，在朝向山谷出口方向由于冰流的影响，内部等时层断裂，并趋近冰岩界面（唐学远等，2015；Bell et al.，2011）

4.3.2　冰下湖

冰盖下方是否有液态水体存在？19 世纪俄罗斯科学家克鲁泡特金猜测在巨大冰体的压力下，冰盖内部可能会在上覆的冰体的巨大压力下达到融点而融化，聚集的融水会自然地生成冰下湖泊。在 20 世纪 50～60 年代，苏联在东南极内陆发现第一个冰下湖（Vostok 湖，即东方湖）证实了该理论（Kapitsa et al.，1996）。Vostok 湖长超过 200km，宽为 50km，面积达 15 960km^2，它的水面距离冰盖的表面超过 3700m，平均水深为 344m，最大水深超过 800m，是南极大陆发现的最大湖泊，也是世界上第七大湖泊。目前的研究认为，冰下湖在南极洲的分布是普遍的，冰下湖主要通过冰雷达穿透冰盖时产生的无线反射波在冰-水界面形成的平坦、明亮和光滑的界面判别出来（图 4-25）。由于水体会吸收雷达波，探测湖的深度需要用到人工地震波探测（Robin et al.，1970）。Oswald 和 Robin（1973）通过冰雷达基岩反射信号，在南极找到了 17 个冰下湖；之后，随着冰雷达探测数据的丰富以及人们对冰下环境的进一步认识，南极冰下湖的位置、大小、深度以及数目都在不断地得到修正和更新，Siegert 等（2005a，2005b）首次给出了 150 个南极冰下湖的详细目录。在 2012 年，Wright 和 Siegert 给出了南极冰盖 379 个冰下湖的目录（图 4-26），截至 2016 年，被发现的南极冰下湖已经多达 402 个（Siegert et al.，2016），而在格陵兰冰盖直至 2011 年才发现冰下湖的存在（Palmer et al.，2015）在格陵兰冰盖下方发现的湖泊很少，当前只有 4 个（Das et al.，2008）。

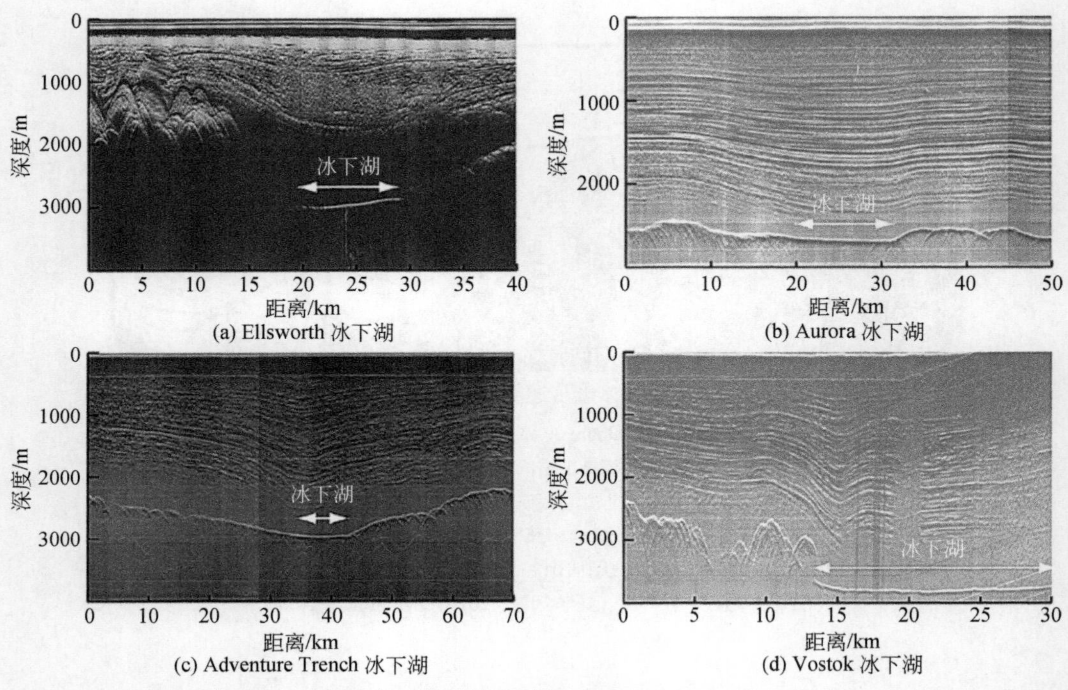

图 4-25　冰雷达断面揭示的冰下湖（Bingham and Siegert，2007）

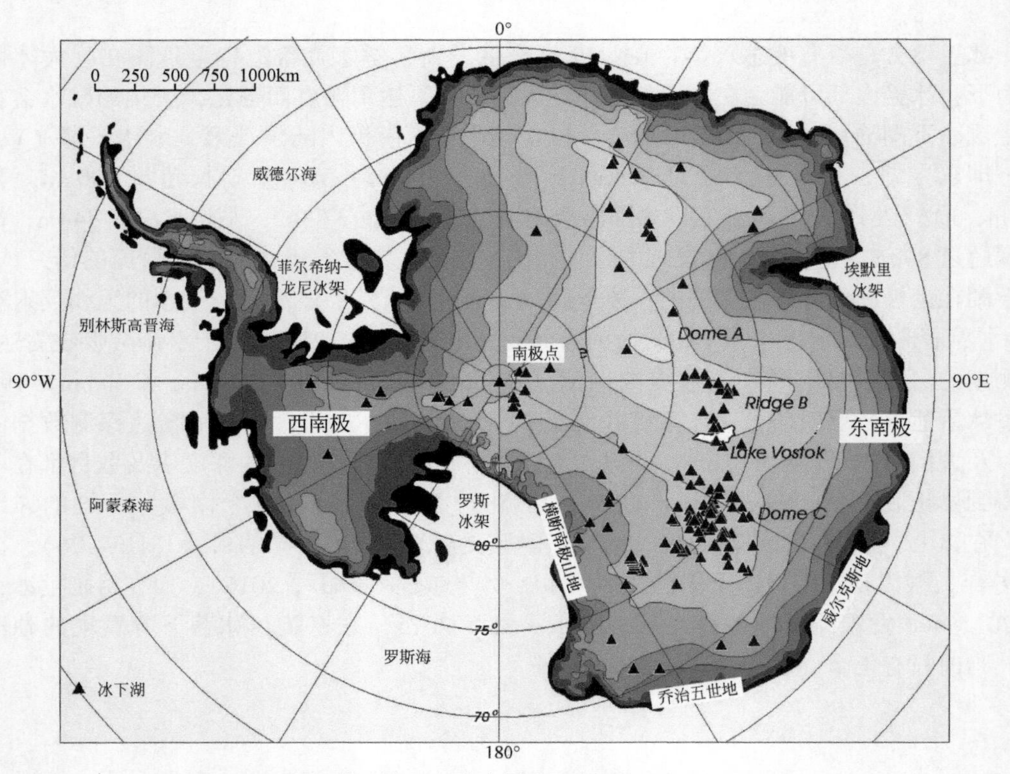

图 4-26　南极冰盖冰下湖分布图（Wright and Siegert，2012）

冰下湖的表面的平坦性质能诱导出其上覆冰盖表面的平坦光滑特征，因此可通过卫星测高来甄别冰下湖的可能位置。冰下湖可能具有五种起源：①内陆湖或与跟海水相连的水体，被冰盖封存起来形成冰下湖；②冰盖底部局部的地热异常，融化生成的水体形成冰下湖，这被认为是绝大多数是南极冰盖冰下湖的成因；③巨大冰厚产生的压力，以及基岩地热活动，使底部越过压力融点，产生的融水形成冰下湖；④冰下可能的火山喷发导致融水而产生冰下湖泊；⑤冰盖底部存在热岩，持续释放热量导致的融水，聚集形成冰下湖。原来人们猜测这些冰下湖是彼此孤立的，很难有活动的空间，但是卫星测高结果却出人意料地表明也有许多冰下湖是相通的，即随着上覆冰盖压力的变化，湖水可以通过冰下水道迁徙流动，高海拔的冰下湖将水排泄到低海拔的冰下湖（Wingham et al. ,2006a）。这样的湖泊非常活跃，它们通过冰下水道流经几百千米彼此联通，频繁发生水体交换。例如，冰盖 Dome C 的冰下湖群，16 个月里约有 1. 8km^3 的水从一个湖流到 290km 外的另外两个湖里（Wingham et al. , 2006a）。在南极冰盖内部，这些相互连通的冰下湖之间可能会发生急速排泄，形成特大洪水（Lewis et al. , 2006）。研究还表明，在冰盖中心与海岸附近的快速冰流之间的地区存在连续的底部湿环境，因而不会存在阻止水流从冰盖中心流向海洋的可能（Wright et al. , 2012），而通过冰下湖的排泄原理也能合理解释南极冰盖边缘观察到的冰下洪水以及水蚀地形（Denton and Sugden, 2005；Margerison et al. , 2005）。在格陵兰冰盖，业已发现的四个冰下湖几乎都位于冰盖的边缘，其冰下湖的水体来源与南极冰盖的内部的融化不同，主要是来自冰盖表面的融水通过冰穴或裂隙流入到冰下湖中补给其水量。目前，驱动冰下水体流动的因素是哪些，冰下水道与其上的冰流如何相互作用？仍没有任何观测事实与数值模拟结果能给出合理解答。尽管有证据表明联通冰下湖之间的水道会向上磨蚀水体上方的冰，有时也会通过冰下排水通道切割冰下沉积层（Fricker et al. , 2016），但是冰下湖周期性的水排放以及相应的水力学效应是否能支撑冰下水道的持续存在并无确定答案。

根据对南极和格陵兰冰盖湖泊的编目以及做出的相应评估，现在已经知道冰下湖的一些基本特征：①冰下湖的大小，既有长超过 200km 深 1km 的冰下湖也有长度非常小深度小于 1m 的冰下湖；②湖的位置，既有位于冰盖中心大小多种多样的冰下湖，也有冰盖边缘相对很小的冰下湖；③水文学方面，既有封闭隔绝集聚古老水体的冰下湖，也有通过冰下水道排空其水体可能寿命很短的冰下湖；④冰下湖地质，既有位于冰下山脉山谷间的冰下湖，也有位于冰下平坦沉积岩之上的冰下湖；⑤冰盖动力学，既有在缓慢流动的冰盖下方的冰下湖，也有位于快速冰流区的冰下湖；⑥冰厚，既有位于冰下 3000m 以上的冰下湖，也有在冰盖边缘冰下很浅的冰下湖，甚至像格陵兰冰盖的冰上湖。但是对业已发现的几百个湖的大多数，针对这些基本特征的认识仍然非常有限。中国第 32 次南极科学考察队在东南极伊丽莎白公主地又发现了一批湖泊，其中一个湖泊被认为是大小仅次于 Vostok 湖的第二大冰下湖，在该地区发现的冰下湖泊经由一条冰下大裂谷相连通。

关于冰下湖与海洋的关系以及与全球海平面变化的可能联系，考虑到冰盖内部水体通过冰下水道流向冰盖边缘，冰盖冰下水系统与海洋之间相联系是必然的。一个证据是，冰盖下方特别是冰架下方的冰流或者冰下水流含有海水这一事实可能来自冰架底部海洋的潮汐（Winberry et al.，2011）。然而，目前在哪些位置冰下水系统与海洋相连接，以及海洋与冰盖相互作用如何影响冰下环境仍缺乏了解。因此，要系统厘清并理解冰盖冰下水系统与海洋之间的相互关系，需要从冰盖内部冰下水系统及其相关的冰下环境进行系统的观测探测开始，大力加强对冰下水系统的形成机制及其动力学特征的研究，逐步揭示前述涉及的所有问题的细节。

4.3.3　冰下水系统

冰下水系统是冰盖底部（如冰下湖等）水文过程的集中体现。冰下水系的动力学效应能加速润滑冰岩界面，触发冰盖发生潜在的大面积崩解，其排泄入海洋的水量的突变很可能导致海洋温盐环流和海平面的急速变化。为了解冰下湖及衍生的冰下水系统的存在是否有可能导致冰盖的大面积崩解，并急剧影响冰盖的稳定性及促发全球气候和海平面的突变，在IPY期间，南极冰下湖环境国际联合调查（SALE-UNITED）计划已进行多次的机载航空雷达调查，根据2012年的数据，已知的379个冰下湖，可粗略地分成两种类型：255个静态冰下湖和124个动态冰下湖，这些湖泊可能与一系列冰下水系统相联系（图4-27）。通过卫星遥感、冰雷达和重力观测表明，通常静态冰下湖的大小、水量相对稳定；动态冰下湖的水量则会变化，盛水期的水量增加会顶升冰盖，反之水量减少

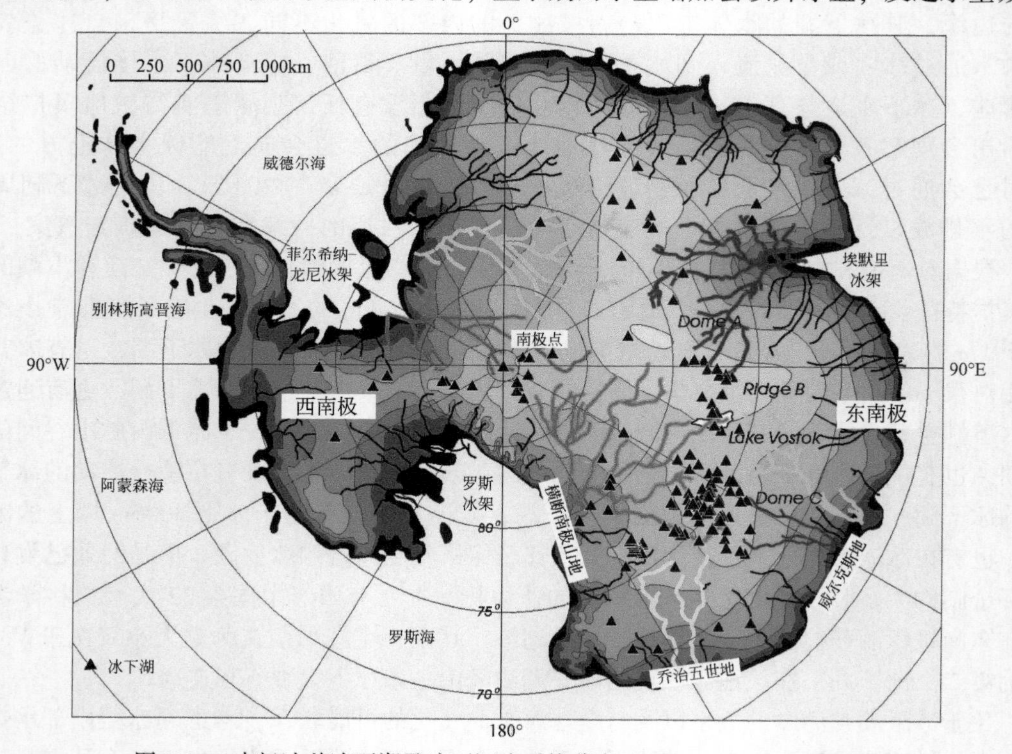

图4-27　南极冰盖冰下湖及冰下河流系统分布（Bingham et al.，2007）

则冰面下降。目前，科学界仍未能详细地理解动态冰下湖的变化规律，从而也无法确定持续性冰下水道的存在，而只是发现了一些特殊现象，如间歇性排放冰下湖湖水或者急速排泄引起的冰下洪水。在南极冰盖，利用 ICESat 卫星的激光测高仪连续反复监测冰下水的移动，通过卫星影像差异，发现南极冰盖下方确实存在广泛且活跃的冰下水系统（Fricker et al.，2007）。现在也已经了解到冰盖中心的冰下水体能流到冰盖边缘进入海洋，然而在获取这些水体如何流出的直接证据方面存在巨大的困难。冰盖运动能强化冰盖的融化、退缩和变薄，其融水量与冰动力过程相联系的力学过程（Parizek and Alley，2004）。例如，Bell 等（2007）将卫星影像变化特征与冰面高程变化相结合，确定了四个较大的冰下湖（都位于东南极 Recovery 快速冰流的源头），即冰下湖形成的冰下水系统与快速冰流之间存在紧密联系。聚集起来的冰下湖水可能存在远处的源头或者是源于当地的底部融化，形成融水，通过冰下水系统排入海洋。基于冰盖表面的地形特征与冰下特征的有强相关的假设，Jamieson 等（2016）研究发现，东南极冰盖伊丽莎白公主地下方可能存在一个底部 140km×20km 的冰下水系统（图 4-28），这一冰下水系统绵延 1100km，其间通过一系列可能深达 1000m 的冰下裂谷连通需要的湖泊，将 Vestfold 山与西冰架之间的融水排入海洋。目前这一有关冰下水系统的猜测已经被中国第 32 次南极科学考察的机载雷达观测所证实。

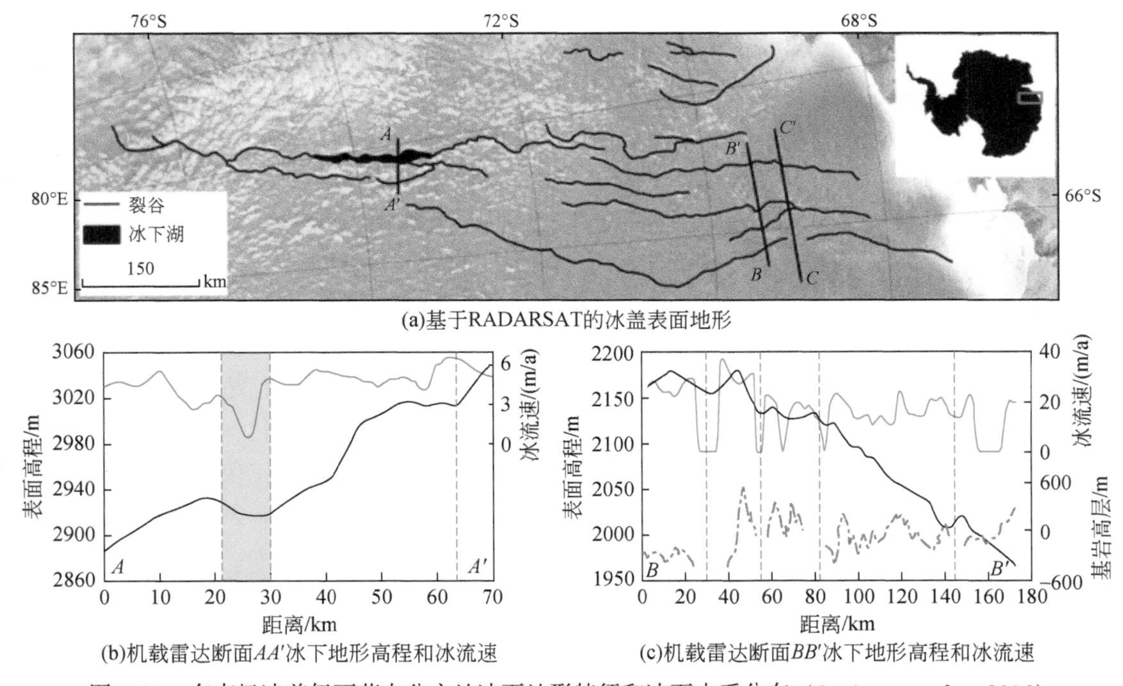

图 4-28　东南极冰盖伊丽莎白公主地冰下地形特征和冰下水系分布（Jamieson et al.，2016）

格陵兰冰盖的情形与南极冰盖不同，由于冰下湖泊可能很少，格陵兰冰盖的冰下水道直接与冰面湖相联系。这一水下系统将湖水排泄到冰盖边缘流入海洋。21 世纪以来，格陵兰冰盖对海平面上升的贡献大大加快了（Rignot et al.，2011b）。遥感观测已表明格陵兰冰盖的融冰范围和融化程度都有显著增长，格陵兰冰盖西部的融化范围的增长快于其东部（Abdalati and Steffen，2001），因此气候变暖导致的表面融水增加可能会进一步加剧冰下水量的增长，从而使得冰下水经由冰下水系统排向海洋的事件更为普遍。当格陵兰冰盖表面的湖泊向外排水时，水流的较高流速有时会引起冰体移动的加速（Stearns et al.，2008）。相应地，在南极诱导冰盖冰体动力学反馈的冰下湖的洪水突然排放，这一现象尚未在格陵兰冰盖发现。一般来说，格陵兰冰盖的融水通常在夏天由其表面融化生成，并在重力的影响下流入地势较低的地方形成冰上湖泊。地势较低的地形通常与冰下地形相联系，所以当冰流向冰盖边缘时，这些湖泊的位置并不总是随之一起平移。当融化在夏天持续，冰上湖和径流会通过冰裂隙和冰臼流入冰下通道联通起来。目前猜测冰盖底部的水体能畅通无阻地流到冰盖边缘注入冰架直至海洋。如果夏季格陵兰冰盖冰底滑动较快而冬季其底部滑动相对较慢，则其滑动速度快慢的转换时间取决于冰盖下方水流通道系统转变的时间长短（Sole et al.，2013）。有模拟结果表明，在短期变化的融水输入是驱动并强化冰盖底部滑动和冰流流动快速增强的关键，已有观测发现冰流暂时性的突然加速流动是由融化增强或冰上湖泊间歇性水体排放所引起的（Bartholomew et al.，2012）。计算表明，格陵兰冰盖表面融水径流量约占该冰盖质量流失的一半（Sasgen et al.，2012），因此可以大致得知冰下水系统排放出的融水水量，从而有效地估计出部分流入海洋的融水输入量及其对海平面升降的贡献。

发育的冰盖可能将原有的远古水体封存，同时也将水中的远古生命封存，留下宝贵的远古生命样本——冰下水系统，因此冰下水系统中很可能保存了古环境和古生物资料，以及它们与海洋的相互连通而导致的拥有海洋生物的可能性，而且冰下湖以及冰下水系统的存在有可能导致冰架的快速崩解，影响冰盖的稳定性并促发全球气候和海平面的突变，然而，冰下湖很可能是一个完整而脆弱的封闭生态系统，在不破坏其内部环境的前提下探明并且尽量挖掘其科学价值是摆在当前极地科学家面前的难题之一。

4.4 冰盖稳定性与冰下过程

南极冰盖储存了地球上陆地冰量的90%，淡水总量的80%，是地球上最大的固体水体，它的扩张或者退缩直接影响海平面的升降。假定南极冰盖全部融化，海平面将至少上升60m。南极冰盖对全球海平面变化的贡献具有显著的不确定性。其主要来源有两个：对冰盖消融和冰架崩解的估计的不确定性；冰盖具有的潜在不稳定性可能引发冰盖“突变”，如冰盖内部大规模融水的突然排放，冰流短时内的急剧加速注入海洋等。两者都是冰下过程的具体反映，是探讨冰盖稳定性的主要研究内容。

基于目前的研究，冰盖的稳定性被认为与冰下环境密切相关，冰盖下方发育的湖泊由冰下水系统连接在一起，冰盖下方水体排放到海洋的体积是估算冰盖物质平衡时遇到的最不确定分量。观测显示，东南极冰盖 Wilkes Land 的小冰川正处于物质流失，如 Totten 冰架和 Frost 冰架（−9±43Gt/a），而有些冰川正在经历物质积累，如 Filchner 冰架和 Ross 冰架（19±10Gt/a），总体而言东南极物质平衡比较稳定（4±61Gt/a）。西南极冰盖整体都有很大的物质流失，除 Ross 冰架附近地区，沿着 Bellingshausen（别林斯高晋海）和 Amundsen（阿蒙森）海的冰架在1997～2006年的10年内物质流失速度加快了59%，在

2006 年达到 132±60Gt/a（Rignot et al.，2008）。因此相对于西南极冰盖来说，传统的观点认为东南极冰盖较为稳定，自末次冰期最盛期以来，其表面轮廓可能只有很小的变化，但是基于在东南极 Coats Land（科茨地）获得的雷达图像显示的内部等时层褶皱识别出的一个已不再活跃的冰流增强区域，这可能是由在 20 000 年前末次冰期最盛期，冰流在某些位置被阻断引起的（Rippin et al.，2006），该现象说明东南极冰盖的部分外流区自末次冰期最盛期以来已经发生了很大的变化，东南极冰盖在末次冰期最盛期较为稳定的观点可能需进一步厘清（唐学远等，2015）。东南极冰盖要比以前预期的要脆弱得多，南极冰川底部融化问题可能比想象的更为剧烈。在上新世中期，当格陵兰和西南极冰盖部分或者全部不存在时，全球海平面比现在高出 5 ~ 40m（Raymo et al.，2009）。第四纪以来，海平面在冰期-间冰期旋回中主要受到冰体的扩张和消融以及温度变化引起的海水膨胀与收缩驱动。对于西南极冰盖，由于其海洋性冰盖的地形特征，基岩位于海平面以下，如果冰盖冰厚减薄到厚度临界点使着陆部分重力将不能够克服海水的浮力，那么西南极冰盖将逐步后退并坍塌，有很大的潜在不稳定性，表现形式是接地线的后退和快速的物质流失。特别是西南极的大部分基岩都是反向坡，即由内陆向海洋基岩海拔逐渐升高（Bamber et al.，2009；Joughin and Alley，2011），而接地线在冰盖下方的位置变化是可通过穿越冰架和冰盖的内部等时层的形变特征予以区分。

南极与格陵兰冰盖底部大范围发育的冰下水系统，会很大程度上改变冰底环境，从而增强冰盖在某些区域短时间内的滑动，改变冰盖运动的动力机制，导致冰盖“突变”。冰盖内部的冰下水文、地质环境，如冰盖下方的存在的冰下湖、冰下水系及特定冰下地貌对冰盖特定区域的内部热力学稳定性和冰盖/冰架毗邻区的接地线稳定性产生直接而显著的影响。冰盖动力机制受冰盖底部融水和含水沉积层的影响，融水和饱和含水沉积层能大幅度降低底部剪切力，利于快速冰流的生成。冰盖内部液态水体水压和水量的变化会改变冰底的润滑程度，诱发快速冰流和冰盖内部水系间冰坝的溃决。实际上，冰下湖和冰下水系统的存在可能显著地改变我们对冰盖与海洋的物质交换的已有认识。事实上，冰盖内部的暖冰分布、冰下湖和冰下水系统能强化润滑岩床，导致冰盖流动加快，而快速流动的冰体进一步对冰下基岩进行侵蚀。广泛分布于冰盖下方的连通水体，冰下湖相互连通的性质及湖水在不同的冰下湖间的交换，以及在冰盖边缘与海洋的相互作用，具有至今仍不明确的冰盖动力学效应。因此，冰盖下方的水体极有可能会大规模地间歇性排泄进入海洋，引起海平面在短时间内的急剧变化，并扰动全球大洋温盐环流的稳定性；海洋的剧烈变化反过来会加速冰架的融化，破坏冰盖的瞬时稳定性。因此，未来需要进一步通过观测加强对南极冰盖过程的理解，关注冰下暖冰、冰下水体、冰下地貌、沉积物和地热流对冰流稳定性的影响；在此基础上，发展模拟快速冰流和冰下水系，增强预测快速冰流和冰盖内部水体变化的能力并降低不确定性。

第 5 章　南极冰盖表面物质平衡模拟

南极冰盖物质平衡变化及其对海平面变化的影响格外受到关注，已成为全球变化研究中普遍关注的重点。南极冰盖物质平衡是由降雪形成的净积累（表面物质平衡）和冰架/溢出冰川崩解及底部消融等物质输出共同决定的。物质输出在南极物质平衡年代际尺度变化上起重要作用，但是南极冰盖物质平衡的年际变化主要是由冰盖表面物质平衡变化所控制。尽管已经开展了大量定量观测，但是观测数据仍不能通过插值直接对冰盖表面物质平衡进行评估，遥感技术也无法直接用于其观测，因此气候模式模拟成为南极冰盖表面物质平衡评估的重要手段。

5.1　多源再分析资料适用性评估

鉴于南极冰盖表面物质平衡研究的重要性和实测数据时间与空间分布的局限性，我们急需一种可以较为全面客观地反映南极冰盖表面物质平衡整体状况的资料体系。目前，广泛使用的再分析资料，如 NCEP、ERA-Interim、MERRA、JRA-55、CFSR 等（表 5-1），为我们全面客观地认识南极冰盖表面物质平衡整体状况提供了可能性。不同的再分析资料采用的观测资料基本相同，但在同化过程中采用了不同的数值模式（不同的参数化方案和分辨率），这些再分析资料在南极地区可能呈现出较大差异，因此进行比较验证显得尤为重要。

表 5-1　再分析资料基本特征

再分析资料	发布单位	水平分辨率	垂直分辨率/km	数据同化系统	时间跨度
JRA-55	JMA	T139，约 60km	60	4DVAR	1957 ~ 2014 年
ERA-Interim	ECMWF	T255，约 80km	60	4DVAR	1979 年至今
MERRA	NASA GMAO	1/2°×2/3°，约 55km	72	3DVAR	1979 年至今
CFSR	NCEP	T382，约 38km	64	3DVAR	1979 年至今
NCEP-2	NCEP/DOE	T62，约 210km	28	3DVAR	1979 年至今
JRA-25	JMA	T106，约 125km	40	3DVAR	1979 ~ 2004 年

5.1.1　再分析资料基本情况

（1）ERA-Interim

ERA-Interim 是 ECMWF 发布的全球再分析产品，它在 ERA-40 的基础上进行了很大的改进，以达到构建新大气再分析资料替代 ERA-40 的目的，该资料从 1979 年开始到现在，在不断更新。ERA-Interim 与 ERA-40 有很大的不同，主要区分于数据同化方面和观测资料的使用。在数据同化方面，ERA-Interim 的先进之处在于它使用了 12 小时四维变分同化（4D-VAR）技术、T255 水平高分辨率（约为 80km）、优化的背景误差限制、新的湿度分析、模式使用新的物理参数化过程、采用 ERA-40 和 JRA-25 数据质量控制经验、对卫星辐射资料进行变分偏差修正，并改进了偏差处理方案、更广泛地使用辐射资料以及运用改进后的快速辐射传输模式（Simmons et al.，2007；Dee et al.，2011）。在观测资料的使用方面，ERA-Interim 几乎使用了 ERA-40 所用的所有观测资料，并且还用了近些年 ECMWF 获取的其他观测资料，更值得关注的是 ERA-Interim 利用了波高高度计资料和一套新的 ERS 波高高度计数据集，其质量较 ERA-40 所使用的明显提升；另外还使用了欧洲气象卫星应用组织（European Organisation for the Exploitation of Meteorological satellites，EUMETSAT）重新处理的 Meteosat-2 风和晴空辐射观测资料、卢瑟福阿普顿实验室提供的新的全球臭氧监测实验（Global Ozone Monitoring Experiment，GOME）臭氧廓线数据集（1995 年至今），2006 年开始的 CHAMP（challenging minisatellite payload）、GRACE（gravity recovery and climate experiment）和 COSMIC（constellation observing system for meteorology ionosphere and climate）的 GPS 无线电掩星（GPS radio occultation）观测数据集。

（2）MERRA

MERRA 是美国国家航空航天局（National Aeronautics and Space Administration，NASA）全球模拟和同化办公室推出的高分辨率全球再分析资料。其研发初衷是认识已有再分析资料在气候和天气研究中描述各种水循环方面的不足，主要目的是将 NASA 地球观测系统中卫星观测数据应用到气候领域，进而改进已有再分析资料在水循环方面的再现能力，重点是将 NASA 地球观测系统中的卫星观测数据，特别是从 2002 年 10 月开始运行的 EOS/Aqua 卫星数据应用到气候变化领域（Rienecker et al.，2011）。MERRA 时间段为 1979 年至今，具有比以往再分析资料更高的时空分辨率，包含二维和三维的变量。MERRA 是应用戈达德地球观测系统大气模式和数据同化系统 GEOS-5 同化得到的（Rienecker et al.，2011）。作为 MERRA 的核心，GEOS-5 大气环流模式是基于有限体积动力学方法（Lin，2004），模式包括具有云预测的湿物理过程（Bacmeister et al.，2006）、Chou 和 Suarez（1999）的短波辐射方案、Chou 等（2001）长波辐射方案以及两个大气边界层湍流混合方案①。Louis 等（1982）方案应用于无行星边界层云的稳定大气条件，Lock 等（2000）方案则应用于非稳定或有云覆盖的行星边界层。GEOS-5 包括了 McFarlane 地形重力波拖曳方案和基于 Garcia 和 Boville（1994）研究成果的非地形重力波。陆面过程采用了集水陆面模型（Rienecker et al.，2011）。模式纬度分辨率为 0.5°，经度分辨率为 0.67°，垂直方向上从地面到高空 0.01 hPa 共有 72 层。MERRA再分析资料采用了三维变分同化技术（3D-VAR），输入的观测资料主要包括地面

① Chou M D，Suarez M J，Liang X Z，et al.，2001. A thermal Infrared radiation parameterization for atmospheric studies. NASA Tech. Rep. Series on Global Modeling and Data Assimilation，NASA/TM-2001-104606，19：56.

Chou M D，Suarez M J. 1999. A solar radiation parameterization for atmospheric studies，NASA TM-104606. NASA Technical Memorandum，15.

和上层大气的常规观测资料以及卫星遥感资料等（Rienecker et al.，2011）。常规资料包括地表、船舶、浮标观测资料以及无线电探空仪、下投式探空仪、测风仪、风廓线和航空观测资料。卫星遥感资料包括来自地球静止卫星和 MODIS 的高空风资料，来自特殊微波成像仪 SSM/I、QuikSCAT 和 ERS 系列卫星的地面风资料，来自 SSM/I 和热带测雨任务卫星微波成像仪 TMI 地面降水强度资料。辐射资料是从 GOES 静止卫星、TIROS 业务垂直探测仪 TOVS 和先进的业务垂直探测仪 ATOVS、大气红外探测仪 AIRS、微波探测仪 MSU、先进的微波探测仪 AMSU-A 和特殊微波成像仪 SSM/I 获取的。同化的臭氧资料是从太阳后向散射紫外仪器 SBUV2 获取的。海表温度（sea surface temperature，SST）数据采用英国气象局哈德利气候研究中心（Hadley Centre for Climate Research）的海冰与 SST 观测数据集。

（3）CFSR

CFSR 是由美国国家环境预报中心（National Centers for Environmental Prediction，NCEP）于 2010 年发布的覆盖全球的高分辨率再分析资料，始于 1979 年。CFSR 所使用的大气模式为 T382L64，水平分辨率约为 38km，在竖直方向上有 64 层，时间分辨率为 6 小时。与其他全球再分析资料相比，如 NCEP/NCAR、NCEP/DOM、ERA-40、JRA-25，CFSR 的空间分辨率有了很大的提高。该再分析资料考虑了大气和海洋的耦合，加入了海冰模式；考虑了 CO_2、气溶胶及其他痕量气体在 1979～2009 年的变化；对特殊微波成像仪 SSM/I 反演的海表风场进行了同化；并使用格点统计插值（GSI）方案对卫星观测辐射率（包括 TOVS、MSU、ATOVS 和 GOES）进行了同化，虽然在业务上 NCEP 已经对卫星辐射率直接同化实施了多年，但是 CFSR 是 NCEP 首次将卫星辐射率直接同化进它的全球再分析产品中。

（4）JRA-25 和 JRA-55

JRA-25 是 JMA 和日本电子能源工业中央研究所（Central Research Institute of Electric Power Industry，CRIEPI）合作完成的日本第一代全球大气再分析资料，时间跨度为 1979～2004 年，共 25 年，水平分辨率为 125km，垂直层次为 40 层，模式顶为 0.4hPa。模式采用了三维变分同化方法模式，同化变量包括温度、风场、相对湿度、模式面的地面气压、辐射亮温（TOVS/ ATOVS）以及可降水量（SSM/I）等变量，地面分析则采用了二维 OI 分析方法，对温度、风场和相对湿度进行分析。平流层的水汽短缺，以及所用到的谱对流方案等因素影响，使得 JRA-25 在湿度方面的结果精度有限。JRA-55 是 JMA 提供的日本第二代全球大气再分析资料，研发目的是改进以前的再分析资料的不足，创建适合年代际气候变化评估的数据库，数据覆盖了 1958～2014 年（Ebita et al.，2011）。与 JRA-25 相比，JRA-55 有更高的分辨率，空间分辨率达到 0.5625°，并且在竖直高度上有 60 层。另外，JRA-55 采用 4D-VAR 同化系统，对卫星辐射资料进行变分偏差修正，使用了 JRA-25 所用的大部分观测资料，吸纳了 JMA 气象卫星中心新处理的大气运动矢量（AMV）数据和来自日本地球静止气象卫星和多功能运输卫星（MTSAT）的晴空辐射数据（Kobayashi et al.，2015）。JRA-55 消除了 JRA-25 低层平流层存在冷偏差和亚马孙盆地干暖偏差的问题，大大改进了再分析气温时间持续性。

（5）NCEP-2

NCEP-2 是为第二期大气模式比较计划（AMIP-Ⅱ）的检验和评估而实施的全球大气

再分析资料计划，可被看作NCEP/NCAR全球大气再分析资料计划的延续，其时间尺度是从1979年至今，所用的数值预报模式是NCEP业务预报中尺度全球谱模式（GSM），水平分辨率为T62高斯格点（约210km），垂直分辨率为28层。同化方案是三维变分同化技术（3D-Var）。数值预报模式和通化方案与NCEP/NCAR大致相同，但校正了NCEP/NCAR再分析资料中存在的一些“已知”的误差问题，增加了对陆地降水的简单同化，而且修改了数值模式中的一些物理过程和参数化方案，如使用了更为平滑的地形参数，改进了一些模式物理过程和行星边界条件，改善了一些雪/冰方案的诊断和融雪期等。这些改进主要反映在近地表温度、辐射通量以及地表水分收支平衡等一些地表通量上。

5.1.2 南极冰盖表面物质平衡实测数据库

自1957～1958年国际地球物理年（International Polar Year）以来，世界各国科学家积极参与ITASE和冰盖物质平衡和海平面研究计划（ISMASS），特别是第三次IPY（2007～2009年）的一系列科学计划，对南极冰盖主要流域进行了大量表面物质平衡实地测量，采用的方法主要有花杆、超声高度计（雪深仪）、雪坑和浅冰芯与冰雷达法。Vaughan等（1999）最早对表面物质平衡观测资料进行了编撰，建立了表面物质平衡空间数据库，但是其中包含了很多不可靠的数据，影响了表面物质平衡的空间分析及气候模式结果验证，为此Magand等（2007）建立了南极积累率实测数据质量控制标尺，基于该标尺，Favier等（2013）对收集整理的南极物质积累率数据集进行了甄别筛选，在此基础上更新了该数据库，Wang Y等（2016）广泛收集冰芯、雪坑、自动气象站、物质平衡花杆观测资料，特别是第三次IPY以来的最新研究成果，对Favier等（2013）编撰的南极冰盖表面物质平衡数据集进一步更新，建立了具有3550个位置观测数据的经质量控制的南极冰盖多年平均表面物质平衡空间数据库。该数据库空间分布极不均匀，南极内陆和海岸许多区域仍然是数据空白区（图5-1）。

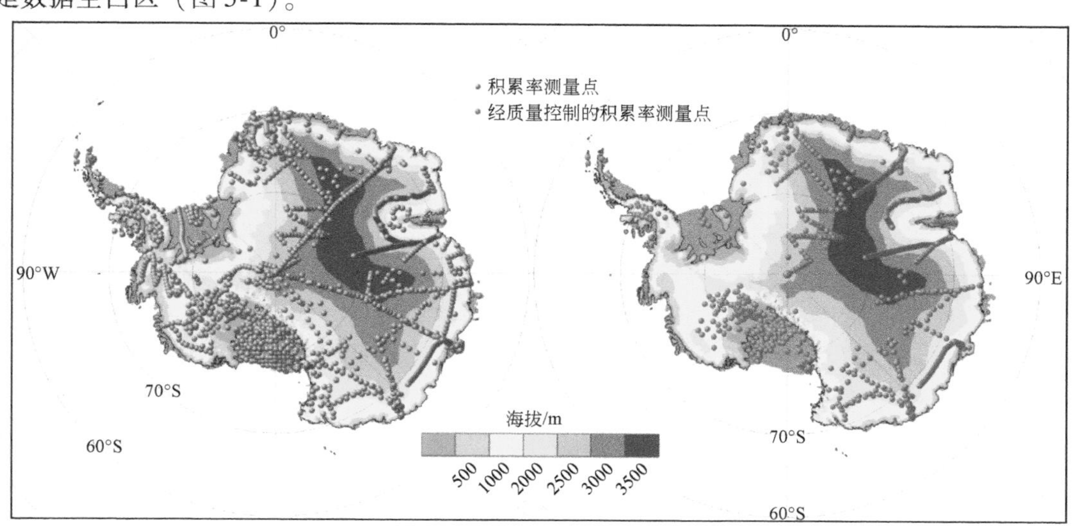

图5-1 南极冰盖表面物质平衡实测点空间分布

对收集的已有长时间尺度的冰芯物质积累率记录及物质平衡花杆测量结果进行核查、对比等分析，形成了年分辨率的南极冰盖表面物质平衡时间序列集。为了消除沉积后过程对冰芯记录的影响，以及冰芯记录与花杆测量结果差异，对区域冰芯记录和花杆测量通过均一化和合成处理，形成了具有 29 个具有代表性的南极冰盖表面物质平衡序列（图 5-2）。

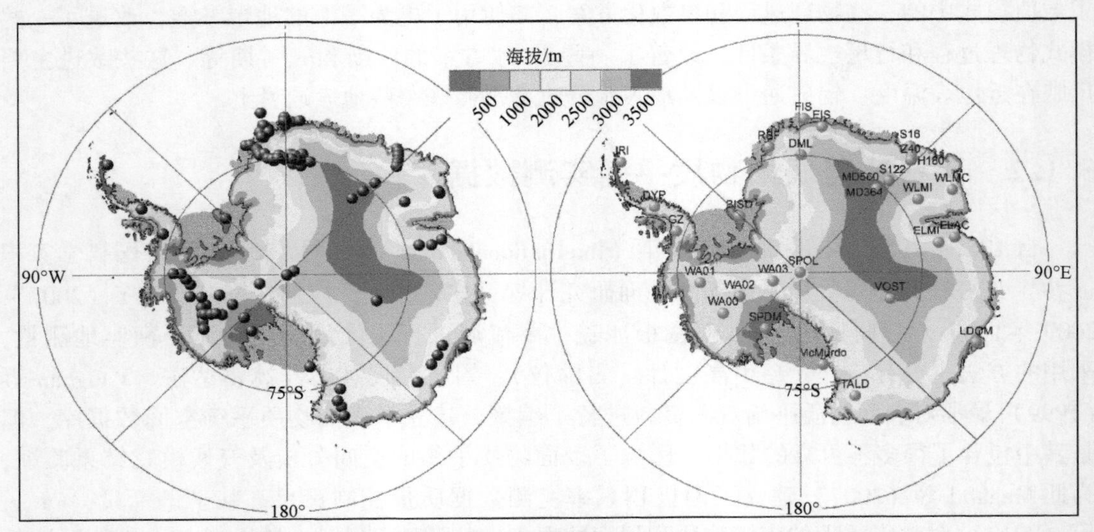

图 5-2　南极冰盖年分辨率表面物质平衡实测点空间分布

5.1.3　基于实测资料的多源再分析资料空间变化评估

南极冰盖沿海地区，由于冷暖气流交汇，降水量较多；南极大陆上空常年为高压冷气团控制，从海洋上吹来的暖湿气流基本无法进入南极内陆，而且在寒冷冰原上空的冷空气异常干燥，含有的水蒸气极少，越往南极内陆，降水量越少。正是这样的大尺度降水模式决定了南极冰盖表面物质平衡从沿海向内陆呈明显下降趋势的特点。ERA-Interim、MERRA、CFSR、JRA-55 和 NCEP-2 均能较好地模拟南极冰盖表面物质平衡大尺度空间变化，与其实测结果相关系数超过 0.75，但是模拟表面物质平衡中尺度变化能力有限，如在昭和站—Dome F 断面、中山站—昆仑站断面、兰伯特冰川流域等（Wang et al.，2015），所有这些再分析资料较好地再现了很多海岸区域表面物质平衡梯度，但是其模拟值通常偏高（图 5-3）。JRA-25 显著高估了东南极高原表面物质平衡，但是 ERA-Interim 表面物质平衡过低，总体上来说，由于对边界层潜热通量的高估，NCEP-2 的表面物质平衡过低。MERRA、JRA-55 和 CFSR 与观测值比较一致，但是值得注意的是所有再分析资料没有包含风吹雪导致的消融过程，这说明这三种再分析资料在一定程度上高估了表面物质平衡。

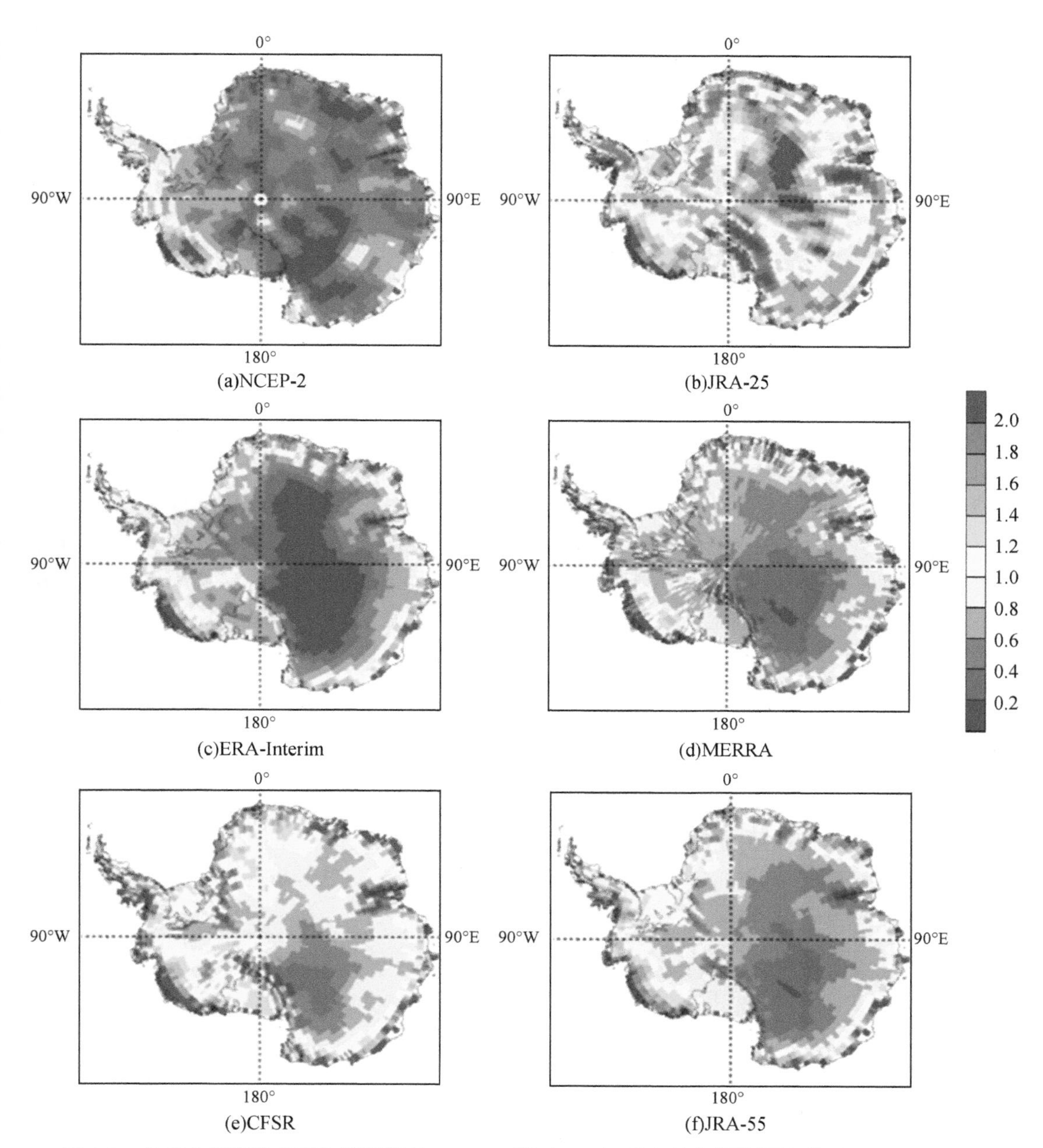

图 5-3 各再分析资料表面物质平衡与 Vaughan 等（1999）建立的空间数据比率（Nicolas，2014）

5.1.4 多源再分析资料时间变化评估

南极冰盖直接观测降水量受到巨大挑战，在海岸区域，强烈的下降风使得无法分辨是风吹雪还是降雪，南极内陆区域，降水量极少，这就要求仪器灵敏度足够高方能探测出降水量的变化，而且受内陆极低的气温和深霜等极端环境的影响，仪器的设计也是非常困难。因此，南极降水直接观测的记录非常少，仅在麦克默多站（McMurdo）、Dome F和 Dome C 等有报导。常常用表面积累率（即表面物质平衡）的方法间接获取降水信息。受极端环境下后勤保障困难的限制，南极冰盖表面积累率实测数据十分匮乏，通常监测的时间跨度小而且不连续（几年甚至小于 1 年），分布不均匀。尽管冰芯记录是恢复南极表面物质平衡长时间尺度变化的有效手段，但微地形变化、沉积后过程等对冰芯记录均会产生影响（Frezzotti et al.，2004，2007，2013）。因此，通常采用再分析资料相互比较的基础上通过典型实测资料进一步对比分析的方法评估再分析资料再现表面物质平衡的能力。

（1）季节变化

ERA-Interim、MERRA、CFSR、JRA-55 和 NCEP-2 模拟的南极冰盖尺度上表面物质平衡季节变化一致，即秋季表面物质平衡最高，夏季表面物质平衡最低。从 4 个季节的表面物质平衡空间分布来看，在海岸区域，表面物质平衡通常夏季偏低；在 DML 海岸区域、兰伯特冰川及南极内陆的大部分区域，表面物质平衡最大值往往出现在秋季。积累率（表面物质平衡）的季节变化是冰芯断代的重要基础，然而观测表面物质平衡十分困难，常常由于其年际变化太大，短期表面物质平衡野外观测无法判断季节性。基于器测降水及长时间的花杆矩阵结果表明，东南极高原的表面物质平衡最小值出现在冬季，而 ERA-Interim 模拟的表面物质平衡季节变化正好与之相反，其冬季值最大。

（2）年际变化和趋势

1979～2012 年，冰盖尺度上 NCEP-2、JRA-25、JRA-55、MERRA 表面物质平衡呈显著增加趋势（图 5-4）。CFSR 和 ERA-Interim 表面物质平衡没有显著的变化趋势，这与基于冰芯记录重建的南极冰盖表面物质平衡结果一致（Monaghan et al.，2006）。图 5-5 展示了再分析资料（1989～2009 年）格点尺度上线性回归分析。ERA-Interim 线性变化趋势达

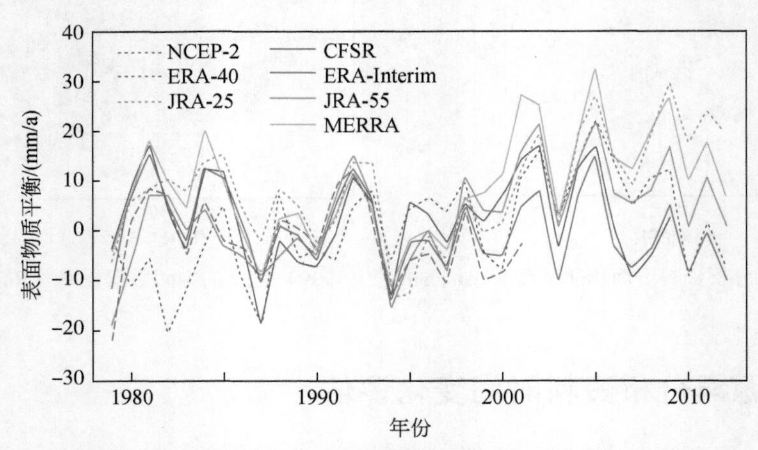

图 5-4　1979～2012 年各再分析资料南极冰盖表面物质平衡变化

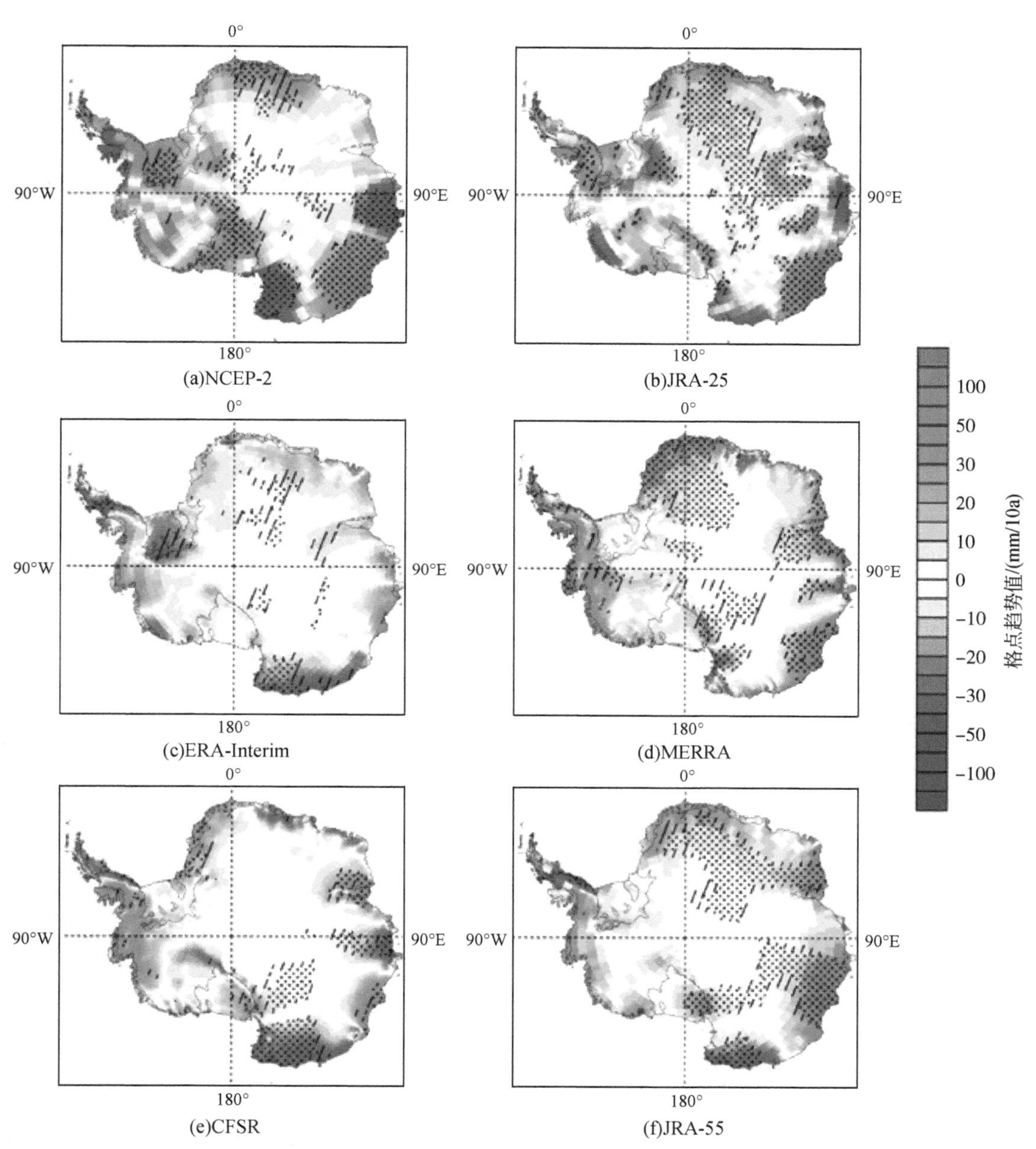

图5-5 1989～2009年各再分析资料表面物质平衡线性回归趋势（Nicolas，2014）
点代表超过90%信度检验水平

不到90%信度检验水平的区域最为广泛。区域尺度上，尽管不同的再分析资料表面物质平衡趋势大小和方向差异显著，但是NCEP-2、MERRA、JRA-25和JRA-55在DML海岸区域呈异常显著上升趋势，这与该区域的冰芯显示1989～2007年积累率呈下降趋势（Fernandoy et al.，2010）相左。在东南极70°E～170°E区域内，再分析表面物质平衡变化资料趋势相近，如兰伯特冰川区和威尔克斯地岛中部呈上升趋势，而威尔克斯地岛西部和维多利亚地岛呈下降趋势。需要指出的是 JRA-25 和 NCEP-2 在威尔克斯地岛中部呈过高的上升趋势（>200mm/a）是令人怀疑的。此外，除 ERA-Interim 外，Law Dome 呈显著上升趋势的再分析表面物质平衡与冰芯记录结果相矛盾。在西南极冰盖，1989～2009 年，再分析表面物质平衡通常呈不显著变化趋势。在埃尔斯沃思地（Ellsworth Land），ERA-Interim、CFSR、JRA-55 和 MERRA 表面物质平衡呈上升趋势，这得到了该区域附近 Gomez 冰芯记录的证实（Thomas et al.，2008）。所有再分析资料很好地再现了与罗斯海海冰范围增加有关的威尔克斯地表面物质平衡下降趋势。

具有区域代表性的 29 个表面物质平衡实测序列与相应的 ERA-Interim、MERRA、CFSR、JRA-25、JRA-55 和 NCEP-2 相关分析表明：28 个点 ERA-Interim 与实测数据年际变化显著相关，其他再分析资料显著相关的点均少于 20 个点，而且有 15 个点的相关系数高于其他再分析资料。这进一步说明：ERA-Interim 最真实地再现了 1979 年以来的南极冰盖表面物质平衡年际变化（Wang Y et al.，2016）。

再分析资料数据质量不仅受数值预报模式及同化方案等系统性误差的影响，同时也受同化观测资料种类和数量的影响。观测系统改变会引入非真实的变化趋势，系统误差会放大这种不真实的变化趋势。例如，ERA-40 在 20 世纪 70 年代后融合了更多的遥感卫星资料，导致南极降水资料在 1979 年之前和之后存在较大的数量上差异（表现为降水跳跃式增加）（Bromwich and Wang，2008）。与 ERA-40 相比，尽管 JRA-55 采用了更先进的 4D-VAR 数据同化系统，然而仍然深受同化观测资料的种类和数量的影响，JRA-55南极降水在 1979 年后发生了跳跃式增加。此外，90 年代末大量新的降水有关遥感数据应用到该同化系统，使其在 1999 年以后降水显著增加（Wang Y et al.，2016）。MERRA 在 1999 年以后引入了装载在极轨业务环境卫星 NOAA-15 上的改进型的微波探测辐射数据，导致 1999～2009 年南极平均降水量比 1979～1998 年偏高 10%（Cucurull et al.，2005；Cullather and Bosilovich，2010；Bromwich et al.，2011）。ERA-Interim 降水相关辐射数据同化的潜在影响和 CFSR 中压强场的不均一化难免让人怀疑这两个数据库在南极地区的可靠性。

5.2 多区域气候模式相互比较与评估

考虑到再分析资料的分辨率粗糙，区域气候模式分辨率较高，能更好地再现区域尺度的气候特征，同时，不同的区域气候模式往往具有不同的参数化方案，长时间积分计算累积的系统误差使不同的区域气候模式的环流模拟容易出现较大偏差，从而影响南极冰盖表面物质积累率时空变化模拟效果。因此，通过对多区域气候模式相互比较，可相互取长补短，也为未来多模式集合奠定基础。

5.2.1 区域气候模式基本情况

（1）PMM5

PMM5 是由美国俄亥俄州立大学（The Ohio State University，OSU）伯德极地研究中心

（BPRC）与美国国家大气研究中心（National Center for Atmospheric Research，NCAR）早期合作共同开发的专门用于极区的数值模式，它通过改进 OSU-NCAR 的第五代中尺度模式 MM5 而得到，其模拟系统由 NCAR 管理，模式中物理过程的改进由 OSU 负责完成。Guo 等（2003）利用该模式模拟了南极冰盖 1993 年的天气情况（积分时间 72 小时），通过评估分析指出 PMM5 能够很好地再现观测到的气压、温度、风速和风向的天气变率，以及温度、比湿和风的日变化特征。Bromwich 等（2004）研究表明：PMM5 能够很好地再现南极地区与 ENSO（厄尔尼诺-南方涛动）相关的大气变率，尤其是降水的模拟与热带海洋与全球大气研究计划（TOGA）的降水趋势非常一致。大量的工作已证实 PMM5 在南北极地区都有很高的模拟能力（Guo et al.，2003；Bromwich et al.，2004；Valkonen et al.，2008），其已被尝试用来实现南极地区的实时天气预报。

（2）Polar WRF

Polar WRF 也是由美国 OSU BPRC 开发与发展的专门用于南北极地区区域中尺度天气模式。它是在当前国际上最先进的区域中尺度天气模式（WRF）（Skamarock et al.，2005①）的基础之上，改进 WRF 中的边界层参数化方案、云物理过程、云辐射传输过程、雪冰表面物理过程以及海冰的处理等（Hines and Bromwich，2008；Bromwich et al.，2009；Hines et al.，2011）从而使其适用于南北极地区。研究表明，Polar WRF 对格陵兰冰盖天气的模拟能力至少与 PMM5 同样优秀，甚至在一些方面优于 PMM5（Hines and Bromwich，2008）。随着 Polar WRF 的快速发展与改进，其很快替代了 PMM5 的地位。目前 Polar WRF 已经能够很好地模拟南极地区的大气环流特征（Bromnich et al.，2009；Tastula and Vihma，2011），并且能够很好地预报南极地区近地表各气象要素、高空温度和风等，已成为南极中尺度预报系统（the Antarctic Mesoscale Drediction System，AMPS）中的核心模式。

（3）RACMO

RACMO 是 KNMI 的区域大气气候模式，其动力框架来源于 HIRLAM 的半拉格朗日动力内核（Undén et al.，2002）。为了用于南北极地区的天气与气候模拟，引入了多层积雪方案，包括融化、重新冻结、融水径流等过程（Greuell and Konzelmann，1994；Ettema et al.，2010），改进雪粒大小预测方案计算雪反照率（Munneke et al.，2011），将风吹雪物理过程耦合到该模式以模拟风吹雪与冰盖表面及边界层大气之间的相互作用（Lenaerts et al.，2012a），形成了 2.1 版本的区域气候模式（RACMO2.1）；后又升级到 2.3 版本（RACMO2.3）（van Wessem et al.，2014a），在该版本中，对云微物理过程、大气湍流和辐射传输过程等进行了处理。经过 KNMI 和荷兰乌得勒支大学海洋与大气研究所（Institute for Marine and Atmospheric Research，IMAU）的多年努力，RACMO 已被用于气候诊断与气象条件研究，如大气水汽向极地输送与边界层的动力学关系（van Lipzig and van den Broeke，2010），冰盖表面物质平衡时空变化（van de Berg et al.，2005；van Wessem et

① Skamarock W C，Klemp J B，Dudhia J，et al.，2005. A description of the Advanced Research WRF Version 2. NCAR Tech. Note/TN-468+STR，88 pp.

al.，2014b)，以及降水和风吹雪的时空变化特征（Lenaerts et al.，2012b）等。

5.2.2 多区域气候模式表面物质平衡空间变化模拟评估

考虑到再分析资料的分辨率粗糙，而区域气候模式空间分辨率更高，区域气候模式在刻画南极冰盖表面物质平衡空间变化规律方面更具优势。PMM5、Polar WRF、RACMO2.1、RACMO2.3 都能较好地模拟南极冰盖表面物质平衡大尺度空间变化。与再分析资料相比，区域气候模式能更好地再现地形变化引起的表面物质平衡中尺度变化但通常高估沿海附近坡度较大处的表面物质平衡。Polar WRF 和 RACMO2.1 低估东南极内陆高海拔处的表面物质平衡，但是 PMM5 高估其表面物质平衡（Wang Y et al.，2016）。由于引进了云物理特别是冰云的过饱和度参数化方案及对大尺度环流模式的改变，能更好地模拟地形驱动的降水，这使得 RACMO2.3 显著地改进了东南极高原表面物质平衡模拟，其结果与实测值十分接近（van Wessem et al.，2014b）。

5.2.3 多区域气候模式表面物质平衡时间变化模拟评估

PMM5、Polar WRF、RACMO2.1 和 RACMO2.3 均模拟了南极冰盖尺度上表面物质平衡的季节循环。受半年振荡和海冰变化引起的海洋蒸发驱动，漫长的冬季表面物质平衡值较高，峰值出现在秋季，夏季表面物质平衡最低。局地尺度上，PMM5 模拟的东南极高原表面物质平衡季节变化（冬季低夏季高）与实际情况相反。

从格点尺度上线性回归趋势来看（图 5-6），PMM5、RACMO2.1 和 RACMO2.3 表面物质平衡具有显著性（$P<0.05$）线性变化趋势的区域都很有限。RACMO2.1 表面物质平衡显著性变化趋势区域主要集中在 DML 海岸区域和威尔克斯地部分区域，而 RACMO2.3 集中在威尔克斯地和东南极内陆的部分区域，然而这些显著趋势区域并没有得到冰芯记录结果的证实。1979～2012 年，南极冰盖尺度上 PMM5 和 RACMO2.1 模拟的表面物质平衡没有显著地变化趋势，但是 RACMO2.3 呈显著地下降趋势。29 个具有区域代表性表面物质平衡实测序列与相应的 PMM5、RACMO2.1 和 RACMO2.3 相关分析表明，15 个点 RACMO2.3 与实测表面物质平衡序列显著相关，而 RACMO2.1 和 PMM5 显著相关的点少于 10 个。因此，总的来说，与再分析资料相比，区域气候模式模拟的南极冰盖表面物质平衡年变化趋势可信度不高，这很可能是由其内部没有同化观测数据限制任由模式自由演化导致的。未来在这些模式长期积分中引入松弛逼近方法或谱逼近方法等进行动力降尺度有望改进模拟表面物质平衡年际变化的能力。van de Berg 和 Medley（2016）在西南极思韦茨冰川流域（Thwaites Glacier）开展的 RACMO2.1 引入松弛逼近方法试验表明，该方法可以提高该模式模拟该区域表面物质平衡的年际变化能力，并指出引入谱逼近方法结果可能会更优。

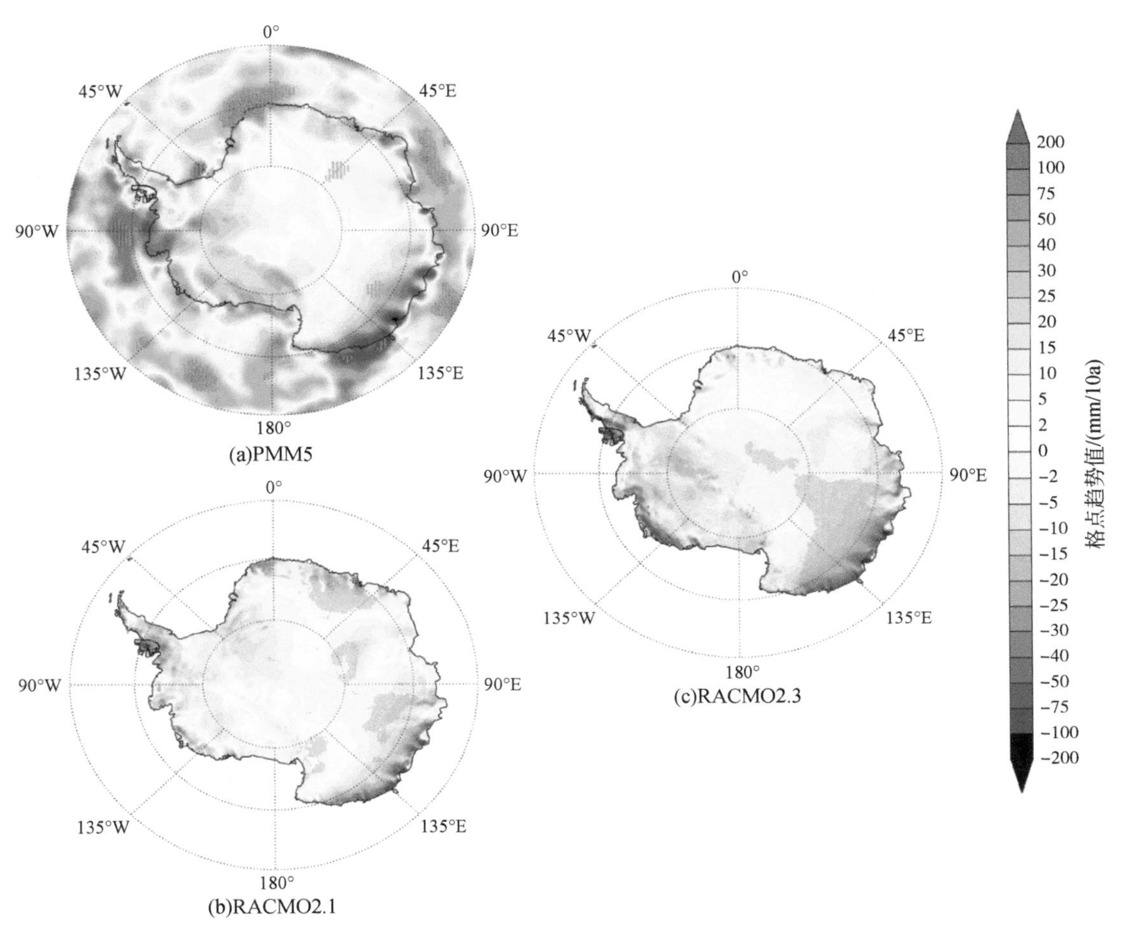

图 5-6　1979 ~ 2012 年 PMM5、RACMO2. 1 和 RACMO2. 3 线性回归趋势
点代表超过 95% 信度检验水平

5. 3　现代南极冰盖表面物质平衡变化模拟

南极冰盖表面物质平衡是由降水、表面蒸发、风吹雪引起的升华、风吹雪驱动的侵蚀/沉积及表面消融共同决定的，对这些影响因素的准确刻画决定了气候模式模拟表面物质平衡的能力。区域气候模式 RACMO 经过乌得勒支大学多年的发展，引入了多层积雪方案，包括融化、重新冻结、融水径流等过程（Greuell and Konzelmann，1994；Ettema et al.，2010），改进了雪粒大小预测方案计算了雪反照率（Munneke et al.，2011），耦合了风吹雪物理过程（Lenaerts et al.，2012a），对云微物理过程、大气湍流和辐射传输过程等进行了参数化（van Wessem et al.，2014b）等，已更新到 RACMO2. 3 版本，可以很好地模拟冰盖表面物质平衡及其影响因素时空变化。

5.3.1 表面物质平衡及各分量空间分布

耦合风吹雪物理过程的区域气候模式 RACMO2.3 的南极冰盖表面平衡及影响表面物质平衡的各要素（降水、表面蒸发、风吹雪引起的升华、风吹雪驱动的侵蚀/沉积及表面消融）（图 5-7）表明：模拟结果很好地再现了南极表面物质平衡海拔控制的

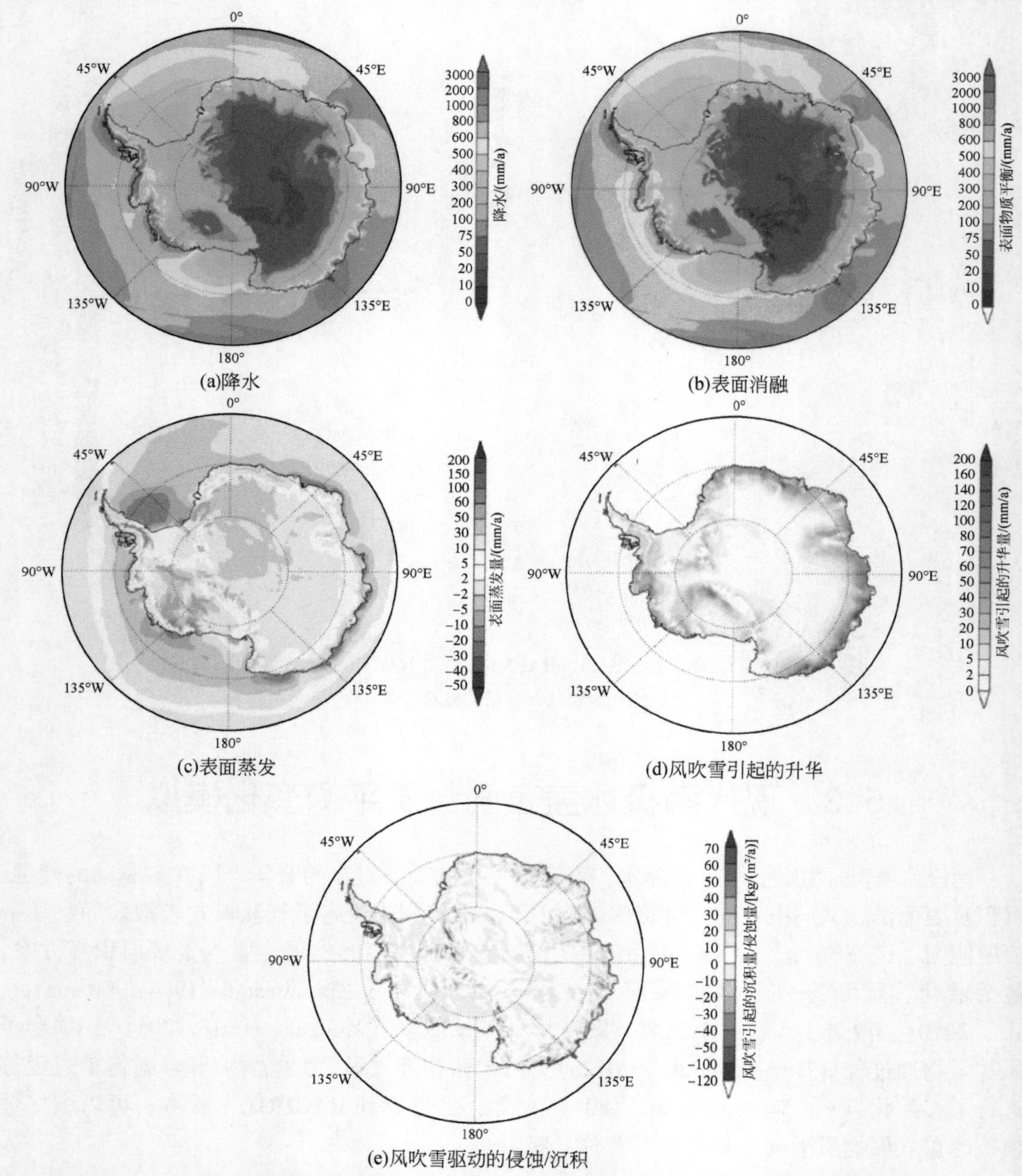

图 5-7 区域气候模式 RACMO2.3 的南极冰盖表面平衡及影响表面物质平衡的各要素空间分布

经向变化特征。由于表面物质平衡大尺度空间变化主要是由降水模式所决定，南极冰盖表面物质平衡与降水分布模式比较一致，其主要特征为南极半岛地区和南极沿海附近呈现出较高的表面物质平衡，在南极大部分内陆区域，表面物质平衡较低。在影响南极冰盖物质平衡各因素之中，风吹雪过程作用显著，强烈的冷空气从南极大陆高原沿着大陆冰面陡坡急剧下滑，形成下降风，将迎风坡雪表面吹蚀呈波状起伏的风蚀，被吹起的雪部分升华，剩余的在背风坡回落形成沉积。南极冰盖尺度上，风吹雪驱动的侵蚀/沉积对整个南极冰盖表面物质平衡的影响是小的，但是局地尺度上不可忽视，可以去除局地所有的降雪形成蓝冰区。降雪季节性变化较大，主要的消融过程是风吹雪的升华作用，发生在下降风作用区和海岸区域，导致表面物质损失约占南极冰盖年降水的8%。同时，风吹雪过程可以和大气层相互作用，影响大气层底部的湿度并减少南极表面的升华作用，使得在大气接近饱和地区的降雪量减少。表面消融主要发生在冰盖海岸边缘区域，尤其是南极半岛冰架区域，然而由于南极极低的气温，几乎所有的融水会再冻结或进入冰盖积雪场，南极冰盖的消融对表面物质平衡的影响是可以忽略的。

5.3.2 表面物质平衡及各分量季节变化、年际变化和趋势

RACMO2.3模拟的1979～2012年的表面物质平衡及各分量结果表明，冰盖尺度上表面物质平衡与降水季节变化一致，秋季最高，夏季最低。受冬季风速更大和夏季出现表面消融影响，风吹雪引起的升华量从夏季到冬季波动为10～20Gt/月。由于表面蒸发和消融受表面温度所控制，所以仅仅夏季显著。

风吹雪驱动的侵蚀/沉积当地尺度上显著，但冰盖尺度上年际变化不大（4Gt/a）。对表面物质平衡主要的负贡献量是风吹雪的升华作用，但是过去40多年来并没有显著的年际变化。表面物质平衡与降水年际变化大，1979～2012年呈显著的下降趋势。

5.4 21世纪和22世纪南极冰盖表面物质平衡预估

作为全球最大的固体水库，南极冰盖储存了地球上约为70%的淡水资源。如果南极冰盖全部融化，将导致海平面上升56.6m（Allison et al.，2009），每年与海洋相互交换的水量相当于全球海平面波动6mm（Huybrechts et al.，2000）。可见，南极冰盖物质平衡的任何变化都会对全球海平面变化产生巨大影响。根据IPCC（2013）温室气体和气溶胶的排放构想，预计到22世纪末全球平均地面气温将比1990年上升1～3.5℃。在全球变暖背景下，南极冰盖表面物质平衡有可能增加，但这是基于常理的推断，表面物质平衡具体增加多少，是否会显著影响冰盖对海平面变化的贡献，需要模式进行预估。

5.4.1 LMDZ4 大气环流模式及动力降尺度

LMDZ 是法国国家科研中心动力气象实验室（Le Laboratoire de Météorologie Dynamique，LMD）发展的一个具有变网格能力的大气环流模式。该模式从最初的固定均匀网格到可变网格，各物理参数化方案得到了改进和完善。LMDZ4 是 IPSL 参与 CMIP5 试验的耦合模块 IPSL-CM5A 的大气模块，水平分辨率与以前的版本相比有很大的提高。该模式使用的对流参数化方案是 Emanuel（1993）方案，辐射过程的计算采用了 ECMWF 的辐射方案，使用了预报云参数化方案，是通过引入一个云水含量的预报方程来实现的，云量及凝结水量的计算都依赖于模式格点内部总含水量的统计分布。近几年，该模式在原有的基础上增加了一个新功能，即可以利用观测资料或全球模式的环流场来强迫模式中加密区域之外的大气变量，使模式对加密区域的模拟类似于一个区域气候模式。该模式已用于南极冰盖现代和未来降水和表面物质平衡模拟（Krinner et al.，2007），其空间分辨率为 60km。

Agosta 等（2013）发展了一套计算效率高的表面物质平衡动力降尺度模式（SMHiL），该模式引入了 Galleé 等（2011）的复杂地形条件下降水降尺度方案和在此基础上的表面能量平衡降尺度参数化方法，计算了冰盖表面固态和液态降水、蒸发、消融和再冻结等表面物质平衡过程，但没有考虑风吹雪过程的影响，其空间分辨率为 15km，侧边界条件是由 LMDZ4 全球模式的预测结果提供。

5.4.2 LMDZ4 和 SMHiL 模拟的南极现代表面物质平衡评估

由风吹雪过程导致的蓝冰区（负表面物质平衡）约占南极冰盖的 2%（Das et al.，2013），但是 SMHiL 和 LMDZ4 都没有考虑风吹雪相关的过程，无法模拟这些蓝冰区。因此，SMHiL 模拟的南极任何地方的表面物质平衡（1981～2000 年）都是正值。南极半岛和西南极冰盖边缘的表面物质平衡值最大。SMHiL 南极冰盖表面物质平衡比 LMDZ4 高约为 19%（436Gt/a），这主要体现在两个模式中南极冰盖海岸区域降水不同，SMHiL 空间分辨率（15km）高，能很好地再现海岸区域陡峭的地形而模拟更多地形驱动的降水。此外，SMHiL 也捕获了南极内陆（海拔超过 2500m）区域表面物质平衡空间变化。3242 个经质量控制的表面物质平衡实际观测资料，对 SMHiL 和 LMDZ4 模拟结果进行了定量评估，结果表明：在 Law Dome 区域，SMHiL 比 LMDZ4 更好地再现了表面物质平衡变化，但是 SMHiL 仍然低估了该区域表面物质平衡变化梯度。尽管 SMHiL 和 LMDZ4 的模拟值在局地尺度上差异明显，但是在不同的海拔带，两个模式的模拟值与实测值的差异不显著，均方根误差差值小于 15%（图 5-8）。然而由于目前南极冰盖海岸区太少的观测而不能有效地再现其表面物质平衡变化，我们无法判断两个模式模拟南极冰盖表面平衡的相对能力。

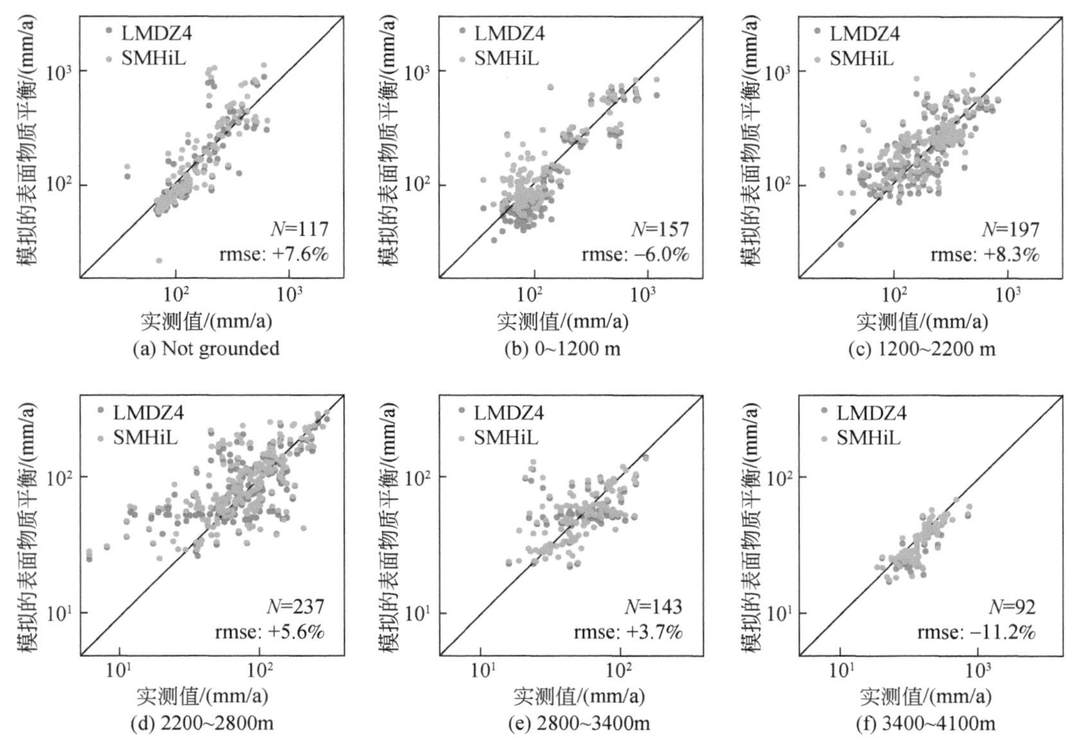

图 5-8　不同海拔带 SMHiL 和 LMDZ4 模拟的表面物质平衡与实测值对比（Agosta et al.，2013）
N 为观测值数量；rmse 为相对均方根误差

5.4.3　21 世纪和 22 世纪南极冰盖表面物质平衡预估

尽管不确定性仍然存在，利用大气环流模式的结果是目前定量化预估未来气候变化的有效途径。以 HADCM3 的输出结果驱动 LMDZ4 和 SMHiL，强迫增加温室气体浓度，改变海表面条件来预估在未来温室气体中等排放情景下（SRESA1B）和未来抵制全球变暖超过2℃情景下（ENSEMBLES E1）21 世纪和 22 世纪南极冰盖表面物质平衡，并通过陆面参数化计算表面消融和蒸发。结果表明：在 SRESA1B 情景下，LMDZ4 模拟的南极冰盖未来气温呈显著增加趋势，到 21 世纪末增加约 2.8℃，22 世纪中期约增加 4℃，气温异常增加伴随着相应的表面物质平衡增加（图 5-9），与现代表面物质平衡相比，LMDZ4 模拟的 21 世纪和 22 世纪南极冰盖表面物质平衡将增加 13% 和 21%。与 LMDZ4 相比，应用降尺度的模型（SMHiL）没有显著改变表面物质平衡变化，但是其模拟的冰盖表面物质平衡值增加了接近 30%，这主要是由模拟的降水特别是低海拔区域降水增加驱动的。SMHiL 模拟的 21 世纪和 22 世纪南极冰盖表面物质平衡比 20 世纪增加了 16% 和 23%。尽管模拟未来 21 世纪和 22 世纪的冰盖融水径流变化明显，但是对表面物质平衡的贡献仍然有限。在

ENSEMBLES E1 情景下，SMHiL 和 LMDZ4 预估的 21 世纪和 22 世纪南极冰盖表面物质平衡比现代表面物质平衡增加不大（<6%）。

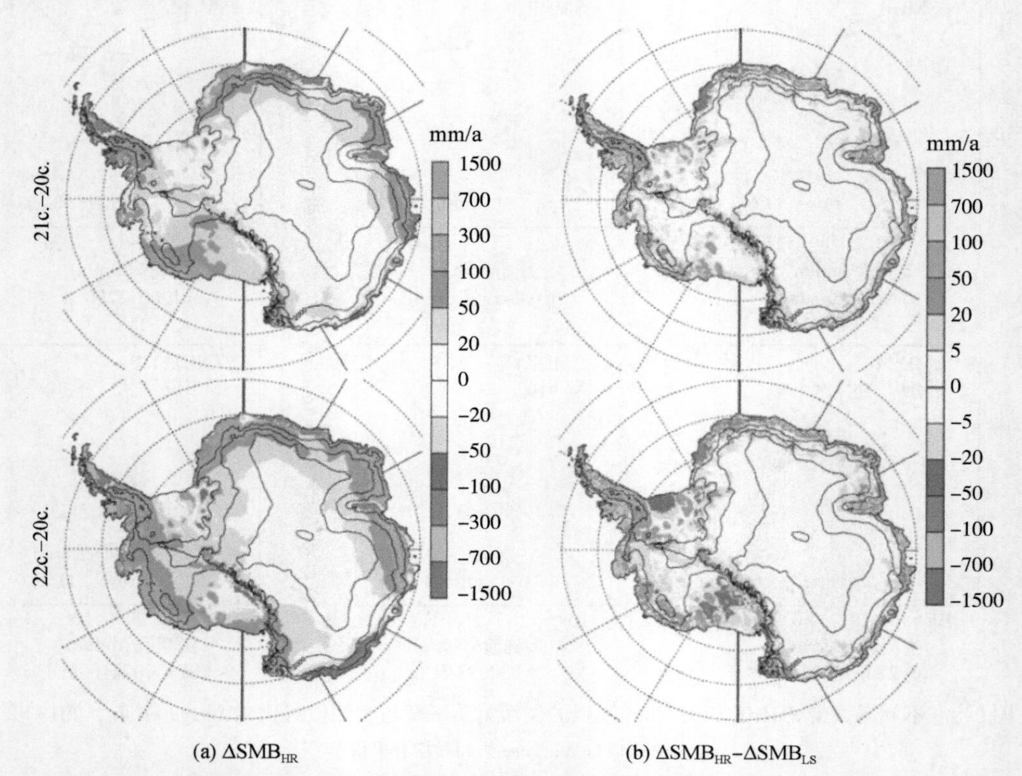

图 5-9　21 世纪和 22 世纪的南极冰盖表面物质平衡与 20 世纪差值的空间分布（Agosta et al.，2013）

HR 为 SMHiL；LS 为 LMZD4；ΔSMB 为表面物质平衡差值；21C. -20C. 为 21 世纪与 20 世纪的差值；22C. -20C. 为 22 世纪与 20 世纪的差值

第 6 章　冰盖物质平衡的卫星观测

研究指出，两极冰盖质量平衡状态是我们了解全球气候变化和海平面升高的关键，也与海面高变化预测密切相关。实际观测资料数据表明，20 世纪全球海平面平均上升了 10 ~ 20cm。1961 ~ 1993 年，全球海平面上升的平均速率为 1.8mm/a，而 1993 年至今，全球海平面上升的平均速率增加到 3.1mm/a，且这种上升趋势仍在继续（Church et al.，2013）。目前主要有三种方法研究冰盖物质平衡：

1）质量平衡法。采用摄影测量、GPS 以及 InSAR 等技术测量降雪等质量输入和消融等质量输出之差；但该方法受人力、物力、财力等诸多方面的限制，难以大范围内展开（van den Broeke et al.，2009）。

2）冰盖高程监测法。采用 ERS-1、ERS-2、ICESat、Enviat 和 CryoSat-2 等测高卫星测量冰盖高程变化，然后再利用密度将冰盖高程变化转化为物质平衡（Davis et al.，2001，2005；Wingham et al.，2006b；Zwally et al.，2005）。

3）冰盖质量变化法。采用 GRACE、GOCE 等重力卫星监测冰盖时变重力场，并利用 GIA 模型消除非冰雪质量变化量，定量分析极地冰盖物质平衡（Paulson et al.，2007；Pritchard et al.，2009）。

尽管各国在南极科学考察中采集了非常宝贵的现场野外观测数据，但对于茫茫南极冰盖，依靠人工观测是不能满足大尺度南极研究需要的。因此，空间观测技术在大范围监测南极冰盖物质平衡变化方面具有很大优势，其中卫星测高和卫星重力是监测冰盖物质平衡的主要空间观测手段。

6.1　卫星观测原理介绍

6.1.1　卫星测高原理介绍

开阔海域是卫星测高的理想观测对象，以开阔海域为例，给出卫星测高的基本测量原理（图 6-1）。卫星高度计由天线沿垂直方向以一定频率向海面发射脉冲信号，脉冲信号到达海面发生反射，反射信号由高度计接收，处理得到回波波形（图 6-2）。测高卫星上的星载处理器对回波波形分析处理，测定信号从发射到接收传播过程的时间间隔 Δt，假定信号在真空中的传播速度为 c，测高卫星到地面星下点（瞬时海面）的平均距离 R 可通过式（6-1）计算得到：

$$R = c \times \Delta t/2 \tag{6-1}$$

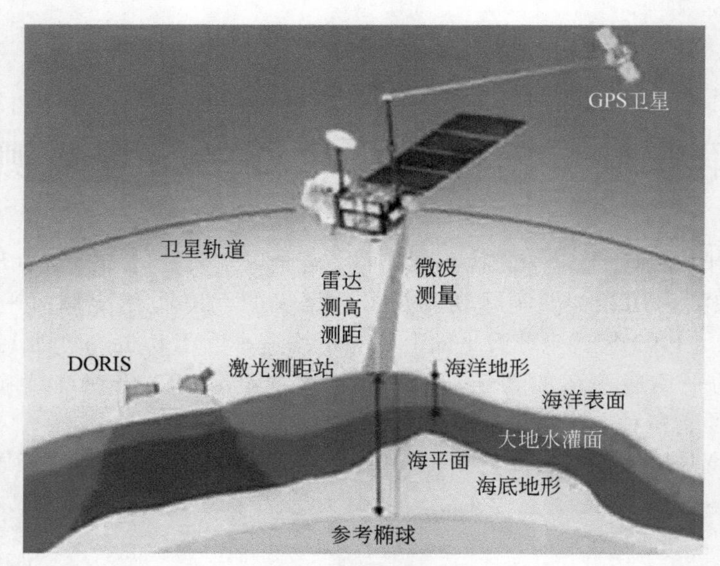

图 6-1　卫星测高的基本测量原理

资料来源：法国国家太空研究中心

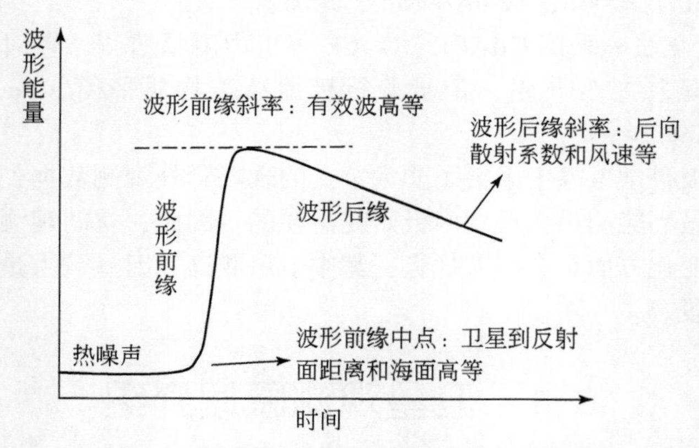

图 6-2　测高回波波形及其导出的相关信息

要获得海面相对于某一参考椭球的海面高，需要确定测高卫星的轨道位置，目前通常采用 DORIS、PRAPE、GPS 和 SLR 等几种跟踪技术精确求得，其中 DORIS 和 PRAPE 由测定多普勒频移来确定卫星速度，而 SLR 主要用于校正其他手段的结果。依据跟踪技术获得测高卫星相对于参考椭球的高度 H，卫星高度计测得卫星到海面距离 R，并考虑信号在传播过程中所受的大气折射和仪器偏差等改正项 $\Delta\mathrm{Rcor}$，可计算出卫星测高的海面高 h：

$$h = H - R - \Delta\mathrm{Rcor} \tag{6-2}$$

此外，卫星测高工作过程中，海面受各种时变效应影响，如潮汐、海潮和固体潮等；海面还受大气压产生的逆气压影响。目前卫星测高数据产品中，会给出各项改正量。

自 1978 年以来，卫星测高就一直广泛应用于冰盖。坡度改正是卫星测高精确确定冰盖高程的关键因素之一，当高度计向冰面发射雷达脉冲之后，最先返回的脉冲是视场内离卫星最近的冰面回波，如果冰面水平（如海面），最先返回的信号即为星下点的返回信号，但当冰面存在倾斜时，并是星下点的信号最先返回，而是离卫星最近的冰面先返回信号，所得的距离是一个倾斜距离，并非星下点的距离，必须进行冰面坡度改正，坡度改正量的大小与高度计的地面足迹大小有关，一般足迹越大坡度改正越大。雷达高度计的地面足迹一般在 3 ~ 8km，对应的改正量最大可达 150m。为了减小坡度改正量，科学家设计了激光高度计 ICESat，其地面足迹约为 70m，通常 ICESat 不需要考虑该改正量。

开阔海域的卫星测高回波波形符合 Brown 模型，但在非开阔海域（如冰盖坡度在 3°以下），其回波波形在一定程度上偏离 Brown 模型，影响星载处理器得到卫星到反射面距离 R 的精度。为精确估算卫星测高的测距 R，需要估算出回波波形前缘中点与星载处理器采样窗口中点的偏差，利用该偏差对卫星测高的测距进行改正，该过程称为波形重定，目前波形重定已成为卫星测高的研究热点和难点。

利用非开阔海域回波波形进行波形重定，一方面有利于提高卫星测高的测距精度，另一方面能利用提高卫星测高数据的数据使用率，扩大测高的应用范围。国内外学者提出了多种波形重定算法。根据其数据处理方式，波形重定算法分为两类，一类为统计算法（Deng and Featherstone，2006），阈值法是其典型代表，另一类为数学拟合算法，典型代表为 β-5 算法（Martin et al.，1983；Davis，1993）。下面对这几种典型算法进行介绍。

（1）OCOG

OCOG 算法为经验算法，属于典型的数学统计方法，其思路通过对回波波形分析，找出其波形重心，从而得到波形前缘中点，计算公式为

$$
\begin{aligned}
\mathrm{COG} &= \sum_{i=1+n_a}^{N-n_a} i \times P^2(i) \Big/ \sum_{i=1+n_a}^{N-n_a} P^2(i) \\
A &= \sqrt{\sum_{i=1+n_a}^{N-n_a} P^4(i) \Big/ \sum_{i=1+n_a}^{N-n_a} P^2(i)} \\
W &= \left[\sum_{i=1+n_a}^{N-n_a} P^2(i)\right]^2 \Big/ \sum_{i=1+n_a}^{N-n_a} P^4(i) \\
\mathrm{LEP} &= \mathrm{COG} - W/2
\end{aligned}
\tag{6-3}
$$

式中，$P(i)$ 为回波波形的第 i 个采样值；n_a 为波形前后几个混迭采样点的点数；COG 为波形重心；A 为波形振幅；W 为波形宽度；LEP 为波形前缘中点。为减少波形前缘较小采样值的影响，计算时采用采样值的平方。OCOG 算法易于实施，但它未考虑海水面的物理性质，且该算法利用所有波形采样值计算，对海水面变化和测高天线指向非常敏感。当回波波形的波形前缘上升时间较长（即斜率较小）时，该算法得到的波形前缘中点出现误差，影响波形重定效果。

（2）阈值法

阈值法以波形振幅 A 为基础，由指定的比例即阈值水平确定阈值，波形前缘中点由与该阈值两相邻采样点的采样值线性内插确定，具体计算公式为

$$\mathrm{DC} = \sum_{i=1}^{5} P(i)/5$$

$$T_1 = (A - \mathrm{DC}) \times \mathrm{Th} + \mathrm{DC}$$

$$G_{\mathrm{T}} = G_{k-1} + (G_k - G_{k-1}) \frac{T_1 - P(k-1)}{P(k) - P(k-1)} \tag{6-4}$$

式中，A 可由两种方法计算，一种由 OCOG 计算得到，另一种取最大值；DC 为热噪声，由波形前 5 个采样值取平均得到；Th 为阈值水平；T_1 为与阈值水平对应的阈值；G_k 为采样值大于阈值 T_1 的采样点；G_{T} 为波形前缘中点；k 为距离门的位置。当 $P(k)$ 等于 $P(k-1)$，由 $k+1$ 代替 k。阈值法保留了 OCOG 算法的优点，并改善了 OCOG 算法，提高了波形重定后测高的测距精度。但该算法并非基于物理模型，且阈值水平的选取影响了计算结果的精度，常用的阈值水平有 0.1、0.2、0.3 和 0.5 等。

（3）β 参数法

β 参数法基于数学拟合，分为 5 参数与 9 参数，通常采用 5 参数对单波形前缘或 9 参数对双波形前缘回波波形进行拟合。β 参数法的一般形式为

$$P(t_i) = \beta_1 + \sum_{i=1}^{2} \beta_{2i}(1 + \beta_{5i} Q_i) P[(t_i - \beta_{3i})/\beta_{4i}] \tag{6-5}$$

其中，

$$Q_i = \begin{cases} 0 & t < \beta_{3i} + 0.5\beta_{4i} \\ t - \beta_{3i} - 0.5\beta_{4i} & t \geq \beta_{3i} + 0.5\beta_{4i} \end{cases}$$

$$P(x) = \frac{1}{2\pi} \int_{-\infty}^{x} \mathrm{e}^{-q^2/2}, \quad q = (t_i - \beta_{3i})/\beta_{4i}$$

式中，$i=1$ 或 2 分别为单波形前缘或双波形前缘波形；未知参数 β_1 为波形的热噪声；β_{2i} 为波形振幅；β_{3i} 为波形前缘中点；β_{4i} 为与有效波高相关的波形前缘斜率；β_{5i} 为与星下点足迹后向散射相关的波形后缘斜。参数法为非线性形式，求解未知参数，需要对模型线性化。未知参数的求解过程，参考 Anzenhofer 经验，具体求解：①给出未知参数初始值；②对未知参数求偏导；③对各采样点赋权重；④由最小二乘法求解各未知参数，作为各未知参数新的初始值，进行迭代直到满足结束条件。

目前研究发现采用精度更高的波形前缘采样点能提高冰盖观测高度精度，以上三种常用的波形重定算法，可用于全波形或子波形的波形重定（Yang et al.，2012）。

6.1.2 GRACE 重力卫星原理介绍

GRACE 重力卫星是一颗用于观测地球时变重力场的卫星，它是由 NASA 和德国航空航天中心（Deutschen Zentrum für Luft- und Raumfahrt，DLR）合作共同研发的，其目的在于高精度地获取地球重力场的中长波和全球时变重力场信息。GRACE 重力卫星于 2002 年 3 月 17 日成功发射，设计寿命为 5 年，2017 年结束寿命。GRACE 卫星由两颗相同的卫星组成，两者相距约为 220km，在同一近地轨道（轨道高度为 300～500km）上飞行，轨道

倾角为 89°，通过微波测距系统精密测量两颗卫星之间的距离随时间的变化（图 6-3）。

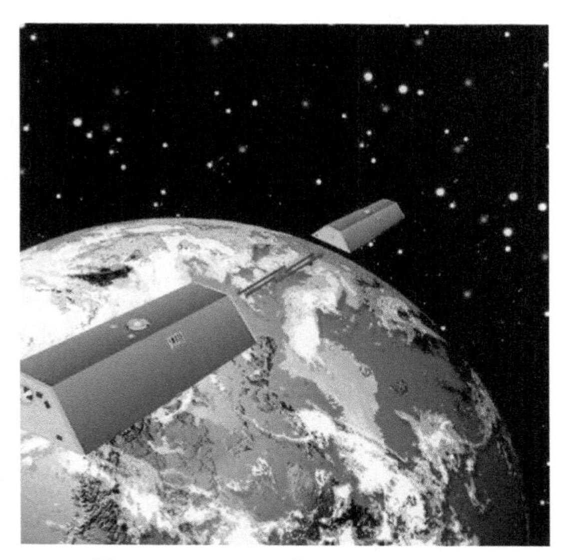

图 6-3　GRACE 重力卫星观测示意图
资料来源：美国德克萨斯大学空间研究中心

GRACE 重力卫星系统的每颗卫星，除搭载 GPS 接收机精密定轨之外，还有 *K* 波段测距系统实时测量两颗卫星之间的距离并保证两颗卫星距离保持在 220km 左右，*S* 波段天线传输卫星上的测量数据到地面，质心调节仪测量并调整卫星质心的位置，恒星照相仪测定卫星姿态等。

GRACE 重力卫星计划最重要的科学任务有以下三个方面：

1）测量地球重力场的中长波信息，预期 5000km 波长大地水准面精度达到 0.01cm，500km 波长大地水准面精度达到 0.01mm（Ries et al.，2011）。

2）测量时变地球重力场信息，预期大地水准面年变化精度达到 0.01mm/a（Horwath and Dietrich，2009）。

3）探测地球大气层和电离层信息。

利用 GRACE 重力卫星数据反演地球系统质量变化的方法目前主要有两种，即利用 Level-1B 数据产品及利用 Leve-2 球谐产品。前一种算法十分复杂，对定轨方面有较深入的了解，目前国内外广泛采用 Leve-2 球谐数据产品进行应用。

地球时变重力场主要由地球表面质量变化引起，包括海洋、水文及大气质量变化的贡献，而且大多数的质量变化局限在地球表面一个薄层，所以在垂直层面可以近似把水和冰的质量整合作为表面质量密度，并在薄层假设的前提下利用时变重力场系数（球谐系数）推求地球表面质量变化。球谐数据可以进行全球范围或者局部范围的质量反演，在监测水文、大陆和海洋水质量迁移、南极和格陵兰岛冰盖消融等方面发挥了很大作用，目前主要用于监测地表和地下水变化、两极冰盖和全球海平面变化、海洋环流和固体地球内部变化（Velicogna and Wahr，2006；Velicogna，2009；Slobbe et al.，2009；Sasgen et al.，2013；

Seo et al. , 2015)。

大地水准面就是地球重力场模型的一种表现形式，反映了地球内部物质结构及密度分布等信息，可用球谐系数表示。大地水准面高利用球谐系数展开，可表示为

$$N(\theta,\ \lambda)=a\sum_{l=0}^{\infty}\sum_{m=0}^{l_{\max}}(C_{lm}\cos m\lambda+S_{lm}\sin m\lambda)\tilde{P}_{lm}(\cos\theta) \tag{6-6}$$

式中，a 为地球平均半径；θ 和 λ 分别为地心余纬和地心经度；l 和 m 分别为球谐系数的阶和次；C_{lm} 和 S_{lm} 为完全规格化的球谐系数，即位系数；$\tilde{P}_{lm}$ （$\cos\theta$）为完全规格化缔合勒让德函数。最高阶 $l_{\max}$ 和空间分辨率的关系为 20 000/$l_{\max}$km，因此 60 阶对应空间分辨率约为 330km。

地球是一个不断变化的动力系统，当某一区域的物质重新分布时，引起密度分布的变化，则该区域内大地水准面也产生变化。这种变化可以用某一时间的大地水准面高相对于平均大地水准面高的变化 ΔN 表示（Wahr et al. , 1998）：

$$\Delta N(\theta,\ \lambda t)=a\sum_{l=0}^{\infty}\sum_{m=0}^{l_{\max}}(\Delta C_{lm}\cos m\lambda+\Delta S_{lm}\sin m\lambda)\tilde{P}_{lm}(\cos\theta) \tag{6-7}$$

ΔC_{lm} 和 ΔS_{lm} 为相应的重力场球谐系数变化。面密度变化 $\Delta\sigma$ 与大地水准面的球谐系数的关系如下：

$$\Delta\sigma(\theta,\ \lambda,\ t)=\frac{a\rho_a}{3}\sum_{l=0}^{\infty}\sum_{m=0}^{l_{\max}}\frac{2l+1}{1+k_1}(\Delta C_{lm}\cos m\lambda+\Delta S_{lm}\sin m\lambda)\tilde{P}_{lm}(\cos\theta) \tag{6-8}$$

式中，ρ_a 为地球平均密度；k_1 为地球响应表面负荷勒夫数，采用 Wahr 等（1998）中提供的勒夫数。根据等效水量的定义 Δh （θ，λ，t） $=\Delta\sigma$ （θ，λ，t） $/\rho_w$，即可求得等效水量，ρ_w 为水密度。地球重力场模型零阶项与地球各圈层的总质量是相对应的，这不仅包括固体地球，也包含其他迁移运动较为剧烈的圈层（如大气和海洋等）。地球各圈层的总质量是不随时间变化的，因此可以认为 GRACE 月重力场模型的零阶变化项为零。

通常研究一个区域时，我们通常称该区域为流域，假定流域内为 1，流域外为 0，即确切平均核函数 ϑ （θ，λ） 的定义：

$$\vartheta\ (\theta,\ \lambda)=\begin{cases}1, & \text{流域内}\\ 0, & \text{流域外}\end{cases} \tag{6-9}$$

假定确切平均核函数是不随时间变化的，将确切平均核函数 ϑ （θ，λ） 写成球谐系数 ϑ_{lm}^{C} 与 ϑ_{lm}^{S}：

$$\vartheta(\theta,\ \lambda)=a\sum_{l=0}^{\infty}\sum_{m=0}^{l_{\max}}(\vartheta_{lm}^{C}\cos m\lambda+\vartheta_{lm}^{S}\sin m\lambda)\tilde{P}_{lm}(\cos\theta) \tag{6-10}$$

由 Swenson 和 Wahr（2002），流域平均面密度变化 $\overline{\Delta}\sigma_{\text{region}}$ 为

$$\overline{\Delta}\sigma_{\text{region}}(t)=\frac{1}{\Omega_{\text{region}}}\int\Delta\sigma(\theta,\ \lambda,\ t)\vartheta(\theta,\ \lambda)\mathrm{d}\Omega \tag{6-11}$$

式中，Ω_{region} 为流域的固体角，其大小为该流域的面积 S_{region}/a^2。公式化简得到：

$$\overline{\Delta}\sigma_{\text{region}}(t)=\frac{4\pi a\rho_{\text{ave}}}{\Omega_{\text{region}}}\sum_{l=0}^{\infty}\sum_{m=0}^{l}\frac{2l+1}{1+k_l}(\Delta C_{lm}\vartheta_{lm}^{C}+\Delta S_{lm}\vartheta_{lm}^{S}) \tag{6-12}$$

由平均面密度变化可以得到平均等效水量，则等效体积（$\Delta\Psi$）为

$$\Delta\Psi(t)=\bar{\Delta}\sigma_{\text{region}}(t)\ S_{\text{region}}/\rho_{\text{w}} \tag{6-13}$$

根据 $\rho_{\text{ave}}=\dfrac{3M}{4\pi a^3}$，其中 M 为地球质量，化简得到：

$$\Delta\Psi(t)=\frac{M}{\rho_{\text{w}}}\sum_{l=0}^{\infty}\sum_{m=0}^{l_{\max}}\frac{2l+1}{1+k_l}(\Delta C_{lm}\vartheta_{lm}^{C}+\Delta S_{lm}\vartheta_{lm}^{S}) \tag{6-14}$$

在考虑流域变化对海平面变化时，等效体积及其误差除整个海平面的面积，得到相应的海平面变化贡献及其误差项。

大地水准面高的球谐系数阶方差随着阶数的增加而增大，由误差传播定律，随着球谐系数的阶数增加，地球表面质量异常的方差也迅速增大。如果忽视 GRACE 的误差，直接计算地球表面质量异常，球谐系数的阶数越高，GRACE 观测误差的影响就越大，而高阶项球谐系数对计算地球表面质量异常具有重要贡献。

为了减少 GRACE 高阶误差的影响，通常在计算过程中，需引入空间平均函数来减小高阶系数的权重，使解算结果与重力场实际变化更为符合。空间平均的实质是对不同阶次的球谐系数赋以不同的权值以消除重力场高频误差。此外，地球物理感兴趣的通常不是某一点的质量变化，而是某一流域乃至全球的质量变化，同时需要对时变重力场进行滤波处理。

通常引入高斯滤波函数进行滤波处理，Jekeli（1981）提出一个迭代方式计算得到滤波函数 W_l，其递推关系如下：

$$\begin{aligned}&W_0=1\\&W_1=\frac{1+e^{-2b}}{1-e^{-2b}}-\frac{1}{b}\\&W_{l+1}=-\frac{2l+1}{b}W_l+W_{l-1}\end{aligned} \tag{6-15}$$

式中，b 为滤波半径。

图 6-4 给出了不同滤波半径 W_l 随 l 的变化曲线。可以看到在 60 阶以内，滤波半径越大，曲线的收敛速度越快，高阶项所占的权重越小，从而可以很好地抑制 GRACE 时变重力场信号中的高频成分，提高信噪比。

当采用高斯滤波时，面密度变为

$$\Delta\sigma(\theta,\ \lambda,\ t)=\frac{a\rho_a}{3}\sum_{l=0}^{\infty}\sum_{m=0}^{l_{\max}}\frac{2l+1}{1+k_l}(\Delta C_{lm}\cos m\lambda+\Delta S_{lm}\sin m\lambda)W_l\tilde{P}_{lm}(\cos\theta) \tag{6-16}$$

流域平均面密度变化变为

$$\bar{\Delta}\sigma_{\text{region}}(t)=\frac{M}{\rho_w}\sum_{l=0}^{\infty}\sum_{m=0}^{l_{\max}}\frac{2l+1}{1+k_l}W_l(\Delta C_{lm}\vartheta_{lm}^{C}+\Delta S_{lm}\vartheta_{lm}^{S}) \tag{6-17}$$

等效体积为

$$\Delta\Psi(t)=\frac{M}{\rho_w}\sum_{l=0}^{\infty}\sum_{m=0}^{l_{\max}}\frac{2l+1}{1+k_l}W_l(\Delta C_{lm}\vartheta_{lm}^{C}+\Delta S_{lm}\vartheta_{lm}^{S}) \tag{6-18}$$

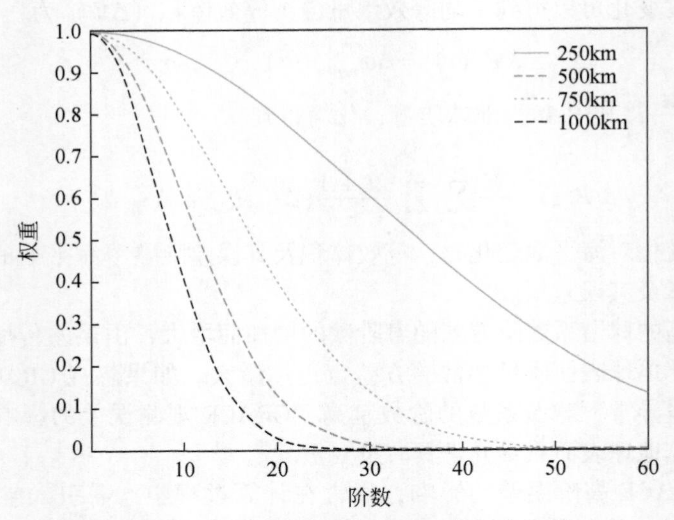

图 6-4 不同滤波半径下 W_l 随阶数变化曲线

以上公式假定球谐系数之间并不相关，但在实际数据处理时发现，当选取较小的滤波半径时，质量异常图中出现了南北向的条纹质量变化信号，而地球实际的质量变化并不会出现这种现象。研究发现出现条纹信号是与 GRACE 重力场球谐系数相关，而这种相关性并不能依靠高斯滤波消除；同一次 m，奇数阶和偶数阶之间分别相关，这种相关性可以采用多项式拟合减弱。通常称这种方法为去条带滤波，即从 m 次开始采用 n 次多项式。此外，GRACE 自身解算出来的低阶项精度较差，需要采用其他手段获得的结果进行替代（Swenson et al.，2008；King et al.，2012；Cheng et al.，2013）。

6.2 卫星测高与卫星重力数据处理介绍

6.2.1 卫星测高数据处理

冰盖上冰雪的积累与消融势必引起冰盖表面高程的变化，反之，通过监测冰盖表面高程变化可评估冰盖物质平衡状态。卫星测高是唯一可高精度估算长时段冰盖高程变化的手段，其关键在于如何精确确定冰盖表面高程变化，解算冰盖表面高程变化时，一般分为交叉点分析与重复轨道分析两种算法（Flament and Remy，2012；Yang et al.，2014）。

（1）交叉点分析算法

受地球自转与卫星轨道倾角的影响，卫星地面脚点存在交叉点。一般把卫星从南向北运动形成的轨道称为卫星的升轨，从北向南运动形成的轨道称为卫星的降轨，卫星在升轨与降轨的交叉位置就会形成交叉点，如图 6-5 所示，其中圆点为卫星地面脚点。交叉点分析就是利用交叉点的高程差和时间差确定地表高程变化时间序列的一种分析方法。

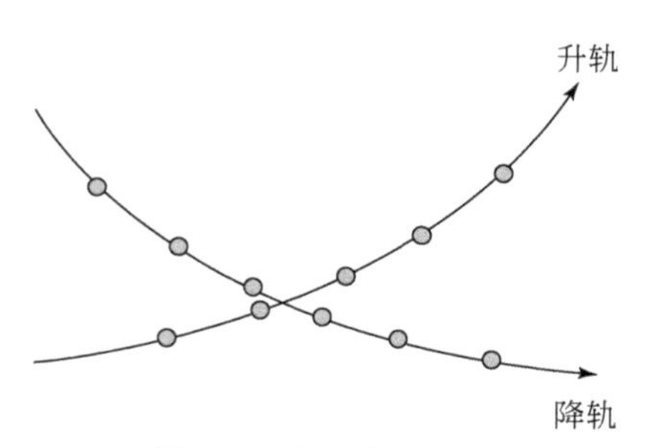

图6-5　交叉点示意图

如果轨道起始点纬度小于结束点纬度，则称为升轨；若起始点纬度大于结束点纬度，则称为降轨。根据卫星轨道上地面脚点的纬度变化，即可实现升轨与降轨的区分，但是卫星的同一轨道会在最南端由降轨转变为升轨。为了解决这一问题，可以先判断升降两条轨道间是否存在交叉点，若不存在则不需要做下一步工作，如果存在则只需比较这两条升降轨道即可进一步判断交叉点位置。

判断升降轨道之间是否存在交叉点可先通过以下两个条件进行判断：

1）升轨第一点的经度比降轨最后一点的经度大；

2）升轨最后一点的经度比降轨第一点的经度小。

若同时满足这两个条件，则这两条升降轨道之间可能存在交叉点，再通过拟合进一步解算交叉点位置。一般来说，交叉点位置不一定正好有测量脚点，因此在利用交叉点计算时还需要对地面脚点进行内插。

测高卫星一般都设计有重复周期，卫星经过一段时间运行之后地面轨迹会出现重复观测的情形。利用这些重复轨道，可以更好地进行地面高程变化的研究。地面重复轨道形成的充要条件是在 $\omega+M$ 和 $\Omega-\theta$ 之间存在一个非通约的两整数比值，即有

$$\frac{\omega+M}{\Omega-\theta}=\frac{\alpha}{\beta} \tag{6-19}$$

式中，ω 为卫星近地点角距变化率；M 为平近点角变化率；Ω 为升交点的变化率；θ 为格林尼治时角变化率；α 和 β 均为整数。

该式的物理意义可解释为当卫星绕地球公转 α 圈时，地球由于自转作用，正好旋转了 β 圈，这样，在一个重复周期之后，卫星与地球的位置恰好回到了重复周期之前的状态，这样就是卫星的地面轨迹经过一个重复周期后回到原来位置，形成了重复轨道。

理论上重复轨道应该完全重合，但是由于卫星轨道摄动等其他因素会导致重复轨道之间还存在一定差距。对于传统雷达测高卫星，雷达在地面形成的脚点半径一般较大，甚至达到十几千米，而卫星重复轨道的间距一般也只有几百米的距离，因此可以忽略重复轨道这种不符现象带来的误差，视为轨道完全重复。

对于一条升轨和一条降轨，当两者存在交叉点时，交叉点处的高程变化 $\mathrm{d}H$ 为该点升轨高程与降轨高程的差值，表示为

$$\mathrm{d}H=\begin{cases}\mathrm{d}H_{\mathrm{R}}+B_{\mathrm{A}}-B_{\mathrm{D}}+\Delta H_{\mathrm{S}}\ (t_{\mathrm{A}}-t_{\mathrm{D}}), & t_{\mathrm{A}}>t_{\mathrm{D}}\\ \mathrm{d}H_{\mathrm{R}}+B_{\mathrm{D}}-B_{\mathrm{A}}+\Delta H_{\mathrm{S}}\ (t_{\mathrm{D}}-t_{\mathrm{A}}), & t_{\mathrm{D}}>t_{\mathrm{A}}\end{cases} \tag{6-20}$$

式中，dH 为观测时段交叉点的高程变化；t_A 和 t_D 分别为交叉点升轨和降轨的测量时间点；B_A 和 B_D 为与方向相关的不随时间变化的测高轨道误差；ΔH_S（$t_D - t_A$）为由观测时段反射能量变化引起的高程变化。

由于交叉点数量有限，计算前通常设定好格网分辨率。格网内通常包含多个交叉点，采用 2σ 迭代去除粗差点，分别求得升降和降升对应的高程平均值，然后由无偏加权平均求得各格网的高程变化值 $d\overline{H}_{i\times j}$：

$$d\overline{H}_{i\times j} = \frac{n_{AD}}{n_{AD}+n_{DA}} d\overline{H}_{AD} + \frac{n_{DA}}{n_{AD}+n_{DA}} d\overline{H}_{DA} \tag{6-21}$$

式中，n_{AD} 与 n_{DA} 分别为格网内升降交叉点及降升交叉点的点数，当 n_{AD} 与 n_{DA} 较大时，可以认为不受轨道误差的影响。假定把观测时间段平均分成 N 期，采用不同参考时间，对于任意格网点均可以求得交叉点求解高差，可用一个上三角表示该格网该时间段的高程变化矩阵 $d\overline{\boldsymbol{H}}$：

$$d\overline{\boldsymbol{H}} = \begin{bmatrix} d\overline{H}_{1\times 1} & d\overline{H}_{1\times 2} & \cdots & & d\overline{H}_{1\times N} \\ — & d\overline{H}_{2\times 2} & \cdots & & \cdots \\ — & — & \cdots & & \cdots \\ — & — & \cdots & & d\overline{H}_{(N-1)\times N} \\ — & — & — & — & d\overline{H}_{N\times N} \end{bmatrix} \tag{6-22}$$

式中，每行为以不同参考期得到的高程变化。

国外学者早期研究通常只采用单一参考期算法（one row method，ORM），即只利用上三角的第一行数据。为利用更多的交叉点提高精度，学者提出采用整个上三角数据 $\overline{dH}$，由于不同行之间的参考不同，需要首先将不同参考期元素，转换成相同参考期的高程变化 $d\overline{\boldsymbol{H}'}$：

$$d\overline{\boldsymbol{H}'} = \begin{bmatrix} d\overline{H'}_{1\times 1} & d\overline{H'}_{1\times 2} & \cdots & & d\overline{H'}_{1\times N} \\ & d\overline{H'}_{2\times 2} & \cdots & & \cdots \\ — & — & \cdots & & \cdots \\ — & — & \cdots & & d\overline{H'}_{(N-1)\times N} \\ — & — & — & — & d\overline{H'}_{N\times N} \end{bmatrix} \tag{6-23}$$

Ferguson 等（2004）将第一行作为参考期（即静态参考算法，fixed half method，FHM），Li 和 Davis（2006）则以采样点数最多为选取标准，为每个格网点动态选取参考期（dynamic row method，DRM）。以 R 为参考期，则 $d\overline{\boldsymbol{H}'}$ 与 $d\overline{\boldsymbol{H}}$ 各元素关系如下（Yang et al.，2014）：

$$
\mathrm{d}\,\overline{H'}_{i\times j}=\begin{cases}\mathrm{d}\,\overline{H}_{i\times j}+\mathrm{d}\,\overline{H}_{R\times i} & N\geqslant i>R;\ N\geqslant j>i\\ \mathrm{d}\,\overline{H}_{i\times j} & i=R;\ j=i+1,\ \cdots,\ N\\ \mathrm{d}\,\overline{H}_{i\times j}-\mathrm{d}\,\overline{H}_{i\times R} & R>i\geqslant 1;\ N\geqslant j\geqslant i\end{cases} \tag{6-24}
$$

在此基础上，对每列数据，利用加权平均计算得到高程变化的时间序列 $\mathrm{d}H_j$：

$$
\mathrm{d}H_j=\sum_{j=1}^{N}\omega_{i\times j}\,\mathrm{d}\,\overline{H'}_{i\times j}\quad j=1,\ \cdots,\ N \tag{6-25}
$$

式中，$\omega_{i\times j}$为权重，与交叉点数有关。

基于 Ferguson 等（2004），采用了以下关系进行扩展，得到下三角：

$$
\Delta\,\overline{H'}_{i,j}=\Delta\,\overline{H}_{1,i}-\Delta\,\overline{H}_{j,i}\quad i>j\geqslant 2 \tag{6-26}
$$

根据式（6-24）和式（6-26），得到了全矩阵（交叉点算法，full matrix method，FFM）

$$
\Delta\,\overline{\boldsymbol{H}'}=（\Delta\,\overline{H'}_{i,j}） \tag{6-27}
$$

对每列数据，利用加权平均计算得到高程变化的时间序列$\overline{H}_j$：

$$
\overline{H}_j=\sum_{i=1,\ i\neq j}^{N}\omega_{i,\ j}\times\Delta\,\overline{H'}_{i,\ j}\quad j=2,\ \cdots,\ N \tag{6-28}
$$

需要指出的是，以上计算得到的高程变化时间序列与反射能量变化时间序列高相关。为了得到修正后的高程变化时间序列，需要进行的高程变化与反射能量变化时间序列相关分析，求得两者梯度，进而求得反射能量变化引起的高程变化修正时间序列：

$$
\overline{H}_{S(j)}=-\overline{\sigma_{0j}}\times h_B \tag{6-29}
$$

（2）重复轨道分析算法

除交叉点分析算法外，重复轨道分析算法是另一种常用的分析算法。与交叉点分析算法相比，重复轨道算法能利用更多的采样点，计算结果的时空分辨率高得多。但由于卫星测高的观测量受到回波波形参数，如波形前缘宽度、波形后缘斜率及反射能量，采用该算法时，需要考虑这些因素的影响，此外地形会影响卫星测高的观测量，需要考虑该因素。该算法的一般流程如下（Legresy and Remy，1997）。

1）利用沿轨迹和重复轨迹的高度、波形前缘宽度、波形后缘斜率及反射能量信息，确定与空间位置有关的函数；

2）高程、波形前缘宽度、波形后缘斜率及反射能量的空间位置的影响，得到它们的时间序列；

3）消除波形前缘宽度、波形后缘斜率及反射能量对高程的影响；

4）对修正后的高程时间序列分析，得到其长期变化信息。

在具体计算时，首先设定好沿轨的距离，估算沿重复轨道的计算点位置，然后设定一个半径，利用落入到计算点半径内的所有点，代入到以下方程（Hwang et al.，2016）：

$$
\begin{aligned}H（x,\ y,\ t）=&H_0+H_t t+h_1\cos 2\pi t+h_2\sin 2\pi t+H_{\mathrm{BS}}\mathrm{BS}+H_{\mathrm{LE}}\mathrm{LE}\\&+H_{\mathrm{TS}}\mathrm{TS}+H_x x+H_y y+H_{xx}x^2+H_{yy}y^2+H_{xy}xy\end{aligned} \tag{6-30}
$$

式中，x、y 和 t 分别为位置和时间；H_0、H_t、h_1 与 h_2 这4个未知参数为高程变化；H_{BS}、H_{LE} 与 H_{TS} 这3个未知参数为卫星测高回波波形对高程影响；H_x、H_y、H_{xx}、H_{yy} 和 H_{xy} 这5个未知参数为地形对高程影响。选取范围内所有观测点，采用最小二乘算法，迭代求解未知参数。

进行回波波形参数和地形改正后，改正后的冰盖高程时间序列为

$$H_c(x,y,t)=H(x,y,t)-H_{BS}-H_{LE}-H_{TS}-H_x x-H_y y-H_{xx}x^2-H_{yy}y^2-H_{xy}xy \tag{6-31}$$

在各格网点，基于时序分析算法，进行多尺度分析：

$$H_c(t)=h_0+at+bt^2+c\cos[2\pi(t-t_0)]+d\cos[\pi(t-t_1)] \tag{6-32}$$

式中，t 为观测时刻；h_0 为常数；a 为长期趋势项；b 为二次项；c 和 d 为年和半年尺度分量（Bergmann，2012），采用最小二乘求解各未知参数。年际变化 $h_j(t)$ 由拟合后的残差 $h_r(t)$ 滤波处理获得，以高斯滤波为例，其权重为

$$w(\Delta t)=\mathrm{e}^{-\frac{\Delta t^2}{\sigma^2}} \tag{6-33}$$

式中，Δt 为时间差；σ 为滤波窗口大小。

6.2.2 卫星重力 GRACE 数据处理

从卫星重力 GRACE 原理可知，影响 GRACE 数据处理主要涉及负荷勒夫数的选取、滤波算法和冰后回弹（冰川均衡调整）模型影响等，下面进行具体说明。

（1）负荷勒夫数的选择

表6-1给出了200阶以下的负荷勒夫数数值，对于表6-1未给出的数值可以用线性内插的方法得到，表中 l 为阶数。计算目的是为了推求地球各圈层内某一质量源的迁移变化。例如，海洋不断地与大气和陆地等其他圈层存在水的循环，因而海洋的总质量是不断变化的，因此海洋对零阶项的变化贡献不为零。但是这种非零性不会引起整个固体地球质量的变化，故 $k_0=0$。$l=1$ 的数值是在假定地球坐标系中心位于地球中心得到的。

表6-1 负荷勒夫数

l	k_l	l	k_l
0	+0.0001	1	+0.027
2	-0.303	3	-0.194
4	-0.132	5	-0.104
6	-0.089	7	-0.081
8	-0.076	9	-0.072
10	-0.069	12	-0.064
15	-0.058	20	-0.051
30	-0.040	40	-0.033
50	-0.027	70	-0.020
100	-0.014	150	-0.010
200	-0.007		

（2） 滤波算法

用地球重力场模型球谐系数的变化可以求出地球表面质量变化，但利用重力卫星每月观测资料得到的地球重力场受卫星轨道误差、卫星 K 波段测距误差、加速度计测量误差以及卫星姿态测量误差等的影响。Stokes 系数变化量里包含测量误差。根据误差传播定律，由地球重力场模型恢复地表质量异常的基本公式，可得地表质量异常反演的误差为

$$\delta[\Delta\sigma(\theta,\ \lambda,\ t)] = \frac{a\rho_a}{3}\sum_{l=0}^{\infty}\sum_{m=0}^{l}\frac{2l+1}{1+k_l}(\delta C_{lm}\cos m\lambda + \delta S_{lm}\sin m\lambda)\tilde{P}_{lm}(\cos\theta)$$
$$= \sum_{l=0}^{\infty}\sum_{m=0}^{l} aK_l(\delta C_{lm}\cos m\lambda + \delta S_{lm}\sin m\lambda)\tilde{P}_{lm}(\cos\theta) \tag{6-34}$$

其中 $K_l=\frac{\rho_a}{3}\frac{(2l+1)}{(1+k_l)}$，全球范围内地表质量异常误差的方差为

$$\mathrm{var} = \sum_{l=0}^{\infty}\sum_{m=0}^{l} a^2K_l^2(\delta C_{lm}^2 + \delta S_{lm}^2) \tag{6-35}$$

随着球谐阶数的增高，地球表面质量异常计算误差的方差 var 也迅速增大。如果直接恢复地球表面质量异常，球谐系数的阶数越高，重力卫星观测误差的影响就越大，而高阶项球谐系数对地球表面质量异常具有重要的贡献。因此，需引入空间平均函数来减小高阶系数的权重，从而达到减小高阶项球谐系数观测误差的影响，使解算结果与真实的平均重力场更符合。空间平均实际上是对不同阶次的位系数赋以不同的权值以消除重力场高频误差，其实质是牺牲空间分辨率来提高解的精度。除了前面介绍的高斯滤波外，另一种常用的滤波算法称为去相关滤波。

在利用空间滤波推求地球表面质量变化的时候，随着平滑半径的减小，质量异常图中出现越来越多的南北向的条纹质量变化信号。研究发现条纹信号的一个重要原因是参与反演的 GRACE 重力场球谐系数 ΔC_{lm} 和 ΔS_{lm} 存在系统性相关误差，单纯依靠空间滤波无法有效消除其影响。

将球谐系数的奇数阶和偶数阶绘制为阶数 l 的函数，当次数 m 增大时，球谐系数就表现出明显的系统相关性。其基本思想是：保持阶次较低的部分 GRACE 球谐系数残差不变，对剩余的每个次数 $m>N$ 的系数残差按阶数进行高阶多项式拟合，奇数阶系数和偶数阶系数各拟合一条曲线，并将多项式拟合值视为相关误差，扣除拟合值即可消除相关误差，这种滤波方法称为去相关滤波，又称为去条带滤波。

采用以 l 阶为中心，宽度为 ω 的二次多项式，对一个 m 次的 Stokes 系数进行平滑：

$$C_{lm} = \sum_{i=0}^{P} Q_{lm}^i l^i \tag{6-36}$$

式中，C_{lm} 为光滑 Stokes 系数；Q_{lm}^i 为多项式拟合的 i 阶系数；P 为多项式的次数，这里定义 $P=2$，对于计算 S_{lm}，方法一样。窗口大小为 $\omega=\max\ (Ae^{-\frac{m}{K}}+1,\ 5)$，$m$ 为球谐系数的次数，A、K 经验值分别为 $A=30$、$K=10$。可以看出随着次数 m 增大，窗口宽度减小，这有利于减小高阶次的球谐系数中的条带误差。为了保证被去条带的球谐系数位 C_{lm} 于窗口的中间，窗口宽度 ω 始终取奇数。

通过最小二乘获取多项式系数：

$$Q_{lm}^{i} = \sum_{j=0}^{P} \sum_{n=l-\omega/2}^{l+\omega/2} C_{lm} L_{ij}^{-1} n^{j}$$

$$L_{ij} = \sum_{n=l-\omega/2}^{l+\omega/2} n^{i} n^{j} \tag{6-37}$$

需要注意的是对 n 阶的总和仅包含相同的奇偶项 l，如果 l 为奇数，则把所有奇数阶 n 相加。

(3) 冰后回弹（冰川均衡调整）模型影响

虽然 GRACE 时变重力场数据能够直接反演地表质量变化，但是 GRACE 数据反演的是多种过程引起的总质量变化，必须在反演结果中扣除冰川均衡调整（GIA）的影响，才能使结果更加逼近南极冰盖质量的真实变化。以三种 GIA 模型（Geruo13、IJ05_R2 和 W12a）为例，首先由 GIA 模型计算得到对应的球谐系数变化，然后采用和 GRACE 相同的数据处理方法得到相应模型的等效水量时空变化空间分布，比较分析不同 GIA 模型对于南极冰盖质量变化的贡献，结果如图 6-6 所示。

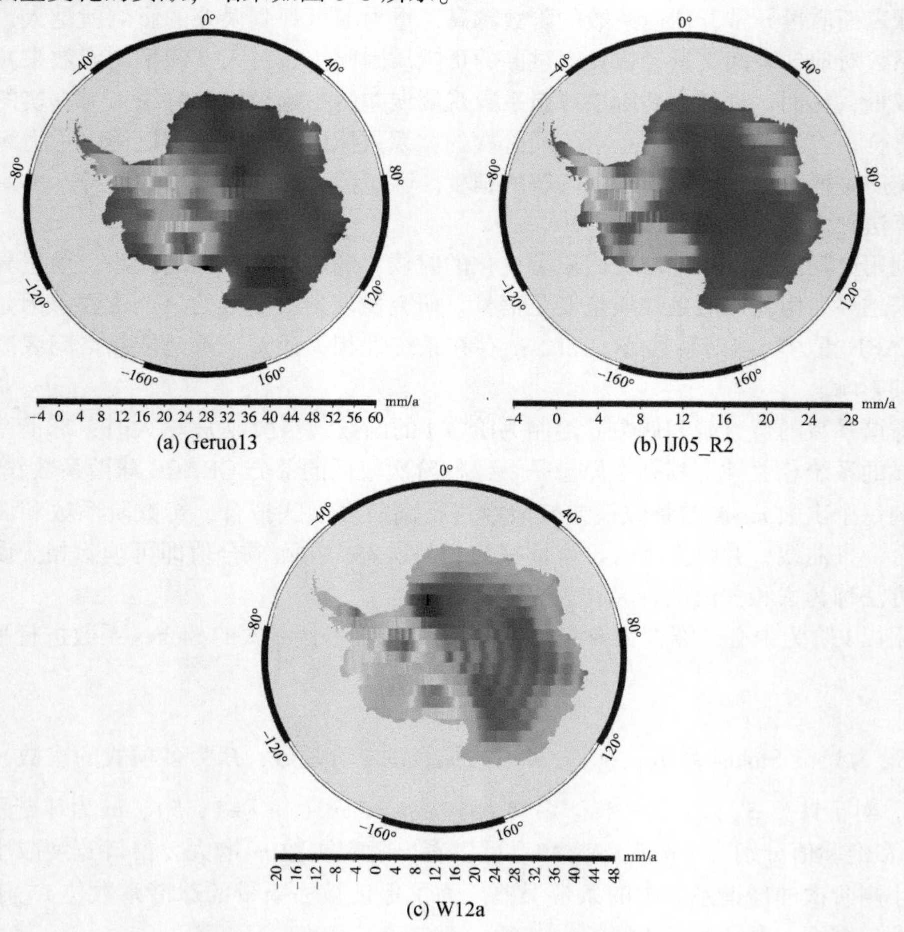

图 6-6　不同 GIA 模型反演的等效水量时空分布

研究发现，不同GIA模型之间反演得到的南极冰盖质量变化存在很大差异，尤其在毛德皇后地山脉、龙尼冰架和东南极差异明显。在毛德皇后地山脉地区，Geruo13模型和W12a模型反演结果分别显示出该地区有50mm/a和30mm/a的冰盖质量积累，而IJ05_ R2模型反演结果显示出该地区的冰盖质量积累率为8mm/a；在龙尼冰架地区，Geruo13模型和IJ05_R2模型结果显示该地区冰盖质量处于大致均衡状态，而W12a模型的结果则显示龙尼冰架处于近20mm/a速率的冰盖质量削减状态；在整个东南极地区，Geruo13模型和IJ05_R2模型均显示轻微的冰盖质量减少，而W12a模型则显示出非常明显的冰盖质量减少。

6.3 卫星测高与卫星重力观测的冰盖物质平衡时空分布特征

6.3.1 基于卫星测高的冰盖物质平衡时空分布

（1）基于FFM算法的中山站—Dome A断面高程变化研究

首先从理论上考证不同算法在精度和交叉点个数的差异，假定$\mathrm{d}\,\overline{H}$内各元素的$n_{i,j}=n$，$\sigma_{i,j}=\sigma_0$，那么ORM、FHM和FFM不同算法对应的精度和交叉点分别为

$$
\begin{aligned}
&\text{ORM：}\ \bar{\sigma}_{1,j}=\sigma_0 && n_{1,j}=n\\
&\text{FHM：}\ \bar{\sigma}_{i,j}=\begin{cases}\sigma_0, & i=1\\ \sqrt{2}\sigma_0, & i>1,\ j>i\end{cases} && n_{i,j}=\begin{cases}n, & i=1\\ 2n, & i>1,\ j>i\end{cases}\\
&\text{FFM：}\ \bar{\sigma}_{i,j}=\begin{cases}\sigma_0, & i=1\\ \sqrt{2}\sigma_0, & i>1,\ j\neq i\end{cases} && n_{i,j}=\begin{cases}n, & i=1\\ 2n, & i>1,\ j\neq i\end{cases}
\end{aligned}
\tag{6-38}
$$

对于N个观测时段，ORM、FHM和FFM对应的总交叉点个数分别为$n(N-1)$、$n(N-1)^2$和$n(N-1)(2N-3)$，因此FFM和FHM的交叉点个数为ORM的$(2N-3)$倍和$(N-1)$倍。高程变化时间序列对应的精度和时间序列分别为

$$
\begin{aligned}
&\text{ORM：}\ \bar{\sigma}_j=\sigma_0 && n_j=n\\
&\text{FHM：}\ \bar{\sigma}_j=\sigma_0\sqrt{4j-7}/(2j-3) && n_j=n(2j-3)\\
&\text{FFM：}\ \bar{\sigma}_j=\sigma_0\sqrt{4N-11}/(2N-3) && n_j=n(2N-3)
\end{aligned}
\tag{6-39}
$$

因此ORM和FFM的精度和点数与j无关，FFM的精度为ORM的$\sqrt{4N-7}/(2N-3)$；而FHM的精度和点数则与j密切相关。图6-7给出了$\sigma_0=1\mathrm{cm}$、$N=60$、$n=9$时，ORM、FHM和FFM的精度，从图中可以看出，FHM在前一半（$j=2,\cdots,30$）的平均交叉点为261，增加到后一半（$j=31,\cdots,60$）的792。FHM的精度随着j的增加而减少，前一半和后一半的精度分别为0.32cm和0.15cm。而FFM和ORM的精度分别为0.13cm和1.0cm。因此，FFM具有精度一致且最高的高程变化时间序列。

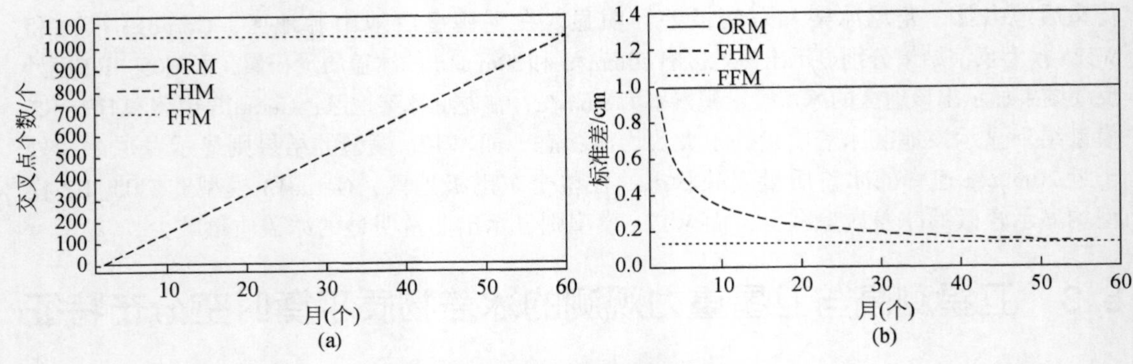

图 6-7 不同算法精度和交叉点个数

图 6-8 给出了坐标为 70.5°S、65°E 的 2°×1°结果时间序列，图 6-8 还给出了下三角的时间序列结果，从图 6-8 中可以看出，三种算法均给出了比较强的季节性变化，振幅达 50cm。ORM 总共有 16 个点数据空白，FHM 减小到 3 个，且 FHM 精度比 ORM 要低。FFM 的数据空白点为 1。采用最小二乘算法，求得高程变化率 ORN、FHM、FHM_L 和 FFM 分别为 9.61±0.24cm/a、8.92±0.56cm/a、6.22±0.50cm/a 和 6.88±0.02cm/a。上三角和下三角的精度分别为 0.56cm/a 和 0.50cm/a，FFM 精度最佳。

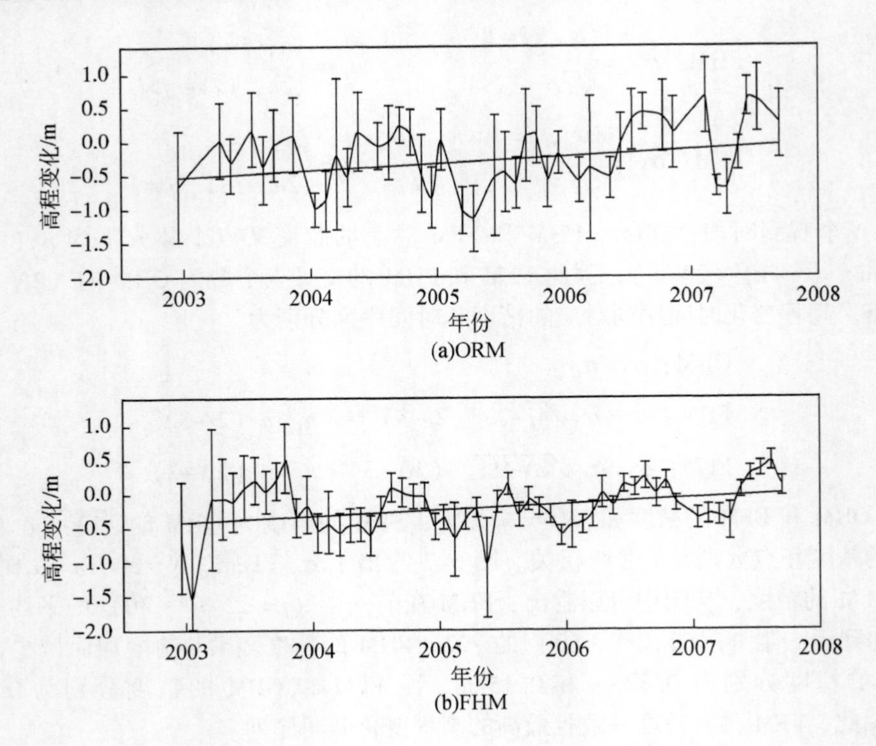

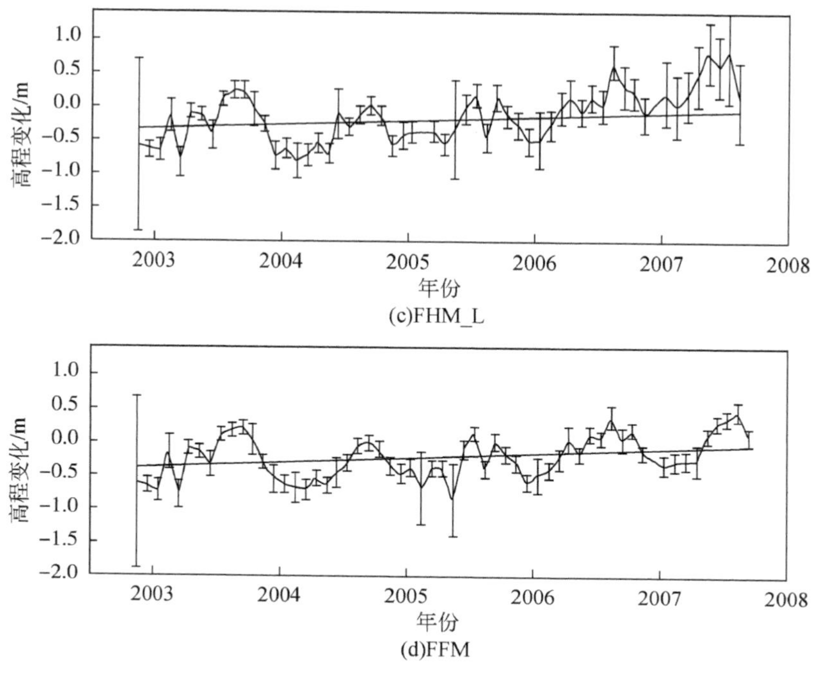

图6-8　不同算法对应的高程变化时间序列

反射能量对高程变化时间序列产生影响。反射能量与面反射/下底面反射有关，不同的卫星测高、不同的波形重定算法和位置都会导致不同的反射能量效果。Wingham 等（1998）、Davis 和 Ferguson（2004）均研究发现反射能量能导致错误的高程变化时间序列和高程变化率。采用和高程变化时间序列类似的算法，计算得到反射能量变化时间序列。图6-9 给出了内陆（80.5°S，65°E）和海岸（70.5°S，65°E）的高程变化和反射能量时间序列。从图6-9 中可以看出，内陆两时间序列高相关，相关系数达0.97。在季节和年际变化尺度上，两者比较符合；对于海岸，两者的相关系数低得多，仅为0.53；尽管如此，高程的季节和变化率受到反射能量的影响。

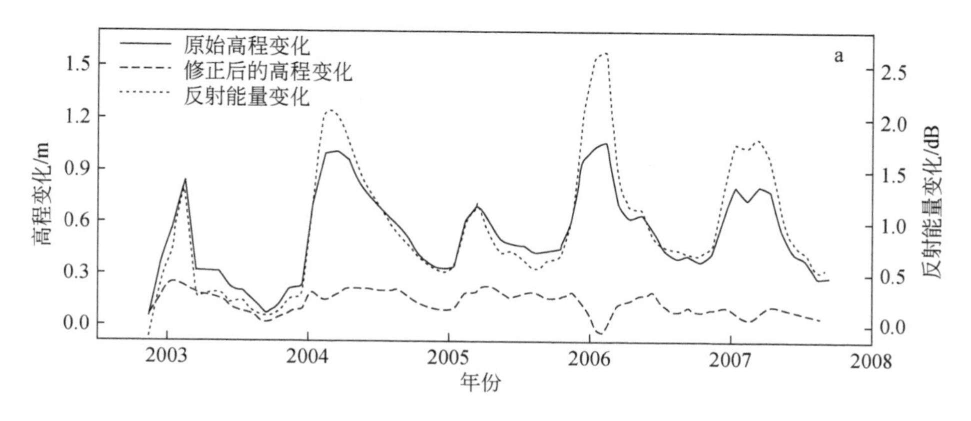

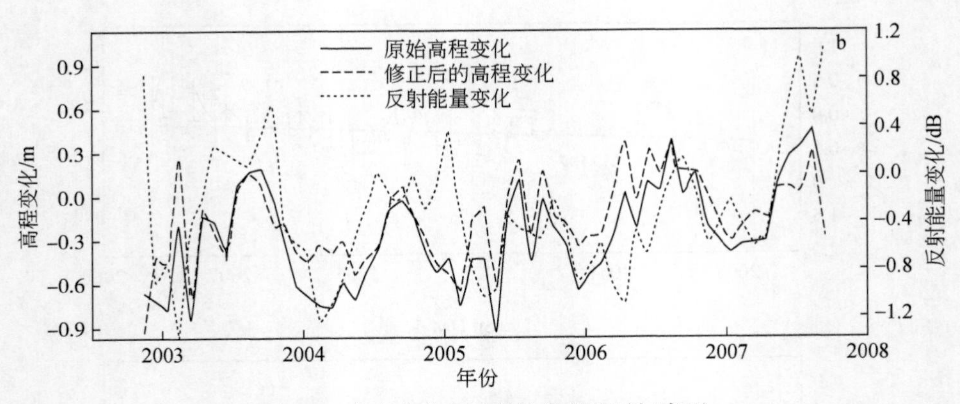

图 6-9　高程变化和反射能量变化时间序列

基于 FFM 算法，利用 2002 年 10 月 ~2007 年 9 月的 Envisat 数据，修正反射能量影响后，计算得到该时间段的高程变化率，并内插得到中国南极内陆考察线路的高程变化率，结果如图 6-10 所示。从图 6-10 中可以看出，研究区域的高程变化并不一致，主要变化为 −3 ~ 3cm/a，在 68°S ~ 75°S 的西 Amery 冰架，高程变化率达到 3cm/a，在东 Amery 冰架高程变化率则为负。中国南极内陆考察线路的高程变化率则分成 3 个不同区间，中山站附近约为 −1cm/a，并随纬度增加而增加，在 71°S ~ 72°S 附近达到 −3cm/a；随后减小，在 75°S 变为 0；最终在昆仑站附近变为 −1cm/a。

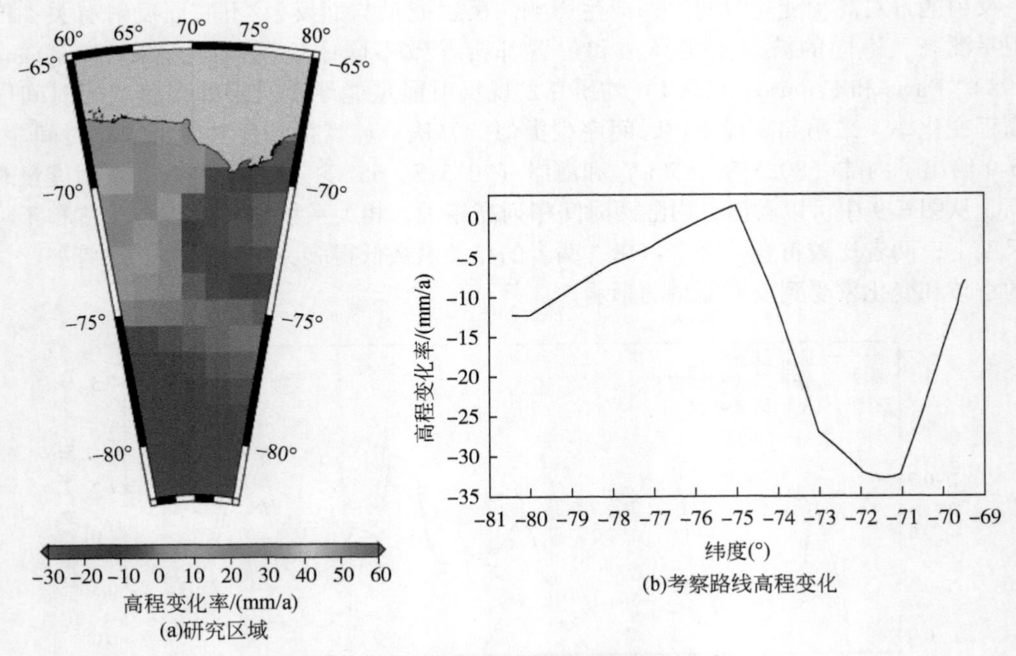

图 6-10　研究区域及考察路线高程变化率

（2）基于重复轨道分析算法的南极冰盖高程变化研究

基于重复轨道分析算法，采用选定的最佳波形重定算法，利用 ERS-1、ERS-2、Envisat 和 CryoSat-2 数据，分别计算得到 1992 ~ 1996 年、1995 ~ 2003 年、2002 ~ 2012 年和 2010 ~ 2016 年的南极冰盖表面高程变化率，结果如图 6-11 所示。

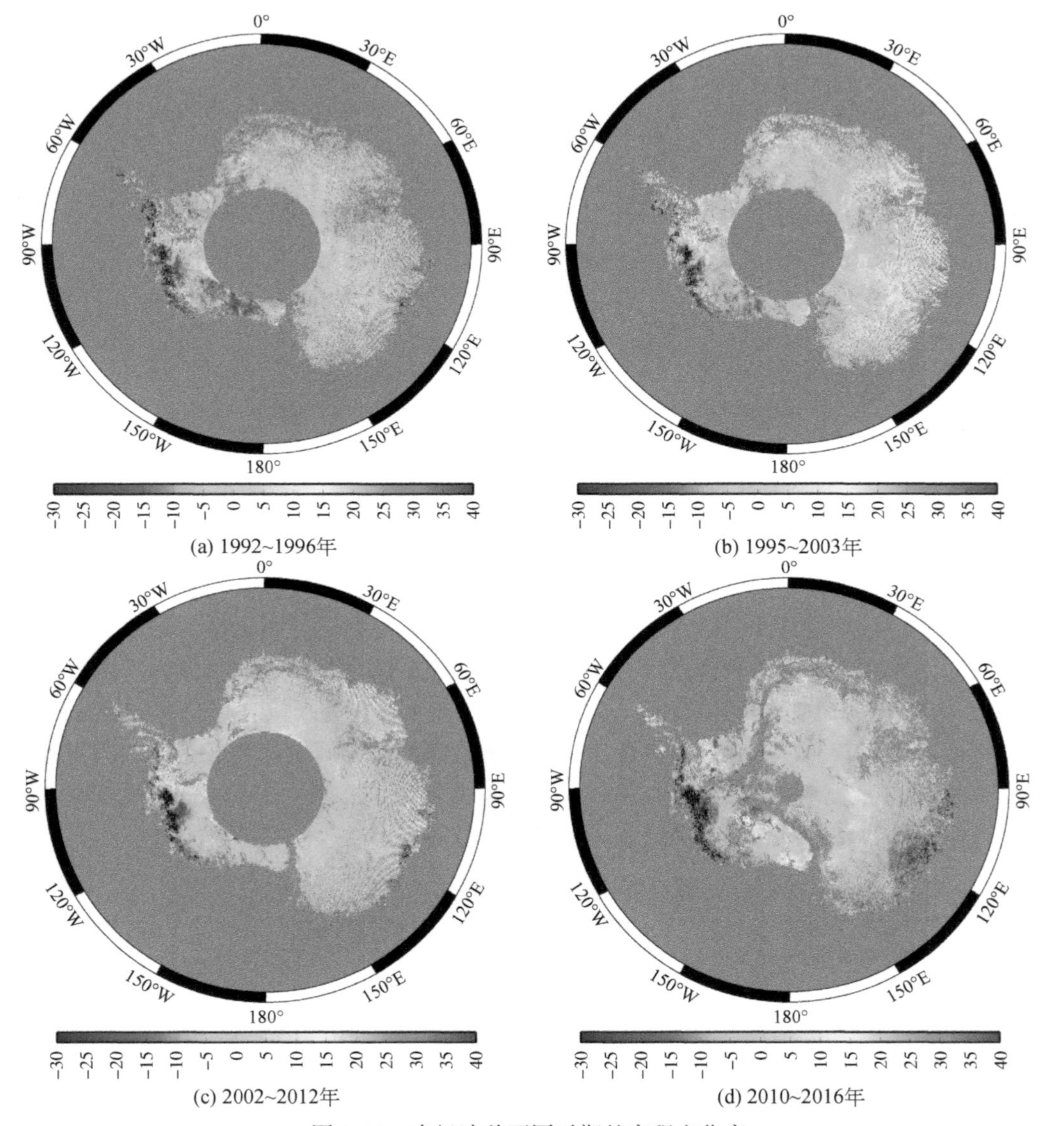

图 6-11　南极冰盖不同时期的高程变化率

从图 6-11 中可以看出，Envisat 计算的高程变化，在流域 4 ~6、8、12、20 ~26（图 6-12）等具有完全一致的高程变化。对比 4 个不同时间段的高程变化，可以看到流域 8、17、20 ~22保持稳定变化，其他流域则存在明显的变化，这反映出不同时间段的气候变化对高程变化产生了影响。

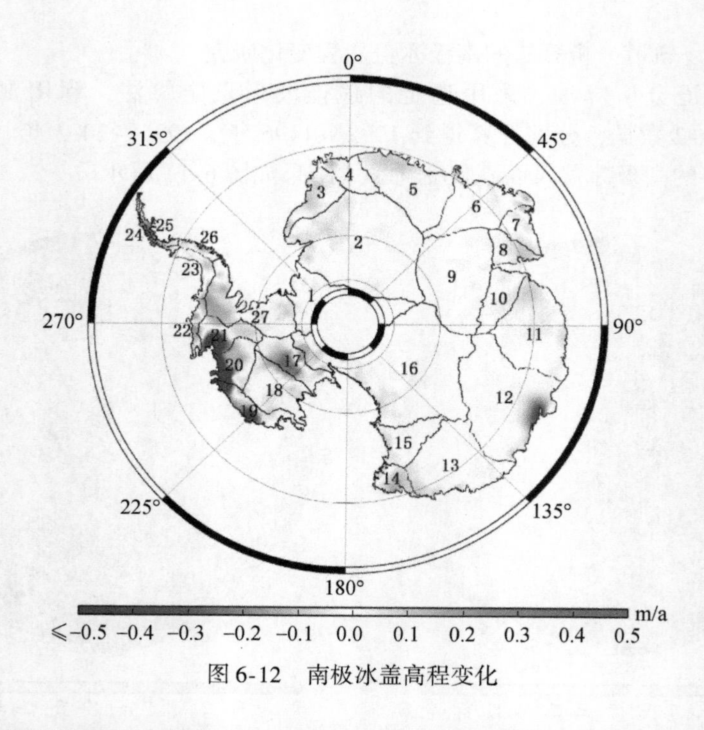

图 6-12　南极冰盖高程变化

激光卫星测高是计算南极冰盖表面高程变化的一种常用数据。采用 ICESat 的二级数据产品，包含南极冰盖以及格陵兰冰盖的全部测高数据——GLA12. 34。搭载在 ICESat 卫星上的激光发射器出现故障使得 ICESat 调整了观测时间，每年只进行三期测量，每期观测时间为 30 天左右。在解算南极冰盖表面高程变化时，对卫星数据进行了筛选剔除，其中包括卫星 2003 年 9 月 25 日 ~ 10 月 4 日的数据，其重复周期为 8 天，与后来重复周期为 91 天的数据相比，其空间分辨率较低，以及部分数据质量较差和连续测量时间较短的数据。最终只选择采用 2003 ~ 2008 年重复周期为 91 天的 ICESat 测高数据参与南极冰盖冰雪表面高程变化量的解算，表 6-2 所示的数据即为解算南极冰盖冰雪表面高程变化时所采用的数据。

表 6-2　解算南极冰盖高程变化所利用的 GLA12 数据

序号	激光器工作周期	起始日期/(年/月/日)	结束日期/(年/月/日)	工作时间/天	数据大小/GB
1	L2A	2003/9/25	2003/11/18	54	2. 99
2	L2B	2004/2/17	2004/3/20	33	1. 74
3	L2C	2004/5/18	2004/6/20	34	1. 81
4	L3A	2004/10/3	2004/11/8	37	2. 02
5	L3B	2005/2/17	2005/3/24	36	1. 89
6	L3C	2005/5/20	2005/6/22	34	1. 90
7	L3D	2005/10/21	2005/11/23	34	1. 84
8	L3E	2006/2/22	2006/3/27	34	1. 80

续表

序号	激光器工作周期	起始日期/（年/月/日）	结束日期/（年/月/日）	工作时间/天	数据大小/GB
9	L3F	2006/5/24	2006/6/25	32	1.83
10	L3G	2006/10/25	2006/11/27	34	1.78
11	L3H	2007/3/12	2007/4/14	34	1.81
12	L3I	2007/10/2	2007/11/4	36	1.85
13	L3J	2008/2/17	2008/3/21	34	1.78
14	L3K	2008/10/4	2008/10/18	15	0.821
15	L2D	2008/11/25	2008/12/17	23	1.15

由于仪器工作状态，大气层对激光的散射作用及云层的遮挡作用随时间和地点的变化不一样以及地形等因素的影响，使得测量得到的 GLA12 各地面脚点数据的观测精度略有差异。为了保证数据精度，提高数据质量，首先对数据进行筛选，如查看卫星轨道质量指标、姿态控制指标和高程控制指标等，去除指标不合格的数据，再对数据进行饱和度改正。为了进一步利用更为精确的数据，还去除了天线增益大于 100 或者是天线增益为 14 ~ 100，且接收能量大于 13.1fJ 的数据。GLA12 数据是在 TOPEX/POSEIDON 椭球框架下解算得到，在解算前先进行坐标框架转换，实现 TOPEX/POSEIDON 框架与 WGS84 框架的坐标转换。

由于卫星受到轨道摄动等因素的影响，不同周期的轨道位置并不能完全重复，总会存在一定的差异，尤其是测量的地面脚点位置往往不一致。为了能够利用重复轨道数据进行解算，减少重复轨道地面脚点不重合造成的误差，有必要将各个重复轨道数据统一到同一位置进行计算。需要利用独立的 DEM 计算测高脚点处的坡度值，通过坡度改正消除不同轨道地面脚点的不一致性。因此，为了更好地反映卫星脚点附近的坡度情况，将坡度值作为未知参数求解。

为了比较改进方法与其他方法的解算精度，利用 Moholdt 等（2010）提出的通过 DEM 求解坡度的方法以及不考虑坡度情况分别解算了南极冰盖部分区域表面高程变化，并和本研究的解算方法进行了对比分析，比较结果见表 6-3。Dome A 区域地势极其平缓，坡度较小，接近于零，并且 DEM 的空间分辨率有限，很难反映范围较小地区的真实坡度情况，因此与不考虑坡度时的解算精度较为接近，而本研究的解算方法能够探测较小区域的坡度分布情况，解算精度有明显提高。而在中山站区域，地形起伏较大，虽然 DEM 空间分辨率有限，但是还是能反映冰盖表面坡度趋势，因此，在中山站附近 Moholdt 方法解算精度略高于不考虑坡度的方法，但是不如本研究的解算精度。

表 6-3 高程变化标准差平均值 （单位：m）

区域	不考虑坡度	DEM 求解坡度	本研究
Dome A 区域	0.046	0.045	0.020
中山站沿海区域	0.143	0.110	0.070

其中，求解坡度式采用的 DEM 数据为 NSIDC 基于 ICESat 制作的 500m 分辨率的 DEM。利用三种方法分别在两块不同区域解算得到其高程变化及高程变化标准差，包括内陆 Dome A 区域（70°E ~ 80°E，79°S ~ 81°S）以及中山站沿海区域（75°E ~ 85°E，68°S ~ 71°S）。比较三种不同方法在两块区域求得的所有高程变化标准差的平均值。从表 6-3 中可以看出，不考虑坡度改正时解算得到高程变化率的标准差均值较大，解算精度较低，Moholdt 方法解算结果比不考虑坡度值的结果精度略有提高，本研究的解算方法得到高程变化率的标准差均值最小，精度最高。内陆区域（Dome A）由于地势平缓，坡度接近为零，而沿海区域地势更加复杂，坡度较大，导致考虑坡度改正因素后解算精度在沿海区域的改善程度更为明显。综上所述，将坡度值作为未知数求解精度得到了提高。

系统偏差是 ICESat 监测冰盖高程变化的一个重要因素。在解算过程中考虑了系统偏差的影响，南极冰穹顶部高程变化较小，冰雪物质损失基本为零，可能是由于降雪会出现较少冰雪积累，选取 Dome A 区域附近的解算结果分析 ICESat 卫星的系统偏差。计算得到该区域平均高程变化率为（2. 3±0. 8）cm/a，而 Gunter 等（2009）通过比较海洋上平均海平面变化率得出 ICESat 卫星系统偏差为 2. 0cm/a，计算结果和该结论较为接近，本研究比 Gunter 等（2009）求得的系统偏差稍大，可能是冰穹地区可能存在少量冰雪积累。

提取 491 条有效 ICESat 重复轨道数据参与计算，得到南极冰盖2003 ~ 2008年的表面高程变化率$\bar{h}$。去除 GIA 引起的南极冰盖垂向变化以及 ICESat 卫星数据系统偏差影响之后，得到南极冰盖冰雪表面高程变化，如图 6-12 所示。

将图 6-12 中流域 1 ~ 16 划分为东南极冰盖，流域 17 ~ 27 划分为西南极冰盖。东南极冰盖平均海拔较高，冰雪厚度较大，冰盖稳定性较好。从图 6-12 中可以看出，东南极冰盖除了波因塞特角附近（流域 12）冰雪表面高程出现了比较明显的降低外，其他地区基本处于平衡状态，其中埃默里冰架西部冰盖表面高程处于整体下降趋势，而冰架东部冰盖表面高程处于略微上升状态，内陆冰盖表面高程有所增加，仅在流域 4 ~ 7 沿岸表面高程略有减小。与东南极相比，西南极冰盖平均高度较低，冰雪厚度较薄，并且冰盖稳定性较差。图 6-12 中西南极颜色分布比东南极更为丰富多彩，说明西南极冰盖较为活跃。其中，南极半岛北部（流域 24、25）冰盖处于消融状态，而靠近南极大陆区域（流域 27）冰盖表面高程又有所增加，阿蒙森海附近冰川（流域 19 ~ 21）的冰雪表面高程则在迅速下降，Kamb 冰川（流域 17）冰盖表面高程增加较快，其他内陆地区冰雪表面高程略有增加。

（3）基于重复轨道分析算法的格陵兰冰盖表面高程变化研究

波形重定算法是影响卫星测高在非开阔海域高程精度的关键因素之一。在 Envisat 数据产品中，自身提供了 Ice1、Ice2 和 Ocean 波形重定算法给出的测距值。研究发现，子波形相对于全阈值，精度更高，因此主要关注 Ice1、Ice2、Ocean 和子波形阈值法，比较它们在高程变化率方面的表现；确定最佳波形重定算法，首先通过计算交叉点处的高程变化率的差值，然后计算各算法对应的 RMS（均方根），其中结果最小的 RMS 对应的波形重定算法为最佳波形重定算法。为了消除粗差点位，主要统计差值为-20 ~ 20cm/a 的结果。表 6-4 给出了格陵兰冰盖的高程变化率的差值 RMS，从表 6-4 中可以看出：①除了 Ocean 波形重定算法，其他算法均能减小 RMS；②0. 10阈值水平的子波形阈值法为最佳子波形阈值法，对应的最小值为 3. 44cm/a。

表 6-4　格陵兰冰盖波形重定算法高程变化率的差值统计结果　（单位：cm/a）

波形重定算法	最大值	最小值	中间值	RMS
Subwave 0. 1	19. 68	−19. 98	−0. 04	3. 44
Subwave 0. 2	19. 84	−19. 98	−0. 01	3. 52
Subwave 0. 3	19. 95	−19. 92	−0. 03	3. 51
Subwave 0. 5	19. 88	−19. 99	−0. 04	3. 91
Ice 1	19. 95	−19. 93	−0. 11	3. 90
Ice 2	19. 97	−19. 97	0. 01	3. 77
Ocean	19. 98	−19. 89	−0. 09	4. 42
Raw	20. 00	−19. 91	−0. 03	4. 32

基于重复轨道分析算法，采用选定的最佳波形重定算法，分别利用 ERS-1、ERS-2、Envisat 和 CryoSat-2 数据，计算得到 1992 ~ 1996 年、1995 ~ 2003 年、2002 ~ 2012 年和 2010 ~ 2016 年格陵兰冰盖表面高程变化率，结果如图 6-13 所示。

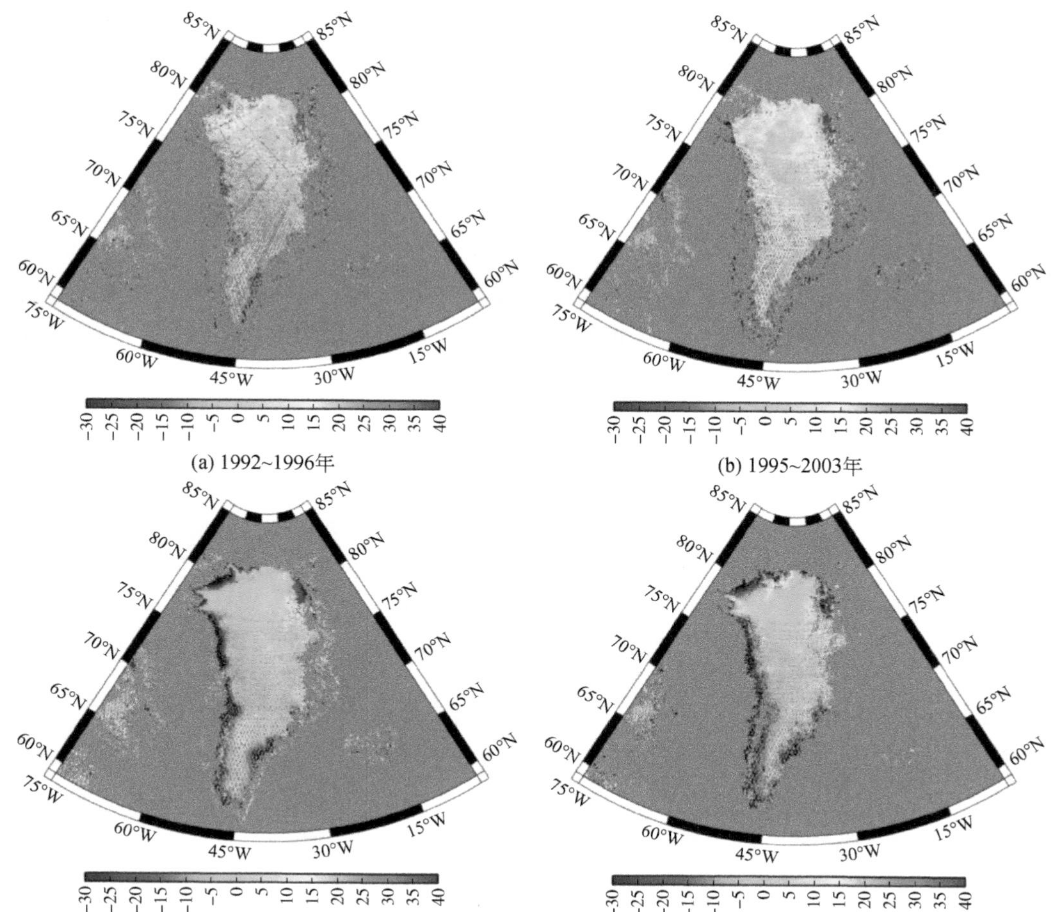

图 6-13　格陵兰冰盖不同时期的高程变化率

以 2002 ~ 2012 年的结果为例，从图 6-13 中可以看出，高程下降发生在西海岸、东北和东南沿海，西海岸的 Jakobshavn Isbræ（JI）高程减少一直扩展到内陆，而东北的 Zacharias Isstrømen 高程减少率超过了 1.3m/a。高程增加出现在东部和东北，达到了 1m/a，而南极内陆冰盖则在不同时段出现了不同的变化特征。

6.3.2 卫星重力的冰盖物质平衡时空分布

（1）数据源

目前国际所提供的最新的 GRACE 时变重力场模型由 GFZ、UTCSR、JPL、CNES/GRGS 等机构公布。2012 年 4 月，UTCSR、JPL 和 GFZ 发布了新的 RL05 数据，一般采用 UTCSR 公布的 RL04、RL05 GSM（仅利用 GRACE 数据解算地球重力场）类型数据产品进行地球重力场的时变研究。

（2）冰川均衡调整

冰川均衡调整（glacial isostatic adjustment，GIA）模型是固体地球对其表面负载（冰、水）在过去时间段的变化产生的持续的黏弹性响应的一种描述。主要受到全球冰川负载历史和地球的流变性两个因素的约束，前者是通过海平面公式可以得到全球表面负载的变化，后者是地球对这些表面负载变化的响应。正是固体地球对过去冰盖质量变化的持续响应干扰了现阶段的冰盖质量变化的观测，GIA 对重力场的长周期变化的影响量级与对当前质量变化影响的量级是一致的，因此需要对由 GRACE 得到质量变化中进行扣除。

（3）南极冰盖质量变化分析

采用上述步骤，扣除年变化、半年变化以及 161 天正弦变化等周期项的影响后，计算得到南极地区 1°×1°格网区域冰盖质量变化的空间分布分别如图 6-14（a）~图 6-14（c）所示。

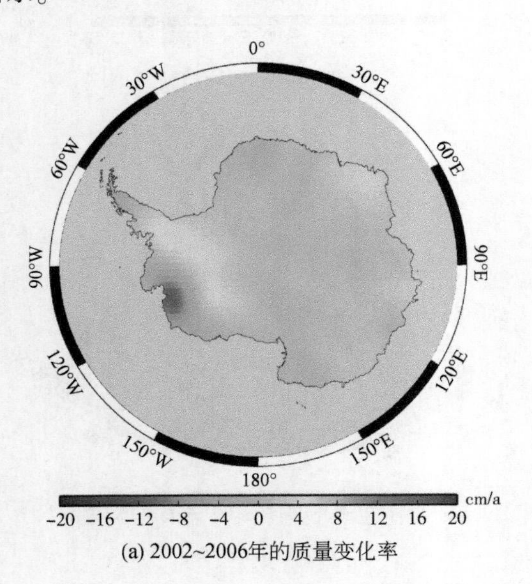

(a) 2002~2006年的质量变化率

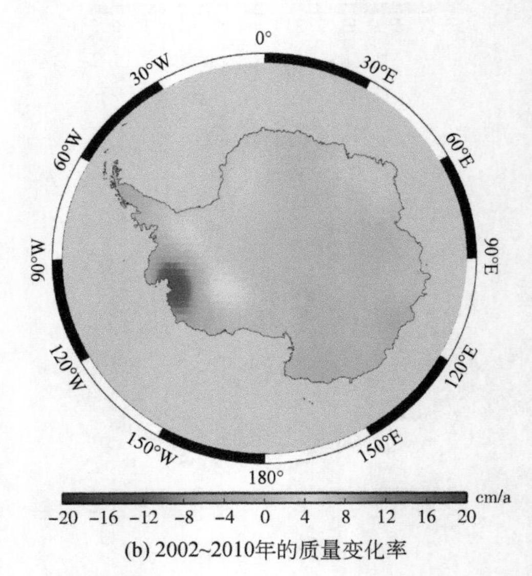

(b) 2002~2010年的质量变化率

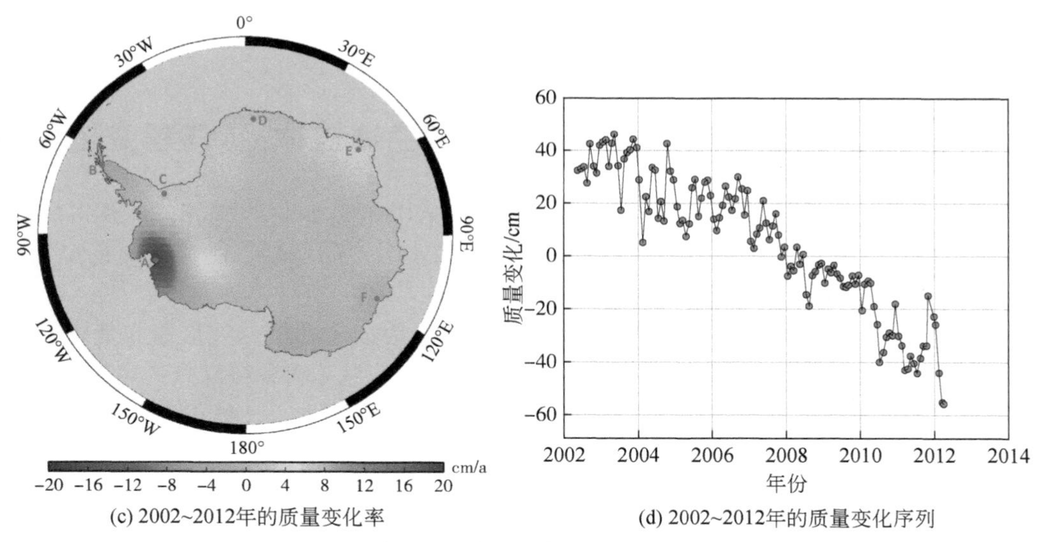

(c) 2002~2012年的质量变化率

(d) 2002~2012年的质量变化序列

图 6-14　南极地表质量变化率

从图 6-14 中可以看出，西南极冰盖、南极半岛冰盖存在有明显的质量消融现象，质量下降最明显的为西南极点 A 区域和南极半岛点 B 区域，而东南极部分区域则存在质量累积现象。东南极的点 D 和点 E 所在区域呈现质量增加趋势。

从表 6-5 中可以发现这种结果存在比较大的不确定性，主要原因在于分析的时段不同和采用的 GIA 模型不同，同时研究发现南极冰盖自 2006 年以后呈现加速消融的趋势，也是造成差异的一个因素。

表 6-5　南极质量变化比较

来源	GRACE 数据		南极质量变化（等效体积）	
	解算机构	时段	西南极/（km^3/a）	东南极/（km^3/a）
Velicogna 和 Wahr（2006）	UTCSR	2002～2005 年	−148±21	0±56
Chen 等（2006）	UTCSR	2002～2005 年	−77±14	80±16
Ramillien 等（2006）	GRGS/ CNES	2002～2005 年	−107±23	67±28
鄂栋臣等（2009）	GRGS/CNES	2002～2007 年	−75±50	−3±46
罗志才等（2012）	UTCSR	2002～2010 年	−78. 3	−1. 6
		2002～2005 年	−53. 9	14. 7
		2006～2010 年	−122. 7	18. 6
鞠晓蕾等（2013）	UTCSR	2004～2012 年	−139. 3±9. 5	−56. 4±18. 4

6.4 地面与卫星多源数据在冰盖物质平衡的融合与同化

6.4.1 联合卫星重力和卫星测高的格陵兰冰盖冰/雪高程变化分离

对于卫星重力，利用 UTCSR 新的 RL05 数据，采用 300km 高斯滤波，计算得到 2002 年 10 月 ~2012 年 9 月的 0.5°分辨率格陵兰冰盖等效水量时间序列。研究发现有 6 个月份没有数据，利用其他月份结果内插得到这些缺失数据。

设定 5′空间分辨率，基于重复轨道分析算法，采用选定的最佳波形重定算法，利用 2002 年 10 月 ~2012 年 9 月的 Envisat 数据，计算得到格陵兰冰盖各格网点的表面高程变化时间序列。卫星测高的分辨率高于 GRACE，因此进行空间平均，计算得到 0.5°分辨率的格陵兰冰盖高程变化时间序列。

已有研究发现，卫星测高高程变化时间序列与卫星重力等效水量时间序列在年际变化尺度上是紧密相关的，可利用两者之间的高相关性进行冰雪密度反演。由于卫星测高与卫星重力计算过程不同，对每个月的高程进行球谐系数反演，然后进行 300km 高斯滤波，得到平滑后的高程变化时间序列。对高程变化时间序列与等效水量时间序列分别进行线性、年际的拟合，消除这些因素影响，得到高程年际变化时间序列与等效水量年际时间序列，在各格网点，进行相关分析，并计算得到相关数据和冰雪密度，结果如图 6-15 所示。

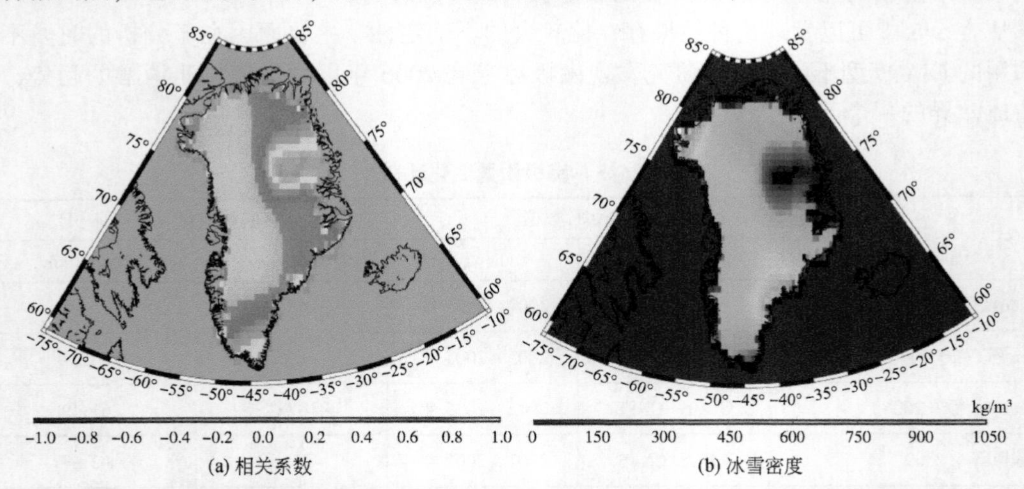

(a) 相关系数　　(b) 冰雪密度

图 6-15　高程年际变化时间序列与等效水量年际时间序列的相关系数和冰雪密度

从图 6-15 中可以看出，除了东北区域，冰雪质量与高程变化在年际尺度上整个格陵兰冰盖是高相关的，相关系数接近 1；反演获得的冰雪密度，与 Zwally 等（2005）由模型计算的冰雪密度在空间分布和大小上一致，但东北区域受相关系数偏低的影响，反演结果偏低，对于这些区域，设定其密度为 400kg/m^3。

为了弥补 GRACE 计算结果分辨率偏低的问题，首先，采用反演的冰雪密度，并借助与平滑前后的高程变化结果，修正由数据平滑处理导致的泄露效应，计算得到校正后的冰雪质量变化。图 6-16 给出了高程变化率及修正后的等效水量分布图，从图 6-16 中可以看出，修正后结果的分辨率明显提高，且两者之间呈高相关性。

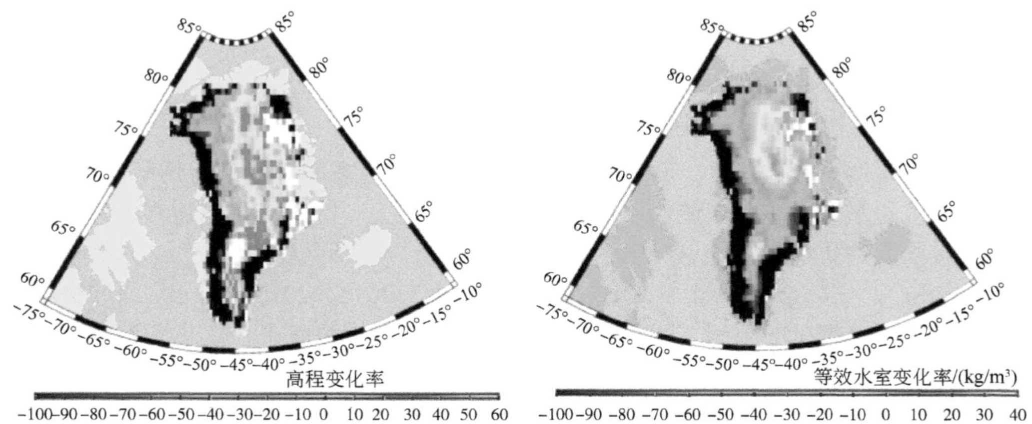

图 6-16　基于卫星测高的高程变化率和修正后的等效水量变化率分布

其次，探讨联合卫星重力和卫星测高格陵兰冰盖冰/雪高程变化分离。对任意格网点，卫星测高计算得到的高程变化率（$\dot{r}_h$）可由以下几部分组成：

$$\dot{r}_h=\dot{r}_i+\dot{r}_s+\dot{r}_c \tag{6-40}$$

式中，$\dot{r}_i$ 为动力学引起的高程变化率；$\dot{r}_s$ 为降雪等引起的高程变化率；$\dot{r}_c$ 为密实化引起的高程变化率。这三个参数中，前两个参数引起质量变化，因此 GRACE 监测的质量变化可以写为

$$\dot{r}_w\rho_w=\dot{r}_i\rho_i+\dot{r}_s\rho_s \tag{6-41}$$

假定 $\dot{r}_c=0$，$\rho_w=1000\text{kg/m}^3$，$\rho_i=917\text{kg/m}^3$，$\rho_s=350\text{kg/m}^3$；则有下列等式成立：

$$\begin{aligned}\dot{r}_i&=(\dot{r}_w\rho_w-\dot{r}_h\rho_s)/(\rho_i-\rho_s)\\ \dot{r}_s&=(\dot{r}_h\rho_i-\dot{r}_w\rho_w)/(\rho_i-\rho_s)\end{aligned} \tag{6-42}$$

这两个可用来描述格陵兰冰盖冰/雪高程变化，计算结果如图 6-17 所示。

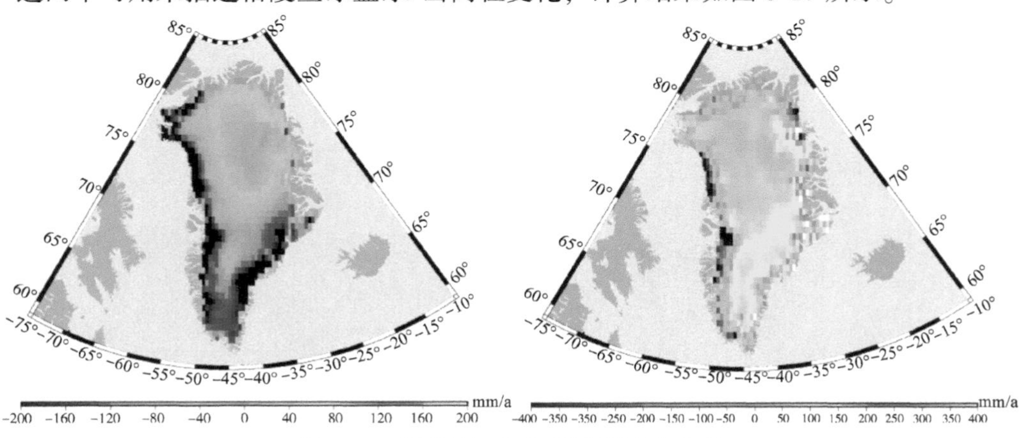

图 6-17　格陵兰冰盖冰/雪高程变化分布

图6-17 给出了格陵兰冰盖冰/雪高程变化分布图，从图6-17 中可以看出，动力学引起的高程变化在格陵兰体现为负，在格陵兰西海岸和东南近岸表现明显，而降雪引起的高程变化整体表现为正，在西海岸有少量区域表现为负，可能与气温有关。

6.4.2 卫星与地面数据融合与同化

尽管在卫星测高和卫星重力数据融合方面获得了一些进展，但目前的研究结果发现，卫星测高和卫星重力在有些区域的结果时间序列是负相关，这表明并不能直接利用密度将卫星测高转换为物质平衡，这也导致推估的密度为负，与实际情况不符，这是目前两者联合研究的局限性（Horwath et al.，2012；Mémin et al.，2014，2015；Su et al.，2015）。此外，受卫星重力分辨率的限制，目前的研究主要关注在流域尺度上，这也导致在将卫星结果与地面结果比对和联合分析时存在一定的问题，未来可以利用地面结果作为约束，提高卫星观测手段结果的精度。综合利用卫星测高、卫星重力及表面物质平衡模型，有望获得密实化、动力学物质平衡等信息。

第 7 章　冰盖–冰架动力模型的构建与模拟

7.1　冰盖动力模型简述

7.1.1　南极冰盖和格陵兰冰盖

南极冰盖南极冰盖由三部分组成：南极半岛、西南极冰盖和东南极冰盖，覆盖约 98% 的南极大陆，是地球上最大的冰体，总面积达到 1400 万 km^2，平均厚度为 2000 多米，包含约为 2650 万 km^3 的冰，约占地球所有淡水资源的 61%。如果全部融化的话，南极冰盖对海平面上升有约为 58m 的贡献（Fretwell et al.，2013）。

东南极冰盖绝大部分位于海平面以上，是南极冰盖的主体。如果融化的话，东南极冰盖能对海平面上升有约为 53m 的贡献。东南极冰盖同时拥有南极冰盖的高极、干极、冷极和风极，是南半球最干冷的地方。

与东南极冰盖不同，西南极冰盖的底床大部分位于海平面以下。如果全部融化的话，西南极冰盖会使得海平面上升约为 3.3m（Bamber et al.，2009）。与东南极冰盖相比，西南极冰盖融化速率更加快速，是典型的海洋性冰盖。受海洋环流影响，西南极冰盖底部更有可能加速变暖和消融（Rignot et al.，2013）。

南极半岛冰盖覆盖很小，仅相当于 0.24m 的海平面上升当量，但其对气候变化影响非常敏感。大量观测事实，如冰架崩解、冰川减薄和加速流动以及大范围的冰川退缩，都在南极半岛区域发生（Turner et al.，2005；Cook et al.，2005；Pritchard and Vaughan，2007；Cook and Vaughan，2010；Pritchard et al.，2009，2012）。

格陵兰冰盖是地球上仅次于南极冰盖的第二大冰体，面积约为 171 万 km^2，覆盖约 80% 的格陵兰陆地表面，总体积约为 285 万 km^3。如果全部融化的话，会使得海平面上升约为 7.2m。格陵兰冰盖南北向长约为 2400km，东西向最宽处约为 1100km。整个冰盖平均海拔为 2135m。平均厚度约为 2km，最厚处超过 3km。

目前观测到格陵兰冰盖的入海冰川普遍呈加速趋势，主要有以下两方面原因：①冰盖表面融水的影响。因表面消融引起的融水经由冰体内部发育的裂隙到达冰川底部，从而产生较大的底部水压，减弱冰川底部的摩擦力。这方面的因素可解释在 1998 ~ 1999 年 Swiss Camp 的 Sermeq Kujalleq 高达 20% 的季节性加速。关于冰面湖的观测表明，这方面的因素更多地影响短期的季节性速度变化，而对长期的年平均流速影响较小（Zwally et al.，2002a；Das et al.，2008）。②冰川减薄导致的冰架末端应力不平衡，对冰盖本身产生一定的非线性反馈。这种应力不平衡会向冰川上游传播。当冰川减薄，在末端附近，冰川受浮力影响，其向后的作用力会减小，从而导致流速的增加。这部分减小的作用力会通过纵向应力梯度的变化由末端向上游传输（Thomas et al.，2003；Thomas，2004）。

通过分析格陵兰东南部的外流冰川表明，仅仅入海冰川显现出明显的加速趋势。加速的入海冰川往往还伴随着厚度的减薄。入海冰川的末端会发生冰体漂浮，从而使得冰川加速流动、退缩以及产生相应的减薄（Sole et al.，1994；Luckman et al.，2006；Howat et al.，2008）。

2002 年以来在观测全球和局地冰冻圈物质收支情况方面有了长足的进步，并发生了一些令人关心的趋势。如果西南极冰盖崩塌的话，其物质损失足以使得全球海平面上升约为 5m（Mercer，1978）。西南极冰盖在 20 世纪 90 年代已经损失了 47 ~ 59Gt 的冰量（Shepherd and Wingham，2007）。其中，很大一部分陆地冰量损失来自西南极冰盖的 Amundsen 海，主要是 Pine Island 冰川和 Thwaites 冰川。虽然冰川的物质平衡取决于物质积累消融和冰体的流失，但 Shepherd 等（2002）发现气候的变化太小，并不足以解释目前的物质损失，主要的影响因子是冰的动力过程。Shepherd 等（2004）发现在相同时间段内，由 Amundsen 地区冰川补给的漂浮冰架也有很大程度的物质损失，某一些冰架的厚度在 9 年的时间内减薄了 7%。现在认为，冰架的物质损失和内陆冰的流失之间可能有某种联系。目前在格陵兰也观测到冰架或冰舌的减薄和陆地冰加速流失之间的联系（Krabill et al.，2000；Joughin et al.，2004；Holland et al.，2008）。

西南极较大的物质不平衡对海平面上升具有明显的影响。根据阿基米德定律，漂浮的冰架对海平面变化贡献可以忽略不计，因为西南极冰盖对海平面上升的影响几乎完全来自于陆地冰量的变化（Jenkins and Holland，2007）。这些变化来源于厚度的演化和接地线运动导致的陆地冰范围的变化。而在西南极，冰盖的减薄和接地线的退缩都是能够观测到的（Rignot et al.，2002）。

7.1.2 冰盖动力模型发展历史

在 20 世纪中叶，研究人员开始研究冰的流动特性。Glen（1952）通过实验测试得到冰的流动定律。通过钻孔闭合率的分析和后续理论分析修正并检验了该流动定律。Nye（1953）应用此流动定律在瑞士阿尔卑斯山和挪威的冰川观测当中，得到了流动定律的相关参数。从这开始，逐渐接受冰体的流动性质更接近于近黏性流体的概念。由此，冰川的流动开始被归类于流体力学中的非牛顿流体当中。同时，从 20 世纪 50 年代开始，严格的物理和数学方法开始成为冰川学研究的一部分。Nye（1951，1952a，1952b）最先开始描述冰川和冰盖基本的流动情况，如最简化的冰的层流模型。随后 Nye（1965）尝试研究在不同形态槽谷当中冰川的流动形态。在 1952 年，Nye 就意识到冰体的流动性质在很大程度上依赖于冰温。Robin（1955）最先开始研究冰盖内部温度的分布。Nye 在 1951 年就认识到冰川非常缓慢，可以由 Stokes 方程去描述。

20 世纪 70 年代，计算机技术开始发展，但受限于计算机的计算能力，刚开始的冰川和冰盖模型都非常简单。Campbell 和 Rasmussen（1969，1970）、Rasmussen 和 Campbell（1973）通过垂向积分与静水近似冰川模型对冰川底部的应力和速度进行了参数化。Budd 和 Jenssen（1975）将三维的模型作了二维简化并研究了冰川系统平衡态的动态变化。Mahaffy（1976）应用了第一个基于 Glen 流动定律和浅冰近似的三维冰盖模型，并应用至加拿大的 Barnes 冰帽。严格的浅冰近似模型随后由 Hutter（1983）、Morland（1984）给出。Jenssen（1977）应用第一个热动力耦合的冰盖模式，并将其应用至格陵兰冰盖。随后类似的模型和研究在北美和南极冰川中开展（Budd and Smith，1981，1982；Budd et al.，1984）。模型的稳定性和可靠性得到进一步提升，同时开始在模型中简单处理南极的冰架。

基于之前的工作，Huybrechts 和 Oerlemans（1988）、Huybrechts（1990a，1990b）分别发展了三维热动力耦合的冰盖模式，通过浅冰架近似耦合了冰架的流动。Letréguilly 等（1991a，1991b）最早开始将类似的模型引入到格陵兰冰盖的模拟当中。Herterich（1988）、Böhmer 和 Herterich（1990）作了类似的模型研究工作，但对冰盖和冰架之间的变化区域作了明确的处理。该模式还用来研究末次冰期青藏高原是否可能存在古冰盖（Kuhle et al.，1989）。随后，在 20 世纪 90 年代开展的第一次欧洲冰盖模拟启动计划当中比较了当时的 5 个冰盖模式。这些模式对在一定气候变化强迫下冰盖的变化模拟具有较好的一致性。

但上述这些模式都是基于浅冰近似假设。在实际的应用中，因为复杂地形的关系，如冰盖的边缘或者接地线附近，需要考虑模型中的一部分高阶小量。Blatter（1995）、Pattyn（2003）分别提出了具有一阶精度的近似方法，并应用至实际的冰川模拟当中。随后，Larour 等（2012）发展了类似的冰盖模型，考虑到实际冰盖的快速底部滑动，并为进一步减少模拟的计算需求，在一阶近似的基础上还可以做垂直积分简化，将原本三维的问题简化至二维，如 L1L2 模型。此类模型目前的代表是 BISICLES（Cornford et al.，2013）。另外一个重要的发展方向是“完全”Stokes 模型。所谓“完全”，是不对原本的 Stokes 方程作任何简化之意。目前常见的“完全”Stokes 模型有两个，Gagliardini 等（2013）发展的 Elmer/Ice，以及 Leng 等（2012，2014）和 Zhang 等（2015，2017）发展的 FELIX-S。

7.1.3 海洋性冰盖的动力学不稳定性

接地线向内陆方向退缩可能是未来物质损失加速的信号。西南极绝大部分是海洋性冰盖，即冰盖底部在海平面以下（Mercer，1978）。同时，更重要的是，西南极冰盖位于一个向上的基底上，即冰盖中心与接地线位置相比，位于海洋更深处。因为 Weertman（1974）基于一个简单的模型预测二维海洋性冰盖只能在一个向下的基岩上时才有可能有一个稳定平衡状态，且不能超过一个临界的深度，所以在过去几十年对海洋性冰盖的稳定性都很关心。Thomas（1979）基于一个类似的模型认为在这种情形下，接地线是不稳定的，即施加一个扰动，它会退缩。据此 Thomas 和 Bentley（1978）认为西南极冰盖是不稳定的。

1978 年以后，许多模型都关注冰盖冰架系统中的接地线动力变化，发现不同的地形条件、模型精度、数值剖分以及不同的动力学物理过程会导致不一致的结果。其中，某些不同模型之间的不一致性来源于冰盖与冰架之间的耦合。冰架主要通过纵向的应力偏量，而陆地冰盖主要由垂直剪切和底部滑动控制。海洋性冰盖面对的一个重要的问题是如何在接地线上耦合这些明显不同的流动，即在接地线上应用什么样的连续性条件？

早期，Weertman（1974）、Thomas（1979）、Thomas 和 Bentley（1978）应用了一个零阶方法，将陆地冰盖的纵向应力忽略，在将冰盖和冰架耦合的时候设定一个垂向平均速度的纵向微分作为纵向应力梯度连续性的代用手段。Chugunov 和 Wilchinsky（1996）、Wilchinsky 和 Chugunov（2000）及 Schoof（2007a）的模拟研究以及 Mayer 和 Huybrechts（1999）的观测基础表明在接地线附近存在一个变化区域，在这个区域内，所有的应力分量对冰盖和冰架都是非常重要的。该区域长度一般在一到多个冰厚之间（Chugunov and Wilchinsky，1996；Pattyn et al.，2006；Schoof，2007a；Nowicki and Wingham，2007），其对大尺度海洋性冰盖模式的动力特征具备相当的重要性。Thomas（1985）和 van der Veen（1985）的早期工作包括了对该区域不同程度的参数化，都包含最开始 Weertman（1974）对海洋性冰盖不稳定性的机制。Hindmarsh（1996）认为这块狭窄的变化区域将陆地冰盖和漂浮冰架一分为二，因此冰架的应力对陆地冰盖的流动和接地线的移动没有什么影响，并据此提出了海洋性冰盖的中性稳定性概念，认为可能的稳定接地线位置并没有一定的限制，对初始接地线位置扰动并不会导致不稳定的退缩或者前进（上坡底床），也不会回到最初的位置（下坡底床）。

Pattyn 等（2006）应用一个高阶模型，将接地线附近的底部滑动摩擦力增大来模拟该变化区域，重现了 Hindmarsh（1996）的中性稳定假说，但在该变化区域变宽时，在下坡底床情形下发现有限离散的稳定态，同时在上坡底床情形下并没有发现稳定态。

这些模式结果的不一致可在一定程度上归因于接地线附近冰流机制的不同表述，同时，数值模型的不同离散方式、精度等因素也有一定影响（Vieli and Payne，2003）。

7.2 完全 Stokes 冰盖模型

7.2.1 冰盖流动的 Stokes 方程

目前普遍认为冰盖和冰川的流动满足非牛顿流体的流动特征（应力与应变之间不满足线性关系，并认为其是不可压缩，可由 Stokes 方程描述。根据牛顿第二定律，可得冰体的力学平衡方程：

$$\nabla \cdot \sigma + \rho g = 0 \tag{7-1}$$

式中，应力与偏应力之间满足关系，式（7-1）变为

$$-\nabla \cdot \tau + \nabla p = \rho g \tag{7-2}$$

式中，p 为压力。式（7-2）的变分形式为

$$\int_{\Omega} \tau : \nabla \boldsymbol{v} \mathrm{d}\boldsymbol{x} - \int_{\Omega} p \nabla \cdot \boldsymbol{v} \mathrm{d}\boldsymbol{x} - \int_{\tau} \boldsymbol{n} \cdot \sigma \cdot v \mathrm{d}s = \rho \int_{\Omega} g \cdot \boldsymbol{v} \mathrm{d}\boldsymbol{x} \tag{7-3}$$

根据式（7-3），同时利用不可压缩条件：

$$\nabla \cdot \boldsymbol{u}=0 \tag{7-4}$$

并结合一定的边界条件，我们可求解冰盖和冰川运动场的数值解。

7.2.2 构建 Stokes 模型的数值方法

目前普遍采用有限元方法处理 Stokes 冰盖模型。相比较而言，浅冰近似模型采用有限差分方法是较为方便简易的做法。但有限差分方法有一个很明显的缺陷是很难处理复杂的模拟区域边界，这一点有限元方法有天然的优势，但有限元方法数值构建过程较为复杂，通常需借助于第三方有限元软件。

在有限元方法中首先遇到的问题便是网格单元的选取。一方面，这与有限元软件本身的支持有关，另一方面需要考虑实际的模拟需求。例如，Elmer/Ice 使用了六面体网格，而在 FELIX-S 中则使用的是四面体网格。在同样的网格单元数目下，显而易见，六面体网格拥有比四面体网格更少的格点，因而一定程度上减小了模型计算量。但可能在一些复杂边界上，四面体网格刻画得会比六面体网格更好一些。

其次自由度类型的选择是影响数值计算的重要因素。Elmer/Ice 使用的是 P1-P1 类型，即每个格点上分别有一个速度自由度和压力自由度，而 FELIX-S 使用的是 P2-P1 类型，即除了每个格点上分别有一个速度自由度和压力自由度，还在每条边上分布一个速度场自由度（Leng et al.，2012；Gagliardini et al.，2016）。很明显，P1-P1 类型可大幅减少数值计算量，但由于其在处理 Stokes 模型中存在缺陷，需要作一定的稳定性处理。相反，P2-P1 类型需要的计算量更大，但对于 Stokes 问题天然稳定。

最后，计算迭代方法是影响模型效率的重要因素。传统的 Picard 方法收敛速度慢（一阶），在一定程度上无法有效地满足大规模并行计算问题的需求，因而目前广泛使用具有二阶收敛性的 Newton 方法（Petra et al.，2012）。

7.3 冰架系统的模拟

7.3.1 冰架的动力学性质

冰架是冰盖的冰川流入海洋之后形成的漂浮部分，与陆地冰川一起构成了南极的冰川流域系统。与陆地冰川不同，冰架底部和前方与海洋直接接触。一方面，洋流的运动以及冰–海之间的热量交换会促使冰架底部物质的变换且同时影响冰架内部的热力学结构，并在一定程度上会引发冰架末端的崩解，形成大量的冰山；另一方面，冰架底部与海水的直接接触使得冰川底部摩擦力很小，从而导致冰川进入海洋之后快速地向外流动，表现出与陆地冰完全不同的动力学特性。

通常，可将冰架与快速冰流分作一类（因快速冰流底部沉积物强度太小，无法提供较大的摩擦力），其运动以纵向拉伸为主，这一点与普通陆地冰运动的垂向剪切方式有很大的不同。因此，可将三维的冰架流动作二维平面简化，即水平速度的垂向梯度为零，从而大幅度减少模拟的计算量和模型的复杂程度。

7.3.2 模拟冰架流动的数值方法

在浅冰架近似中，忽略 z 方向变量，并作静水压力平衡假设，其动力方程可简化为

$$\begin{cases}\dfrac{\partial\tau_{xx}}{\partial x}+\dfrac{\partial\tau_{xy}}{\partial y}=\rho g_x\\ \dfrac{\partial\tau_{yx}}{\partial x}+\dfrac{\partial\tau_{yy}}{\partial y}=\rho g_y\\ \dfrac{\partial\tau_{zz}}{\partial z}=\rho g_z\end{cases}\tag{7-5}$$

通过应力偏量关系，可将消去，可得

$$\begin{cases}\dfrac{\partial}{\partial x}(2\,\sigma_{xx}+\sigma_{yy})+\dfrac{\partial\sigma_{xy}}{\partial y}=\rho g\,\dfrac{\partial s}{\partial x}\\ \dfrac{\partial}{\partial x}(2\,\sigma_{yy}+\sigma_{xx})+\dfrac{\partial\sigma_{xy}}{\partial x}=\rho g\,\dfrac{\partial s}{\partial y}\end{cases}\tag{7-6}$$

式中，ρ 为冰川密度；g 为重力加速度；s 为表面高程。在 z 方向进行积分，并加入冰的本构关系（应力-应变关系，Glen 流动定律），得到常见的计算二维水平冰流速的控制方程：

$$\begin{cases}\dfrac{\partial}{\partial x}\left[2\eta H\left(2\,\dfrac{\partial u}{\partial x}+\dfrac{\partial v}{\partial y}\right)\right]+\dfrac{\partial}{\partial y}\left[\eta H\left(2\,\dfrac{\partial u}{\partial y}+\dfrac{\partial v}{\partial x}\right)\right]=\rho gH\,\dfrac{\partial s}{\partial x}\\ \dfrac{\partial}{\partial y}\left[2\eta H\left(2\,\dfrac{\partial v}{\partial y}+\dfrac{\partial u}{\partial x}\right)\right]+\dfrac{\partial}{\partial x}\left[\eta H\left(2\,\dfrac{\partial u}{\partial y}+\dfrac{\partial v}{\partial x}\right)\right]=\rho gH\,\dfrac{\partial s}{\partial y}\end{cases}\tag{7-7}$$

式中，H 为冰厚，是冰的有效黏性系数。即对于二维浅冰架近似模型近似认为水平速度在垂向上不发生变化，同时不直接计算冰的垂直速度。

另一种模拟冰架流动的方式是应用三维 Stokes 动力学模型计算三维的速度场。其动力控制方程与陆地冰盖一样［式（7-1）］，区别在于冰架与海洋的边界条件。不同于陆地冰盖与其底部基岩的滑动或者冻结条件，冰架底部需满足与海水的漂浮应力平衡条件：

$$p_{\mathrm{w}}(z,\ t)=\begin{cases}\rho_{\mathrm{w}}g\ (z_{\mathrm{sl}}-z), & z<z_{\mathrm{sl}}\\ 0, & z\geqslant z_{\mathrm{sl}}\end{cases}\tag{7-8}$$

式中，z 为垂直方向坐标；z_{sl} 为海平面高度。冰架底部的法向应力（$\boldsymbol{n}$）大小与海水浮力相等，同时需满足切向应力（$\boldsymbol{\sigma}$）大小为 0，即

$$\sigma_{nt}=\boldsymbol{t}\cdot(\boldsymbol{\sigma}\cdot\boldsymbol{n})=0\tag{7-9}$$

在冰架末端（崩解前端），冰体也同样满足与式（7-8）一样的应力平衡条件。

上述两种数值模拟方式各有利弊。二维浅冰架模型较为简单，计算量较小，运算快速，但与陆地冰盖系统进行耦合的时候需要额外的边界条件输入，同时很难有效地模拟接地线附近的动力学过程；而三维 Stokes 模型模拟冰架的流动需要比二维模型大很多的计算

量，模型构建也比较复杂，但优势也显而易见。其模拟冰架流动与模拟陆地冰盖流动具备相同的动力学控制方程，仅仅是边界条件的不一致，因此两者是有机统一的，且能更有效地模拟接地线附近的动力过程。

7.4 接地线动力过程的模拟

7.4.1 接地线位置的确认

接地线是内陆固定冰盖和漂浮冰架的分界线，其位置对于物质平衡及其估算至关重要。从南极内陆通过冰川和冰架流失到海洋的冰通量是南极冰盖物质平衡的主要支出项，不准确的接地线位置会给物质平衡估算引入很大的偏差。接地线的位置对海平面的变化十分敏感，其随着海平面的升降而产生进退，因此它是全球海平面变化研究的一个重要指示器。同时，接地线的位置是冰川变化的一个敏感指示器，冰川厚度变化、冰川崩解等都会引起接地线位置的变化。接地线也是冰川动力学研究的重要参数，对于接地线动态变化的模拟也是冰川动力学数字建模的重难点之一。

由于受到海洋潮汐的影响，接地线的位置会在接地区域的范围内不断移动。接地区域是从完全接地的固定冰到和海洋处于流体静力学平衡的漂浮冰的冰盖区域，如图 7-1 所示，F 点为受到潮汐影响的冰曲（ice flexure）到陆地的极限点，G 点为接地线位置，I_b 为冰架坡度的陡变点，I_m 为冰架底部局部地形的最低点，而 H 点为冰弯曲到海洋方向的极限点。在南极地区，接地区域通常有数千米或十几千米的宽度。各特征点之间的实际距离由实际冰层厚度和属性以及岩床地形和构造决定。从内陆流来的冰在接地线 G 点开始漂浮在海面上，在 H 点之后受海水浮力处于流体静力学平衡状态。

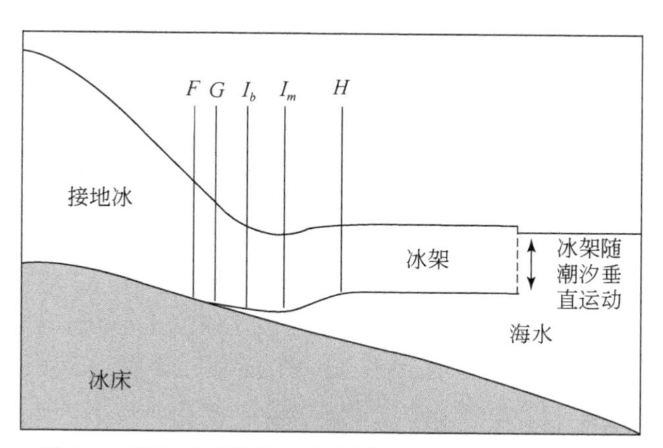

图 7-1 接地区域特征点示意图（Fricker et al.，2009）

目前接地线位置确认的方法主要包括实地观测和遥感提取两种。实地观测主要包括无线电回波测厚（radio echo sounding，RES）和 GPS 现场观测法。而使用遥感手段提取接地线主要分为坡度分析、卫星激光测高数据重复轨道分析和雷达差分干涉测量。

在冰架上进行RES时，由于在冰和海水的交界处的反射系数非常强，现场测量时回波信号通常都很强，对回波信号进行处理可以得到冰厚信息。一般来说，每个RES数据点包含经纬度、表面高程和冰厚度，结合冰架或冰川底部的海底地形数据，就可以判断接地的地区，从而得到接地线的位置。王清华等在2002年利用澳大利亚和苏联南极科学考察队在Amery冰架及周围区域得到的RES数据，对东南极Amery冰架与陆地冰的分界线进行了重新划定。GPS现场观测法是实地布设GPS观测点，利用漂浮冰架受到潮汐作用冰面周期性垂直运动的特征来区分陆地冰和漂浮冰。

Weertman早在1974年就指出，对于理想的冰床和完全弹性冰盖而言，通过接地线位置处的表面坡度会突然减小，冰体脱离冰床开始漂浮后，底部剪切力会突然消失，因此利用表面坡度的突变可以确定接地线的位置。利用坡度对接地线探测可以分为两种方法：一是利用高精度DEM生成坡度图提取接地线，二是利用坡度突变在可见光影像引起的亮度差异提取接地线。

在使用ICESat测高数据探测接地线位置时，使用的是重复轨道分析方法。它是测高数据处理中常用的方法，其通过同一重复轨道上不同时间获取的地面高程序列来对比分析地面高程的变化情况，又称为共线分析。对于每一条重复轨道，高程内插的方法存在差异。目前主要有沿纬度均匀内插和将高程内插到利用重轨数据拟合的平均轨道两种方法。这两种方法都会得到平均高程面，并将每条轨迹的高程值和高程平均值做差求得高程异常值。每一条轨迹的时间不相同，潮汐对于高程异常值的影响也不相同，因此可以探测接地区域。

雷达差分干涉测量方法是目前提取接地线最准确的方法。Rignot等（2011a，2011b）提出差分干涉图中包含由冰流位相和潮汐位相引起的形变位相，通过对两幅差分干涉图进行再次差分可以消除冰流位相的影响。差分干涉图中内陆接地的固定冰盖是不受潮汐影响的，而浮动冰架或冰川是随潮汐运动的，因此浮动冰架或冰川和接地冰盖的交界处会在差分干涉图中产生密集条纹。接地线即为差分干涉图中密集条纹区域最靠近内陆一侧的分界线，通过跟踪这个分界线即能准确提取接地线。

国际上已发布的五个接地线产品有MOA、ASAID、ICESat、MEaSUREs和Synthesized接地线产品。①MOA接地线产品。利用2003年11月10日～2004年2月29日获取的260幅MODIS影像，经过影像选取、处理和合成得到12.5m分辨率、几何定位精度较好且对坡度敏感的MOA地表形貌影像数据集，人工跟踪已提高对比度的MOA地表形貌影像图中海岸线靠内陆方向的冰表面坡度陡变位置来得到接地线（Scambos et al.，2007）。由于南极区域MODIS影像数据充足，该产品是唯一一个能够完整覆盖南极地区的接地线产品，覆盖整个南极大陆和岛屿，产品精度不低于±250m。该产品提取的特征点为I_b。②ASAID接地线产品。利用1999～2003年获取的15m分辨率Landsat ETM+影像，结合ICESat数据得到表面高程变化，通过探测影像像元的亮度变化来提取接地线（Bindschadler et al.，2011）。该产品在南极大陆是连续的，但是只包含三个岛屿，精度取决于实际冰面地形的复杂度，从±50m到±502m不等。该产品提取的特征点为I_b。③ICESat接地线产品。由

2003～2009 年的激光测高数据经过重复轨道分析得到（Brunt et al.，2010）。该产品包括 3 种接地区域的特征点，F、I_b 和 H。但受制于 ICESat 轨道较为稀疏，该产品仅仅覆盖了十分有限的南极冰架区域，精度为 ±170m。该产品提取的特征点包括 F、I_b 和 H。④MEaSUREs接地线产品。利用时间跨度达到 17 年的多源雷达数据 ERS-1/2、RadarSAT-1/2 和 ALOS PALSAR，采用两轨、三轨和四轨差分的方法得到精度为±100m的产品（Rignot et al.，2011a，2011b）。该产品覆盖 76% 的南极地区接地线，包含岛屿。MEaSUREs 接地线是目前可信度最高的接地线产品，该产品提取的特征点为 G。⑤Synthesized接地线产品。将四种已经发布的接地线产品作为输入，通过一系列的 GIS 处理得到 Synthesized 接地线产品（Moholdt et al.，2014）。该接地线产品，最大限度地将 4 种接地线产品的优势结合起来，精度较高而且数据量较小，既可以作为大范围冰盖动力学建模的输入，也可以作为小范围研究接地线动态变化的参考。

7.4.2 模拟接地线位置的移动

接地线是陆地冰盖与漂浮冰架之间的分界线。因为在接地线两侧冰盖与冰架动力性质的不同，在接地线附近冰流会产生明显的变化，从由垂向剪切应力主导过渡到纵向水平拉伸应力梯度主导。事实上，在接地线附近，各应力分量对冰流运动具有相似程度上的贡献，都难以忽略。因此，理解接地线的动力学过程是模拟冰盖-冰架系统过程变化的前提和基础。

如何准确模拟接地线的移动是目前国际冰盖动力学领域的最前沿，也是难点之一。目前已有的不同冰盖模型对接地线问题有不同处理方式。最常见也最简单的一种是对接地线附近区域进行网格加密，但同时也将网格固定。另一种更加复杂的方式是使用移动网格，即网格本身会随着接地线的移动而发生变化，因此接地线附近的加密区域也会同步发生变化。此方法可能更为科学，但对模型构建提出了更高的要求。但无论何种方式，无论是二维还是三维冰盖模型，都要求在接地线附近使用较为密集的网格（水平方向网格精度至少约几百米），否则模拟的接地线位置可能会有较大的误差（Pattyn et al.，2012，2013）。

同时，影响接地线模拟运动过程的因素是对接地线本身的定义在模型当中实现方式的不确定性。对于海洋性冰盖而言，接地线一侧是滑动的冰盖底部边界，另一侧是海水的漂浮作用。着地部分的底部滑动参数如何在接地线处过渡，转换成海水的漂浮条件，在一定程度上讲，是一个依赖于经验判断、人为选择，且并没有明确而客观的认识。Gagliardini 等（2016）尝试了三种不同的过渡方式，发现对接地线的移动有着不可忽视的影响。

对冰架处理方式的不同也会对接地线过程产生影响。目前 Stokes 冰盖模型采用“接触”方式，通过比较冰体的边界正应力和水压之间的关系来判断冰体本身是否着地，从而确定接地线的位置（Durand et al.，2009）。但像一阶模式和浅冰近似模式则是应用浅冰架模型将冰盖和冰架动力学耦合起来，普遍需要在接地线附近设定冰通量的边界条件来模拟冰架的运动，并根据冰厚和冰-水漂浮条件的关系来获得接地线的位置（Larour et al.，2012）。因此，两者之间会存在一定的不一致。一般而言，在同样的模拟条件下，浅冰架模型得到的接地线可能会比 Stokes 模型的结果更加趋近于冰盖的上游（Seroussi et al.，2014）。

Schoof（2007a，2007b）在整个海洋性冰盖动力情形下研究了冰盖-冰架变化区域的作用以及由网格精度产生的数值影响，认为该变化区域确实控制着接地线的运动，即使它的水平尺度很小，即使在冰盖的绝大部分区域内纵向应力并不显著。Schoof（2007a，2007b）的研究结果对变化区域内的冰流进行了子网格参数化，验证了 Weertman（1974）关于流经接地线的通量是接地线冰厚的递增函数的论点，支持了海洋性冰盖不稳定的假说。

7.5 冰盖的底部滑动

7.5.1 冰盖底部的水热特征

冰盖模式涉及求解依赖于时间的动量、能量和质量演化方程，这些方程通常是非线性的椭圆偏微分方程。因此，在模拟冰流的行为时，会遇到两个基本问题：①边界条件的不确定性（尤其在冰盖难以探测的底部地，其下边界地形、水热特征等无法有效确定），数值求解很难捕捉到（如快速冰流或者溢出冰川等）冰流的小尺度特征；②冰盖模式涉及非线性的本构关系，数值求解应力分布须依赖于时间的连续迭代计算，或者必须对冰盖应力分布作简化假设（唐学远等，2009）。曾经广泛使用的简化假设（如浅冰近似）能提供冰盖内部冰体运动的很好描述，但类似近似基本上只能被用来模拟冰盖内陆流速较慢的大陆冰川。在描写（如快速冰流区、接地线附近区域、溢出冰川和存在“Raymand Bump”效应的冰穹位置等）区域时，浅冰近似往往由于其假设不能很好地反映相关快速变化而失效。为了克服模拟障碍，目前冰盖模式已经考虑全阶的 Stokes 方程（Zwinger and Moore，2009；Gagliardini et al.，2013；Sun et al.，2014），很多时候也考虑冰介质的各向异性性质（Gillet-Chaulet et al.，2006；Seddik et al.，2011）。然而，由于考虑了冰晶组构的影响，并需要着手计算冰川动力学和热力学方程的所有分量，优化模式边界条件和参数化方案将非常关键。实际模拟工作中，优化的一个关键不确定性仍然是冰盖和底部冰岩界面之间的相互作用，即在冰盖底部产生应变时，哪些水热因素影响以及它们如何控制底部速度的改变，以及如何反馈给水体并相应改变热分布。就对模拟对象的冰盖而言，在不同区域的底部环境往往差异巨大，非常复杂。例如，与冰盖厚度较薄的一些边缘地区不同，以往的研究中通常假定冰盖的底层冰冻结在基岩上，但是已有的研究表明即使不考虑地热通量的变化，在冰厚超过 3000m 而平均积累率较低的地区，较厚的冰盖本身可以看做较好的热绝缘体，使得热量很难逃逸出冰盖表面。在巨大的压力下，底部通常都会达到融点，如在 Dome C、Dome Fuji、Dome A 等冰穹位置，而冰盖底部的地热再分布导致的融水聚集在冰下的凹陷谷地会生成冰下湖，在南极冰盖已发现超过 400 个冰下湖，其中最大的冰下湖 Vostok 湖，该湖宽度超过 250km，深度达 1000m（Siegert et al.，2016）。这暗示在冰盖底部的绝大多数位置可能都在融点之上。卫星遥感显示快速冰流区下方的水体经由一系列互相联通的冰下湖排放进入了冰架（Fricker et al.，2007）。Pattyn（2008）使用一个完全 Stokes 冰盖模型研究了冰下湖的稳定性，研究发现冰盖底部的冰下湖之间的水体交换可能是普遍的，即不是特殊现象。不过冰流的作用可能不是产生冰下湖的主要原因。然而截至目前，冰下湖的性质和水文过程仍没有被嵌入到冰盖模式中。

在快速冰流区，控制快速冰流变化的重要因素是底部的温度分布差异，润滑的融冰或水饱和沉积物。根据格陵兰冰盖北部局部地区融化程度的观测结果，能部分解释冰盖底部大范围地热流的空间变化特征。此类地热流的空间分布差异被归结为冰盖底部较为明显的地形变化或者横向的地壳厚度变化（Braun et al.，2007）。显然对冰盖底部的了解除有限的钻孔外，直接获得底部的信息是困难的（Christoffersen and Tulaczyk，2003）。要想获得底部的冰下地质学推论，通常需要基于表面的地震或者机载地球物理探测（Studinger et al.，2001；Sun et al.，2009；Bell et al.，2011）。Pattyn（2010）使用一种混合冰芯、冰下湖分布、现场观测等先验数据，并基于 Bedmap 1 的高分辨率冰下地形与表面地形数据，积累率、表面温度与模拟的地热流等信息，通过数值模拟的方式计算了整个南极冰盖的底部温度（图 7-2）。其计算表明在南极冰盖 55% 的地区底部可能都达到了压力融点，整个冰盖底部每年的融化量可能在 65Gt，约为表面积累总量的 3%。在表面温度较低而底部未达到压力融点的地区的冰厚普遍是那些冰厚最小的地区，如内陆的甘布尔采夫山脉，以及横贯断南极山脉及 DML 等南极大陆边缘的冰流上游。实际上，聚集在冰盖底部的热流提供了冰川相对于周边环境更多的热量，而位于冰下山脉上相对大的冰厚引起的驱动应力的增长将增加快速冰流的形成，其底部的冰下地质学状态（如沉积物分布、地热流空间梯度分布、局部冰下火山事件）会影响冰盖底部温度的分布，加速产生的融水会增强对冰盖底部滑动的润滑作用，进一步强化冰流的活跃性，因此了解底部的温度分布及其变化对于冰盖模拟非常重要。

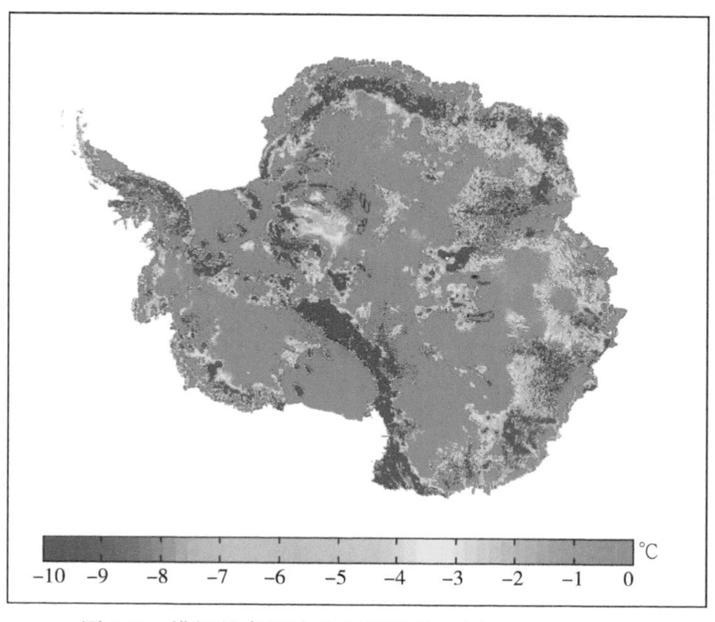

图 7-2　模拟的南极冰盖底部温度（据 Pattyn，2010）
此图已通过压力融点修正并做了−10℃截断

存在冰盖底部的水热分布特征强烈影响冰下地质地貌的现象，并反馈给基底之上的冰盖，引起冰流的相应变化。例如，基于地表的地震观测表明，一条活跃的西南极快速冰流之下的水饱和多孔层导致了该地区活跃的流变特征（Blankenship et al.，1986）；穿过Kamb快速冰流源头的一条支流侧切缘的地震波剖面显示出该侧切缘直接位于底部沉积盆地的边界上，而且Kamb快速冰流刚好位于这一盆地的内部，而在其盆地外部的冰移动相对则慢得多（Anandakrishnan et al.，1998）。因此，冰下富含液态水的饱和沉积物填充的地区可能会减少冰盖底部的摩擦阻力，以致相较于在沉积盆地之外的区域获得了更大的流动速度。Joughin等（2004）使用一个积分深度平均冰流模式反演结果显示极地冰盖底部类似冰碛物是普遍存在的，类似的热力学模拟也显示Whillans冰流下方存在大量复结冰，复结冰与作为冰川流动障碍物的冰渍物密切相关，从而部分解释了该快流冰流区近期的减速流动。冰盖底部冰岩界面的性质可通过机载雷达探测数据推测，原理是根据恢复雷达波在冰岩界面的反射特征来区分冰下水的范围。通常高底部反射率对应着水相，因此利用内部回波强度和冰厚可计算出局部区域的回波信号平均变化率，据此能判断底部是否具有液态水体。这种方法已应用到模拟并制作格陵兰和南极冰盖底部的水文图，并作为验证冰盖模式的有效工具（图7-3）。Livingstone等（2013）通过模拟得出，尽管格陵兰冰盖目前只发现几个冰下湖（只有4个），然而可能覆盖该地区1.2%的冰盖底部分布有超过1600个的冰下湖；而在南极，冰盖下方的面积约占3.7%的底部可能存在超过12 000个冰下湖，当然模拟结果仍存在较大的不确定性。

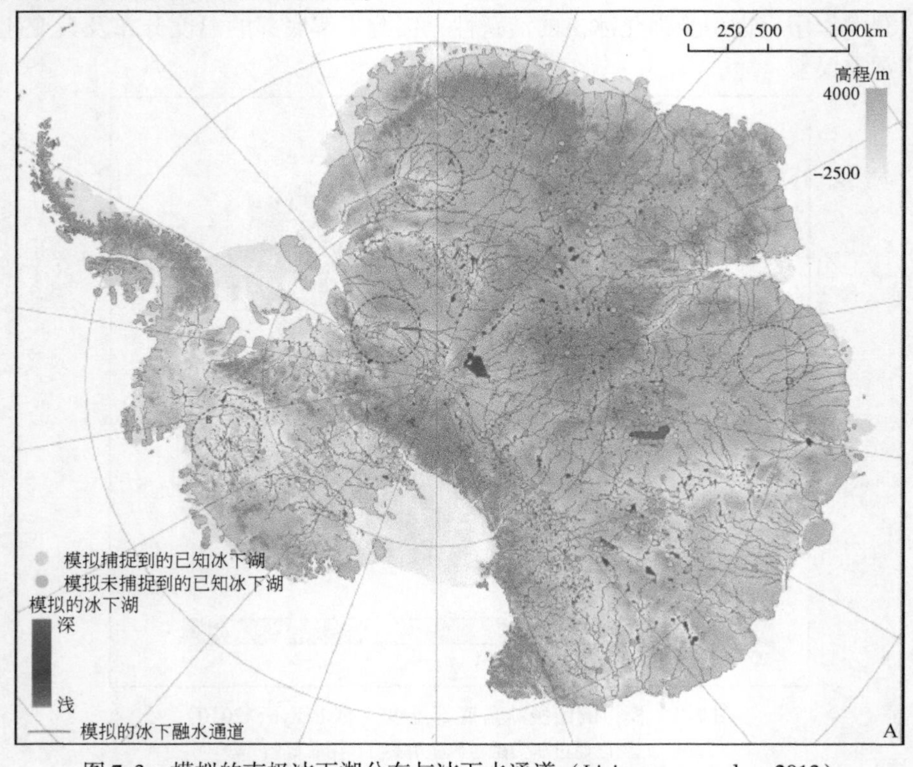

图7-3 模拟的南极冰下湖分布与冰下水通道（Livingstone et al.，2013）

7.5.2 确定冰盖底部滑动系数分布

因为难以直接观测，或者一些参数必须通过数据来控制，冰盖流动模式通常包含未知的参数。和底部滑动相关的底部应力参数对冰流速率的不确定性具有决定性影响。但底部滑动参数不能直接通过观测得到，而必须通过冰盖表面的速度数据来推测得到，该反演问题需要大尺度的数值优化。基于梯度法的数值方法是求解类似大规模优化问题的唯一途径。

反演冰盖底部边界条件大致有三种不同的方法。第一种方法是应用伴随方程计算底部滑动参数的一阶导数。MacAyeal（1993）在最优控制理论框架下应用它来反演南极冰流的底部滑动参数。随后，对 Stokes 模型进行简化，Vieli 和 Payne（2003）、Joughin 等（2004）、Larour 等（2005）、Morlighem 等（2010）和 Goldberg 和 Sergienko（2011）通过最速下降法和非线性共轭梯度法将伴随方法应用至冰盖底部滑动参数的反演当中。第二种方法是应用不同功泛函的梯度，比较两个使用不同表面边界条件（Dirichlet 和 Neumann 问题）的 Stokes 流动场（Arthern and Gudmundsson，2010）。Dirichlet 问题使用观测数据作为边界条件，而 Neumann 问题满足零应力条件。通过一个基于梯度最小化算法将 Dirichlet 和 Neumann 问题中关于反演参数的差别调整至一个小量，达到收敛条件。Jay-Allemand 等（2011）通过增加一个规则项改进了该算法。和伴随方法不同的是，该算法仅仅需要一个可同时满足不同边界条件的正向的 Stokes 求解器，在一定程度上简化了反演过程。但该方法有一个问题，即其理论上是针对线性流变定律的，虽然在非线性流变的反演问题中得到应用（Arthern and Gudmundsson，2010；Jay-Allemand et al.，2011），但还无法完全保证在任何情形下都适用。

第8章　海冰变化观测事实与原因分析

8.1　北极海冰的快速变化

海冰是冰冻圈的重要组成部分，海冰的变化不仅影响极区的气-冰-海耦合系统的能量分配，也对全球气候产生显著的影响。海冰覆盖范围存在明显的季节变化，春末夏初受太阳辐射增强等因素的影响，海冰表面开始融化，反照率降低，热收支增强，进一步加速海冰的融化过程，该过程称为海冰-反照率正反馈机制（Perovich et al.，2007；Screen and Simmonds，2010）。夏季海冰覆盖范围降到最小，秋季末海水开始冻结形成海冰。开阔海域新形成的海冰若在夏季融化，则称为一年冰，或季节性海冰。夏季未消融殆尽的海冰在冬季继续冻结被称为多年冰。卫星观测显示，北冰洋的海冰覆盖范围近几十年在逐渐缩小（Screen and Simmonds，2010）。

与围绕南极大陆以季节性海冰为主的南极海冰不同，北极海冰的变化更加复杂。基于20世纪70年代末以来近四十年的卫星遥感资料，可以看出北极海冰覆盖范围呈显著的减少趋势。进入21世纪以来，这种减少趋势进一步加剧，伴随着冰厚减薄、多年冰减少、冰间水道和季节冰区增加、冰漂流速度增加、冰强度减弱等现象。同时，北半球高纬度地区升温速率约为全球平均升温速率的2倍（Serreze and Francis，2006），这一现象被称为“北极放大效应”（Arctic amplification），这一现象与北极海冰-气温-反照率的正反馈机制有密切的关系（Screen and Simmonds，2010）。

北极气候系统的快速变化对北极环境、北极传统的生活方式、可持续发展等方面都产生了重要影响（Perovich and Richter-Menge，2009）。而作为北极气候系统的关键要素，北极海冰的快速变化过程、成因及未来变化趋势一直是国际上关注的热点问题。然而，由于缺乏对海冰变化过程的了解，目前对北极海冰变化的数值模拟与实测仍存在一些偏差，为未来海冰变化的预估带来了不确定性。提高海冰预测和预估的准确性关键在于搞清楚北极海冰的变化机制及成因，要对海冰各参数本身的变化有一个客观准确的认识。本节以卫星遥感数据为基础，针对北极海冰密集度、范围/面积、冰厚、冰速及冰龄等重要变化特征进行综述分析和研究。

8.1.1　海冰密集度变化

海冰密集度（SIC）表示海冰的空间密集程度，是描述海冰特征的重要参数之一，指一定范围内海冰所占面积的比例。SIC也是大气和海洋环流模式的输入参数，对气候系统的模拟有重要的影响。通过遥感技术可从卫星数据反演SIC。微波遥感数据具有不受昼夜限制、受云雾影响较小，以及时空连续性较好等特点，已成为极区海冰监测的重要手段。目前使用较广泛的微波数据主要有 SSM/I（special sensor microwave imager，特殊传感器微波图像仪）和 AMSR（advanced microwave scanning radiometer，微波扫描辐射计）。前者时间序列较长，分辨率较低，多用于海冰变化及气候研究，后者分辨率较高，时间序列较短，多用于刻画海冰分布的具体特征。图 8-1 给出了这两套数据多年平均的 3 月和 9 月 SIC 分布。

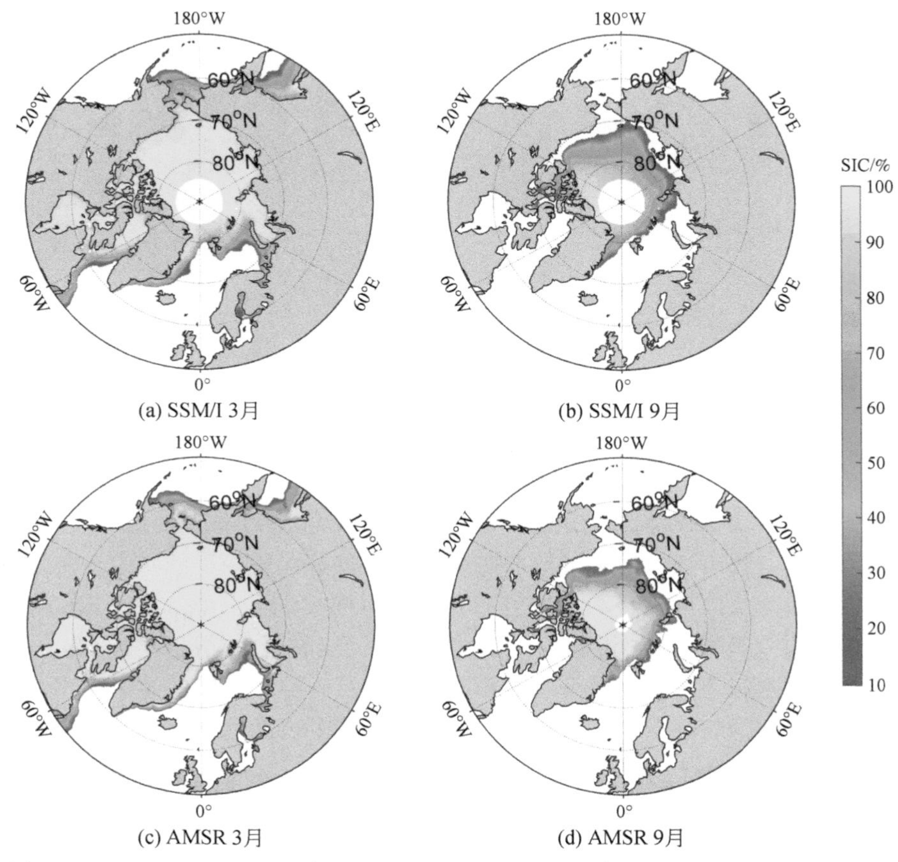

图 8-1 SSM/I（1979～2016 年）和 AMSR（2003～2016 年）3 月和 9 月北极 SIC 分布

在近年来北极海冰总体减少的背景下，SIC 的变化存在区域性差异。根据 SSM/I 遥感数据，1979～2010 年 SIC 冬季减少的趋势在大西洋扇区更明显，太平洋扇区只有鄂霍次克海比较明显，但是在夏季 SIC 减少的趋势在太平洋扇区更为明显（图 8-2，Wei and Su，2014）。研究显示，导致太平洋扇区海冰显著减少的因素主要是海冰-反照率正反馈机制（Perovich，2008）和白令海入流的影响（Shimada et al.，2006）。1979～1996 年，夏季北极海冰减少最多的区域位于东西伯利亚海，而 1979～2002 年，海冰减少最多的区域却明显东移到波弗特海临近阿拉斯加沿岸的海域（Rigor and Wallace，2004）。方之芳等（2005）的研究结果显示，北冰洋不同海域海冰的减少趋势，在一年中的不同季节表现出一定的区域差异。冬春季主要减少区域为格陵兰海、巴伦支海和白令海，夏秋季整个北冰洋海冰呈现一致的减少趋势，中心位于北冰洋边缘的喀拉海、拉普捷夫海、东西伯利亚海、楚科奇海和波弗特海。Maslanik 等（2007）指出，过去 20 年间，海冰减少最显著的区域有从东西伯利亚海和拉普捷夫海向楚科奇海和波弗特海转移的趋势。Rodrigures 等（2008）的研究指出 1979 ~ 2006 年北极海冰减少最显著的区域为俄罗斯北极地区，3 月巴伦支海减少最显著，9 月为楚科奇海。

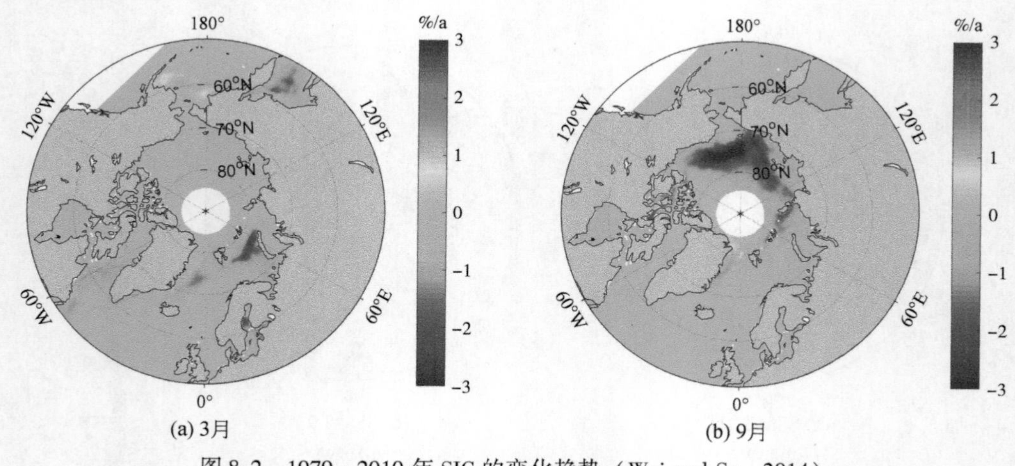

图 8-2　1979 ~ 2010 年 SIC 的变化趋势（Wei and Su，2014）

总体上，北极中央区海冰的变化相对稳定，而季节性海冰分布的区域变化显著。SIC 距平场的均方根差（图 8-3）的分布与平均 SIC 的分布基本呈相反的状态，平均 SIC 较大的区域均方根差小，反之亦然。均方根差的分布具有明显的分界线，90% SIC 等值线包围的区域内，均方根差基本为 0，说明 SIC 相对稳定，而变率最大的区域分布在北极边缘海，包括太平洋一侧的楚科奇海、白令海和鄂霍次克海以及大西洋一侧的拉布拉多海、戴维斯海峡、巴芬湾、丹麦海峡、格陵兰海以及巴伦支海。除了边缘海外，北极中央区边缘部分

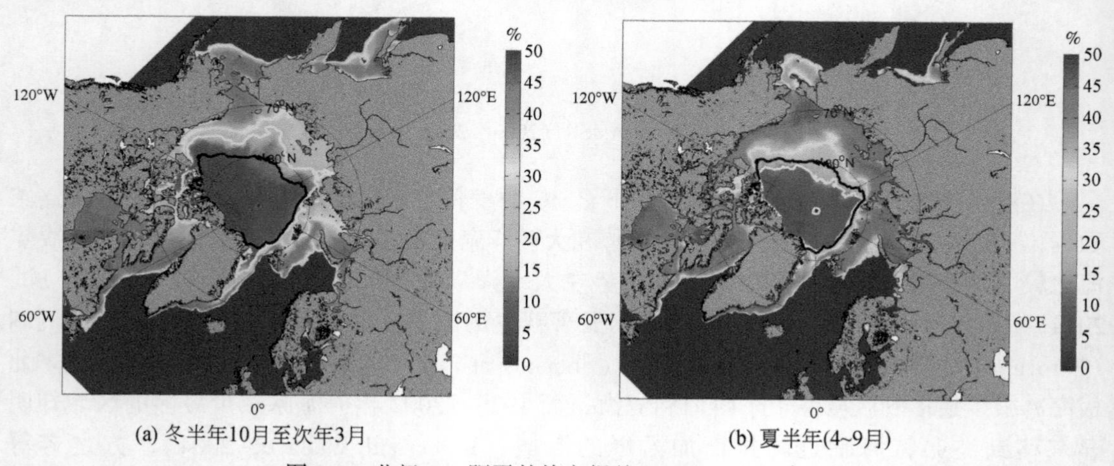

图 8-3　北极 SIC 距平的均方根差（2002 ~ 2011 年）

黑线为年平均 90% SIC 等值线，黄线为冬半年或者夏半年平均的 90% SIC 等值线（郝光华等，2015）

SIC 距平的均方根差在 20% 左右。均方根差大于 30% 的区域基本为季节性海冰覆盖，而且夏半年会比冬半年明显的向高纬度延伸。中央区域常年被海冰覆盖，中央区边缘冬季被海冰覆盖，夏季海冰并未完全消失，密集度的大小决定夏季北极海冰的消融程度。在北冰洋同一纬度上的海冰分布，靠近太平洋一侧的平均 SIC 距平的均方根差要明显大于靠近大西洋一侧（郝光华等，2015）。

王维波和赵进平（2014）基于 SSMR/SSMI 的 SIC 数据，提出了累积海冰密集度（accumulative sea ice concentration，ASIC）的概念，既保留了 SIC 逐日时间序列，又能够去除 SIC 的高频变化，能较好地描述海冰的年际变化特征。研究显示，在 1979 ~ 1989 年、1989 ~ 1999 年和1999 ~ 2009 年，融冰期海冰发生明显变化的范围都远远大于结冰期海冰发生明显变化的范围。在 1998 ~ 2010 年，融冰期内发生加速融化的海区并没有都出现结冰期冰量减小的现象（图 8-4）。在此期间，融冰期 ASIC 减小，结冰期 ASIC 也减小的海域仅仅集中在楚克奇海、新地岛北部海域以及格陵兰岛东西海岸。融冰期 ASIC 减小，而结冰期 ASIC 无明显变化的海域包括波弗特海、东西伯利亚海、拉普捷夫海和喀拉海。在这些区域，融冰期 ASIC 减少是陆地径流增大加速海冰融化引起的。而在结冰期，陆地径流加速海水结冰的作用抵消了融冰期海水吸收大量太阳辐射能后发生的推迟结冰的现象，使得 ASIC 无明显变化。融冰期 ASIC 减小，而结冰期 ASIC 增大的区域主要出现在白令海。

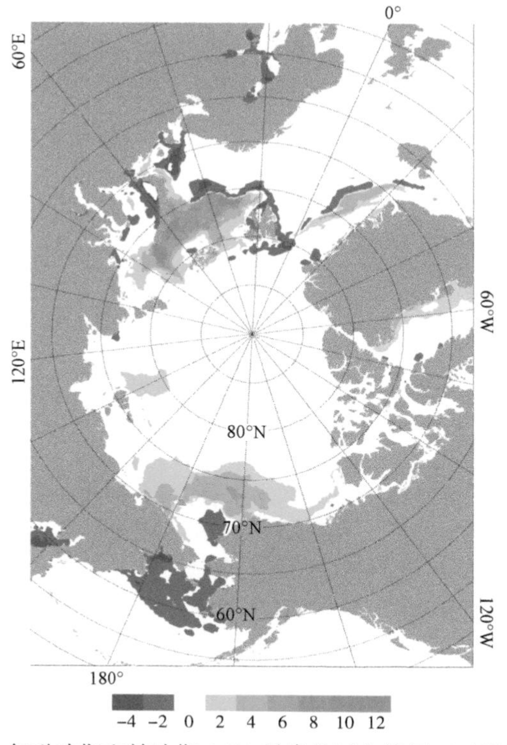

图 8-4 1998 ~ 2010 年融冰期和结冰期 ASIC 异常的时空特征（王维波和赵进平，2014）

红色代表 ASIC 异常在融冰期和结冰期发生一致变化，而蓝色代表 ASIC 异常在融冰期和结冰期发生不一致变化

8.1.2 范围和面积变化

SIE 定义为海冰外缘线（通常取 15% SIC 等值线）以内海冰和冰间水域面积的总和。SIE 是描述海冰变化最常用的参数。海冰面积（sea ice area，SIA）可从 SIC 数据中提取计算，定义为海冰外缘线以内海冰所占的面积，即每个格点的空间面积与该格点内密集度的乘积的总和。

卫星遥感结果显示，北极 SIE 在 2007 年 9 月达到历史同期极小值，为 $4.13\times10^6 km^2$，2012 年夏季，这一记录又被新的极小值 $3.41\times10^6 km^2$ 打破（Perovich et al.，2007，2012）。目前观测到的近几十年 SIE 减少的现象在更长时间尺度上（如百年、千年尺度）是否存在是目前国际上较为关心的问题。

基于冰芯、树年轮和湖底沉积物等代用指标重建的历史时期的 SIE 序列（Kinnard，et al.，2011）（图 8-5）显示，最近的一次 SIA 大规模减少始于 19 世纪后期，而且在最近 30 余年变得更加显著。Polyakov 等（2010）指出北半球 SIE 正经历着 1450 年以来无论是在时间长度还是在量级上最快速的减小，且并非自然变化所能解释。

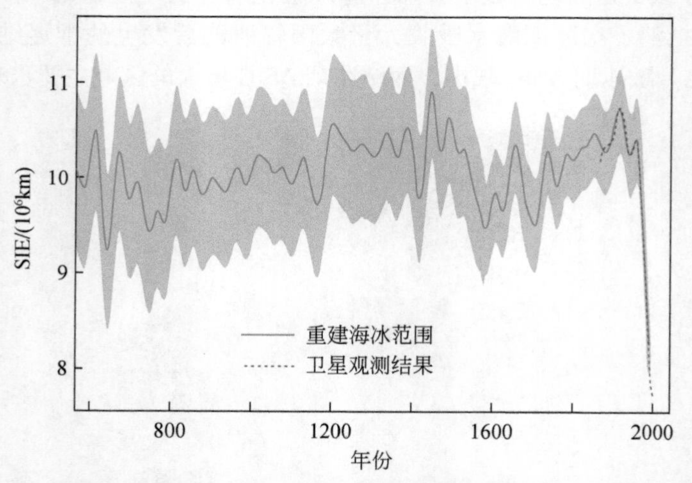

图 8-5　近 1450 年以来重建（红线）和现代卫星观测（蓝虚线）的北极 SIE 序列（40 年滑动平均结果）（Kinnard et al.，2011）

有关夏季北极 SIE 和 SIA 海冰的变化趋势，前人采用不同的数据针对不同时段作了变化趋势的分析（Parkinson et al.，1999；Comiso et al.，2008；Williams and Carmack，2015）。使用比较广泛的时间序列是基于 1978 年 10 月开始的 SIC 卫星遥感数据，而一些模式同化数据（如 HadISST 数据）可以提供百年的 SIE 和 SIA 的时间序列，用于较长时间尺度的研究。图 8-6 黑色线给出了 NSIDC 提供的 SSM/I 海冰覆盖范围和面积（Fetterer et al.，2017[①]），我们利用 SMMR/SSMI 海冰密集度月平均计算得到的 SIE 对其进行了插补

① Fetterer F，Knowles K，Meier W，et al.，2017. Updated daily. Sea Ice Index，Version 3. ［Indicate subset used］. Boulder，Colorado USA. NSIDC：National Snow and Ice Data Center. doi：http：//dx. doi. org/10. 7265/N5K072F8.

（蓝色线），SIE 一致性很高，海冰面积在 1987 年之前差别较大，原因是 NSIDC 提供的 SIA 没有填充极点附近的数据空洞，而在 1987 年之前空洞面积较大，达到 $1.19\times10^6\mathrm{km}^2$。在利用海冰面积进行长期变化分析时需要考虑这个空洞。而利用 AMSR-E 月平均密集度数据计算所得的海冰覆盖范围和海冰面积则相对较大，其中一个主要原因是数据分辨率的差异。但二者的变化趋势、年代际变化和年际变化是一致的（图 8-6 和图 8-7）。

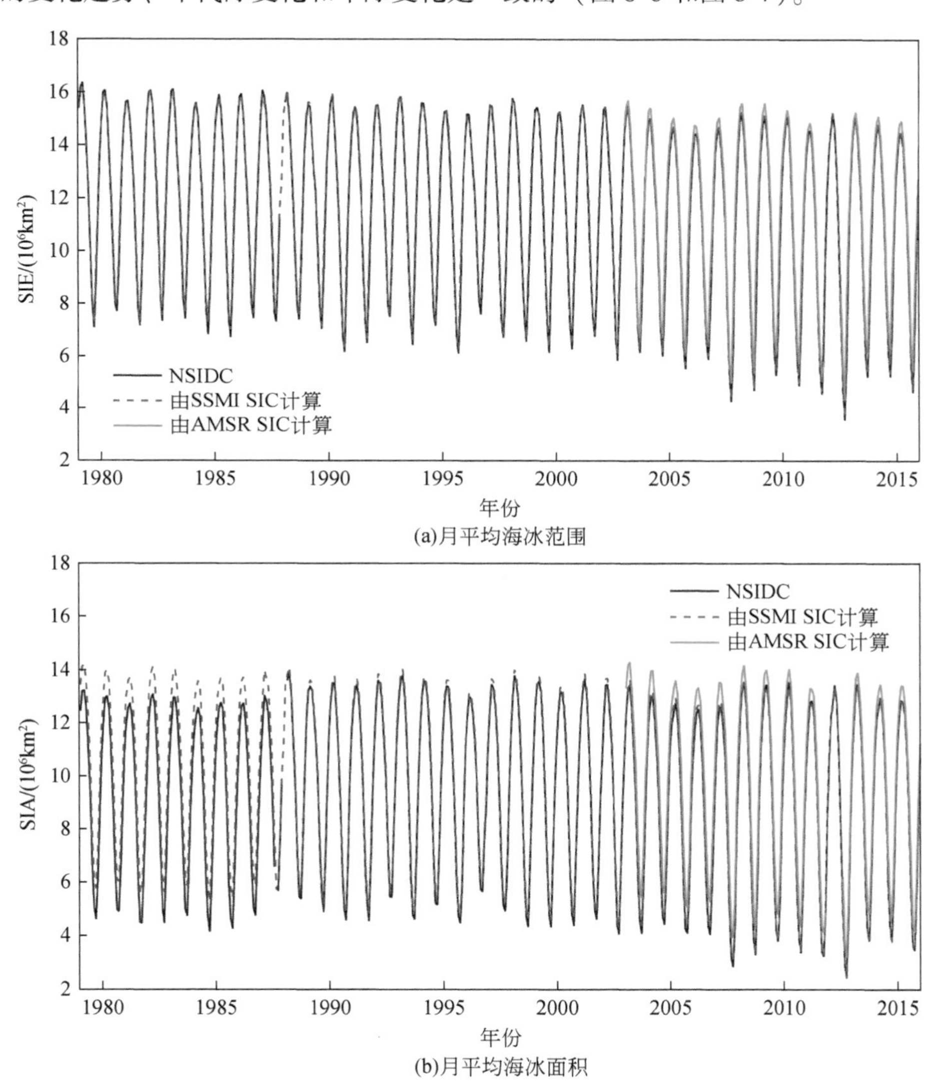

(a)月平均海冰范围

(b)月平均海冰面积

图 8-6 北极 SIE 和 SIA 的变化曲线

根据 NSIDC 提供的北极 SIE 数据，分析得知，1979～2017 年北极年平均 SIE 的减小速率为 $0.55\times10^6\mathrm{km}^2/10\mathrm{a}$，1997 年之后减小更显著，减小率为 $0.71\times10^6\mathrm{km}^2/10\mathrm{a}$；去趋势后的时间序列呈现出明显的年代际变化和年际变化。在年代际尺度上，北极 SIE 呈“负-正-负”位相演变，1988 年之前为负位相，1990～2004 年为正位相，2004～2017 年为负位相

（图 8-8）。尽管在最近 30 多年北极 SIE 和 SIA 每个月的年际变化都呈减少趋势（其中 9 月海冰减小的速率最大，5 月最小），但结合图 8-7 的蓝色虚线可见，夏季（9 月）以海冰减少趋势为主，尤其是 1998 年之后，样条拟合呈现的 2013 年之后的回升与 8. 1. 3 节冰厚数据的趋势相应。

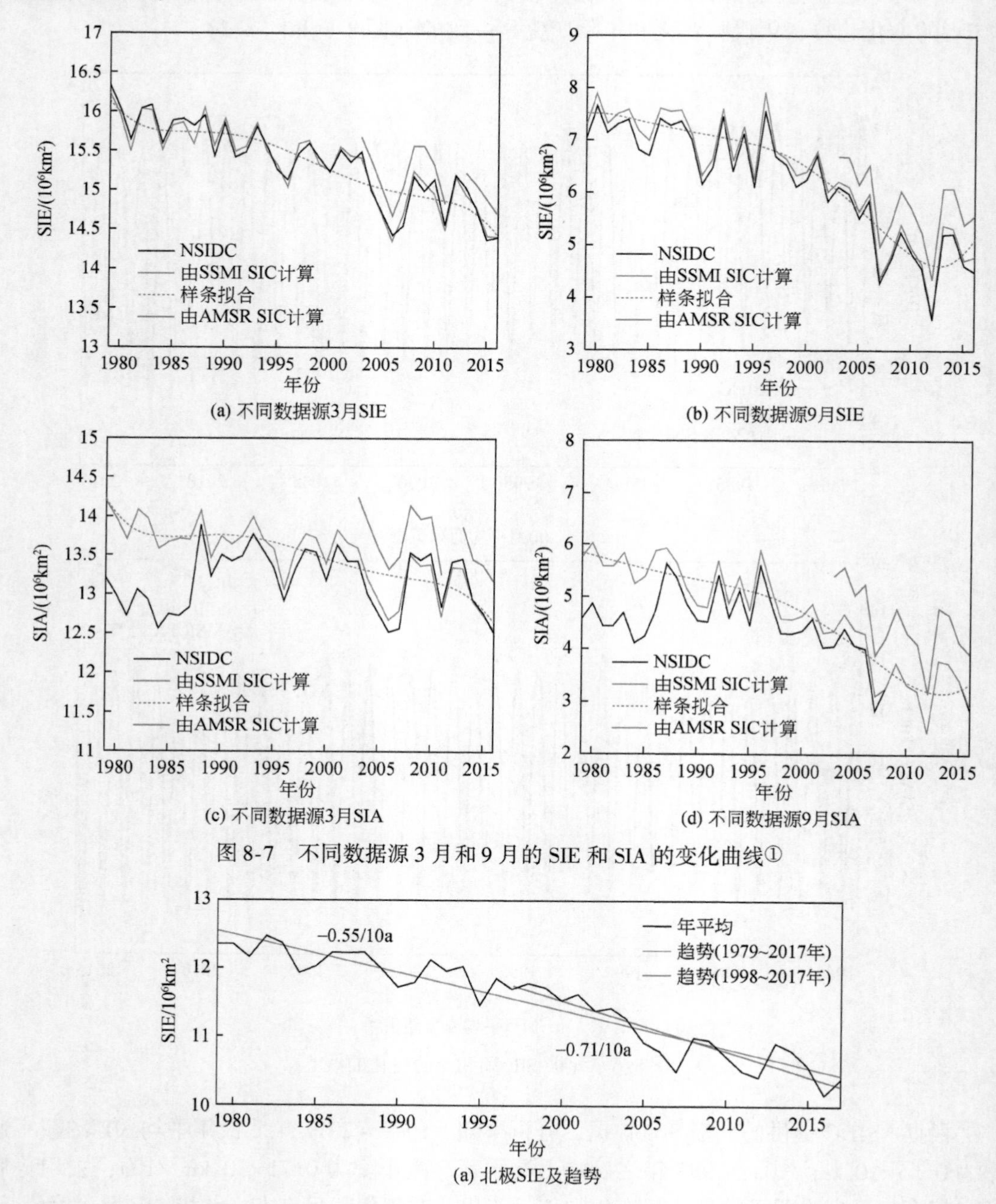

图 8-7　不同数据源 3 月和 9 月的 SIE 和 SIA 的变化曲线①

(a) 北极SIE及趋势

① 苏洁，等．北极海冰快速变化——卫星遥感观测研究．投稿中．

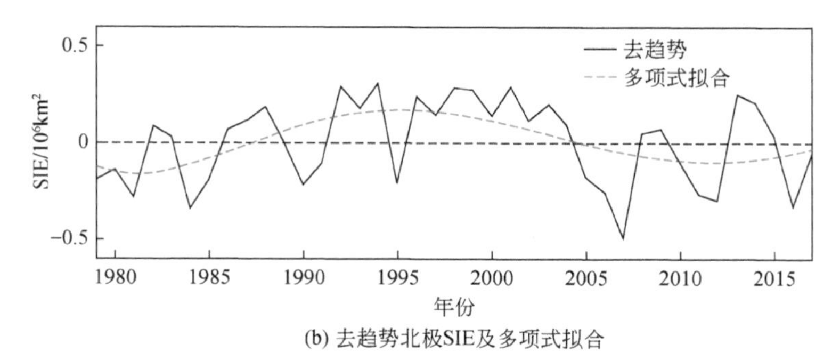

(b) 去趋势北极SIE及多项式拟合

图 8-8　SSM/I 数据北极年平均 SIE 变化①

在北极海冰总体减小的背景下，各海区 SIE 和 SIA 变化不尽相同。王小兰等（1991）根据 1953～1984 年逐月 SIE 资料，将北极地区划分为八个典型区域，指出各区海冰外缘线的多年平均位置以及年际变化幅度之间存在很大的差异，这些差异主要与北极复杂的海陆分布状况、海洋环流、海水温度、太阳短波辐射以及其他物理因素（如太阳活动和地球自转速度随时间的变化等）有关。Champon 和 Walsh（2000）、赵玉春等（2001）的研究显示处于北极圈内太平洋和大西洋两个扇区内的不同海域的海冰呈现出截然相反的变化趋势。

随着研究的深入，人们不仅仅满足于了解北极各区域海冰的变化趋势，也不断探究其年际变化、年代际变化及其周期性。武炳义等（2000）利用 1953～1990 年 SIC 资料分析得到，冬、春季喀拉海和巴伦支海与春季白令海 SIA 变化率呈反向变化，各海区春、冬季存在年代际变化。汪代维和杨修群（2002）也指出，春、冬季各主要海区 SIA 异常基本呈同相变化，夏季东西伯利亚海、楚科奇海、波弗特海一带 SIA 异常和喀拉海呈反相变化，而冬季巴伦支海、格陵兰海 SIA 异常与戴维斯海峡、拉布拉多海、白令海、鄂霍次克海的海冰变化呈反相变化。同时，位于北太平洋一侧的 SIA 异常基本具有半年的持续性，而位于北大西洋一侧 SIA 异常具有半年至一年的持续性。Polyakov 等（2003）利用历史资料构造 1900～2000 年一个世纪的 SIA 时间序列，分析研究了喀拉海、拉普捷夫海、东西伯利亚海和楚科奇海的 SIA，发现 SIA 的变化主要由低频振荡（50～80 年）和 10 年的振荡控制；低频影响由喀拉海向东减弱，楚科奇海主要受 10 年周期的振荡影响。基于英国气象局哈德利气候研究中心 HadISST 数据 1953～2004 年的海冰变化研究显示，20 世纪 70 年代末期，白令海 SIA 的变化主要表现为均值突变，突变前后，阿留申低压系统的中心强度和位置都发生了显著的变化；而楚科奇海的均值突变相对比较缓和，其变化主要表现为频率突变，即突变前后 8～11 年的年际变化信号逐渐减弱，而 5～8 年的相对高频信号逐渐加强（胡宪敏等，2007）。太平洋扇区的 SIA 在 20 世纪 90 年代中期具有明显的准两年周期（图 8-9），吻合大气中的准两年振荡，这使得 SIA 在这一时段与海平面气压（sea level pressure，SLP）场的经验正交函数（empirical orthogonal function，EOF）时间系数即 AO 指数相关程度超过 0.8，而在其他时段 SIA 与 AO 的相关系数并不高（Su et al.，2011）。对

① 苏洁，等. 北极海冰快速变化——卫星遥感观测研究. 投稿中.

北极 SIE 四个季节的小波变换结果的显示，四个季节中夏季 SIE 变化主要集中在6 年周期，而其他三季除了 6 年周期比较显著外，还存在 9 年周期（隋翠娟等，2015）。

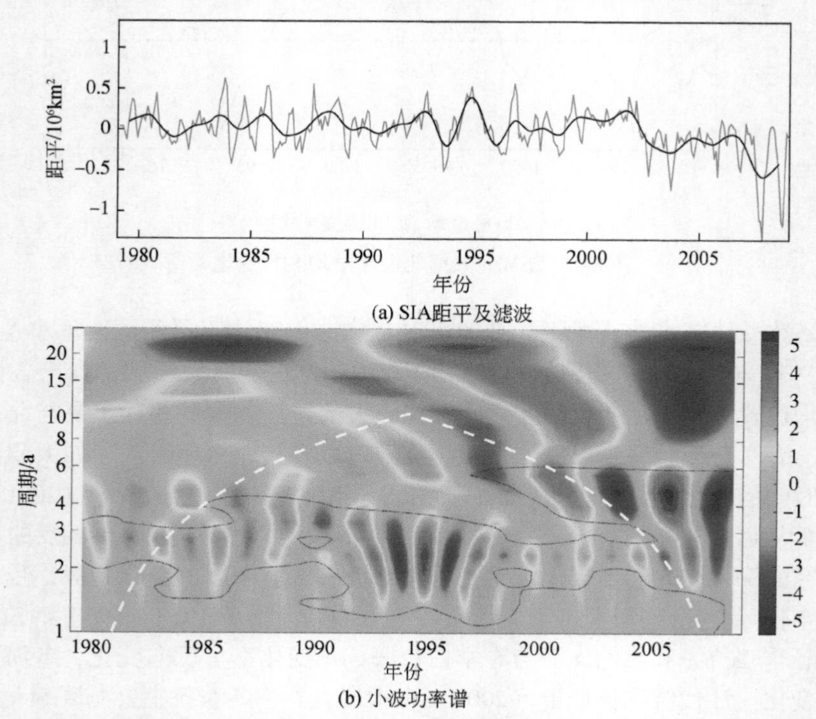

图 8-9　太平洋扇区 SIA 距平及 18 个月滤波时间系数的小波分析结果（Su et al.，2011）

8.1.3　冰厚的变化

除北极 SIE 外，海冰厚度也在发生显著的变化。IPCC 第五次报告（Vaughan and Comsio，2013）指出，多种手段（潜艇、电磁探测、卫星测高）获取的观测资料证实，20 世纪 80 年代以来的北极海冰厚度平均每 10 年减小 0. 62m，（图 8-10）。

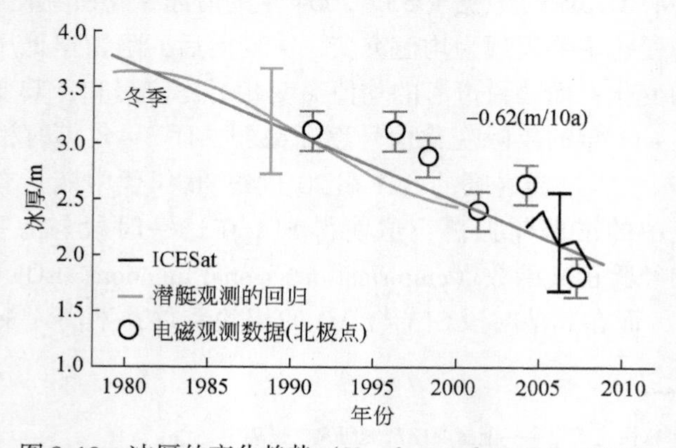

图 8-10　冰厚的变化趋势（Vaughan and Comsio，2013）

对北极海冰厚度的观测始于1958年英美两国在北冰洋的潜艇航行，由于是秘密军事行为，海冰厚度数据一度不为他人所知，时隔多年才解密的海冰厚度数据覆盖了38%的北冰洋。Rothrock等（1999）比较了1958～1976年与1993～1997年两个时段相同地区的冰厚，平均海冰厚度从3.1m降至1.8m，平均减少了1.3m。综合研究多种数据后，Rothrock等（2008）指出1975～2000年北极海冰厚度减少了1.25m。Kwok和Rothrock（2009）分析结果显示，北极冬季海冰厚度从1980年的3.64m减小至2008年的1.89m。他们还指出，在ICESat卫星（覆盖至86°N）服役的六年里，海冰厚度最快每年减少0.2m。其中，多年冰减少0.6m，一年冰的变化可以忽略不计（图8-11）。结合潜艇观测数据、ICESat和Cryosat-2冰厚反演数据，Kwok和Cunningham（2016）给出了北极可获取冰厚数据区域的冬季（2～3月）和夏季（10～11月）冰厚长期趋势，如图8-12所示。

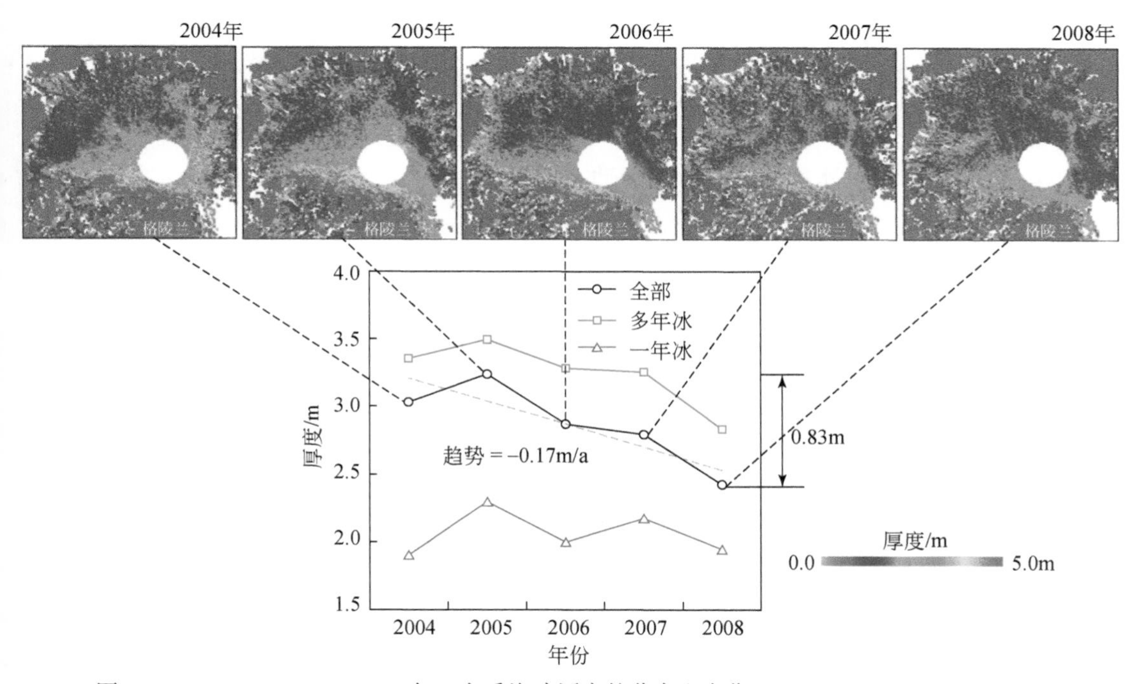

图8-11 ICESat（2004～2008年）冬季海冰厚度的分布和变化（Kwok and Rothrock，2009）

有研究将海冰厚度的减小归因于海冰漂流场的改变，海冰漂流场由原先的反气旋型转向了气旋型（Winsor，2001），而漂流场的变化受北极大气环流型，如AO等的影响（Rigor and Wallace，2004）。另外，也有研究表明，热力因素也是一个关键的影响因素（Yu et al.，2004）。Haas和Druckenmiller（2009）认为小尺度（时间、空间）的海冰厚度变化决定于热力作用和动力作用的共同影响。辐散的海冰运动引起了冰间水道的扩大和冰间湖的产生。冬天，海水暴露在冷空气下，形成新的、薄的海冰，导致SIE的增加；夏天，这些开阔水域强烈吸收太阳辐射能，从而降低北极整体海冰的平均厚度。辐合的海冰运动会导致冰缘线的退缩和冰脊的产生（Haas and Druckenmiller，2009）。Kwok和Cunningham（2016）的研究表明，在格陵兰岛和加拿大北极群岛北部沿岸，海冰厚度的变

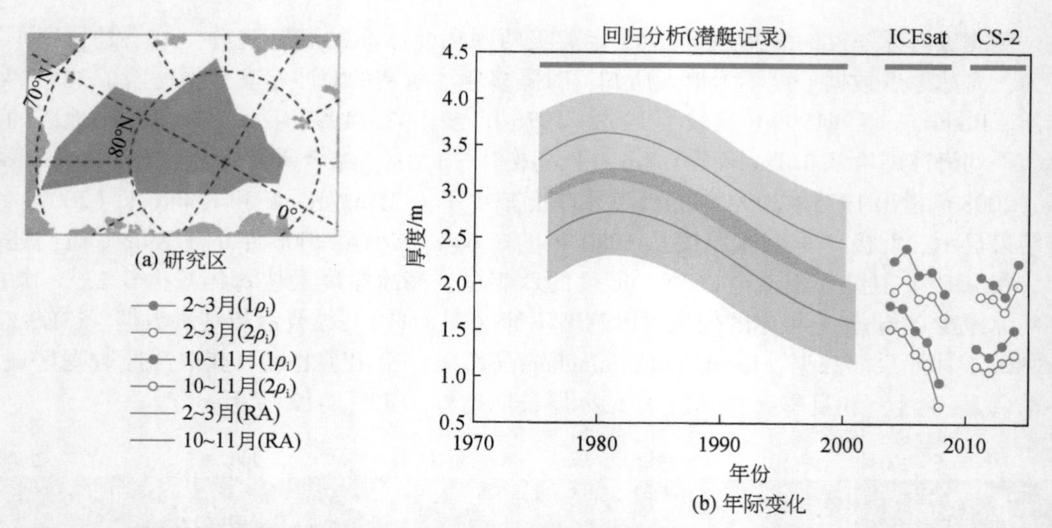

图 8-12　冬季和夏季海冰厚度的年际变化（Kwok and Cunningham，2016）

化 42%~56% 可以由海冰的辐散和剪切运动来解释。

8.1.4　漂流速度的变化

在过去的近百年间，北极海冰大尺度气候态漂移主要表现为两大特征：波弗特流涡和穿极流。Colony 和 Thorndike（1984）综合 1893~1983 年的实测海冰漂流数据，根据最优化插值的方法分析北冰洋海冰的平均运动谱发现了这两个典型的运动特征（图 8-13）。

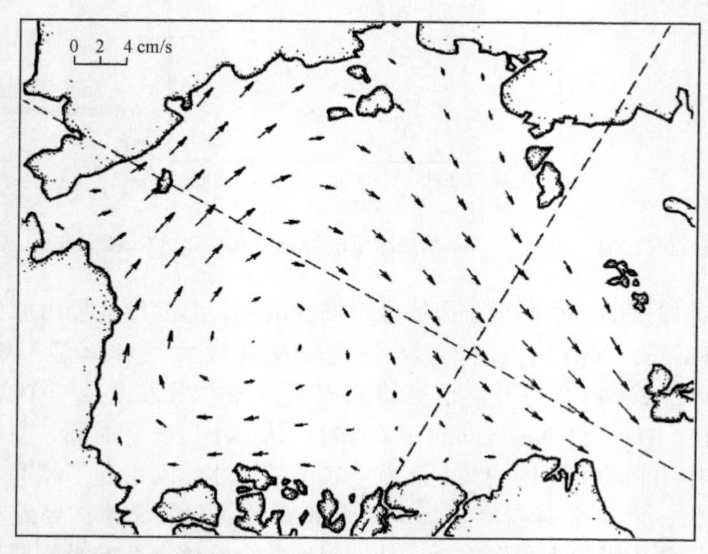

图 8-13　北极平均冰漂移场（Colony and Thorndike，1984）

同时，这个海冰运动系统存在显著的时空变化。Proshutinsky 和 Johnson（1997）利用数值模式模拟了在风驱动下北极海冰和海洋运动的情况，发现北极大尺度海冰运动存在气旋型和反气旋型交替出现的现象，一个周期的长度为 5 ~ 7 年，并指出该变化和冰岛低压、西伯利亚高压的强弱及位置变化有关。Wang 和 Zhao（2012）根据 NSIDC 提供的 1979 ~ 2006 年月平均海冰漂流场，结合 SLP 数据，将北极海冰大尺度运动分为波弗特涡+穿极流、反气旋型、气旋型和双涡型四类（图 8-14）。气旋型的运动主要发生在

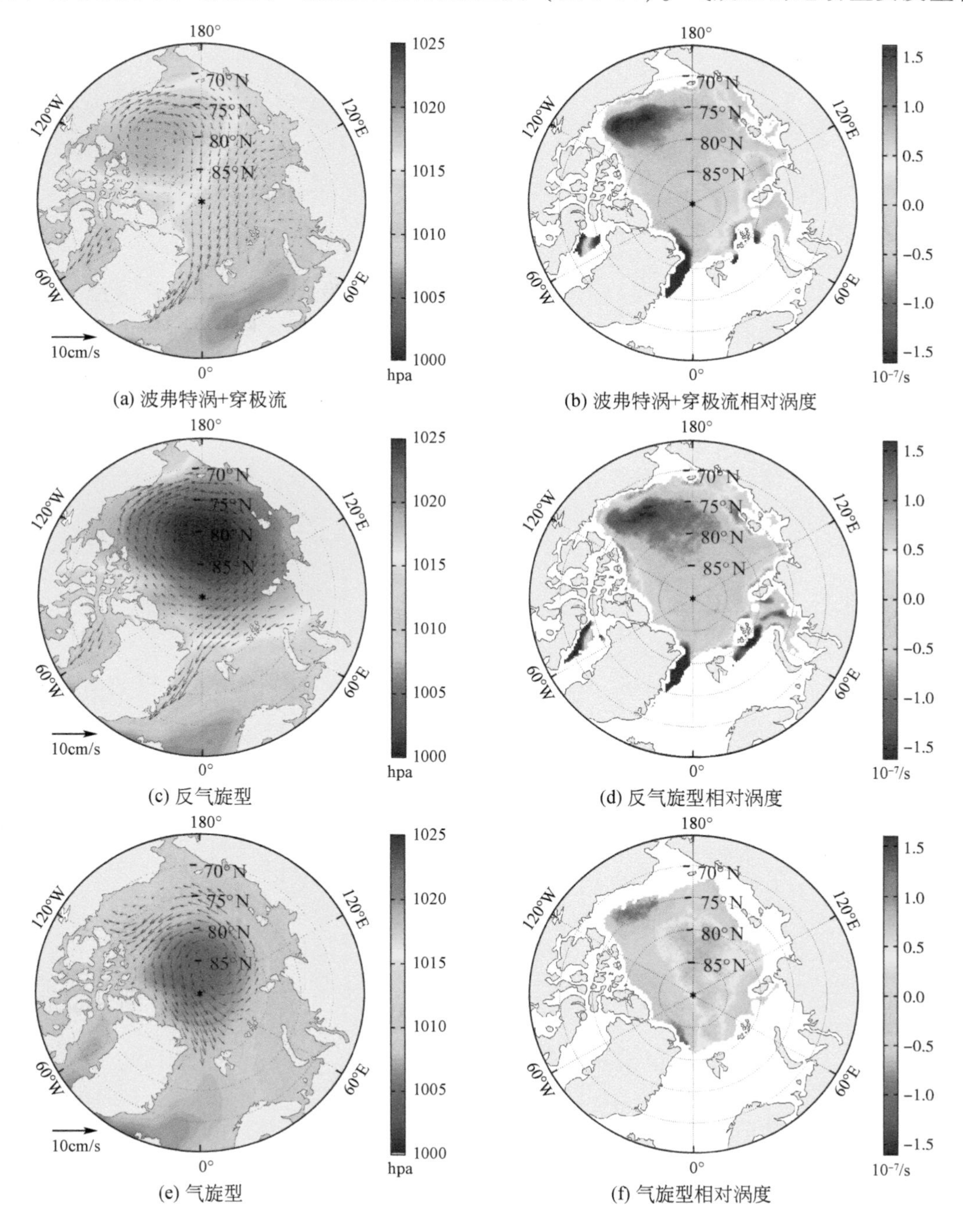

(a) 波弗特涡+穿极流

(b) 波弗特涡+穿极流相对涡度

(c) 反气旋型

(d) 反气旋型相对涡度

(e) 气旋型

(f) 气旋型相对涡度

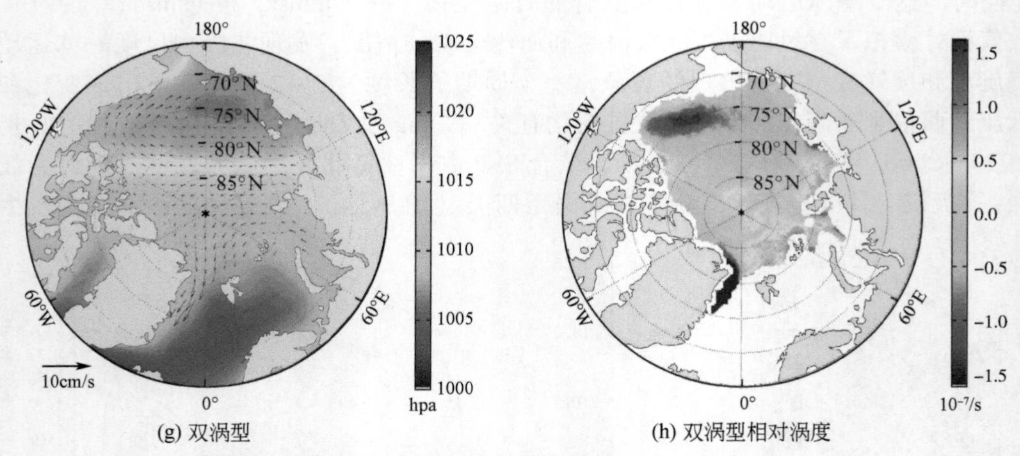

(g) 双涡型　　(h) 双涡型相对涡度

图 8-14　四种海冰流型和相对涡度（Wang and Zhao, 2012）

夏季，反气旋型的运动主要发生在冬季和春季。该研究认为大尺度海冰环流流型与大尺度大气环流指数 AO 联系密切。当 AO 处于较强正（负）位相时，北冰洋海冰运动更多地表现出气旋型（反气旋型）。

Rampal 等（2009）揭示了北极内区海冰在 1979 ~ 2007 年平均流速季节变化特征为 3 月最小，9 月最大［图 8-15（b）］。同时北极冰速呈现整体增加的趋势［图 8-15（a）］，增量为 0. 6cm/（10a · s）而且冬季海冰增速大于夏季［图 8-15（c）］。冰速的长期变化趋势也得到 Spreen 等（2011）、Vihma 等（2012）和 Kwok 等（2013）研究结果的证实。

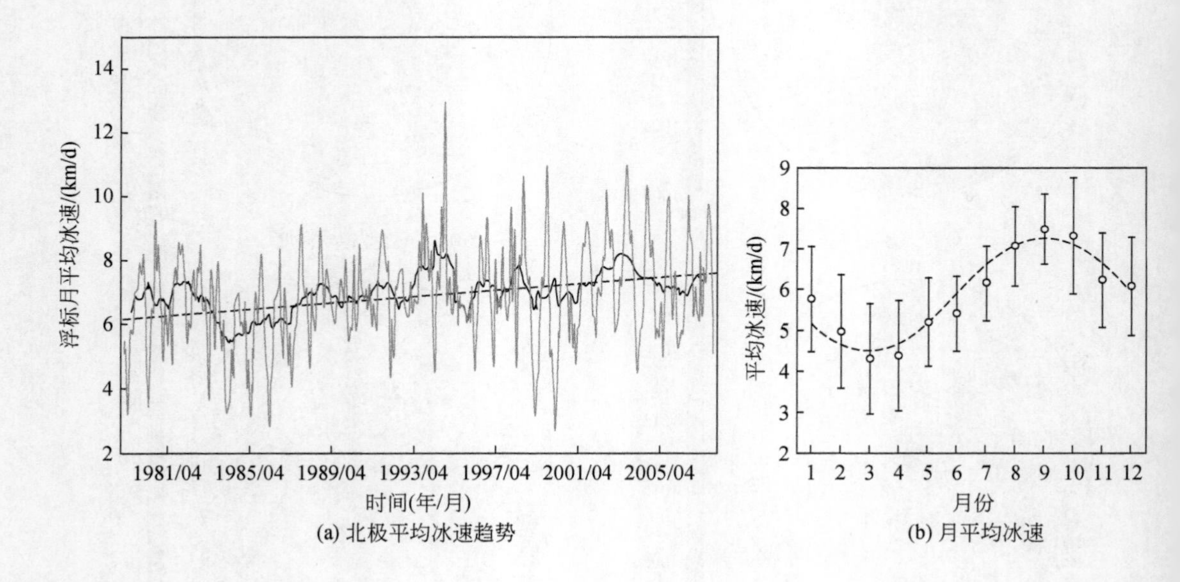

(a) 北极平均冰速趋势　　(b) 月平均冰速

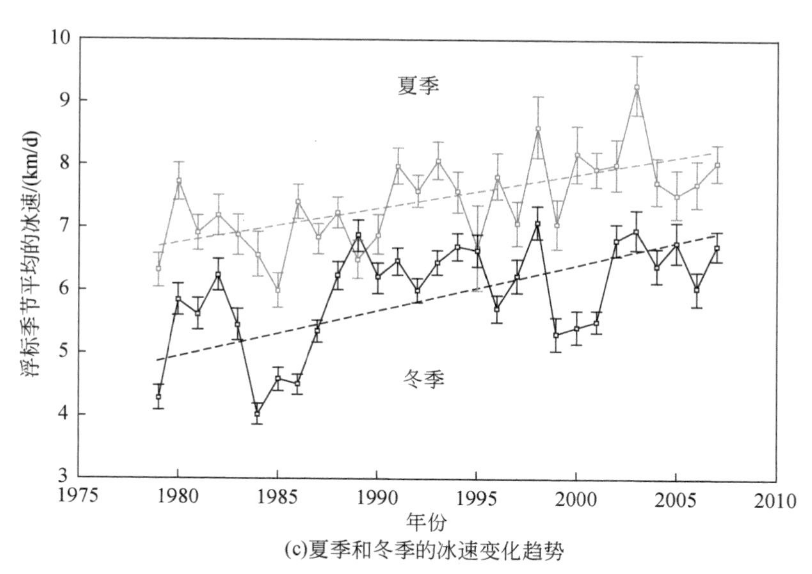

(c)夏季和冬季的冰速变化趋势

图 8-15 北极平均冰速、趋势月平均冰速夏季和冬季的冰速变化趋势（Rampal，2009）

Kwok 等（2013）结合卫星和浮标数据研究了 1982～2009 年海盆尺度的冰速趋势，指出 2000 年之前海冰增速并不明显，但 2000～2009 年冬季海冰增速显著，在 2004 年之后增速达到（46%±5%）/10a。在这 28 年间，波弗特流涡与穿极流整体增强，在最后 10 年尤为明显。2001～2009 年北极偶极子异常对夏季海冰漂流场有显著影响，增强了在弗拉姆海峡的海冰输出量。另外，随着 AO 指数的变化，海冰速度也产生相当大的变化。

8.1.5 冰龄变化

20 世纪 80 年代以来北极海冰发生了剧烈的变化，而海冰冰龄的变化是北极海冰变化的一个重要的体现。近 30 年多年冰的减退，夏季开阔水的增加，具有多年冰向一年冰转变的趋势（Maslanik et al.，2007；Stroeve et al.，2012a；Frey et al.，2014；Serreze and Stroeve，2015）。

20 世纪 90 年代后期以来，北冰洋中多年冰不再占主导。研究显示，3 月 5 年以上冰龄（5+年）的 SIE 由 1985 年的 $5.83\times10^6\text{km}^2$ 减少到 2007 年的 $2.56\times10^6\text{km}^2$，减少了约 56%（Maslanik et al.，2007）；80 年代早期和中期，春季北冰洋中 5+年冰所占的比例为 30%，一年冰所占的比例为 38%。而到了 1996 年 5+年冰所占比例下降到 18%，一年冰则上升到 52%。到 2010 年一年冰所占比例增长到 64%（Stroeve et al.，2012a）；Frey 等（2014）的研究显示，冰龄较大的多年冰的减少更为严重。Serreze 和 Stroeve（2015）指出随着时间的变化多年冰的覆盖范围和比例均在减小，逐渐被一年冰所取代，尤其是 2005 年之后 5+年冰的减退更为迅速，到 2014 年 5+年冰仅占北冰洋 SIE 的 5%，但多年冰的覆盖范围也会出现恢复期，如在 1994 年和 1996～1998 年。图 8-16 给出了 1984～2016 年 3 月和 9 月不同冰龄海冰范围所占比例。可以看出 3 月多年冰的增加和一年冰的减少在 2007 年最为显著，近几年过渡到另一个平衡状态；而 9 月在 2002～2007 年维持了十年冰的增加和一年冰的减小状态后，也恢复了准两年的振荡，但是5+年冰的减少在2000年之后十分明显。

Belchansky 等（2005）采用不同冰龄的海冰范围及不同冰龄的海冰范围在整体海冰中所占的比例来表现北极海冰冰龄的时间变化，后来的不少研究基本延续这一分析方法。图8-17给出了1984～2016年各类冰龄海冰面积所占比例的变化。

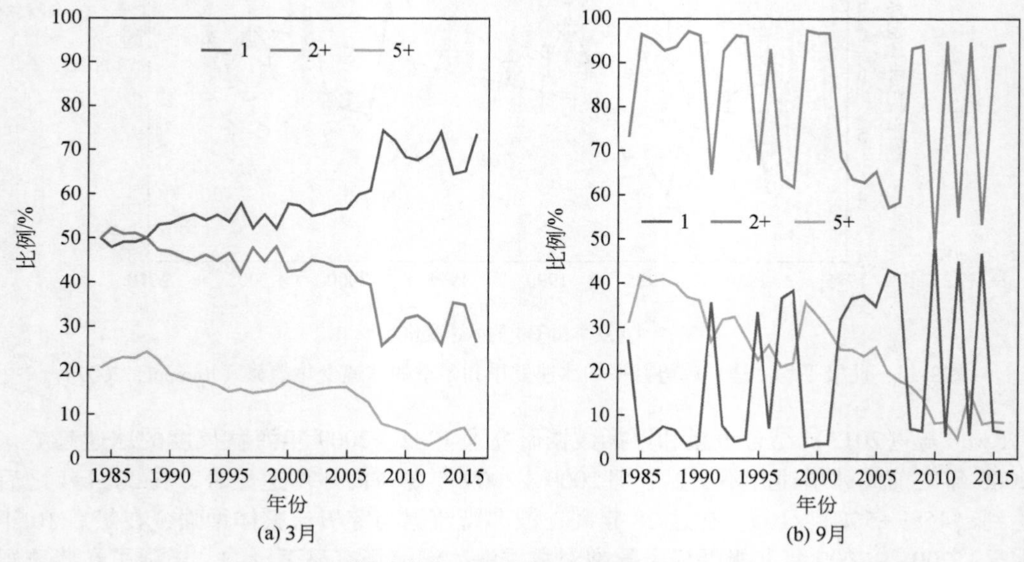

图8-16　不同冰龄的SIE所占比例（1984～2016年）①

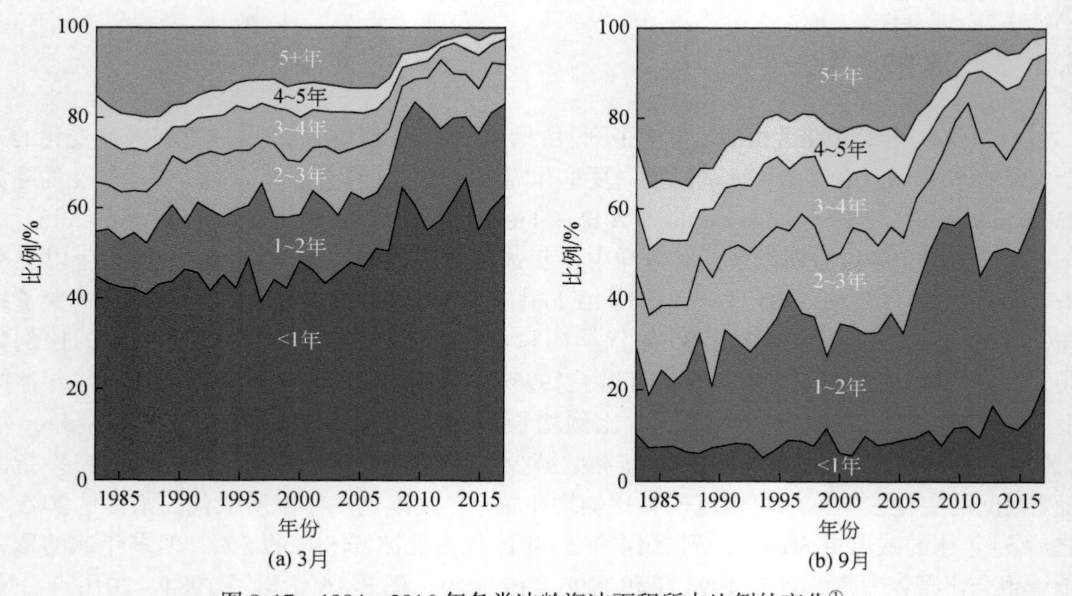

图8-17　1984～2016年各类冰龄海冰面积所占比例的变化①

① Chen P, Su J. Variability of Arctic sea ice age and its relationship with atmospheric current pattern. be submitting.

研究表明，多年冰的减退的趋势逐渐从太平洋扇区延伸到北极中央区和加拿大群岛北部，21 世纪以来海冰的这种消退现象更加明显（Stroeve et al.，2012a）。Maslanik 等（2007）的研究显示，北冰洋海冰冰龄变化最为显著的区域为北极中央区；分区域海冰冰龄的变化的分析结果则显示，北冰洋多年冰的减退主要发生在波弗特海和加拿大海盆区域（Maslanik et al.，2011）；Fowler 等（2004）的研究也显示，北冰洋 5+年冰已经退缩到加拿大北极群岛北部海域，以及北极中央区的狭窄海域。

很多研究采用不同年份同一月份的北极海冰冰龄的空间分布图进行分析，这样既可以看出不同区域冰龄的分布特征，又可以看出其随着时间的变化特征，如 Belchansky 等（2005）和 Maslanik 等（2011）的研究。图 8-18 给出了 2005～2016 年北极海冰冰龄 9 月（第 37 周）的空间分布，基本对应着 SIA 最小的时段。

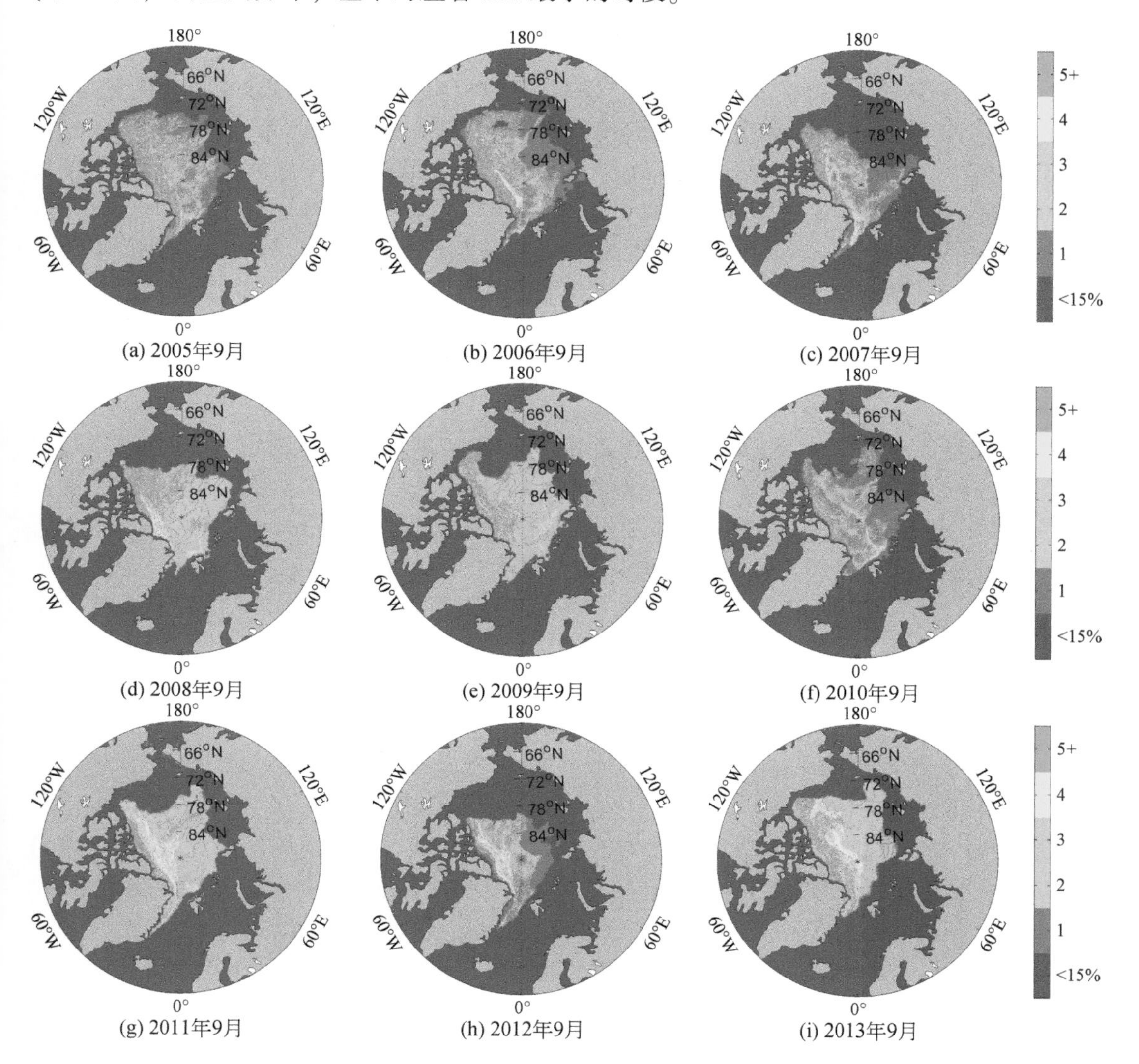

(a) 2005年9月 (b) 2006年9月 (c) 2007年9月
(d) 2008年9月 (e) 2009年9月 (f) 2010年9月
(g) 2011年9月 (h) 2012年9月 (i) 2013年9月

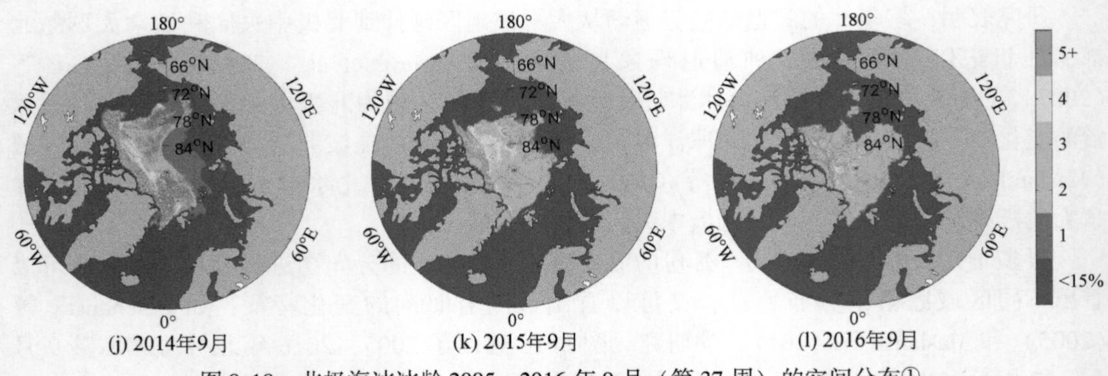

(j) 2014年9月　(k) 2015年9月　(l) 2016年9月

图 8-18　北极海冰冰龄 2005～2016 年 9 月（第 37 周）的空间分布①

北冰洋海冰冰龄的变化与海冰表面气压场的变化有关（Fowler et al.，2004；Maslanik et al.,2007；Stroeve et al.，2012b）。研究发现，1995 年以前北冰洋海冰冰龄的变化与 AO 的变化相关联。AO 正位相有助于气旋型海冰漂流的形成，有助于厚冰从北冰洋向弗拉姆海峡的输出，促进欧亚海盆内的海冰辐散，新冰形成。但在 1995 年之后 AO 指数出现正负交替的现象，但一年冰仍在增多（Fowler et al.，2004；Stroeve et al.,2012b）；Maslanik 等（2011）的研究则发现 1995 年以前 5+年冰的变化与 AO 有关；1994～2003 年5+年冰变化并不显著，2003 年以后，AO 指数为较大的负值，这有助于 5+年冰的减退。

8.1.6　基于遥感数据的北极海冰快速变化的观测事实

基于卫星遥感数据，我们综合给出了 1979～2015 年北极海冰各参量的变化趋势及 1980 年和 2010 年 SIC 和冰速场的空间分布（图 8-19）。北极冬季 SIA（以 3 月为例）的变化趋势为$-2.6\times10^4 km^2/a$，其中一年冰面积为增加趋势，变化率为 $6.2\times10^4 km^2/a$，多年冰减少，变化率为$-7.0\times10^4 km^2/a$。夏季（以 9 月为例）SIA 减小较冬季明显，变化率为$-7.8\times10^4 km^2/a$，其中一年冰面积略增加，变化率为 $1.9\times10^4 km^2/a$，多年冰减少，变化率为$-7.3\times10^4 km^2/a$。可见，虽然对多年冰来说，冬季和夏季减少的趋势相近，但由于冬季一年冰增加的趋势较夏季大 3 倍以上，夏季总体 SIA 的减小趋势为冬季的 3 倍。冬季和夏季的北极平均冰速都呈增加的趋势，变化率分别为 $4.0\times10^{-2} km/(d\cdot a)$ 和 $3.0\times10^{-2} km/(d\cdot a)$。融池覆盖率的时间序列较短，2002～2011 年春季（以 6 月为例）北极区域平均融池覆盖率增加了 $5.4\times10^{-2}\%/a$。

从 1980 年和 2010 年 3 月和 9 月的 SIC 及冰速场（图 8-19 左右两端子图）来看，SIC 分布的变化主要体现在夏季（9 月），除北极加拿大群岛以北多年冰为主的区域外，北冰洋 SIC 整体减小。冬季和夏季冰速都明显增加，冬季更为显著，波弗特流涡加强，流涡中心位置更靠近格陵兰岛以北，弗拉姆海峡冰输出显著增加；夏季穿极流区域冰速明显增加。

① Chen P，Su J. The variation of sea ice age in Arctic and its relationship with atmospheric circulation patterns. be submmitting.

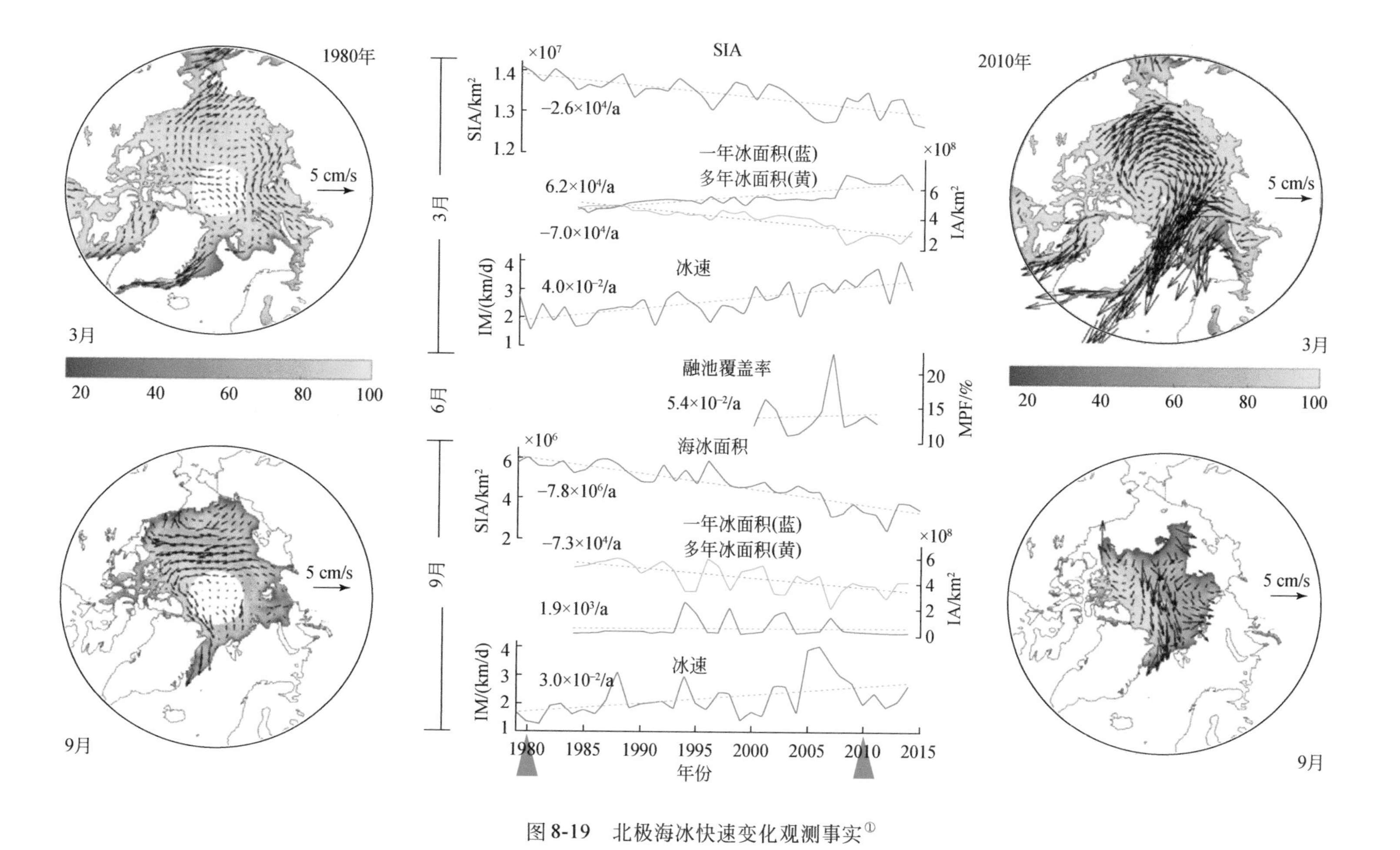

图 8-19 北极海冰快速变化观测事实[①]

① 苏洁，等.北极海冰快速变化——卫星遥感观测研究.投稿中.

综上所述，在北极变暖的背景下，北极 SIC、SIE/SIA、冰厚和多年冰都有不同程度的减小，一年冰比例和总体冰速增加。除此之外，海冰融化更早，融池增加，融化期加长，这些变化在气-冰-海耦合系统中都会产生重要的影响。随着对海冰重要参量的变化趋势、季节变化和年际变化特征研究的不断深入，海冰各参量的变化之间具有紧密的联系，而且都受到大气环流的动力热力影响。但是在不同时间尺度上大气和海冰相互作用的物理机制可能并不相同，在北极气-冰-海耦合系统中，海洋的变化对北极海冰的消融又有多大的贡献，这些科学问题尚需要深入探索，并进行一系列创新性研究。

8.2 基于 ICESat 测高数据的北极海冰干舷研究

8.2.1 数据简介

ICESat 卫星是 NASA 对地观测系统计划中的一颗卫星，该卫星为低轨卫星，其轨道特点为近极地近圆形轨道，轨道倾角为 94°，近地点轨道高度为 586km，远地点轨道高度为 594km。该卫星于 2003 年 1 月 13 日在加利福尼亚范登堡空军基地通过“德尔塔”Ⅱ型火箭成功发射升空。在成功工作六年之后，卫星的激光发射器在 2009 年 10 月 11 日停止工作，并且在 2010 年 2 月卫星上的最后一个激光发射器也停止工作。与传统雷达卫星相比，其激光频率较高，不会穿透到冰雪内部，可以直接测量冰雪表面高程，并且激光脚点直径只有 60m 左右，测量精度高。

GLA13 数据为 ICESat 激光测高数据的二级产品，提供南北极海冰的表面高程信息。数据中还包含激光脚点的地理位置、反射率以及仪器改正和大气改正等信息。为了得到更为精确的测高数据，首先将测高数据统一到 WGS84 参考椭球上，然后根据 Kwok 等（2013）提出的数据筛选方法，利用以下指标对数据进行筛选，以保证解算数据的可靠性。i_gval_rcv 表示回波信号的增益，被大气成分、水汽和云散射后的信号会导致该值较大，信噪比降低，因此，去除该数值大于 30 的数据。i_SeaIceVar 表示回波波形和标准高斯波形间的差异，若该数值为零则表示和高斯波形符合最好，数值越大则表示差异越大，测量结果越不可靠，因此，只选用了该值小于 60 的数据参与解算。i_reflctUC 表示经过比例扩大后的接收能量与发射能量的比值，地表反射率高，则该值较大，剔除了 i_reflctUC 值小于 1 的数据。经过剔除可靠程度较差的数据之后，采用如表 8-1 所示的数据进行北极海冰干舷高解算。

表 8-1 参与解算的 GLA13 数据

编号	激光器	开始时间/(年/月/日)	结束时间/(年/月/日)	工作时间/天
03SON	L2A	2003/9/25	2003/11/18	54
04FM	L2B	2004/2/17	2004/3/20	33
04ON	L3A	2004/10/3	2004/11/8	37

续表

编号	激光器	开始时间/(年/月/日)	结束时间/(年/月/日)	工作时间/天
05FM	L3B	2005/2/17	2005/3/24	36
05ON	L3D	2005/10/21	2005/11/23	34
06FM	L3E	2006/2/22	2006/3/27	34
06ON	L3G	2006/10/25	2006/11/27	34
07MA	L3H	2007/3/12	2007/4/14	34
07ON	L3I	2007/10/2	2007/11/4	36
08FM	L3J	2008/2/17	2008/3/21	34
08OND	L3K	2008/10/4	2008/10/18	15
	L2D	2008/11/25	2008/12/17	23

为了与解算海冰干舷的结果进行对比、验证，采用波弗特环流勘探项目中获取的北极波弗特海的实测海冰吃水深度数据。该项目是美国伍兹霍尔海洋学研究所为探究北冰洋流域特别是波弗特海区域淡水含量的调节机制而开展的。在波弗特海域安置搭载了多种传感器的测量装置，能够提供北极波弗特海实测的海水温度、盐度、流速、压力以及海冰吃水深度。其中，海冰吃水深度是通过搭载在测量装置上的声呐（upward looking sonar，ULS）传感器测量得到的。ULS 是一台朝上发射信号的声呐，通过测量仪器到海冰下缘的距离得到海冰吃水深度。每隔 2s 测量一次数据，在距离水面 50m 深度，其测量脚点直径约为 2m。进一步经过数据处理后，其测量精度能达到±（5～10）cm。

8.2.2 解算方法

利用测高数据解算海冰干舷高的关键在于得到冰间水道高程信息，研究表明基于海面高程总是低于海冰表面高程的假设，通过选取区域内测量数据中高程最低的部分数据作为该区域内并肩水道高程的方法较为方便可靠，因此，我们将利用该方法探测计算海面高程。

在去除大地水准面趋势的影响时，采用 EGM2008 模型去除大地水准面引起的趋势项。在解算过程中，考虑到尽量提高解算分辨率，同时尽可能避免由大地水准面的不准确性带来更多的误差，选取每 20km 为窗口，则每个窗口内 ICESat 的测量点约为 120 个。因为窗口内数据量只有 100 多个，为了尽量确保计算的可靠性，选择其中最小的 3 个测量数据，并取这 3 个数据的平均值作为 20km 内的冰间水道的高程值，即为该窗口范围内的海面高。最后分别利用窗口范围内剩下的数据减去海面高，得到海冰干舷高。

图 8-20 即为利用 ICESat 轨道高程信息解算海冰干舷高过程的实例示意图。图 8-20 中横轴表示每个测高数据与轨道起始点间的距离，图 8-20（a）纵轴表示测高数据未去除 EGM2008 大地水准面趋势的高程，图 8-20（b）纵轴为去除 EGM2008 大地水准面之后的高程，图 8-20（c）纵轴即为海冰干舷高，图 8-20（a）和图 8-20（b）中黑色折线均为 ICESat 高程，黑色点为本研究探测得到的冰间水道高程，图 8-20（a）中灰色曲线为

EGM2008 大地水准面高程，图 8-20（c）中黑色折线为 ICESat 数据高程减去冰间水道高程得到的海冰干舷高，深黑色曲线为滤波后的平均海冰干舷高。从图 8-20 中可以看出，探测得到的冰间水道高程明显要低于其他高程数据值。

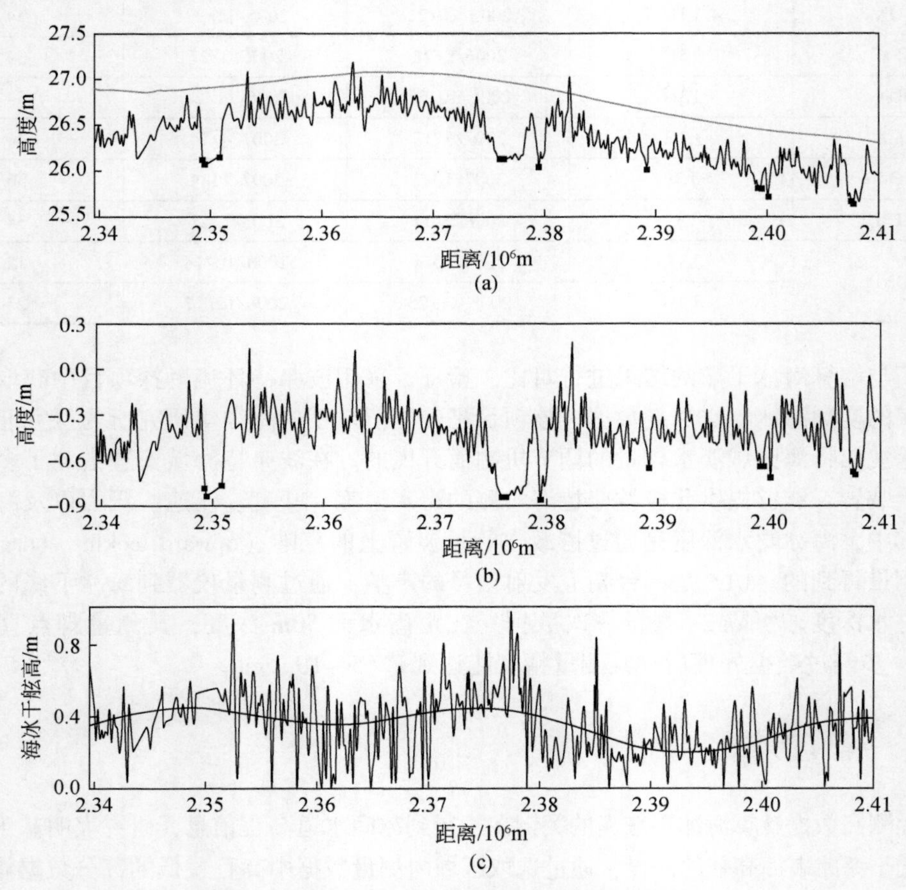

图 8-20 利用 ICESat 高程求解海冰干舷高实例

8.2.3 解算结果

采用 8.2.2 节的解算方法，计算北极区域 2003 ~ 2008 年部分时间段的海冰干舷高，如图 8-21所示。其中左边一列［图 8-21（a）~图 8-21（d）］分别为北极海冰 2003 ~ 2006 年 9 ~ 11月（冬季）海冰干舷高，右边一列［图 8-21（e）~图 8-21（h）］分别为北极海冰 2004 ~ 2007 年2 ~ 4 月（夏季）海冰干舷高。从图 8-21 中可以看出，北极海冰分布情况并不是纬度越高海冰干舷高就越大。较厚的海冰多数分布在格陵兰冰盖以及格陵兰以西伊丽莎白女王群岛北部区域，说明更接近北极点的大陆附近容易产生更厚的海冰分布。

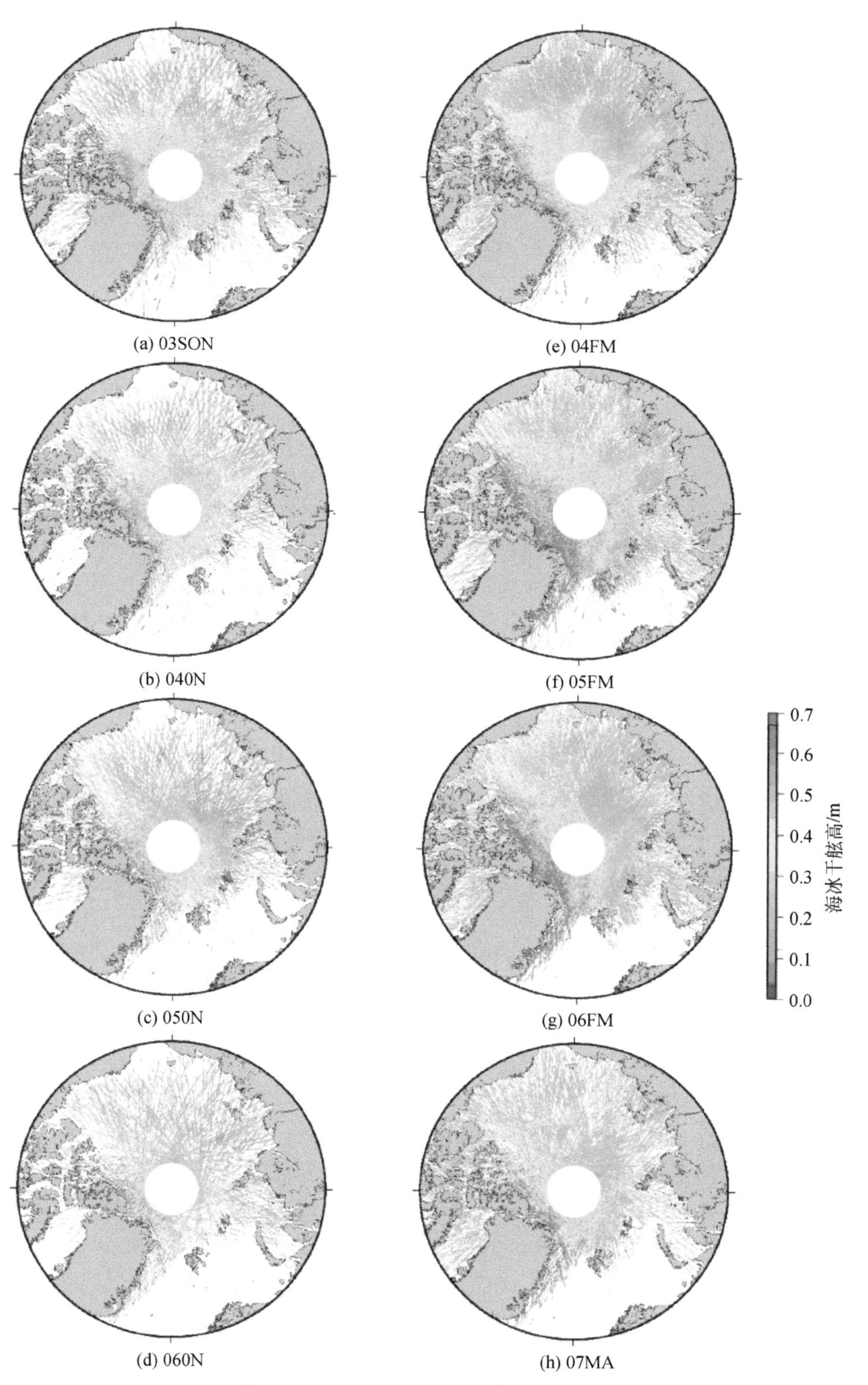

图 8-21　2003～2007 年北极海冰干舷高

北极海冰数量经过冬季的结冰期后在 3 月左右达到最大值，经过夏季的融化期之后在 9 月减少到一年中最小值。从图 8-21 中可以看到北极海冰这一较为明显的季节性变化特征。2 月、3 月红色部分较多，9 月、10 月红色部分较少，说明 2 月、3 月北极海冰干舷高比 9 月、10 月海冰干舷高偏大，符合实际规律。

研究表明，近几十年间，北极 SIA 整体呈现下降趋势，并且在 2007 年夏季，SIA 迅速下降，达到最低值。2003 ~ 2008 年，北极海冰干舷高整体呈减少趋势，并且在 2007 年夏季干舷高迅速减小，达到最低值。说明北极海冰的减少不仅体现在面积变化上，其厚度也在逐渐减小。

海冰的变化主要受热力学和动力学两方面因素的影响，是海冰冻结消融与海冰运动的综合结果。受气候变暖、大气环流模式、海洋热对流、冰雪反照率反馈等多种因素影响。北极海冰干舷高在 2007 年夏季呈迅速下降趋势的原因主要有以下几点：首先，北极海冰在 2007 年之前受气候变暖影响呈现消融态势，海冰厚度减薄变得更脆弱，进而更容易受到气候异常变化的影响。其次，2007 年北极夏季出现较为反常的大气环流，北冰洋受来自太平洋的暖流作用影响，并且在北极出现云量的减少的现象，使得太阳的辐射作用增强。由于海冰正在逐渐减少，增加了开阔水域面积，这样也间接加剧了海洋对太阳辐射能量的吸收，加速海冰底部消融作用。2007 年北极夏季出现了以上现象，各种因素综合起来影响了北极海冰的变化情况，使得北极 SIE 在 2007 年夏季减小到一个较低水平。

8.2.4 验证分析

利用波弗特海安装的水下声呐实测海冰吃水深度数据对解算结果进行了对比分析。波弗特海域安装了四台 ULS 测量海冰吃水深度，并且采集数据时间与本研究解算时间一致，但是并非四个测量点位 20km 距离内都有测高数据，选取了 Mooring C 所采集的数据进行对比分析。

解算结果为海冰干舷高，而水下声呐测量的是海冰吃水深度，因此需要将海冰干舷高转换为海冰吃水深度。如果已知积雪厚度 H_{snow}，则可以通过浮力定理反演海冰吃水深度 H_{draft}。一般情况下，积雪厚度要小于海冰干舷高，则可以利用海冰干舷高通过如下公式反演海冰厚度 H_{seaice}，其中 H_{seaice} 包括雪厚部分，海冰厚度减去海冰干舷高即可得到海冰吃水深度。在特殊情况下，积雪较多时，可能会导致积雪厚度大于海冰干舷高，这时，位于海平面以下的积雪会在 2 ~ 3 周内逐渐被海水渗透，并重新冻结成冰，假设积雪与海水重新冻结成冰后密度与海冰密度一致，则积雪厚度 H_{snow} 与海冰干舷高 H_f 相等，这样也可以利用浮力定理求得海冰厚度。

为了探讨雪厚在反演海冰厚度时的作用，分别采用雪厚为 5cm 和 10cm 解算海冰吃水深度，并与 ULS 测量结果进行对比，如图 8-22 所示，其中黑色菱形为 ULS 测量得到的海冰吃水深度，灰色方块为雪厚为 5cm 时海冰吃水深度，浅灰色三角为雪厚取 10cm 时海冰吃水深度。从图 8-22 中可以看出，不同的雪厚对反演结果影响也较大，相差 5cm 的雪厚会对海冰吃水深度造成约为 0.3m 的差异，因此精确的雪厚信息对海冰厚度的反演有至关重要的作用。虽然解算结果与验证数据海冰吃水深度变化整体趋势较为一致，但解算结果整体呈现低于 ULS 实测值的趋势，并随着雪厚取值增大，该趋势也逐渐增加。除了受解算过程中各种误差的影响以外，解算结果主要受解算海冰干舷高时存在一定的系统偏差的影响。

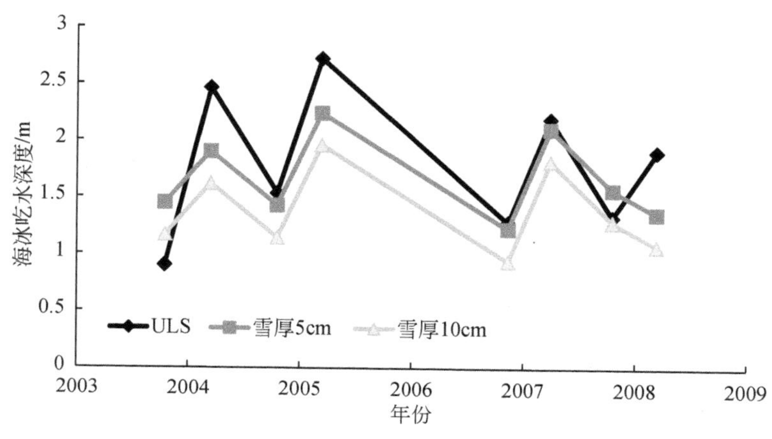

图 8-22 海冰吃水深度对比情况

因为验证数据和本研究采用数据时间上并不严格匹配，会带来一定的误差。ULS 每天都进行测量，我们取 ULS 在 ICESat 运行时间段内的平均测量值作为实测值进行对比。ICESat 测高卫星并不能每天都覆盖整个北极区域，一期数据中对某一特定区域可能只能进行少数几次测量。虽然利用 ICESat 能得到一期数据（30 多天）的海冰干舷高，但是该海冰干舷高并不是严格意义上该时间段的平均值，只是数据采集时间段内出现过的测量值，而海冰受气候影响较大，一个月之内也可能发生较为剧烈的变化，因此会给对比结果带来一定的差异。

在利用 ICESat 测高数据解算海冰干舷高时，ICESat 激光测高脚点地面直径约为 60m，而多数情况下冰间水道的宽度不一定能达到 60m，即使达到 60m 宽度，激光脚点也不一定正好落在冰间水道上面，很可能使其中一部分测量到海面，一部分测量到冰面，因此所得到的海面高程值就会略高于实际测量值，进而使得解算得到的海冰干舷高偏小。如果激光脚点落在薄冰上，会把薄冰的高程当成海面高程，将导致提取的海面高程偏高，使得解算得到的干舷高偏小。该系统偏差实际上与开阔水域所占比例呈负相关，当开阔水域较多较大时，系统偏差减小，反之，系统偏差会增加。一般来说，冬季雪厚要大于夏季雪厚值，因此，本研究解算结果在冬季会比实测值更小，系统偏差比夏季更大。而冬季开阔水域所占比例比夏季少，实际上也存在更大的系统偏差。可以看出，本研究解算结果和实际季节性差异呈较好的一致性，因此解算结果整体偏小是由激光脚点直径较大造成的。相信在 ICESat-2 卫星发射后，其较小的脚点直径会使得这一系统偏差的影响被大幅度削弱。

虽然与验证数据对比存在一定误差，但是从图 8-22 还是可以看出，海冰吃水深度变化规律较为一致，无论是从 ULS 实测结果还是本研究的反演结果都能看出较为明显的季节性变化规律。上半年（冬季）海冰吃水深度较深，而下半年（夏季）海冰吃水深度较浅。该地区的海冰吃水深度为 1 ~ 3m，该区域的海冰主要为一年冰，因此夏季长期的变化并不明显，而冬季在 2005 年海冰吃水深度达到最大，之后每年呈略微减少趋势。

对比图 8-21 和图 8-22 可以看出，虽然北极海冰整体上在 2007 年呈迅速减少的趋势，但是波弗特海域的实测数据与本研究的解算结果都表明，这一地区的海冰厚度并没有出现较为明显的下降趋势。通过实测数据我们可以看到，这一地区的海冰厚度一般都要小于 3m，属于一年冰。我们推测虽然全球气候变化导致北极海冰总量减少，但是对一年冰的影响可能并不明显。

8.3 北极黑碳对于北极海冰消融影响的观测与模拟研究

北极地区被广泛的冰雪覆盖，对气候变化极为敏感。气候变暖背景下，北极地区的升温速率约为全球平均升温速率的两倍（IPCC，2013）。观测结果显示，北极冰冻圈正在经历快速的变化，具体表现在：海冰范围急剧减少、厚度变薄、冰龄变轻（Comiso et al.，2008；Stroeve et al.，2012a，2012b；Overland and Wang，2013）；积雪范围减小、南界北移（Brown and Mote，2009；Bulygina et al.，2009；Brown et al.，2010；Derksen and Brown，2012）；冻土活动层厚度变厚等。对北极冰雪覆盖区而言，除了气温上升的影响，吸光性物质也被认为是促进北极冰雪消融的重要因素（Clarke and Noone，1985；Flanner et al.，2007；Dumont et al.，2014；AMAP，2015）。黑碳是生物质和化石燃料不完全燃烧的产物，是大气颗粒物中吸光性最强的物质（Bond et al.，2013）。黑碳排放到大气中后，最终经由干湿沉降过程落到地面。北极黑碳气溶胶可以通过多种方式对北极地区的辐射平衡产生影响。首先，黑碳可以吸收太阳辐射加热大气（Haywood and Shine，1995）；其次，黑碳可以通过影响云的微物理过程、分布及生命期，对区域降水产生影响（Koch and del Genio，2010；AMAP，2015）。当黑碳沉降到冰雪表面后，会降低反照率，增加冰雪对太阳辐射的吸收，加速冰雪消融（Warren and Wiscombe，1980；Hansen and Nazarenko，2004；Quinn et al.，2011）。黑碳还会通过激发冰雪反照率反馈过程，进一步加速冰雪消融，促进气候变暖，在北极地区这一现象尤为显著（Flanner et al.，2009）。

对北极雪冰黑碳的观测研究始于 20 世纪 80 年代，Clarke 和 Noone（1985）最早在北极地区西部实施雪冰黑碳采样观测。在 1997 ~ 1998 年北冰洋表面热量平衡（SHEBA）试验期间，Grenfell 等（2002）开展了北冰洋雪冰黑碳断面观测。此后，对北极雪冰黑碳的观测在 2005 ~ 2009 年华盛顿大学实施的环北极地区考察中得到极大的丰富，这次考察包含俄罗斯北极地区、北冰洋、加拿大和阿拉斯加北极地区和格陵兰的观测（Doherty et al.，2010）。同时，Forsström 等（2013）在斯瓦尔巴地区也开展了一些春季的雪冰黑碳观测。Dou 等（2012）在 2008 年和 2010 年夏季北冰洋考察中也进行了雪冰黑碳断面观测；其在 2015 和 2017 年 4 ~ 6 月阿拉斯加巴罗地区也进行了雪冰黑碳连续采样观测（图 8-23）。

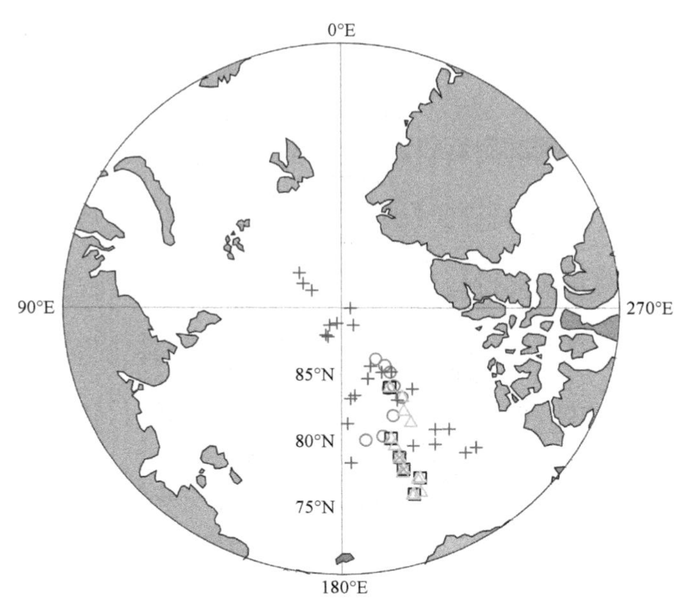

图 8-23 历次北极科学考察期间（海冰消融期）冰雪物理特征及雪冰黑碳采样点位分布

绿色所示为 2010 年韩国首次北冰洋考察途中新雪采样点；黄色所示为 2010 年韩国首次北冰洋考察途中积雪物理特征观测点位；红色所示为 2008 年中国第三次北冰洋考察途中积雪物理特征观测点位；黑色所示为 2010 年韩国首次北冰洋考察途中海冰表面积雪采样点位；蓝色所示为 Doherty 等（2010）已发表的雪冰黑碳浓度观测点位

对北极地区雪冰黑碳的观测主要分两个季节：春季和夏季。春季的观测除在海冰区开展外，还在环北极冻土区进行采样观测，包括俄罗斯北极地区、斯瓦尔巴群岛、加拿大和阿拉斯加北极地区。从图 8-24 可以看出，就整个北极地区而言，俄罗斯地区的雪冰黑碳

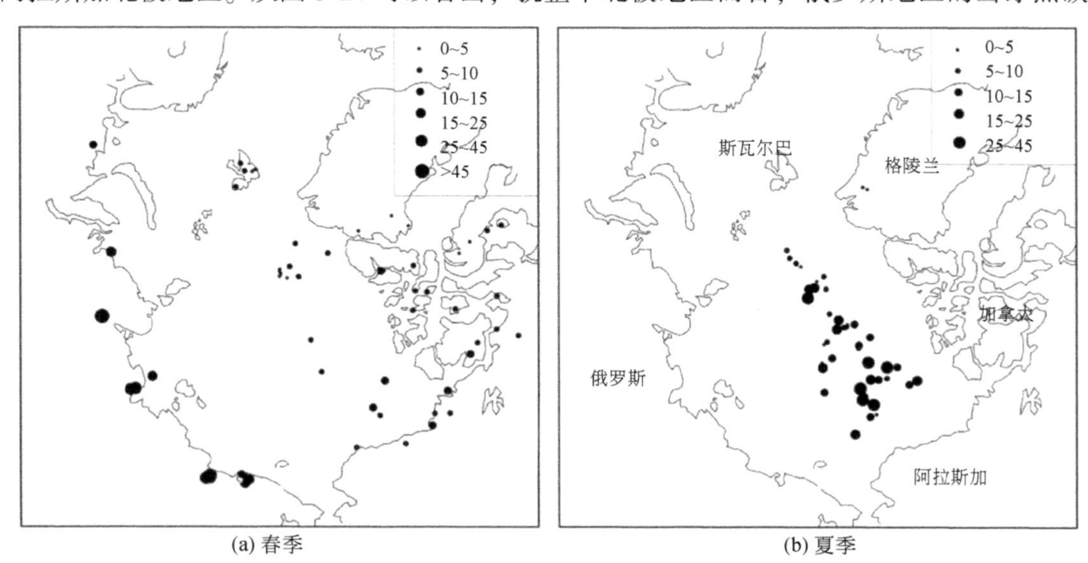

(a) 春季　　(b) 夏季

图 8-24 环北极地区雪冰黑碳观测点位及浓度分布水平

（a）中雪冰黑碳浓度的观测时间为 2007 ~ 2009 年春季（Doherty et al.，2010），
（b）中雪冰黑碳浓度的观测时间分别为 2005 年、2008 年（Doherty et al.，2010）、2010 年（Dou et al.，2012）

浓度明显高于其他几个地区，平均浓度约为 23.4ng/g，且俄罗斯西部地区高于东部(图 8-25)，其次是加拿大和阿拉斯加北极地区，平均浓度约为 7.9ng/g。浓度最低的为北冰洋、斯瓦尔巴西部地区和格陵兰地区。总体而言，由于距人类活动区较远，北极地区春季雪冰黑碳浓度水平要低于同期中低纬地区的雪冰黑碳浓度（Flanner et al.，2007；Ming et al.，2009）。

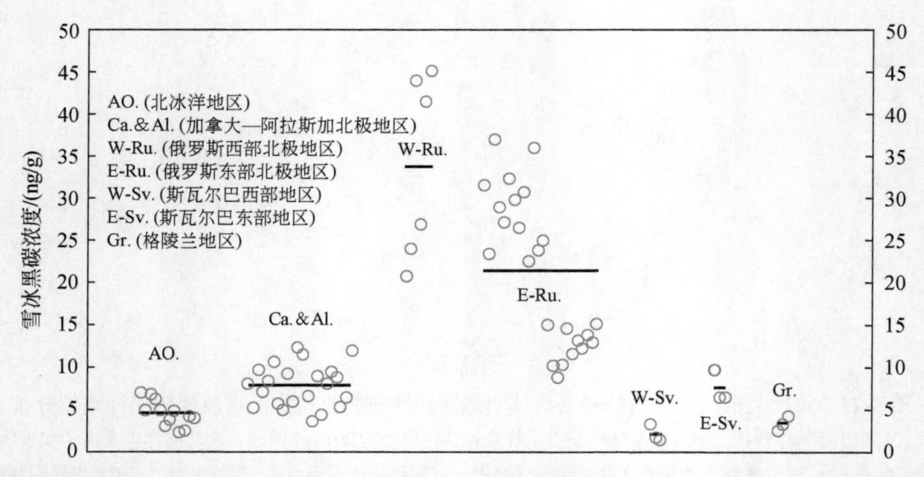

图 8-25　北极春季，北冰洋、俄罗斯北极地区（分东部和西部)、斯瓦尔巴地区（分东部和西部)、加拿大—阿拉斯加北极地区、格陵兰地区雪冰黑碳分布水平比较

图中显示了各地区黑碳的平均浓度（ng/g)，数据来源与图 8.3-2a 一致（Dou et al.，2016)

观测资料显示北极地区春季雪冰黑碳浓度随纬度增加显著降低（图 8-26)。在俄罗斯北极地区这一特征尤为明显，俄罗斯陆地沿岸地区的雪冰黑碳浓度要远远高于海冰区。除少量船舶航行（北极东北航道）和航空排放的贡献外（Corbett et al.，2010；Whitt et al.，2011)，绝大部分黑碳来自于俄罗斯地区农作物秸秆燃烧排放及中纬度国家的工业排放(Law and Stohl，2007)。在黑碳气溶胶长距离传输过程中，受干湿清除过程的影响，黑碳逐渐损失，导致到达北极中心地区的黑碳浓度远远低于北冰洋沿岸地区。

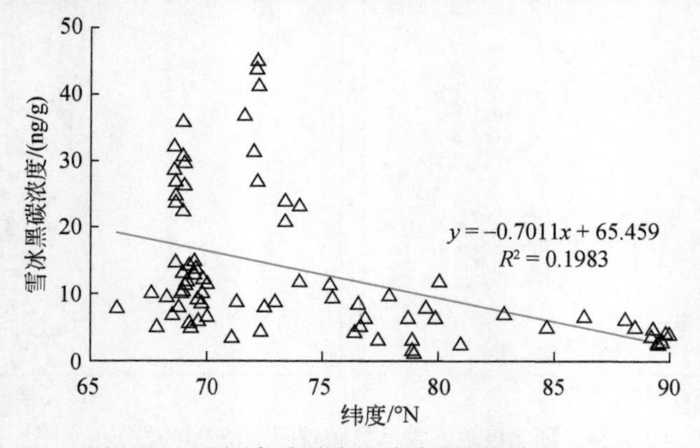

图 8-26　北极春季雪冰黑碳浓度随纬度的变化

图中数据来源与图 8-24（a）一致（Dou et al.，2016)

我们运用 GISS-PUCCINI 模式对北极地区春季雪冰黑碳分布进行了模拟，模式中使用 2000 年的排放清单（Lamarque et al.，2010；van der Werf et al.，2010）。由于春季的观测主要集中在 2007～2009 年，因此，我们有针对性地模拟这一时期的雪冰黑碳浓度空间分布并与观测资料进行对比。结果显示，模拟结果与观测具有较好的对应关系，表明该模式可以较好地模拟北极地区春季雪冰黑碳的空间分布情况。从模拟结果可以看出，俄罗斯地区的雪冰黑碳浓度水平普遍高于北极其他地区（图 8-27）。相比观测结果，模式结果给出了北极各地区空间上连续的雪冰黑碳浓度分布情况，为评估雪冰黑碳辐射强迫奠定了基础。

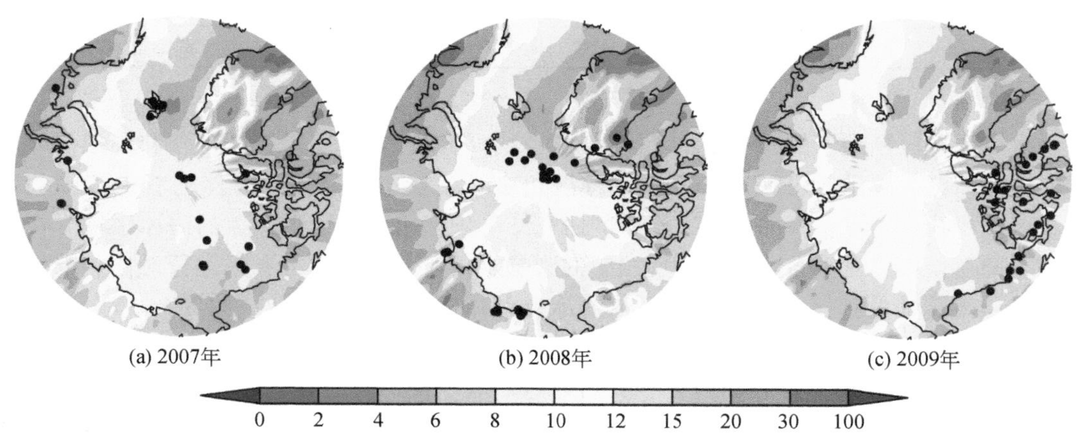

图 8-27 GISS-PUCCINI 气候-大气化学模式模拟的 2007～2009 年春季北极雪冰黑碳浓度空间分布
图中黑色圆点表示观测点位（Dou et al.，2012）

我们运用 W-W 方法估算了雪冰黑碳对冰雪反照率的影响，假设春季积雪表面粒径为 1mm。从图 8-28 可以看出，反照率降低最显著的地区是俄罗斯北极地区。在该地区，雪冰黑碳可使反照率降低约为 1.5%（0.9%～2.3%）。同时从图 8-28 也可以看出，雪冰黑碳对反照率的影响存在显著的年际变化，2008 年明显高于 2009 年和 2007 年。在北冰洋地区，雪冰黑碳对反照率的影响较小，约使反照率降低 0.5%（图 8-28）。

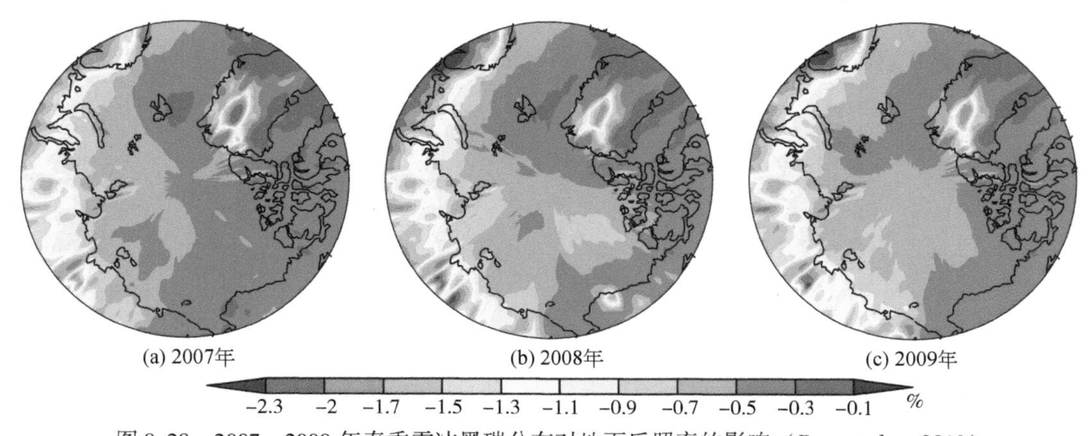

图 8-28 2007～2009 年春季雪冰黑碳分布对地面反照率的影响（Dou et al.，2012）

进一步分析显示，湿沉降是北极地区黑碳沉降的主要方式。就66°N以北地区而言，湿沉降对总沉降的贡献高于90%，在9月可达95%。北半球平均而言，湿沉降的贡献约为76%，全球平均而言约为80%，北极地区湿沉降的贡献最大（表8-2）。

表8-2　北极冬半年（9月至次年5月）黑碳气溶胶湿沉降占总沉降的比例（单位：%）

区域	9月	10月	11月	12月	1月	2月	3月	4月	5月
66°N以北地区	95	94	92	91	90	90	92	93	92
北半球	78	78	77	76	74	75	76	77	76
全球	81	81	81	81	81	82	82	82	81

资料来源：Dou et al.，2012

夏季，北极陆地上的积雪基本消融殆尽，这一时期，对雪冰黑碳的观测和模拟研究主要是在海冰区。夏季北极海冰表面一些地区仍被积雪覆盖，但是同时伴随着大范围的融池。因此，我们对夏季海冰区雪冰黑碳的研究结果仅适用于有积雪覆盖的海冰区域。在观测的基础上，估算夏季雪冰黑碳对反照率的影响及辐射强迫，并与春季进行对比。结果显示，有积雪覆盖的地区，雪冰黑碳可使海冰反照率降低1.5%，造成约为$3.5W/m^2$的辐射强迫，这一数值甚至高于春季俄罗斯地区雪冰黑碳的辐射强迫，主要是夏季积雪消融，黑碳在雪面富集，且表面粒径增大所导致。春季北冰洋地区雪冰黑碳的辐射强迫为$0.64W/m^2$。在加拿大—阿拉斯加北极地区雪冰黑碳的辐射强迫为$0.84W/m^2$，斯瓦尔巴雪冰黑碳的辐射强迫为$0.54W/m^2$（图8-29）。需要说明的是，夏季北冰洋地区，由于融池广泛发育，雪冰黑碳并非是影响海冰反照率的主要因素（Dou et al.，2016）。

通过对北极雪冰黑碳的观测和模拟研究，我们得出以下几点结论。

1）北极地区春季雪冰黑碳浓度水平依次为：俄罗斯>加拿大—阿拉斯加>北冰洋>斯瓦尔巴>格陵兰。

2）北极地区春季雪冰黑碳浓度随纬度增加而降低。

3）平均而言，整个北极地区春季雪冰黑碳的辐射强迫约为$1W/m^2$。

4）夏季北冰洋地区雪冰黑碳浓度水平普遍高于春季，在积雪覆盖区，单位面积上的辐射强迫也强于春季。

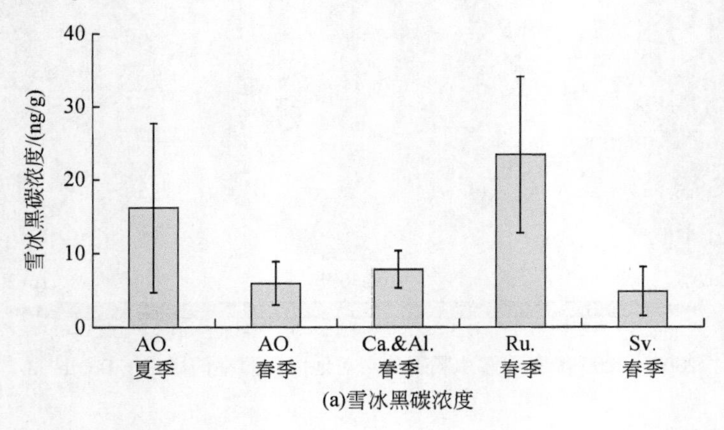

(a)雪冰黑碳浓度

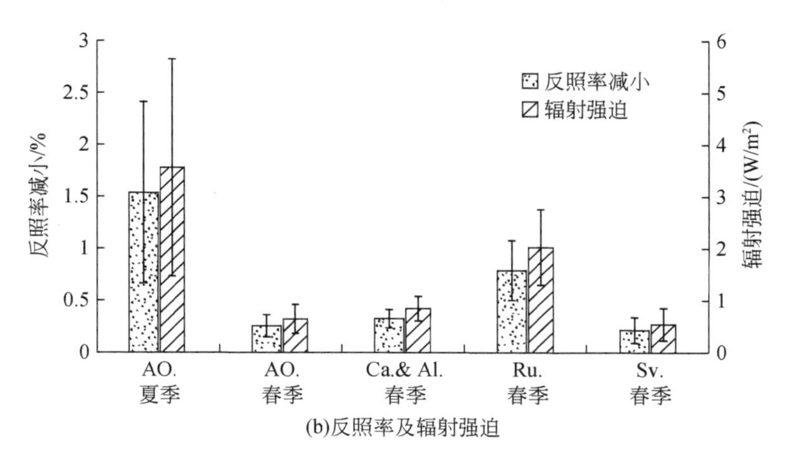

(b)反照率及辐射强迫

图 8-29 春、夏季北极各地区雪冰黑碳浓度分布水平和雪冰黑碳对反照率的影响及其辐射强迫（Dou et al.，2016）

AO. 为北冰洋地区；Ca. & Al. 为加拿大-阿拉斯加北极地区；Ru. 为俄罗斯北极地区；Sv. 斯瓦尔巴地区

8.4 北极降水形态变化对北极海冰消融影响的观测与模拟研究

降水以不同形态（雨、雪、雨夹雪等）降落到地面对地表径流和能量平衡产生重要影响（Loth et al.，1993；Ding et al.，2014）。在全球变暖的背景下，降水形态形态发生了显著的变化，特别是在冰冻圈等气候敏感区（Hasnain，2002；Putkonen and Roe，2003；Ye，2008；韩微等，2018）。北极地区增暖是全球平均的两倍以上（Bekryaev et al.，2010；Miller et al.，2010），随着气温升高，春季高纬度地区更多的降雪被降水替代（Knowles et al.，2006；Screen and Simmonds，2012；Ye and Cohen，2013，han et al.，2018）。

降水形态变化对冰冻圈消融的影响机理目前尚不清楚，本研究初步针对降水形态变化对海水消融的影响，需结合海-冰-气过程观测和海冰模式来开展研究。CICE5.1 模式是目前国际上比较认可的海冰模式，对海冰的热力过程和动力过程都有比较详细地考虑。与大气模式和海洋模式都可以实现较好地耦合。目前该模式中区分了固态降水和液态降水对海冰消融的影响。然而，对降水影响的刻画主要是通过融池参数化来实现。在融池参数化方案中（式 8-1），降水直接进入融池中，通过增加融池的体量，对海冰消融产生影响。

$$\Delta V_{\mathrm{melt}}=\frac{r}{\rho_w}\left(\rho_i\Delta h_i+\rho_s\Delta h_s+F_{\mathrm{rain}}\Delta t\right)\ a_i \tag{8-1}$$

式中，$r=r_{\min}+(r_{\max}-r_{\min})\ a_i$，$r$ 为太阳短波辐射；ρ_i 和 ρ_s 分别为冰和雪的密度；ρ_w 为水的密度；Δh_i 和 Δh_s 分别为海冰和积雪消融的厚度；a_i 为反照率；F_{rain} 为降水率。

上述降水对海冰消融影响的参数化方案较为简单，尚未考虑降水在海冰消融开始前的贡献，主要原因是这一过程目前尚不清楚。因此，需要针对海冰消融关键时期开展降水形态及海冰消融过程连续观测，辨析降水在海冰消融过程中的主要作用和关键过程，并将这一影响考虑到海冰参数化方案中，以便提升模式对海冰消融速率的模拟能力。

针对现阶段模式所需，在本研究支持下，以巴罗站为支撑平台，从 2015 年起在巴罗站西北部的楚科奇海开展海冰消融过程连续观测。已开展的观测内容包括：海冰及上覆积雪物理特征；气象要素（含四分量辐射）；海冰反照率；降水形态变化；黑碳等吸光性物质富集情况；海冰物理变型（破碎、脊化等）及开阔海域分布等。

第9章 北极海冰变化对气候的影响与反馈

9.1 9月北极海冰变化的动力学原因研究

9.1.1 9月北极SIE变化趋势

在过去的20年中，北极地区9月SIE表现出显著减小趋势，而且不断突破之前的极小值记录（Maslanik, et al., 1999; Serreze et al., 2003, 2007; Stroeve et al., 2005; Comiso et al., 2008）。2007年9月，SIE为$4.28\times10^6km^2$，比2005年的$5.56\times10^6km^2$（Stroeve et al., 2008）减小了23%。北极海冰减小的关键因素是海冰的厚度在最近的几十年不断变薄（Holloway and Sou, 2002; Lindsay and Zhang, 2005; Maslanik et al., 2007; Stroeve et al., 2008），而北极海冰的变薄可能是大气温度升高，以及洋流状态、海水温度、辐射通量、表面风、海冰反照率反馈等发生变化的综合效果（Lindsay and Zhang, 2005; Shimada et al., 2006; Serreze et al., 2007; Steele et al., 2008; Polyakov et al., 2010）。Polyakov等（2010）研究表明近几十年来大西洋中层水温持续升高，并且大西洋暖水层向上移近表层水，导致北极海冰厚度减小。Shimada等（2006）提出，太平洋暖水的流入也使得北极海冰减少。海冰变薄和海冰反照率的正反馈作用进一步有利于海冰的融化（Zhang et al., 2008a），而海冰融化又控制着海冰厚度的年际变化（Laxon et al., 2003）。关于表面风对北极海冰的动力学作用，前人已经有了大量的讨论（Thorndike and Colony, 1982; Proshutinsky and Johnson, 1997; Rigor et al., 2002; Serreze et al., 2003, Spreen et al., 2011）。表面风强迫作用影响海冰的空间分布、海冰从北冰洋向北大西洋的输送，以及夏季太平洋暖水向北冰洋的输送。当北极海冰厚度变薄的时候，表面风强迫和海冰的耦合作用更为有效（Shimada et al., 2006）。已有的观测和数值模拟也表明，海冰厚度的变率也受表面风影响（Polyakov and Johnson, 2000; Zhang and Hunke, 2001; Holloway and Sou, 2002; Laxon et al., 2003; Stroeve et al., 2011; Spreen et al., 2011）。Carmack和Melling（2011）指出，风场异常和海冰反照率反馈作用对于近年来北极海冰的急剧减少起到了至关重要的作用。

在北极海冰变薄的先决条件下，许多研究探讨了9月北极SIE创纪录低的可能原因。Serreze等（2003）讨论了北极地区夏季气旋活动的维持及其对于海冰散度和快速融化的影响。一些研究把2007年9月SIE创纪录低值归结为近几十年来海冰变薄和北冰洋反气旋型环流模态共同作用的结果（Stroeve et al.，2008；Lindsay et al.，2009）。Zhang 等（2008a）认为风场异常和海冰反照率反馈作用是2007年夏季海冰异常的主要原因。Perovich 等（2008）则认为，太阳辐射加热和海冰反照率反馈作用对2007年夏季海冰的消退有贡献。Wang 等（2009）强调了北极偶极子（arctic dipole，AD）模态异常的作用，他们指出，1995年、1999年、2002年、2005年、2007年夏季，由北极偶极子所产生的强经向风异常驱动更多的海冰从北极地区进入北大西洋地区。同时，Overland 和 Wang（2010）评估了北极涛动（arctic oscillation，AO）和北极偶极子的持续性和季节性特征，并指出北极海冰的减少和500～1000hPa的大气层厚度增加有直接关系，但与SLP没有直接联系。

本节主要讨论北极地区夏季表面风变率的主模态及其对9月北极SIE极小值和变化趋势的联系。需要强调的是，这部分工作是在不考虑其他潜在影响因子的条件下，着重强调风应力强迫导致9月的北极SIE极小值及其趋势。和Wu和Johnson（2010a）不同之处是，为了揭示北极表面风变率的趋势，运用考虑面积权重的全年数据资料来刻画表面风的主模态。研究结果表明，过去20年中9月北极SIE的减小趋势不能通过70°N以北SLP经验正交函数分解的第二模态来解释，而主要是融冰期（4～9月）的表面风第二模态的频率增加和强度加强导致的。

9.1.2 夏季北极表面风场变率优势模态的空间特征

逐月平均（总计384个月）风场变率的第一模态［第一CVEOF（向量经验正交函数分解）］的方差贡献率为31%。当只考虑冬季的时候，第一模态的方差贡献率为35.3%（Wu and Johnson，2010a）。图9-1是第一复主成分的位相、实部和虚部的时间序列，这3个时间序列都没有明显的趋势。为了探究第一模态的空间演变，在以下4个不同的位相范围进行合成分析：0°位相（$\theta<45°$或$\theta\geqslant315°$）、90°位相（$45°\leqslant\theta<135°$）、180°位相（$135°\leqslant\theta<225°$）以及270°位相（$225°\leqslant\theta<315°$）。我们只用夏季（7～9月）月平均异常风场进行合成分析（96个夏季月），表9-1为四个典型位相范围的频率分布。

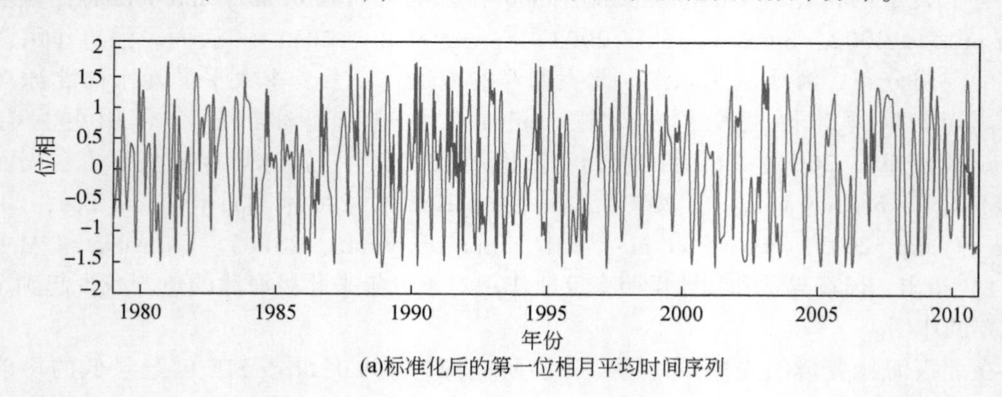

(a)标准化后的第一位相月平均时间序列

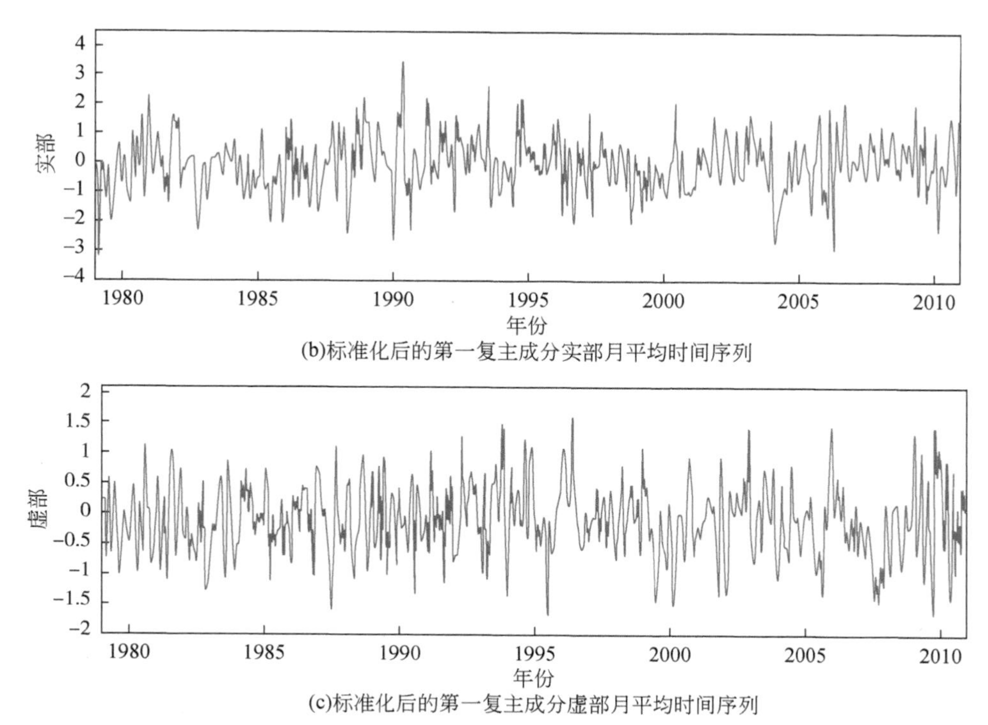

(b)标准化后的第一复主成分实部月平均时间序列

(c)标准化后的第一复主成分虚部月平均时间序列

图 9-1 第一复主成分的位相、实部和虚部的时间序列（Wu et al.，2012）

表 9-1 1979～2010 年夏季（7～9 月）不同位相范围的频率

位相	风场第一模态	风场第二模态
0°	21	18
90°	24	31
180°	25	17
270°	26	30

资源来源：Wu et al.，2012

当风场的主模态位于 0°位相时，整个北冰洋海盆和欧亚大陆边缘海域的表面风场为气旋型异常，其中心靠近拉普捷夫海的北侧。来自于北太平洋的南风和西南风异常穿过北冰洋，之后变为西北风异常覆盖巴伦支海—喀拉海地区［图 9-2（a)］。与此相对应，SLP 的负异常覆盖了从巴伦支海东部至东西伯利亚海的大部分海域，负异常中心位于拉普捷夫海北侧［图 9-2（e)］。当风场的主模态位于 90°位相时，北极地区有一对异常的气旋型和反气旋型风中心，气旋型风场位于巴伦支海—喀拉海地区，反气旋型风场靠近波弗特海，异常的南风和东南风覆盖了格陵兰岛北部海域和巴伦支海的西部海域［图 9-2（b)］。相对应的 SLP 空间分布也是一个偶极子模态结构［图 9-2（f)］，刚好和图 9-2（b）的风场结构相一致。180°（270°）位相的风和 SLP 异常表现出与 0°（90°）相反的异常结构

[图 9-2（c）、图 9-2（d）、图 9-2（g）、图 9-2（h）]。270°位相发生的频率最大（26 次），其次是 180°位相（25 次）。

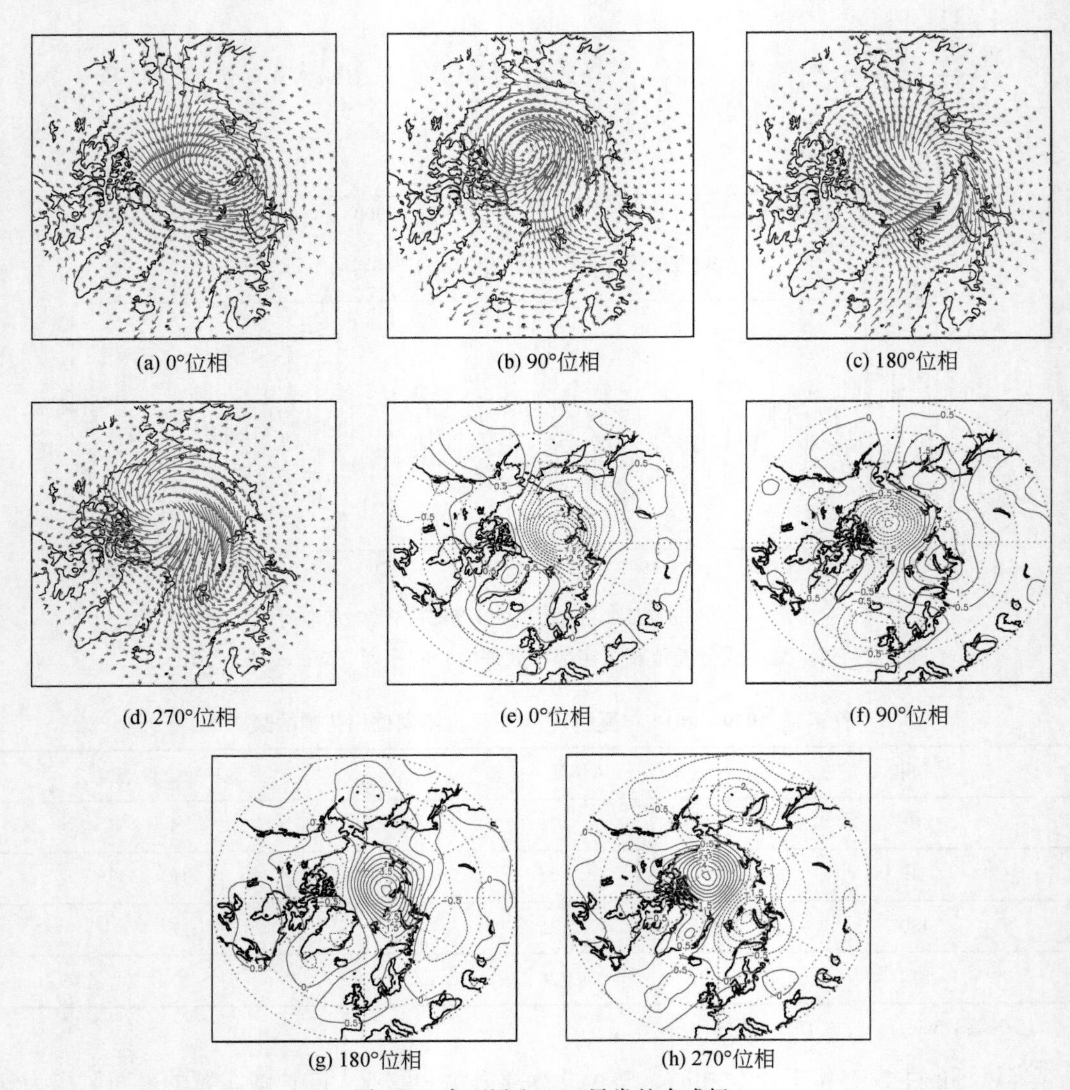

(a) 0°位相　(b) 90°位相　(c) 180°位相

(d) 270°位相　(e) 0°位相　(f) 90°位相

(g) 180°位相　(h) 270°位相

图 9-2　表面风和 SLP 异常的合成场

(a)表面风第一模态 0°位相的夏季月平均表面风异常场的合成场，(b) ~ (d)类似(a)，但分别为 90°位相、180°位相和 270°位相(2255° ≤θ<315°)；(e) ~ (h)类似(a) ~ (d)，但为相应的 SLP 异常的合成场；(a) ~ (d)单位为 m/s，(e) ~ (h)单位为 hPa

图 9-2 揭示出了风场的第一主模态包含两个子模态，与之相对应的 SLP 也表现出不同的空间结构。因此第一位相反映了两个子模态及其发生频率的空间演变。我们将这两个子模态分别命名为北部拉普捷夫（NLS）模态和北极偶极子模态。CVEOF 第一复主成分的实部和虚部分别可以作为表征北部拉普捷夫模态和北极偶极子模态的强度系数。北部拉普捷

夫模态包含0°位相（正位相）和180°位相（负位相）；而北极偶极子模态包含90°位相（正位相）和270°位相（负位相）。

对于CVEOF第二模态也采用了相同的分析方法，其方差贡献率为16%。对于第二模态的0°位相，北冰洋及其边缘海被一个异常气旋控制［图9-3（a）］。但是，有两点使得这一模态与图9-2（a）表现出的模态不同：一是这一模态的中心位于巴伦支海—喀拉海而不是拉普捷夫海北侧；二是北大西洋的西北部和挪威海地区都是在异常西南风的控制下。SLP异常的空间分布与图9-2（e）类似，但是负异常中心位置移动到了北大西洋扇区［图9-3（e）］。第二模态的90°位相，中心位于北冰洋中心海域的异常反气旋型环流代替了0°位相的异常气旋型环流，格陵兰海域和巴伦支海域是一致的北风异常［图9-3（b）］，而在巴伦支海—喀拉海海域表现出的气旋型环流异常，与Ogi等（2010）的结果不同。与之相对应的，SLP异常表现出一个偶极子模态，正负异常中心分别位于北冰洋中心海域和泰梅尔半岛附近的欧亚大陆北部［图9-3（f）］。180°（270°）位相所对应的风和SLP异常与0°（90°）位相所对应的异常相反［图9-3（c）、（d）、（g）、（h）］。第二模态的90°位相和270°位相发生的频率分别为31次和30次，大于0°位相和180°位相，表明图9-3（b）和（d）的风场模态发生的更加频繁。第二主模态也包含了两个子模态，分别被命名为北部喀拉海（NKS）模态和中心北极（CA）模态。进一步分析表明第二复主成分的实部和虚部可以作为表征NKS模态和北冰洋中部（CA）模态的强度指数。

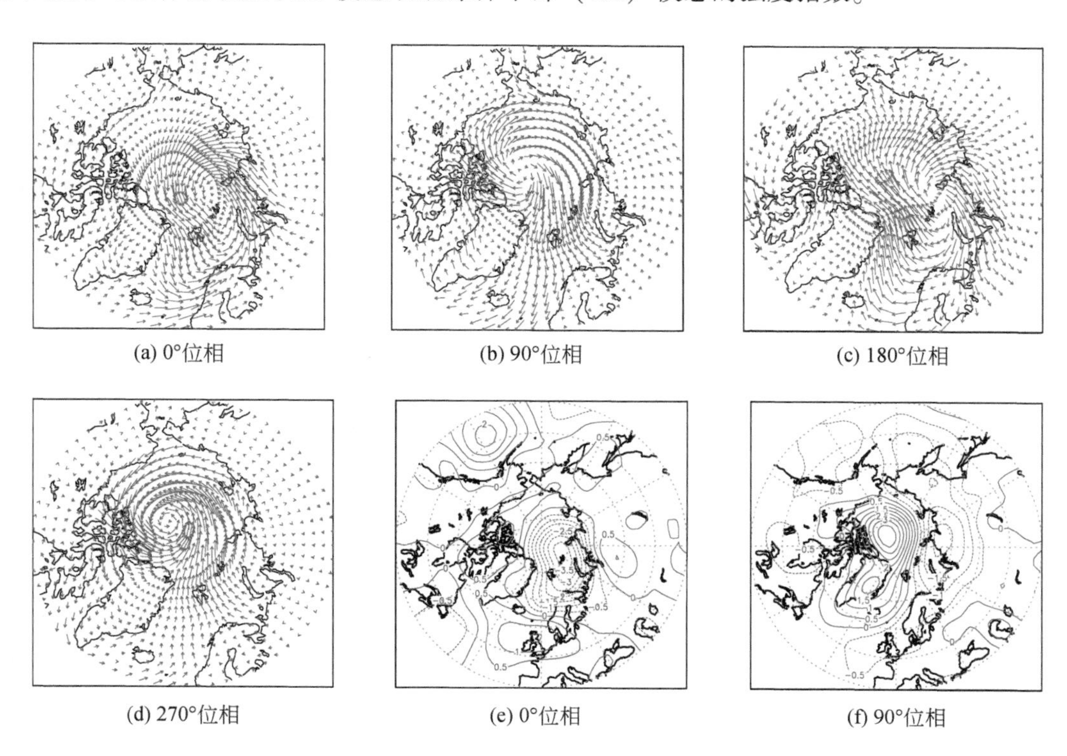

(a) 0°位相　(b) 90°位相　(c) 180°位相

(d) 270°位相　(e) 0°位相　(f) 90°位相

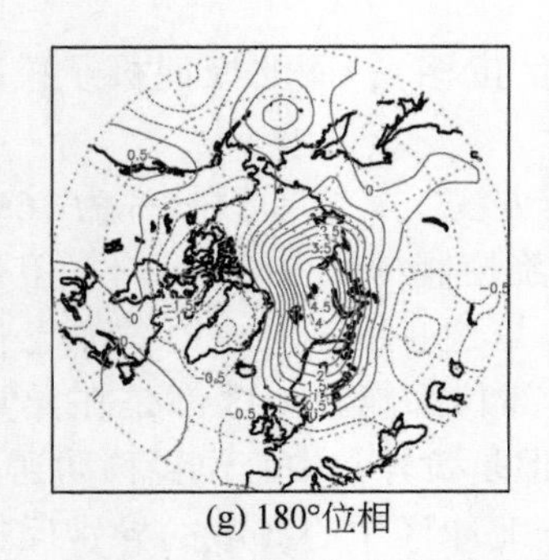

(g) 180°位相

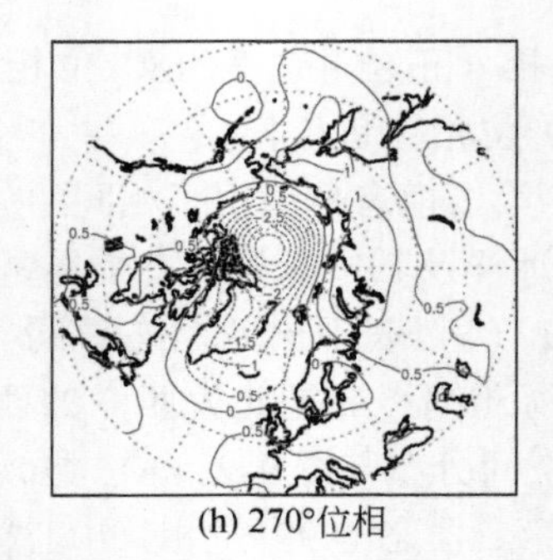

(h) 270°位相

图 9-3　第二主模态所对应的表面风和 SLP 异常的合成场

(a)表面风第二模态 0°位相的夏季月平均表面风异常场的合成场，(b) ~ (d)类似(a)，但分别为 90°位相、180°位相和 270°位相(225°≤θ<315°)；(e) ~ (h)类似(a) ~ (d)，但为相应的 SLP 异常的合成场；(a) ~ (d)单位为 m/s，(e) ~ (h)单位为 hPa

9.1.3　风场优势模态位相演变的物理意义

对于第一主模态，0° ~270°位相，SLP 场的负异常中心在北冰洋及其边缘海表现为逆时针旋转的演变过程 [图 9-2 (e) ~图 9-2 (h)]。500hPa 的位势高度场也出现了相似的演变过程，位势高度场异常和 SLP 异常表明这是一个准正压结构 [图 9-4 (a) ~图 9-4 (d)]。这一现象恰好反映了对流层中低层极涡中心位置的逆时针移动过程 [图 9-4 (e)、图 9-4 (f)]。对于表面风场第一模态的 0°位相和 180°位相，极涡的中心位置位于欧亚大陆和北美扇区；而对于 90°位相和 270°位相，极涡的中心位置靠近北冰洋的波弗特海和北欧海区域。因此，表面风第一模态反映了极涡中心位置的演变过程。除此之外，极涡的范围和强度都对风场具有影响。这部分我们不做讨论。

尽管表面风场第二模态的位相演变也与极涡位置的空间移动有关联，但极涡的中心位置并没有表现出顺时针或逆时针的移动 [图 9-4 (g)、图 9-4 (h)]。对于第二模态的 0°位相，极涡的中心位于北冰洋中部靠近北部巴伦支海 [图 9-4 (g)]；而 90°位相对应的极涡中心向亚洲大陆的北侧海域移动 [图 9-4 (h)]。90° ~180°位相的极涡中心从北冰洋的亚洲大陆一侧移动到美洲一侧。270°位相极涡又移动到了中部北冰洋的波弗特海海域。

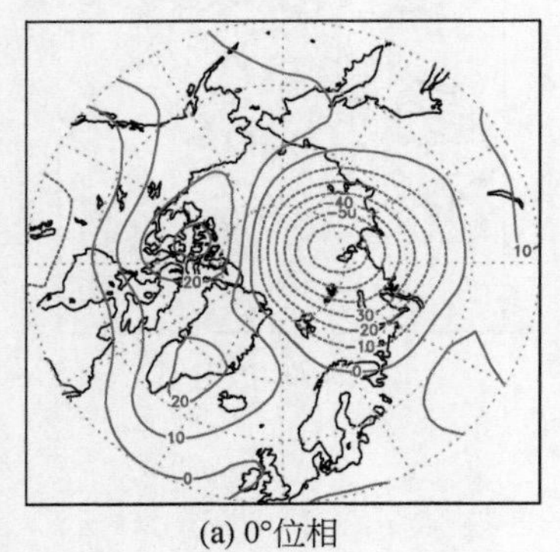

(a) 0°位相

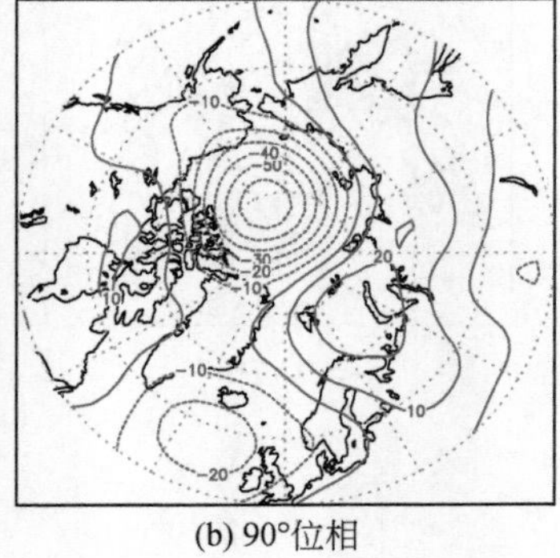

(b) 90°位相

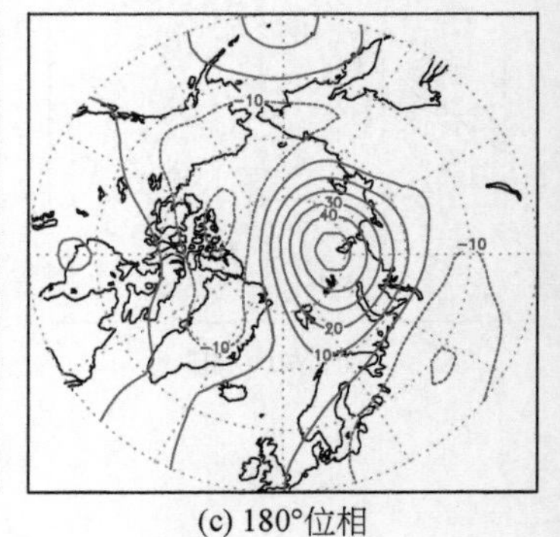

(c) 180°位相

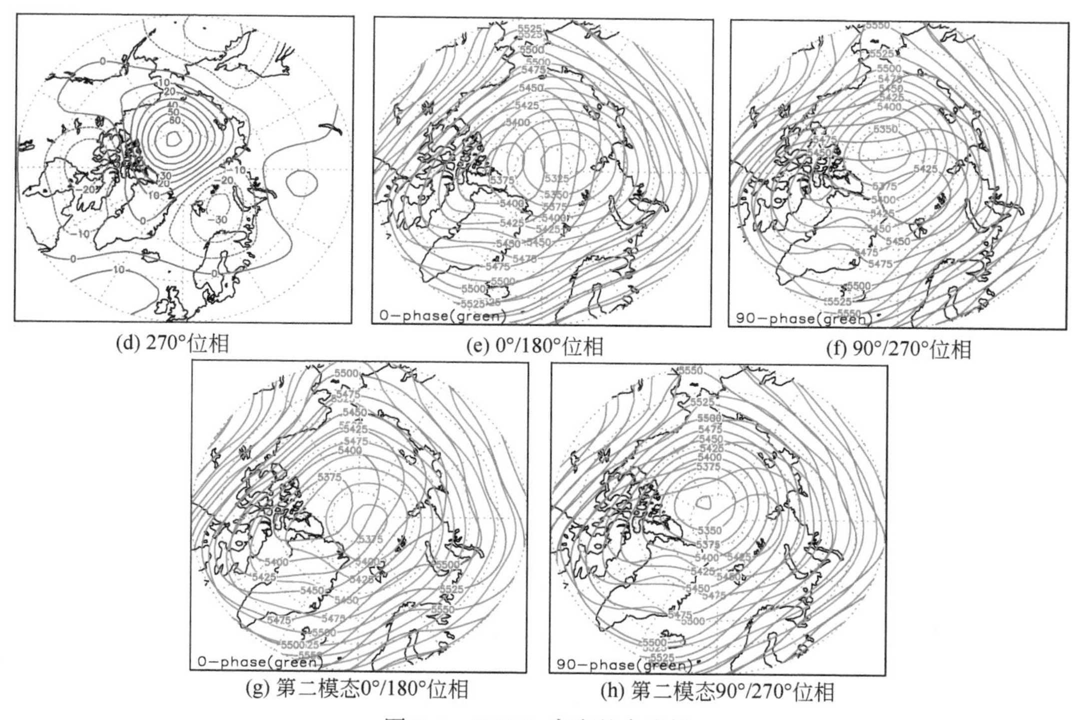

(d) 270°位相

(e) 0°/180°位相

(f) 90°/270°位相

(g) 第二模态0°/180°位相

(h) 第二模态90°/270°位相

图 9-4 500hPa 高度的合成场

(a) 表面风第一模态 0°位相所对应的夏季月平均 500hPa 高度异常场的合成场，(b)～(d)类似(a)，但分别为 90°位相、180°位相和 270°位相；(e) 复合分析夏季月平均 500hPa 高度场的 0°（绿色等值线）和 180°（红色等值线）位相；(f) 和 (e) 类似，但为 90°（绿色等值线）和 270°（红色等值线）位相；(g) 和 (h)，分别类似 (e) 和 (f)，但为第二模态对应的 500hPa 高度异常场；(a)～(d)和(e)～(f)的等值线间隔分别为 10gpm 和 25gpm

9.1.4 夏季风场模态对 9 月北极 SIE 的影响

在 9.1.2 节中，我们已指出，前两个复主成分的实部和虚部可以作为指数来描述风场模态。图 9-5 显示的是夏季（7～9 月）平均值时间序列。尽管北部拉普捷夫海模态的线性趋势通过了 95% 信度检验，但是与 9 月北极 SIE 没有显著相关关系。北极偶极子模态呈

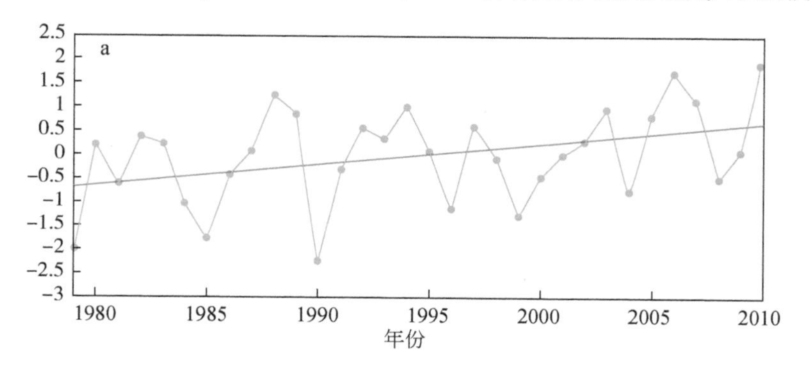

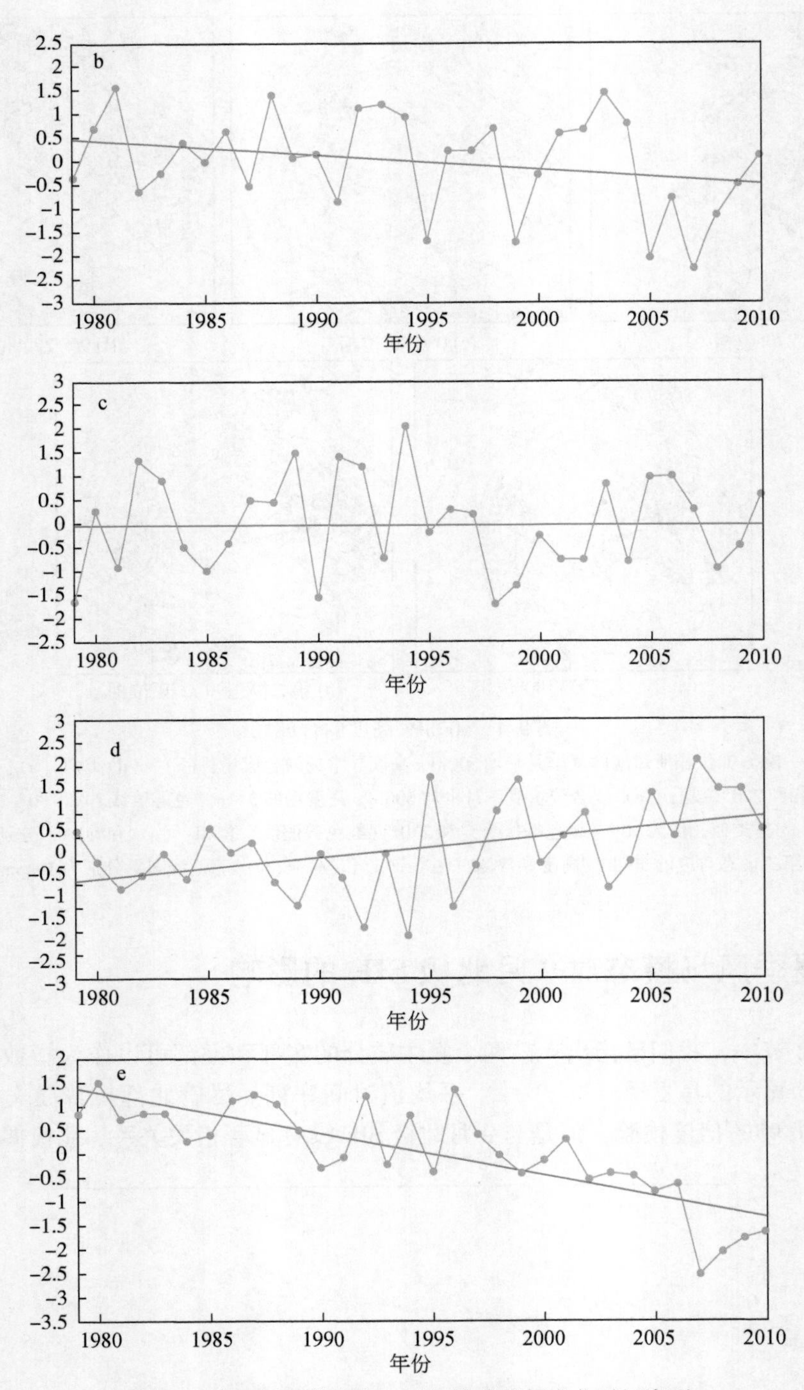

图 9-5 表面风场模态和 9 月海冰范围标准化时间序列

(a) 和 (b) 分别为北部拉普捷夫海模态和北极偶极子模态的标准化时间序列，对应夏季（7～9 月）平均的第一复主成分的实部和虚部；(c) 和 (d) 分别类似 (a) 和 (b)，但为北部喀拉海模态和北冰洋中部模态，对应第二复主成分；(e) 为 9 月北极海冰范围（SIC>15%）的标准化时间序列，源于 BADC 的 SIC 数据，红色虚线代表其变化趋势不显著的负趋势，而北冰洋中部模态表现出显著的正趋势。去掉趋势以后，9 月的北极 SIE 与北极偶极子模态和北冰洋中部模态有显著的相关性（相关系数分别为 0.46 和 -0.61，通过了 99% 的信度检验）。

在四个表面风场的模态中，只有北极偶极子模态的负位相和北冰洋中部模态的正位相能够与 1995 年、1999 年、2005 年、2007 年 9 月北极 SIE 的极小值有较好的对应关系［图 9-5（e）］。对表面风和 SLP 异常的合成分析也可以支持这一结论：异常的纬向风有利于穿过北极的海流将海冰从北冰洋向格陵兰—巴伦支海域输运［图 9-2（d）、图 9-2（h）以及图 9-3（b）、图 9-3（f）］。观测数据也表明，2005 年和 2007 年的夏季有更多的海冰从弗拉姆海峡输出到格陵兰海（Kwok and Rothrock，2009），与我们的结论一致。

尽管北极偶极子模态和北冰洋中部模态对 1995 年、1999 年、2005 年以及 2007 年 9 月 SIE 极小值有贡献，但这并不意味着这几年它们的贡献是相等的（图 9-6）。在 1995 年、1999 年、2005 年、2007 年的夏季，一个共同的特点是整个北冰洋被一个异常反气旋型的表面风场所控制。而异常气旋的中心位置分别为：1995 年位于巴伦支海北部［图 9-6（a）］、1999 年位于格陵兰海域和巴伦支海之间［图 9-6（b）］、2005 年位于喀拉海北部［图 9-6（c）］、2007 年位于拉普捷夫海［图 9-6（d）］。与图 9-3（b）的特征略有不同的是，2007 年夏季在巴伦支海有一个弱的异常气旋中心。因此，这些年的夏季异常表面风模态与北极偶极子模态的负位相有很大的相似性［图 9-2（d）］，表明该风场模态与 9 月 SIE 极小值的关系比北冰洋中部模态更为密切。北极偶极子（北冰洋中部）模态的强度在 1995 年、1999 年、2005 年和 2007 年分别为 22.89（23.19）、23.36（22.45）、28.23（18.01）和 30.81（28.86）。因此，风场模态的强度的比较也可以佐证这一点（除了 1995 年），因为 1995 年两个风场模态的强度是可比较的，相对于第二个模态，第一模态更加重要。事实上，2007 年位于巴伦支海的弱的异常气旋型环流中心和位于拉普捷夫海的强的异常气旋型环流中心反映了北冰洋中部模态影响的加强。在 1995 年、1999 年、2005 年，夏季平均的 SLP 异常与图 9-6（h）的异常类似，而 2007 年，在拉普捷夫海与东西伯利亚边缘海之间以及斯堪的纳维亚有两个强异常气旋中心［图 9-6（h）］，反映了两个风场模态的共同影响［图 9-2（h）、图 9-3（f）］。

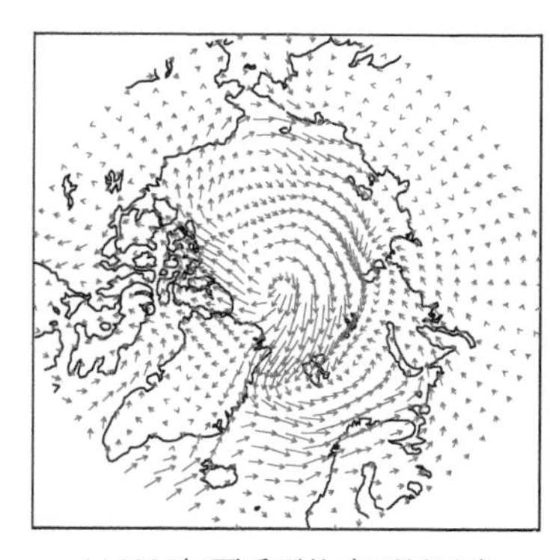
(a)1995年夏季平均表面风异常

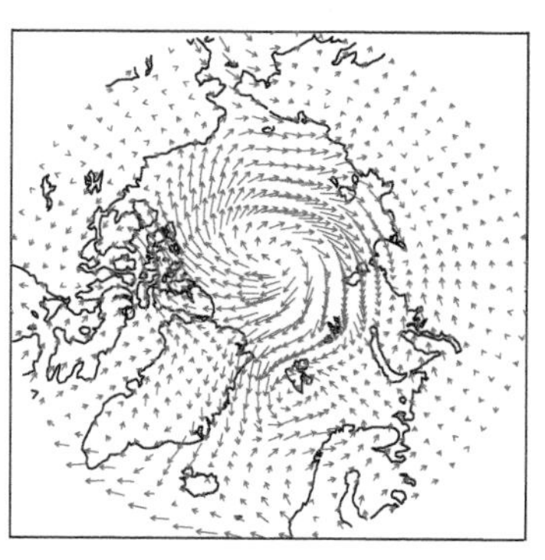
(b)1999年夏季平均表面风异常

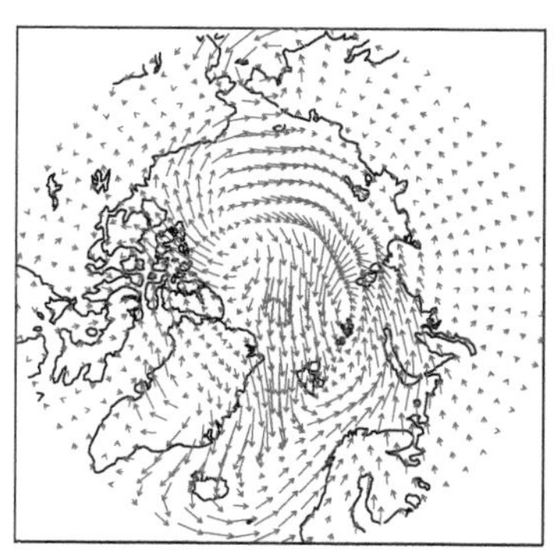
(c)2005年夏季平均表面风异常

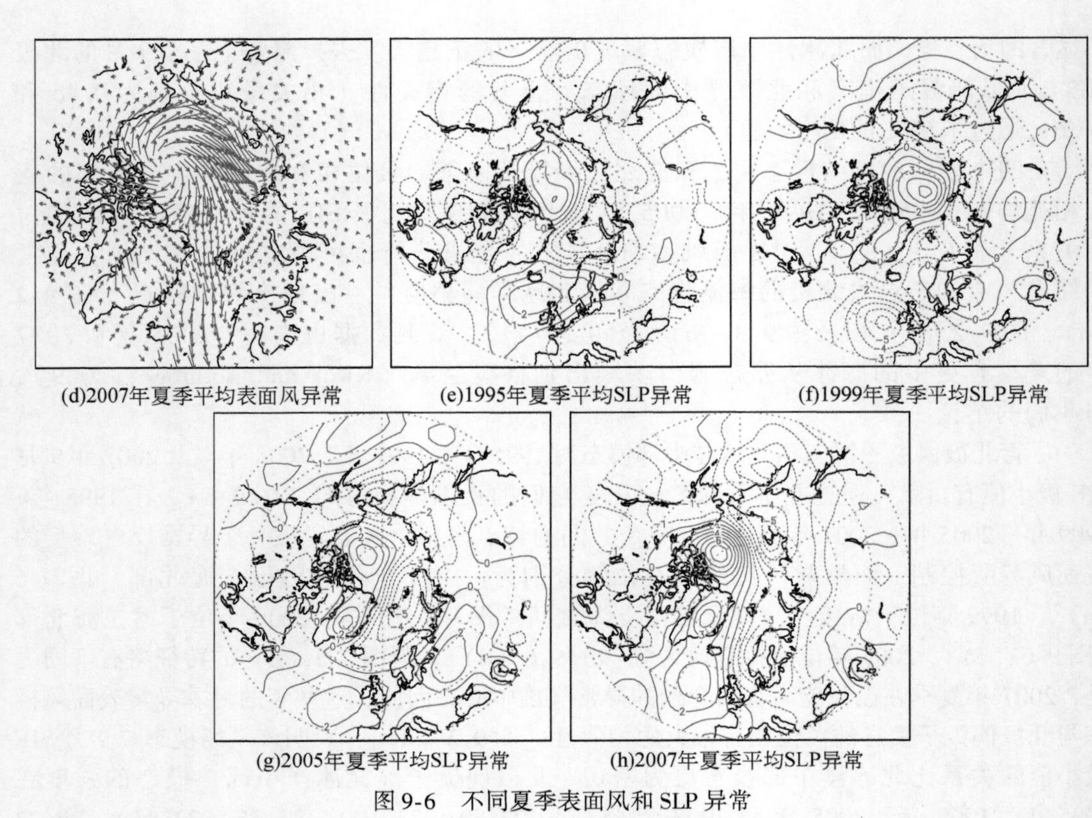

图 9-6　不同夏季表面风和 SLP 异常

(a)～(d)分别为 1995 年、1999 年、2005 年和 2007 年夏季(7～9 月)平均表面风异常,(e)～(h)分别与(a)～(d)类似,但为夏季平均 SLP 异常;(a)～(d)单位为 m/s,(e)～(h)单位为 hPa

正如图 9-7(a)和图 9-7(b)所示,北极偶极子模态的负位相和北冰洋中部模态的正位相频繁出现,对近年来 9 月北极 SIE 的极小值有贡献。北极偶极子模态的负位相,在这几个年夏季发生的频率较高,分别是:2 次(1995 年)、2 次(1999 年)、3 次(2005 年)、3 次(2007 年),而北部拉普捷夫海模态和北极偶极子模态的发生频率在融冰季节没有明显的增加趋势。在 1995 年、1999 年、2002 年和 2004～2010 年夏季,北冰洋中部模态正位相的出现频率至少有两次,而在 2007 年夏季,北冰洋中部模态持续了 3 个月。除此之外,4～9 月的融冰季节,累计频率有明显增加趋势。

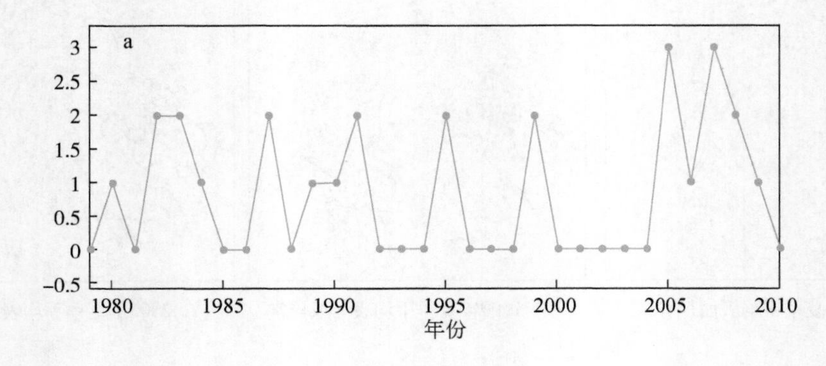

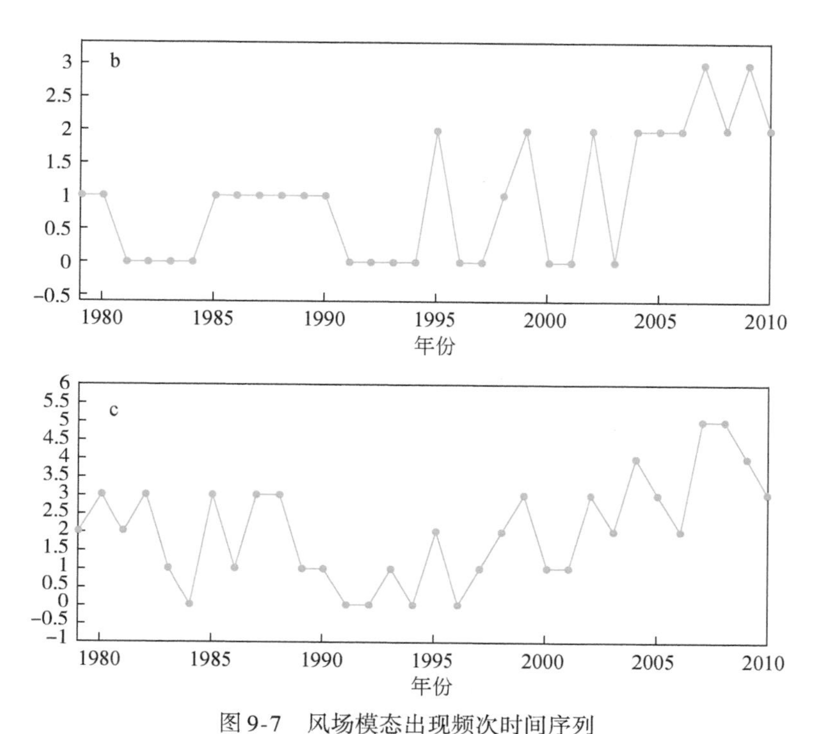

图 9-7　风场模态出现频次时间序列

(a)7～9 月北极偶极子模态负位相的发生频率;(b)类似(a),但为北冰洋中部模态正位相的发生频率;(c)融冰(4～9 月)季节北冰洋中部模态正位相的累计频率

图 9-8 显示了北极偶极子模态负位相和北冰洋中部模态正位相对 9 月北极 SIE 极小值的影响。欧亚大陆边缘海是 SIC 负异常区域[图 9-8(a)]。北冰洋中部模态正位相与北极 SIC 的降低趋势有关系,尤其是北冰洋的太平洋扇区和欧亚大陆边缘海[图 9-8(b)、图 9-8(c)]。尽管图 9-8(a)和图 9-8(d)表现出的 SIC 的空间结构相似,但是图 9-8(d)中的海冰异常的振幅要弱于图 9-8(a)。一方面,图 9-2(d)和 9-3(b)中的两个异常表面风模态都有利于海冰从北冰洋和欧亚大陆边缘海向格陵兰—巴伦支海输送;另一方面,控制着北极海域的两种异常反气旋[图 9-2(d)、图 9-3(b)]可能通过表面风的(埃克曼)Ekman 抽吸作用有利于海冰的辐合。因此,4～9 月北冰洋中部模态发生频率的增加和强度的加强导致了 9 月 SIE 的减小趋势[图 9-7(c)、图 9-5(d)]。

本节运用 CVEOF 方法,分析了北极地区 1979～2010 年的月平均表面风场变率的前两个优势模态以及这两个模态与 9 月 SIA 极小值的关系,前两个主模态的动能贡献率分别为 31% 和 16%。此外,还分析了前两个优势模态的时间变化以及与之相对应 4 个位相的 SLP 和 500hPa 位势高度场异常。结果表明,第一主模态的 4 个位相的空间演变表征了对流层中、低层极涡中心位置的逆时针旋转过程,而第二模态的位相的空间演变也能反映极涡的位置变化,但是极涡中心位置没有呈明显的顺时针或逆时针演变过程。第一主模态包含了两个子模态。

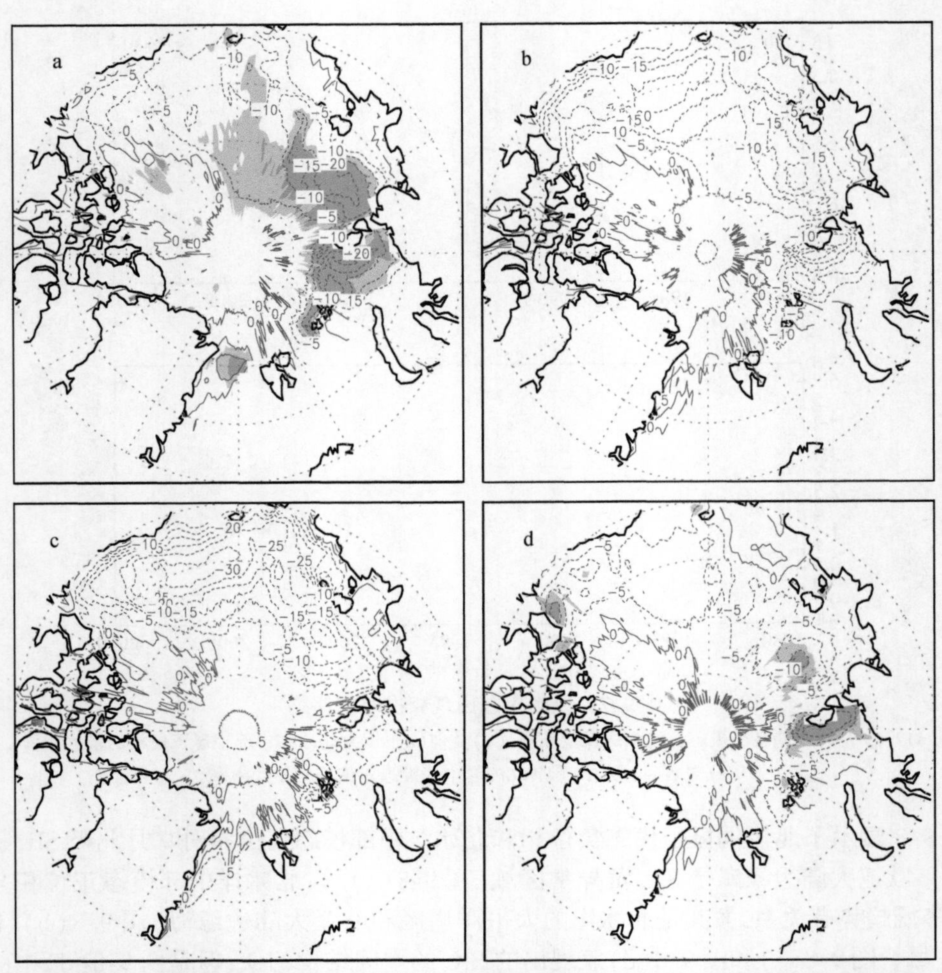

图 9-8　北极偶极子模态负位相和北冰洋中部模态正位相对 9 月北极 SIE 极小值的影响
(a)9 月海冰密集度异常场和北极偶极子模态的标准化后时间序列的回归场;(b)类似(a),但为北冰洋中部模态;(d)类似(c),但为北冰洋中部模态及趋势后的时间序列,阴影区域分别为海冰密集度异常通过 95% 和 99% 信度检验的区域

北极 9 月 SIE 极小值和北极偶极子模态的负位相和北冰洋中部模态的正位相有密切关系,风场模态的发生频率和强度变化直接影响 SIE 极小值的变化。在过去 20 年中,北冰洋中部模态的频繁出现和强度加强导致北极极小值的降低趋势。

9.2　秋冬季节北极海冰融化对欧亚大陆冬季盛行天气模态的影响

风场的变化,尤其是地表风场的变化,会通过影响热通量和水汽蒸发调节海-气和陆-气相互作用,进而影响土壤湿度和水循环(Wever,2012;McVicar et al. ,2012)。作为能量、水汽、气溶胶的载体,风场异常与极端天气事件以及大气环境的变化有直接联系。在北方的冬季,风场异常通常和寒潮的爆发、强降雪过程联系在一起,如2011~2012年欧亚大陆的冬季。2012年1月下旬,突然加强的西伯利亚高压携带极寒的冷气团影响了整个欧亚大陆,导致非常罕见的极端低温事件,并伴随着欧洲地区的强降雪过程。同时,冷空气的爆发对于改善东亚地区,尤其是中国中部和东部地区的环境空气质量有至关重要的作用。

近年来,东亚地区经历了频繁的严冬和极端低温事件,在2009~2012年,中国经历了连续3个冷冬。2012年12月~2013年1月初的平均温度达到了1986~2013年的历史最低纪录。除此之外,极端低温、强降雪、冻雨在东亚地区时有发生,包括2005年12月日本的强降雪,2008年1~2月中国南方持续冻雨事件,2009~2010年中国西北地区的极端降雪,以及2012年11~12月中国北部和东北的极端低温事件和频繁强降雪。事实上,近年来的东亚地区的冷冬直接与西伯利亚高压自2004年以来的正异常有关(Jeong et al.,2011;Wu B et al.,2011)。

尽管一些工作研究了东亚和北极地区风场变率的优势模态,但是仍有许多问题亟待解决。例如,欧亚大陆北部冬季逐日风场变率的优势模态是什么?风场优势模态的发生频率及其强度是否有明显的趋势?尽管北极涛动及北大西洋涛动(north Atlantic oscillation,NAO)也能直接影响欧亚大陆北部的天气和气候变率,但北极涛动和风场优势模态反映了不同的机制,因此它们之间的差别是显而易见的(Wu et al.,2012)。

本节的目的是探究欧亚大陆北部850hPa冬季逐日风场变率的第一模态及其趋势,并研究风场第一模态的频率和强度的变化与前期秋季的北极SIC异常的关系。研究这些问题将有助于我们理解冬季风场变率的优势特征及其可能的成因,这将有利于提高我们对于冬季极端气候事件的预测能力。

9.2.1 冬季欧亚大陆盛行天气模态的空间特征以及位相演变的物理意义

冬季850hPa逐日风场变率的第一模态解释了异常总动能的18%。为了描述风场第一模态的空间演变,对以下4个不同的典型位相进行了合成分析:0°($\theta<45°$或$\theta\geq315°$)位相,90°($45°\leq\theta<135°$)位相,180°($135°\leq\theta<225°$)位相和270°($225°\leq\theta<315°$)位相。表9-2显示了这四个位相的发生频率。

表9-2 1979~2012年不同位相的发生频率 (单位:次)

位相	频率
0°位相(偶极子正位相)	471
90°位相(三极子正位相)	1009
180°位相(偶极子负位相)	528
270°位相(三极子负位相)	962

对于0°位相,一对气旋和反气旋分别占据亚洲大陆北部—北冰洋的西伯利亚边缘海区

域和欧洲地区[图9-9(a)]。与此同时,东亚沿岸有一弱的异常反气旋中心,而在地中海地区有一弱的异常气旋中心。与之相对应,SLP场也有两个异常中心,东欧为正异常,从泰梅尔半岛—贝加尔湖为负异常[图9-10(a)]。在SAT场上,负异常中心位于亚洲北部和北冰洋,而正异常中心有两个,分别位于巴伦支海—喀拉海南部和贝加尔湖地区[图9-11(a)],东亚大部分区域为正异常区域。风场变率第一模态处于90°位相时,异常风场显示一个三极子结构,其中,占据主导的是位于欧亚大陆北部,巴伦支海—拉普捷夫海的一个异常气旋,其中心靠近喀拉海南侧[图9-9(a)]。两个弱的异常反气旋分别位于欧洲大陆南部和东北亚。异常风场的空间结构和SLP场的异常是一致的[图9-10(b)]。然而,与之对应的SAT场仍然表现出一个偶极子结构,相反的异常中心分别位于喀拉海和亚洲大陆北部[图9-11(b)]。由风场异常导致的冷暖平流造成了SAT异常的空间分布。180°(270°)位相所对应的风场,SLP和SAT异常的空间分布与0°(90°)刚好相反[图9-9(c)、图9-9(d)、图9-10(c)、图9-10(d)、图9-11(c)、图9-11(d)]。东亚大部分地区的SAT异常与北冰洋及其边缘海气温异常是反位相变化的。

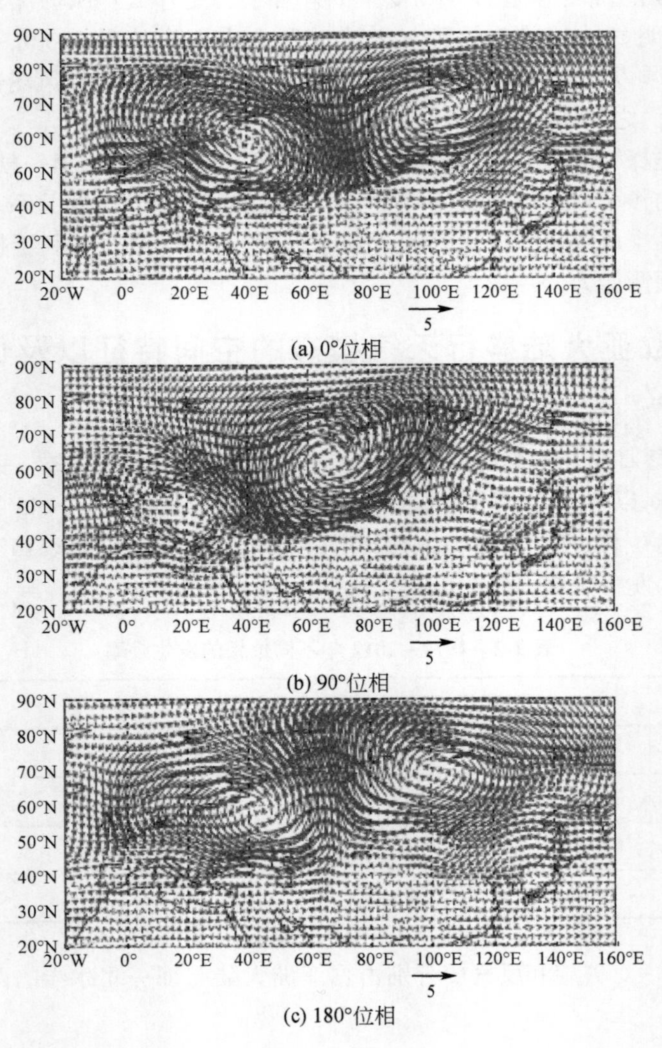

(a) 0°位相

(b) 90°位相

(c) 180°位相

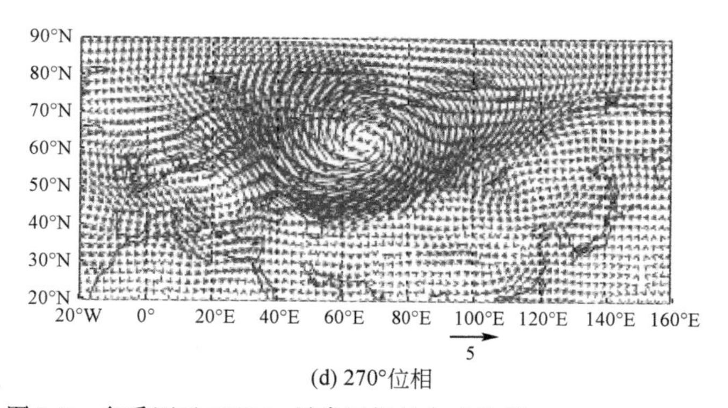

(d) 270°位相

图 9-9 冬季逐日 850hPa 异常风场的合成分析(Wu et al. ,2013)

(a)第一模态的 0°位相;(b) ~ (d)与(a)类似,但分别为 90°、180°和 270°位相,单位为 m/s

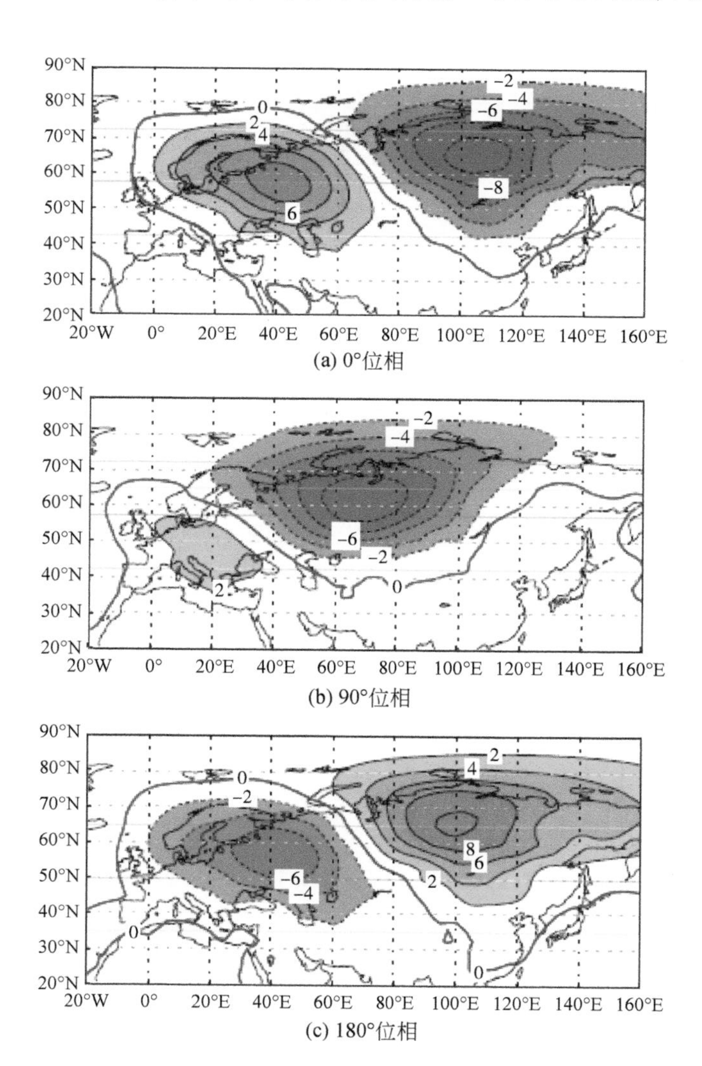

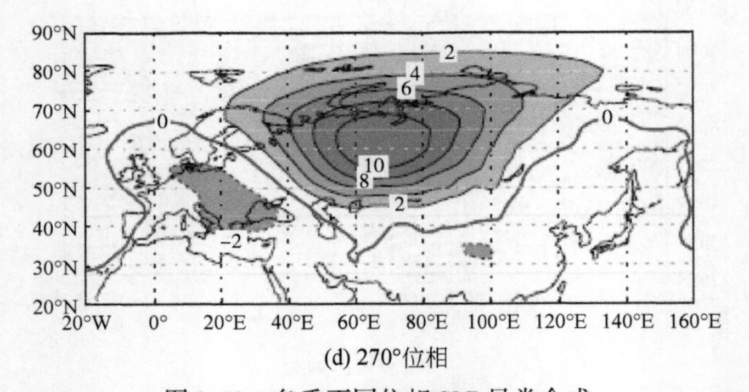

(d) 270°位相

图 9-10 冬季不同位相 SLP 异常合成

和图 9-9 类似，但为不同位相所对应的冬季逐日 SLP 异常的合成分析，等值线间隔为 2hPa

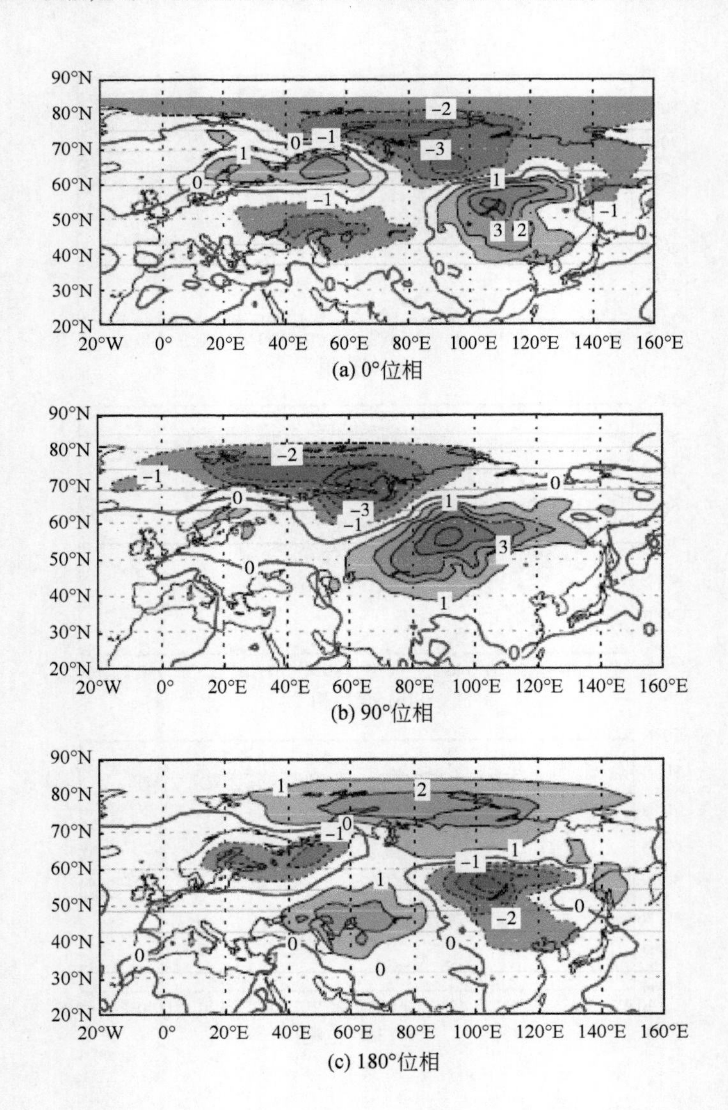

(a) 0°位相

(b) 90°位相

(c) 180°位相

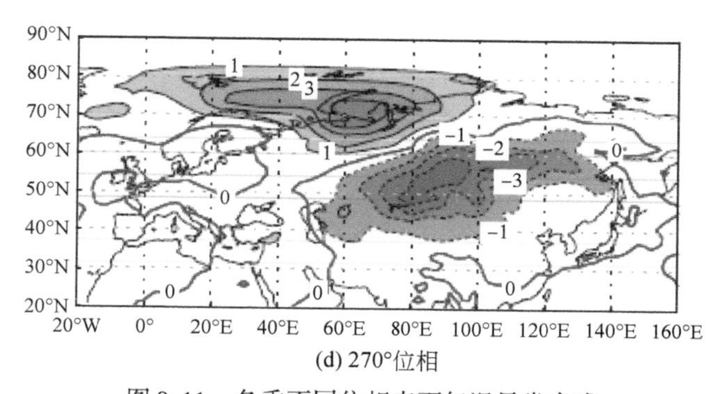

(d) 270°位相

图 9-11　冬季不同位相表面气温异常合成

和图 9-10 类似，但为不同位相所对应的冬季逐日 SAT 异常的合成分析，等值线间隔为 1℃

以上分析表明，表面风场第一模态包含两个子模态，对应的 SLP 和 SAT 异常也表现出不同的空间结构。因此，第一位相的演变反映了两个子模态的空间演变和发生频率（表9-2）。这两个子模态分别被定义为偶极子模态和三极子模态。正如我们所指出的那样（Wu et al.，2012），第一复主成分的实部和虚部可以作为两个强度指数来描述两个风场子模态。因此，偶极子模态包含 0°和 180°位相，正（负）位相对应着 0°（180°）位相。相似地，三极子模态包含 90°和 270°位相。

在对流层中层，0° ~ 270°位相，对应位势高度场异常的演变显示了向西的移动过程（图 9-12）。在亚洲 60°E 以东区域，向西移动的过程伴随着异常振幅的增强；跨越乌拉尔山以后，在 60°E 以西，向西移动的过程伴随着异常振幅的减弱。SLP 异常的空间演变与之相似（图 9-10）。异常信号向西传播，本质上反映了对流层中层高度场槽脊的西传过程，与 Rossby 波息息相关（Francis and Vavrus，2012）。事实上，单一的偶极子模态或者三极子模态不可能描述 Rossby 波的西传过程。

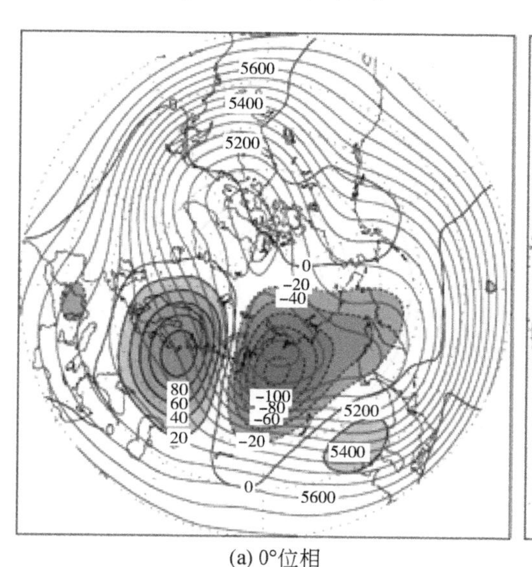

(a) 0°位相

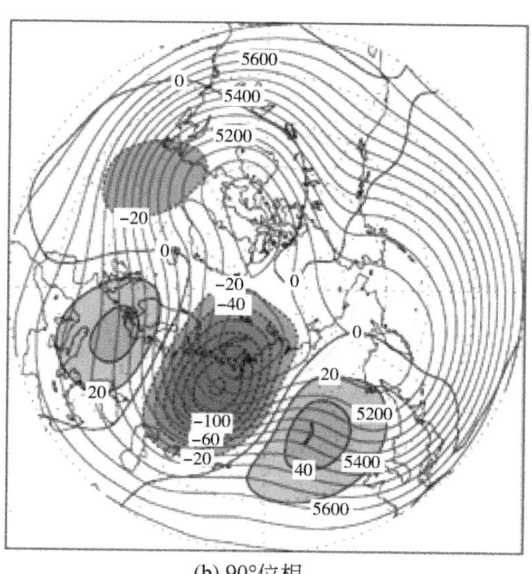

(b) 90°位相

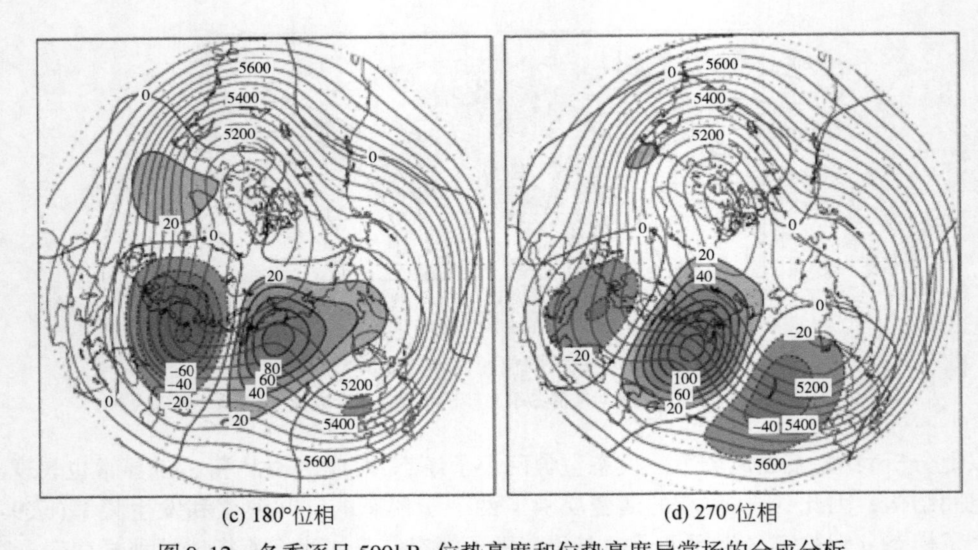

(c) 180°位相　　(d) 270°位相

图 9-12　冬季逐日 500hPa 位势高度和位势高度异常场的合成分析

(a) 对应为风场第一模态的 0°位相；(b) ~ (d) 与 (a) 类似，但分别为 90°、180°和 270°位相；等值线间隔分别为 50gpm 和 20gpm

9.2.2　盛行天气模态的时间演变特征

两个风场子模态的强度有明显的年际变率，但在整个时间内没有显著的趋势［图 9-13 (a)、图 9-13 (b)］。而前人的一些研究结果表明，冬季的大气环流在 20 世纪 80 年代后经历过一次显著的变化（Walsh et al.，1996；Tanaka et al.，1996；Tachibana et al.，1996；Watanabe and Nitta，1999），无论是北极中部的 SLP，还是整个对流层极涡（80°~90°N 区域平均的涡度）在 1988 年之后显著地降低（Walsh et al.，1996；Tanaka et al.，1996）。因此，我们选择讨论从 1988 年开始的变化趋势。三极子模态从 1988 ~ 1989 年冬季开始表现出下降趋势（99% 信度检验）［图 9-13 (b)］，表明欧亚大陆北部的异常反气旋，以及欧洲南部和东北亚的异常气旋都发生了明显增强，这一显著的趋势与近 20 年来冬季西伯利亚高压的增强是一致的（Jeong et al.，2011；Wu et al.，2011）。如果考虑开始年份略有变化，如 1986 ~ 1987 年①到 1990 ~ 1991 年，下降趋势仍然能够通过 99% 信度检验。在过去的四个冬季，三极子模态的强度都是 -1.0 或者更小，表明这几年冬季在欧亚大陆北部都有一个强的异常反气旋存在。2011 ~ 2012 年冬季的三极子模态的强度是所有年份中最强的，这与该冬季欧亚大陆的极端寒冷相吻合。

以下两点值得注意：①三极子模态的发生频率远大于偶极子模态的发生频率（表 9-2）；②偶极子模态无论是强度还是发生频率，从 1988 ~ 1989 年冬季以后没有明显的变化趋势［图 9-13 (c)、图 9-13 (e)］。基于上述的事实，以下讨论着重关注三极子模态。尽管三

① 意思是 1986 年 ~ 1987 年冬季，12 月，1 月，2 月此三个月作为冬季三个月。余同。

极子模态正位相的发生频率没有显著的趋势，但是，从 1987 ~ 1988 年冬季开始，其趋势是显著的［图 9-13（d）］。其发生频次在 2011 ~ 2012 年达到最低值（<10 次）。与之相反，三极子模态的负位相发生频率从 1987 ~ 1988 年冬季开始是显著的正趋势，其最大频次出现在 2011 ~ 2012 年冬季［图 9-13（f）］。这一增加趋势与西伯利亚高压的加强和冬季欧亚大陆的表面温度降低趋势是一致的［图 9-14（a）］。亚洲大陆中部和东部的表面温度降温趋势，这与前人研究结果一致（Cohen et al.，2012；Wu B et al.，2011）。此外，1979 ~ 2012 年亚洲中高纬度大部分地区的表面温度也表现出显著的负趋势［图 9-14（b）］。值得关注的是，青藏高原地区的表面温度为显著的增温趋势。青藏高原周边地区增暖的原因及其对于东亚地区的影响值得我们继续探究。

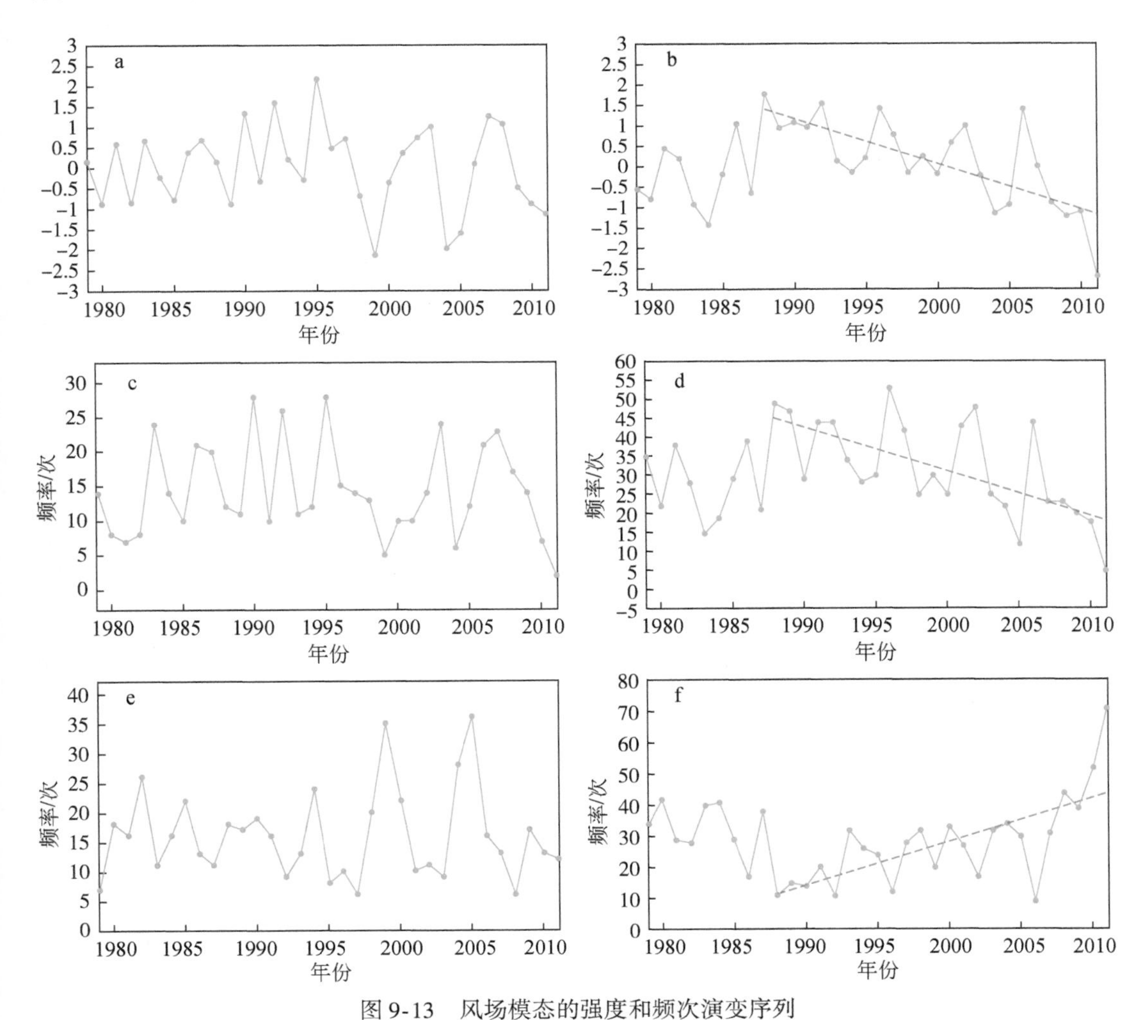

图 9-13　风场模态的强度和频次演变序列

（a）、（b）为冬季平均的偶极子和三极子风场模态的强度的标准化时间序列；（c）、（e）为偶极子模态正负位相的频率；（d）、（f）与（c）、（e）相似，但代表了三级子模态；虚线为从 1988 ~ 1999 年开始的线性趋势

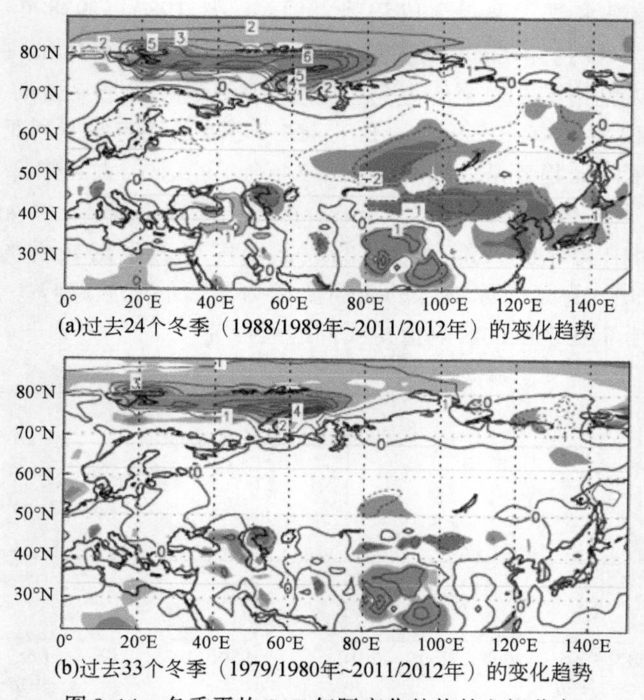

(a)过去24个冬季（1988/1989年~2011/2012年）的变化趋势

(b)过去33个冬季（1979/1980年~2011/2012年）的变化趋势

图 9-14　冬季平均 SAT 年际变化趋势的空间分布

品红色（浅蓝色）和红色（蓝色）区域分别为正（负）趋势通过 95% 和 99% 信度检验的区域。等值线间隔为 1℃/10a

根据三极子模态强度的时间序列，其小于-1.28 个标准差偏差（极端负位相）或大于+1.28个标准差（极端正位相）被定义为极端三极子模态，每个位相所对应三极子模态的发生概率小于 10%（即极端天气事件）。计算发现，极端负（正）位相的累计频率为 332 (307)。尽管这两种极端位相范围没有呈显著的变化趋势，它们的发生频次从 1988 ~ 1989 年冬季开始出现截然不同的趋势［图 9-15（a）、图 9-15（b）］。三极子模态的极端负位相在 2011 ~ 2012 年冬季占据主导，累计频次为 36 次，主要发生在 2012 年 1 月中旬 ~2 月中

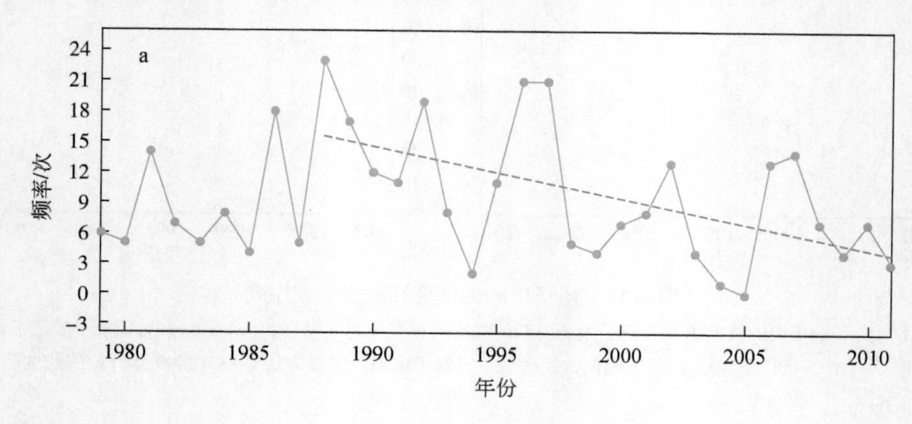

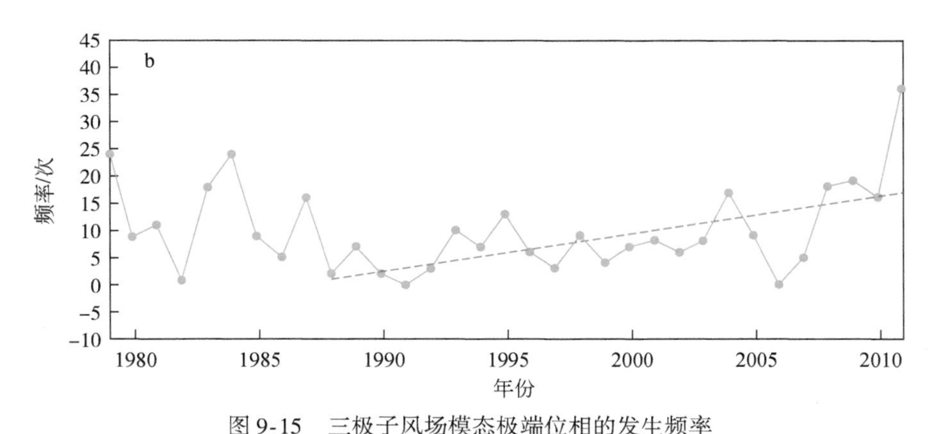

图 9-15 三极子风场模态极端位相的发生频率

（a）、（b）分别为冬季三极子模态极端负位相的发生频率。虚线为从 1988～1989 年开始的线性趋势

旬，导致欧洲和日本的极端降雪。冬季北极涛动与图 9-15 中两个时间序列的相关系数分别为 0.35 和−0.35（通过了 95% 信度检验），这表明，冬季北极涛动的负位相有利于三极子模态的极端负位相发生。

三极子模态可以影响欧亚大陆的冬季降水，并且三极子模态的强度和其负位相的发生频次产生了相似的异常降水空间型［图 9-16（a）、图 9-16（b）］。冬季降水增加主要出现在欧洲南部和东亚的中高纬度地区，后一区域的降水增加了超过 20%［图 9-16（b）］。与图 9-9（d）相比，降水量增加的区域对应着异常气旋。80°～110°E 的亚洲大陆中纬度地区是例外，这里降水量的增加主要是由异常辐合导致的。

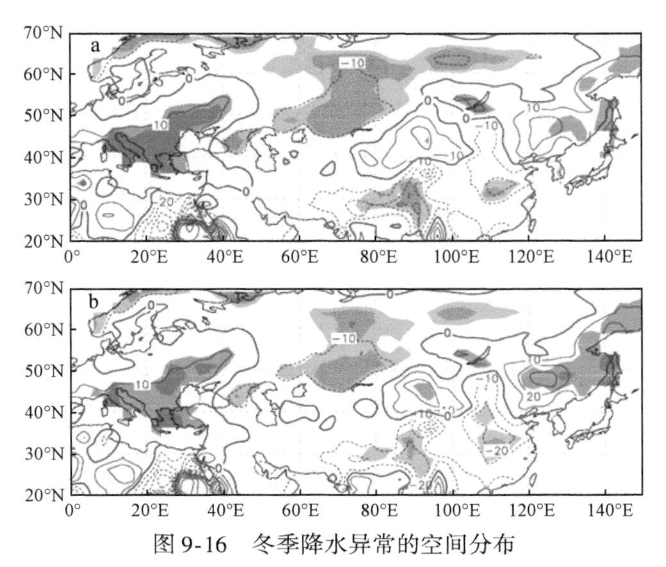

图 9-16 冬季降水异常的空间分布

（a）通过标准化的三极子风场模态线性回归得到的冬季平均降水异常百分率（回归系数已乘以−1.0）；（b）与（a）类似，但对三极子风场模态线负位相的发生频次进行回归。品红（浅蓝）和红色（蓝色）区域分别表征负（正）降水异常通过 95% 和 99% 信度检验的区域。单位为%

9. 2. 3　冬季欧亚大陆盛行天气模态与秋季北极海冰的可能联系

北极海冰的融化不仅可以影响北极的温度和大气层厚度，还会导致遥远区域的气候变化（Francis et al.，2009；Screen and Simmonds，2010；Overland and Wang，2010；Deser et al.，2004，2007；Dethloff et al.，2006；Wu B et al.，2011；Francis and Vavrus，2012）。近年来，欧亚大陆的一些区域经历了极端冷冬，如 2007 ~ 2008 年、2009 ~ 2010 年、2010 ~ 2011 年、2011 ~ 2012 年的冬季（图 9-17）。东亚地区的冷冬发生的频率似乎越来越高。一些研究结果表明，前期秋季或冬季北极海冰的减少是欧亚大陆冷冬产生的重要原因之一，并且通过大尺度的动力学和热力学作用加强西伯利亚高压（Francis et al.，2009；Honda et al.，2009；Petoukhov and Semenov，2010；Jaiser et al.，2012；Wu et al.，1999，2011；Hopsch et al.，2012；Tang et al.，2013）。Francis 和 Vavrus（2012）首先从天气学时间尺度上提出了北美和北大西洋扇区的极端气候的发生频率和强度在不断增加。他们发现，极地放大效应导致冬季对流层上层的纬向风减弱，会使得特定的极端天气事件发生的可能性增加。

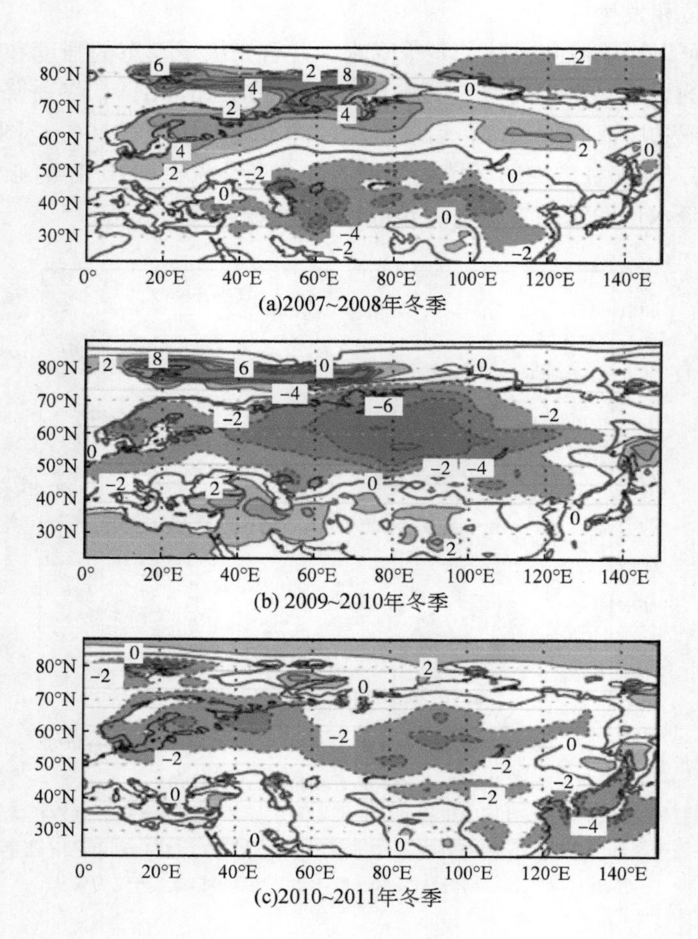

(a)2007~2008年冬季

(b) 2009~2010年冬季

(c)2010~2011年冬季

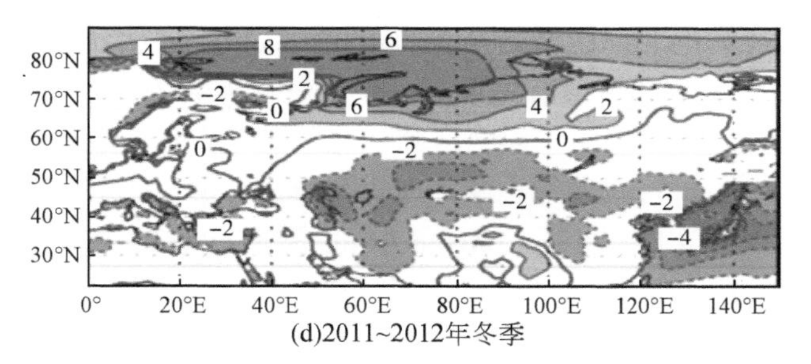

(d)2011~2012年冬季

图 9-17　冬季平均表面气温异常的空间分布

（a）～（d）分别为 2007～2008 年，2009～2010 年、2010～2011 年、2011～2012 年冬季。等值线间隔为 2℃

三极子模态的强度与前期秋季北极 SIC 显著相关［图 9-18（a）］。北冰洋的太平洋扇

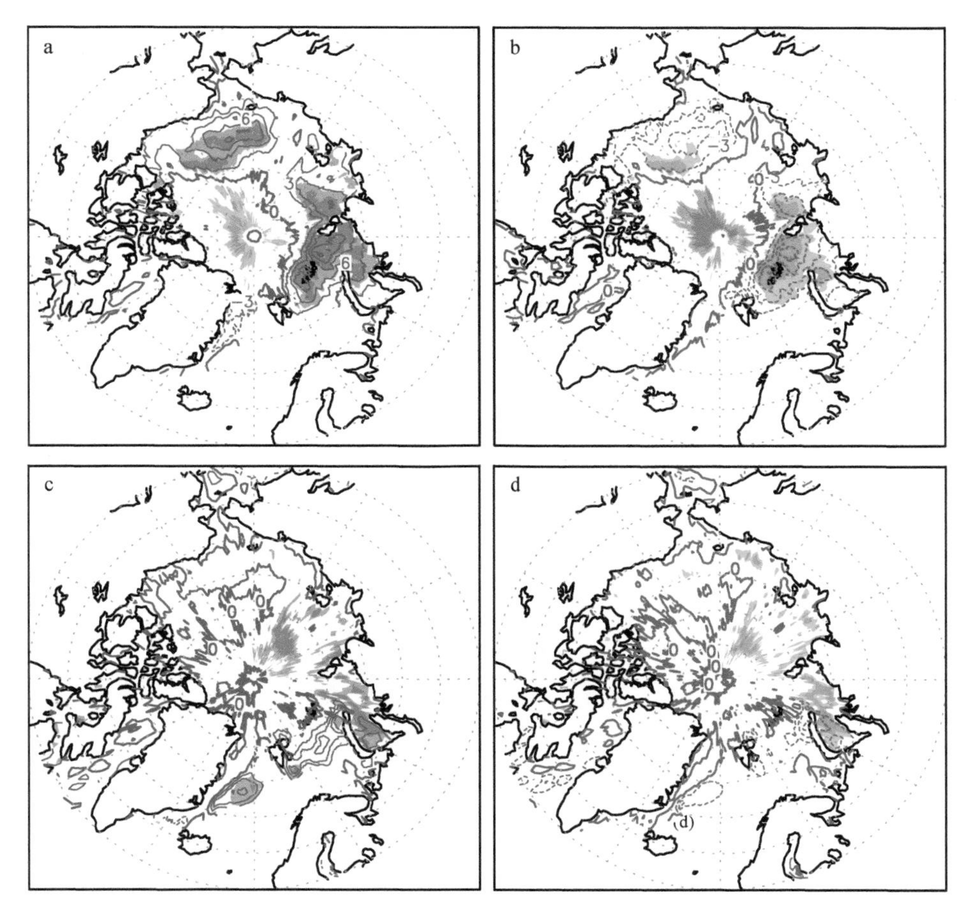

图 9-18　海冰密集度异常的空间分布

（a）秋季平均 SIC 异常，通过对冬季平均三极子模态强度的标准化时间序列进行回归计算得到。品红（浅蓝）和红色（蓝色）区域分别表征负（正）SIC 异常通过 95% 和 99% 信度检验的区域。（b）和（a）相似，但通过对三极子模态极端负位相的频率的标准化时间序列进行回归计算得到。（c）、（d）类似于（a）、（b），但为冬季的海冰异常。等值线间隔为 3%

区和靠近西伯利亚边缘海的北部区域是显著的正相关区域，表明秋季海冰的正（负）异常与三极子模态的正（负）位相可能有关系。三极子模态极端负位相的发生频次与前期秋季的 SIC 也有统计关系，北冰洋的太平洋扇区和从北部巴伦支海至北部拉普捷夫海地区是显著的负相关［图 9-18（b）］。与前期秋季相比，冬季海冰异常与三极子模态的统计关系变弱了［图 9-18（c）、图 9-18（d）］。Monte Carlo 模拟试验的结果表明，图 9-18（a）、图 9-18（b）的结果通过了 95% 的信度检验。秋季北极 SIC 和与后期冬季 850hPa 经向风场的 SVD 分析结果［图 9-19］，进一步支持该风场模态与北极海冰的统计关系。因此，秋季北极海冰减小可能导致三极子模态的负位相更频繁地出现。

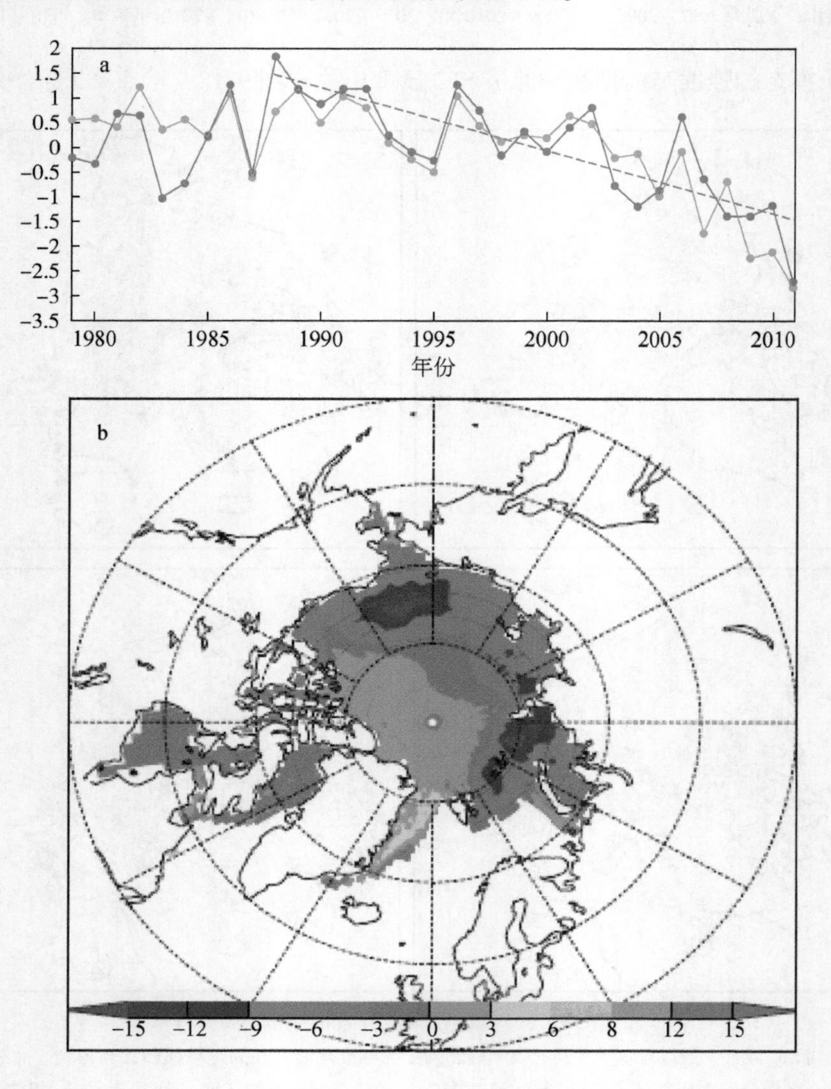

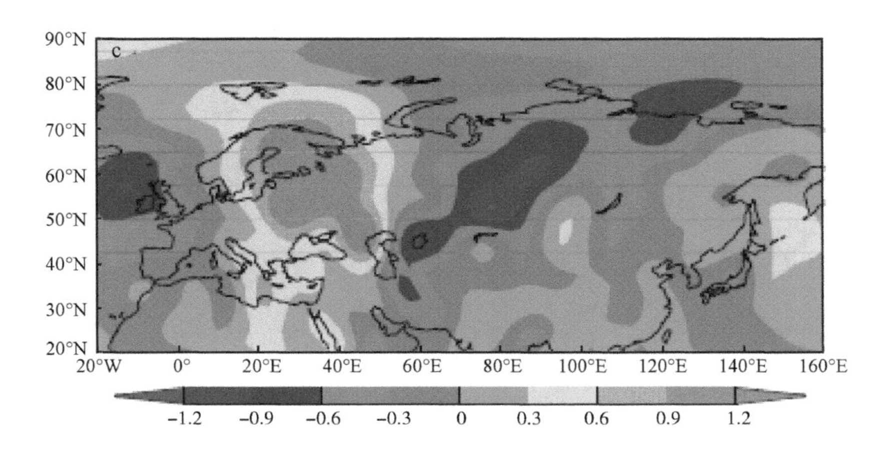

图 9-19　秋季海冰密集度与冬季经向风第一耦合模态

(a) 50°N 以北秋季北极 SIC（蓝色实线）和后期冬季关键区（40°N ~ 70°N，40°E ~ 120°E）内平均 850hPa 经向风（NCEP-NCAR 再分析资料）第一耦合模态标准化时间序列（红色实线；红色虚线代表其趋势；其相关系数为 0.8）。第一耦合模态的（MCA1）方差贡献为 59%。(b) 秋季平均北极 SIC 异常，通过对第一耦合模态中风场模态的负的标准化时间序列进行回归计算得到。(c) 和（b）相似，但是为冬季的 850hPa 经向风场（m/s）异常，通过对第一耦合模态中海冰模态的负的标准化时间序列进行回归计算得到

证据显示，秋季北极海冰减小和北极的放大作用（Screen and Simmonds，2010）是与 1999 ~ 2012 年欧亚大陆北部冬季 SLP 的显著升高有联系（相对于 1988 ~ 1999 年）[图 9-20（a）]。在对流层中层，位势高度正异常覆盖了北极地区和乌拉尔山附近，而负异常出现在欧洲和东亚中高纬度地区 [图 9-20（b）]。SLP（500hPa）异常的空间分布与图 9-10（d）[图 9-12（d）] 的空间分布相似。

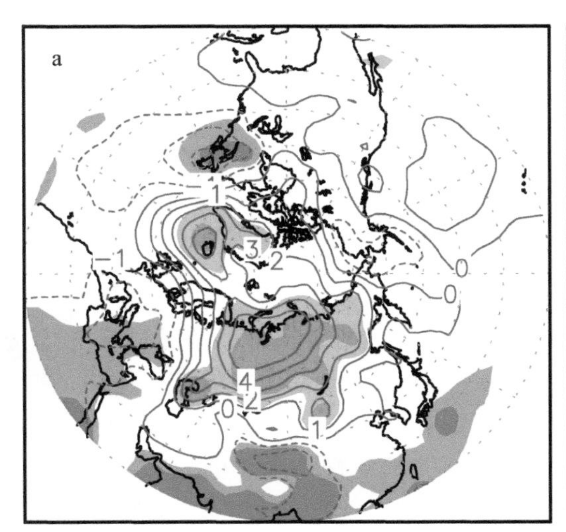

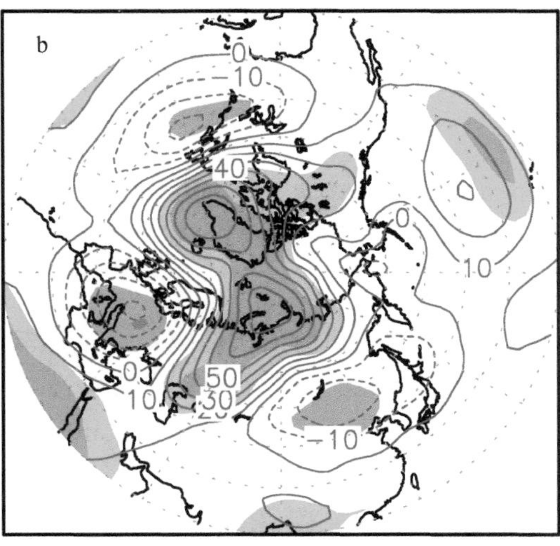

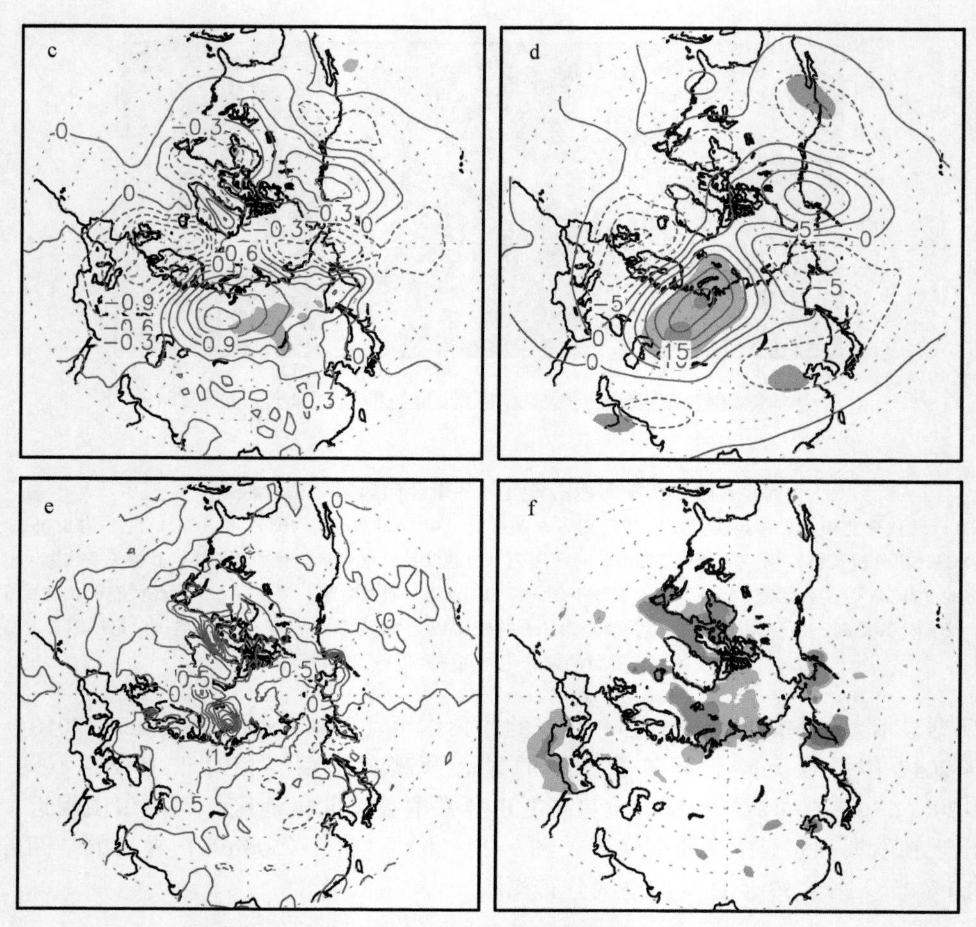

图 9-20　冬季 SLP 和 500hPa 高度异常的空间分布

(a)、(b) 分别为 1999 ~ 2012 年（13 个冬季）相对于 1988 ~ 1999 年（11 个冬季）的冬季平均的 SLP 和 500hPa 位势高度异常。品红（浅蓝）和红色（蓝色）区域分别表征正（负）异常通过 95% 和 99% 信度检验的区域。(a) 中单位为 1hPa，(b) 中单位为 10gpm。(c)、(d) 类似于 (a)、(b)，但为模式模拟的 1999 ~ 2007 年（13 个冬季）相对于 1988 ~ 1999 年（11 个冬季）的冬季平均的 SLP 和 500hPa 位势高度异常。数据来源于用 1978 ~ 2007 年北半球海冰观测值强迫的 ECHAM5 模式结果。(e) 类似于 (d)，但为模式模拟的冬季 SAT 异常。(f) 为对 (e) 中 SAT 异常的进行信度检验；不同颜色的意义和 (a) 相同。等值线间隔 (c) 中为 0.3hPa，(d) 中为 5gpm，(e) 中为 0.5℃

有关 SIC 强迫试验的设计以及模拟试验结果的分析，请见文献 Wu 等（2013），这里不再赘述。诸多研究表明，秋季北极海冰减少会加强海洋对其上部大气的加热作用，导致大气的斜压性和不稳定性增强（Alexander et al.，2004；Jaiser et al.，2012；Porter et al.，2012）。随着季节的变化，通过一个负反馈作用，大气的斜压性逐渐减弱，而大气的正压性变得越来越重要，导致欧亚大陆北部地区和西伯利亚边缘海的异常反气旋频繁发生（Alexander et al.，2004；Deser et al.，2004，2007，2010；Wu B et al.，2011；Jaiser et al.，2012）。因此，通过图 9-21，对北极海冰减少如何影响欧亚地区的冬季 SAT 和降水过程进行图解。通过一个负反馈过程，持续减少的秋冬季海冰导致冬季欧亚大陆北部和北冰洋边缘海的异常阻塞频繁发生。这一大气阻塞状态会引导冷气团从极地向南爆发，导致亚洲地区中高纬度的 SAT 负异常。同时，通过大气异常阻塞，秋冬季节海冰的持续减少影响欧亚中纬度地区的极端事件。这一反馈过程事实上关系到北大西洋北部和次极地海域的 SST 异常（Deser et al.，2007；Wu B et al.，2011）。除北极 SIC 以外，还有其他诸多因子，如北大西洋 SST、AMO 可能会导致欧亚大陆北部异常阻塞的形成（Peng et al.，2003；Li，2004）。

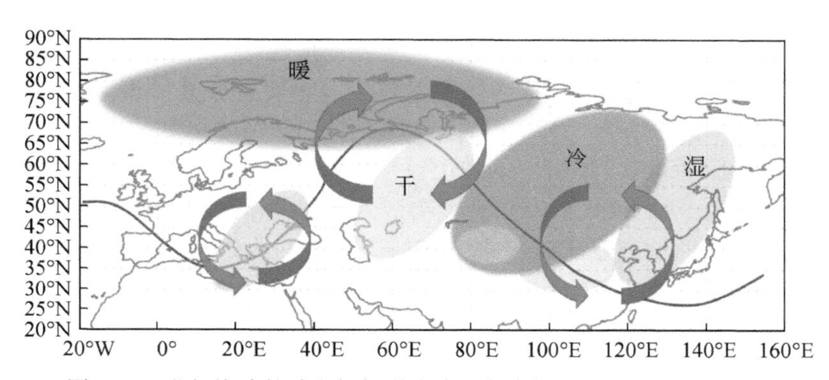

图 9-21　北极海冰的减少如何影响欧亚大陆冬季 SAT 和降水的机制

箭头代表着对流层低层三极子负位相所对应的异常反气旋和气旋的空间分布。棕色线代表 500hPa 位势高度等值线。黄色和绿色区域表示降水的减少和增加。红色和紫色区域刻画了 SAT 的正、负异常区域

此外，三极子模态的短期趋势可能反映了区域气候系统的年代际变率自然属性，而年代际变率又会对短期的气候趋势产生较大的贡献。事实上，北极与欧亚大陆北部的海-冰-气系统，要求北极海冰异常对大气有很重要的影响（Mysak et al.，1990；Mysak and Venegas，1998）。在三极子风场模态的频率越来越高，以及秋季北极海冰的不断减少的气候背景下，中亚和东亚地区的冷冬可能会越来越频繁。我们应该思考这样的问题：三极子模态的增加趋势会持续多久？自然变率、年际-年代际变率和不断加强的人类活动影响，哪个才是维持这种趋势的潜在原因？这些问题对于提出的动力学反馈机制和东亚冬季风的季节性预测至关重要，需要在之后的研究中解决。

本节从动力学角度揭示冬季欧亚大陆北部逐日 850hPa 风场变率的第一模态。它包含两个子模态：偶极子模态和三极子模态。偶极子模态没有显示明显的变化趋势，而三极子模态的强度和发生频率在 20 世纪 80 年代后期发生了显著变化。三极子模态的负位相意味着欧洲南部和东亚中高纬度地区为气旋型环流异常，因此这两个地区冬季降水增加。三极子模态的强度和极端负位相的发生频次和前期秋季北极 SIC 有密切关系。数值模拟试验也支持观测分析结果。这里的分析结果表明，随着北极海冰的不断减少，东亚地区冬季极端事件可能会增加。

9.3 秋冬季节北极海冰对冬季西伯利亚高压的影响

当前，全球变暖导致北极增暖，夏季海冰减少，特别是自 20 世纪 90 年代后期以来，夏季北极海冰快速减少。北极海冰减少会增强北极变暖，并且通过其对大气的正/负反馈进而影响遥远区域的气候变异。近年来，伴随着北极海冰的减少，欧亚大陆经历了严冬频发和极端降水/降雪事件。一些研究表明，欧亚大陆严冬频发与秋冬季北极海冰减少有密切联系。Francis 等（2009）研究指出，9 月 SIE 与后期冬季大尺度大气环流异常相联系；Honda 等（2009）进一步指出，远东地区冬季早期的显著冷异常和冬季晚期从欧洲至远东地区纬向分布的冷异常均与前期 9 月北极海冰减少有关系，后者能够加强西伯利亚高压。观测结果显示，冬季巴伦支海—喀拉海的海冰偏多时，中国冷空气活动则偏少，东亚季风减弱，Petoukhov 和 Semenov（2010）的数值模拟试验结果进一步证实了该结论。

冬季西伯利亚高压对东亚气候有显著影响，其强度可作为独立指数来描述东亚冬季风（EAWM）变率。冬季西伯利亚高压与来自高纬度地区的冷空气活动，以及与北大西洋涛动/北极涛动均有联系，因此西伯利亚高压成为连接北极和东亚气候变化的纽带。Wu B 等（2011）研究结果可能意味着，热带 SST 异常不能作为预测西伯利亚高压的可靠因子。因此，如何预测冬季西伯利亚高压成为一个重要问题，这是本研究的出发点之一。另外，本节将研究近期严冬频发的可能成因，重点分析秋冬季北极海冰与冬季西伯利亚高压之间的联系。结果表明，9 月北极 SIC 为预测冬季西伯利亚高压提供了一个前期因子；欧亚大陆北部冬季平均 SLP 的短期增强是近期严冬频发的原因。

应该指出，本节研究不同于先前已有的研究，Francis 等（2009）并未分析北极 9 月海冰和冬季西伯利亚高压的联系。Honda 等（2009）基于观测资料和模拟试验，研究了 9 月 SIC 对大气环流的滞后影响，重点分析了对冬季早期（11 月）和冬季晚期（1 月）气温（参见其文章中图 2）以及 11 月和 12 月 SLP（参见其文章中图 3）的影响。Honda 等（2009）虽然对 SIC 进行了敏感性试验，但并未研究 9 月海冰对冬季西伯利亚高压的影响。Petoukhov 和 Semenov（2010）分析了冬季巴伦支海—喀拉海海冰减少对冬季大气环流的影响。Balmaseda 等（2010）指出，北极海冰对大气环流的影响强烈依赖于 SST，在气候态或者理想的 SST 条件下，大气环流对海冰异常的响应也许并不能用以阐述特定年份海冰的影响。故此，从季节预报的角度来说，有必要考虑海冰与 SST 对大气的综合影响。

9.3.1 北极 SIC 和冬季西伯利亚高压的联系：对季节预测的启示

冬季西伯利亚高压与秋冬季北极 SIC 异常的空间演变有密切关系（图 9-22）。9 月，在北冰洋东部，从巴伦支海北部到拉普捷夫海北部以及东西伯利亚海北部，均存在显著的负 SIC 异常［图 9-22（a）］。10 月，显著的 SIC 异常出现在巴伦支海北部以及从喀拉海到东西伯利亚海，与 9 月相比，SIC 异常区域向南偏移［图 9-22（b）］与冬季西伯利亚高压相对应的前期秋季（10 ~ 11 月）SIC 异常空间分布与 10 月的十分相近。在冬季，显著的负 SIC 异常主要集中在格陵兰海东部及巴伦支海—喀拉海［图 9-22（c）］。事实上，区域（76.5° ~ 83.5°N，60.5° ~ 149.5°E）平均的 9 月 SIC 与冬季巴伦支海—喀拉海（67.5° ~ 80.5°N，20.5° ~ 80.5°E）的 SIC 存在显著相关关系（r = 0.66，扣除趋势后的两者相关系数为 0.52），这表明，从秋季到冬季 SIC 异常的空间演变存在持续性。这种持续的一致性特征为预测西伯利亚高压强度提供了可能性。图 9-22（c）表明，冬季巴伦支海—喀拉海 SIC 偏少，西伯利亚高压和东亚冬季风均偏强，这与先前的研究结果（Wu et al.，1999；Petoukhov and Semenov，2010）一致。区域平均的 9 月 SIC 与冬季西伯利亚高压显著相关（r =0.65，扣除趋势后两者相关系数为 0.60）。9 月 SIC 在 1995 年、2005 年和 2007 年分别达到历史最低值，相对应的冬季西伯利亚高压指数均超过了一个标准差，表明存在强的东亚冬季风影响着东亚地区。

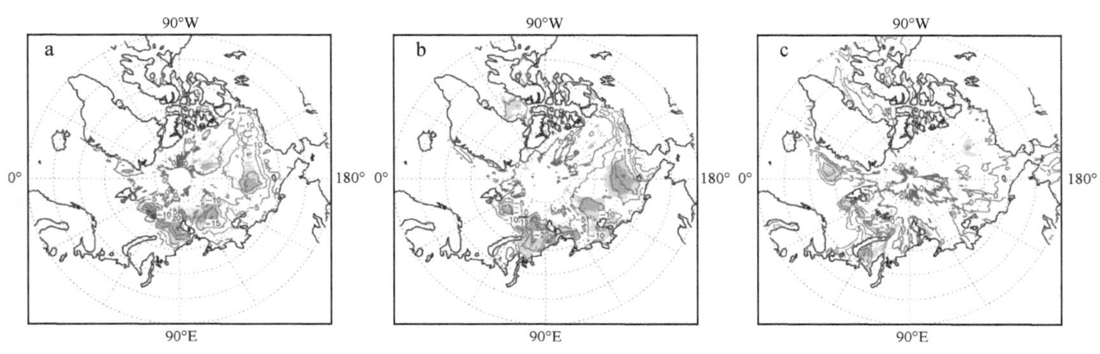

图 9-22　秋冬季北极 SIC 与冬季西伯利亚高压强度的反向变化关系

（a）前期 9 月 SIC 的回归图，对由 JRA 再分析资料所得到的冬季西伯利亚高压强度指数进行回归，黄色和绿色阴影区代表 SIC 异常超过 95% 和 99% 信度检验，（b）和（c）分别为前期 10 月和同期冬季，其余同（a），单位为 %

为探讨与秋冬季 SIC 异常相对应的大气环流异常的空间结构，特进行合成分析。依据图 9-23 给出的区域平均 9 月 SIC 时间序列，分别挑选出 SIC 偏多和偏少的个例，其标准分别为大于 0.7 或小于-0.7 标准差。SIC 偏多个例包括 1980 年、1981 年、1986 年、1988 年、1989 年、1992 年、1996 年、1998 年和 2003 年，而 SIC 偏少个例为 1991 年、1995 年、1999 年、2005 年、2007 年、2008 年和 2009 年。图 9-24 给出 SIC 偏多与偏少年的差异。可见，显著的负 SLP 异常出现在欧亚大陆的北部，靠近巴伦支海—喀拉海附近存在一个负异常中心［图 9-24（a）］。上述冬季 SLP 异常空间分布有助于将较常年偏多的海冰输送到格陵兰海—巴伦支海，与图 9-22（c）和图 9-24 所示结果一致。因此，相对于 SIC 偏少年，秋季 SIC 偏多对应减弱的西伯利亚高压。正的 SAT 异常出现在欧亚大陆中高纬度和东亚地区；在北冰洋大部分区域、格陵兰海—巴伦支海—喀拉海及北大西洋北部则存在负 SAT 异常［图 9-24（b）］。在格陵兰海—巴伦支海—喀拉海的显著负 SAT 异常体现了海冰的直接影响。冬季 SAT 异常的空间分布在动力学上与表面风场异常是一致的：南风异常导致亚洲大陆为正 SAT 异常，而在格陵兰海—巴伦支海的北风异常导致 SAT 降低并增强海冰输出。在 500hPa，位势高度差异呈现一个遥相关结构，其 3 个异常中心分别位于西欧、巴伦支海和贝加尔湖［图 9-24（c）］。上述结果意味着，在北冰洋东部从巴伦支海北部到拉普捷夫海北部，秋季 SIC 偏多，则随后的冬季东亚地区将出现正 SAT 异常，同时，西伯利亚高压和东亚冬季风均减弱。同样，从 NCEP/NCAR 再分析资料也可得到非常相似的结果。

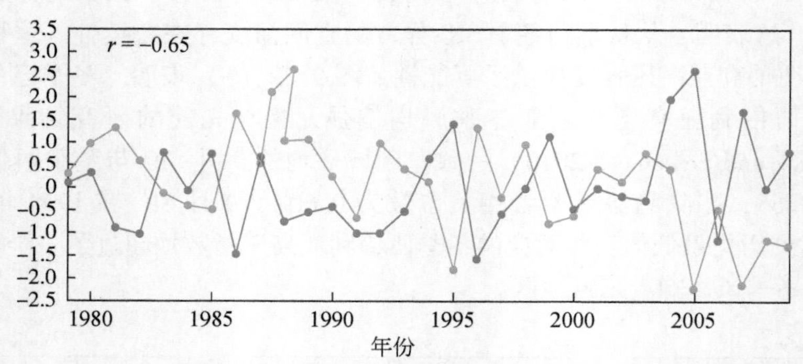

图 9-23　由 JRA 再分析资料计算得到的冬季西伯利亚高压强度指数的标准化时间序列（红色）和前期 9 月区域（76.5°～83.5°N，60.5°～149.5°E）平均 SIC（蓝色）的标准化时间序列

事实上，北极 SIC 异常与 SST 异常是同时出现的。在 9 月，与 SIC 偏少年相比，SIC 偏多对应偏冷的 SST 出现在北大西洋、太平洋的北部和西北部以及北冰洋的欧亚大陆边缘海附近［图 9-24（d）］。在秋季同样可观测到类似的结果［图 9-24（e）］。在冬季，显著的负 SST 异常主要出现在东亚大陆边缘海附近、北大西洋北部以及格陵兰海—巴伦支海附近［图 9.24（f）］。因此，为了能模拟出观测到的欧亚大陆冬季 SLP 和 SAT 异常，我们利用 1978～2007 年的 SST 和 SIC 作为强迫场来驱动大气环流模式，从 12 个不同大气初始条件分别进行积分，每组模拟试验包含 9 个 SIC 偏多个例（1980 年、1981 年、1986 年、1988 年、1989 年、1992 年、1996 年、1998 年和 2003 年）和 4 个 SIC 偏少个例（1991 年、1995 年、1999 年和 2005 年）（见图 9-23，标准差大于 0.7 或小于−0.7）。

模拟结果中 SIC 偏多（108 个例子）和偏少（48 个例子）年份的冬季平均 SAT 差异由图 9-24（g）给出。与 SIC 偏少相比，SIC 偏多导致欧洲和东亚出现弱的正 SAT 异常，而在北大西洋、北太平洋和欧亚大陆边缘海出现显著的负 SAT 异常，其中最大负 SAT 出现在格陵兰海—巴伦支海，反映了海冰对 SAT 的影响。与观测分析结果［图 9-24（a）］不同之处在于，模拟的冬季平均 SLP 在欧亚大陆北部大部分区域为正异常。这种与观测分析结果的不一致也是合理的，因为大气环流的大尺度响应取决于 SST 和 SIC 引起的异常表面热量通量与大尺度环流（或初始条件）的相互作用。此外，诸多其他过程，如欧亚大陆雪盖也影响大气环流。进一步的分析表明，只有 4 个模拟试验，在很大程度上可以模拟出观测到的冬季 SLP 和 SAT 异常。因此，这里仅给出该 4 个模拟试验结果，如图 9-24（h）、图 9-24（i）所示。相对于 SIC 偏少年，SIC 偏多导致欧亚大陆北部和整个北冰洋出现负的 SLP 异常，表明冬季北极涛动处于正位相。同时，正的 SAT 异常位于欧亚大陆北部和东亚地区，与图 9-24（a）的观测结果基本相符。并且所有 12 组模拟结果一致表明，SIC 偏少可导致欧亚大陆中高纬度地区出现负的 SAT 异常。模拟结果表明，秋冬季 SIC 与 SST 对冬季 SAT 的影响是稳定的。因此，9 月 SIC 为预测西伯利亚高压和东亚冬季风提供了一个前期因子。

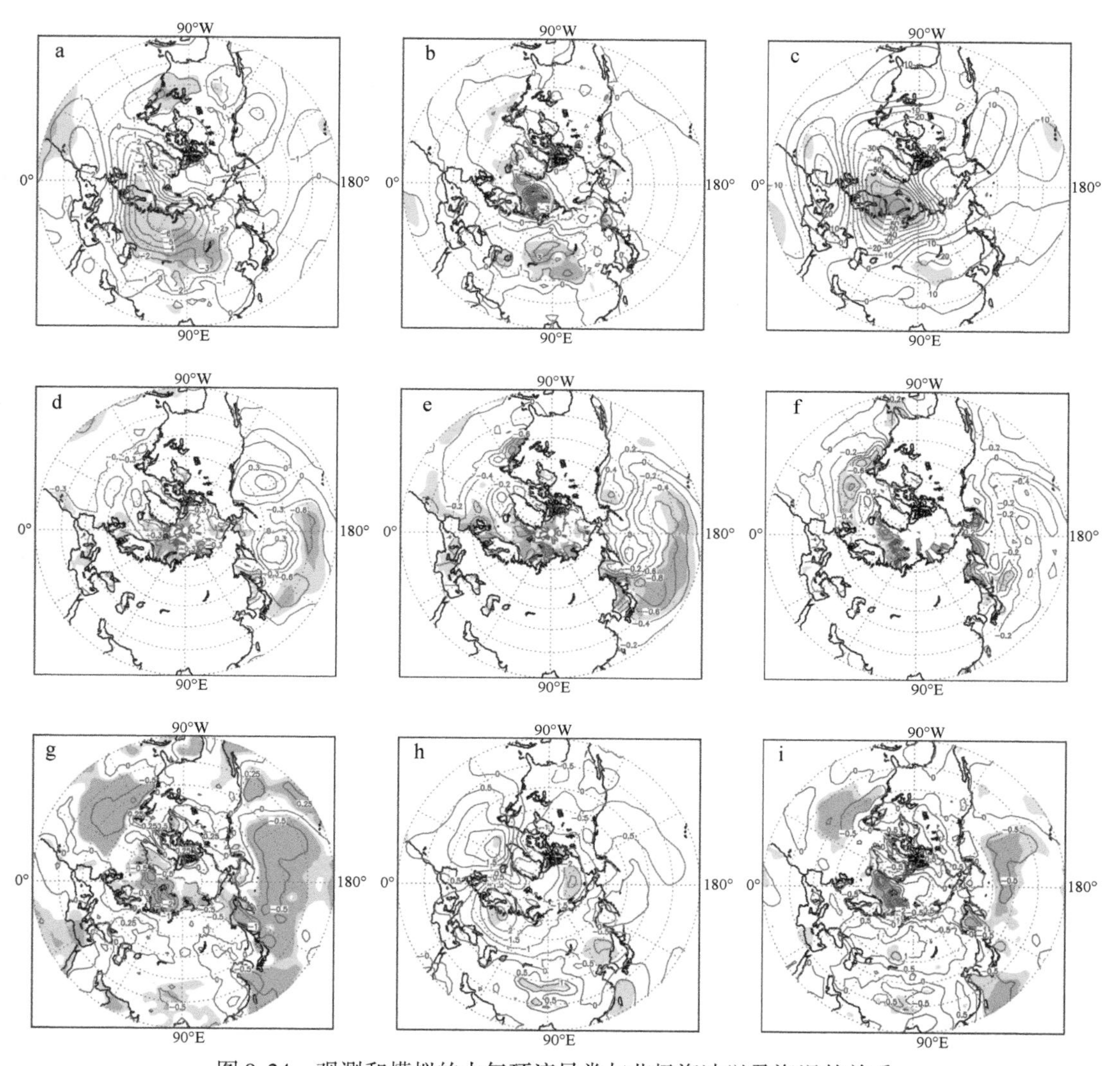

图 9-24　观测和模拟的大气环流异常与北极海冰以及海温的关系

（a）9 月 SIC 偏多年（1980 年、1981 年、1986 年、1988 年、1989 年、1992 年、1996 年、1998 年和 2003 年）和 SIC 偏少年（1991 年、1995 年、1999 年、2005 年、2007 年、2008 年和 2009 年）冬季平均 SLP 之差（由 JRA 再分析资料计算得到）；（b）和（c）分别为 SAT 和 500 hPa 位势高度之差，其余同（a）；（d）~（f）为 SST 差异，其余同（a），其中（d）为 9 月，（e）为秋季，（f）为冬季；（g）9 月 SIC 偏多年（1980 年、1981 年、1986 年、1988 年、1989 年、1992 年、1996 年、1998 年和 2003 年）和 SIC 偏少年（1991 年、1995 年、1999 年和 2005 年）冬季平均 SAT 之差，由 1978 ~ 2007 年真实 SIC 和 SST 强迫的 12 组试验结果所得；（h）和（i）为所选 4 组试验中冬季 SLP 和 SAT 之差，其余同（g），黄色和绿色阴影区代表差异超过 95% 和 99% 信度检验

为进一步分析9月SIC与后期冬季大气环流异常的关系，对扣除趋势的9月SIC进行线性回归分析，如图9-25所示。可见，负的SLP异常出现在欧亚大陆北部，在欧洲北部存在一个异常中心［图9-25（a）］，与图9-24（a）中的合成分析结果相似。负的SAT异常主要位于北欧海—巴伦支海—喀拉海，正的SAT异常出现在欧亚大陆中高纬度、东亚及其边缘海域［图9-25（b）］。显著的正SAT异常出现在东亚和西北太平洋部分区域，这与图9-24（b）所示结果不同。以上结果与Alexander等（2004）的模拟结果一致，他们指出，北极海冰对大气的反馈在大西洋区域是负的，即对应于冬季格陵兰海以东（以西）SIE减少（增加）的大尺度响应与北极涛动或北大西洋涛动负位相相似，反映了北极海冰对大气环流的间接影响。Petoukhov和Semenov（2010）指出，冬季巴伦支海—喀拉海SIC减少能导致欧亚大陆出现极端严冬。因此，Honda等（2009）与Petoukhov和Semenov（2010）的数值试验均支持本研究结果。

本节提出一种机制来解释秋冬季SIC与冬季西伯利亚高压及东亚气候变化之间的关系。通过负反馈机制，在北冰洋东部、格陵兰海—巴伦支海—喀拉海附近持续性的秋冬季SIC异常偏多（与图9-22中正负异常区域符号相反）及同期负的SST异常（特别是北大西洋北部）（图9-24（d）~图9-24（f））导致冬季欧亚大陆北部和北大西洋北部出现负的SLP异常［图9-25（a）］，使冬季西伯利亚高压减弱并加强欧亚大陆中高纬度地区的西风。对冬季850 hPa风场的回归分析结果证实了上述推断［图9-25（c）］。同时，秋冬季SIC偏多导致北极出现气温负异常，从而加强了北极和欧亚大陆中高纬度之间的大气热力梯度，增强了欧亚大陆北部的西风。加强的西风阻碍了冷空气从高纬度地区向南爆发，从而导致欧亚大陆中高纬度和东亚出现正的SAT异常。秋冬季SIC异常偏少，情况则相反。

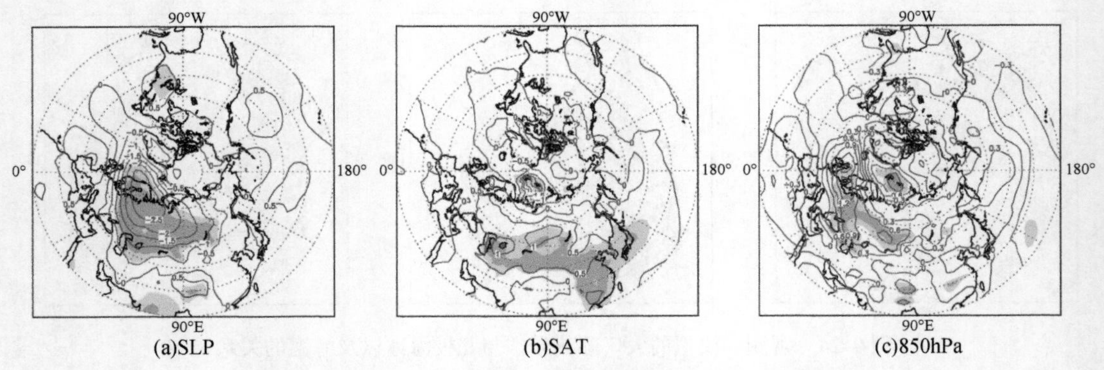

图9-25　冬季平均SLP、SAT和850hPa纬向风的回归图

对扣除趋势的区域平均9月SIC进行回归，黄色和绿色阴影区代表异常超过95%和99%信度检验

9.3.2　近20年来冬季西伯利亚高压的变化趋势

尽管由NCEP/NCAR再分析资料所得到的冬季西伯利亚高压指数与由JRA再分析资料所得结果是一致的（两者相关系数为0.9），但是，在本研究所关注的研究时段中它们的

变化趋势却不同。JRA 再分析资料为正趋势，而 NCEP/NCAR 再分析资料为下降趋势（两者均未达到统计信度）。自 1990 年以来，它们的 5 年滑动平均表现出一致的加强趋势，如图 9-26 所示。中国 3 个台站（富蕴在 46.59°N，89.31°E；铁干里克在 40.38°N，87.42°E；阿尔山在47.10°N，119.45°E）冬季平均 SLP 同样表现出类似的演变特征。与 NCEP/NCAR 再分析资料相比，JRA 再分析资料似乎与观测结果更为接近。因此，这里仅分析近 20 年来（1990 ~ 2009 年）气候变化趋势的空间分布。

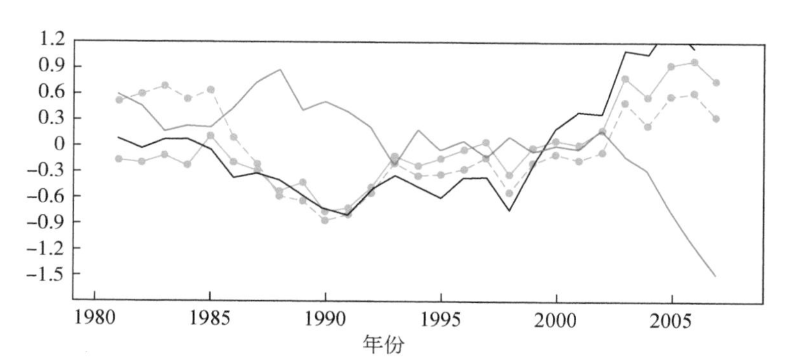

图 9-26　冬季西伯利亚高压强度与 9 月北极区域平均 SIC 的标准化时间序列的 5 年滑动平均

冬季西伯利亚高压强度（蓝实线为 JRA 资料；蓝虚线为 NCEP/NCAR 资料），中国 3 个台站冬季平均的 SLP（黑线）及区域平均 9 月 SIC（红线）

在高纬度地区，冬季 SLP 表现出升高趋势，最大趋势（大于 0.3hPa）出现在自格陵兰东南部向东北延伸至欧亚大陆北部［图 9-27（a）］。就局地来说，最大趋势出现在巴伦支海和喀拉海南部，该处冬季区域（65° ~ 75°N，20° ~ 80°E）平均的 SLP 在 1990 年以后表现出更强的上升趋势（与冬季西伯利亚高压相比），而在 1990 年以前则表现出下降趋势。在欧亚大陆中高纬度、非洲北部和北大西洋 SLP 呈下降趋势。随着冬季 SLP 的增强，相对应的异常反气旋导致 40°N 以北的亚洲大陆北部出现 SAT 降低趋势，其中最大负趋势出现在贝加尔湖以西地区［图 9-27（b）］。同时，显著的 SAT 增暖趋势出现在自美洲东北部经格陵兰延伸至拉普捷夫海，其中心位于巴伦支海。

在 500hPa 上，位势高度正趋势出现在北冰洋大部区域及欧亚大陆北部的部分地区，而负趋势位于东亚中高纬度地区［图 9-27（c）］。由 NCEP/NCAR 再分析资料亦可得到类似结果［图 9-27（d）~ 图 9-27（f）］。与图 9-27（b）相比，亚洲大陆中高纬度地区的 SAT 降温趋势是显著的［图 9-27（e）］。观测资料、JRA 和 NCEP/NCAR 再分析资料均显示，区域平均的冬季 SAT 异常在 1990 年以后存在一致的下降趋势（图 9-28），与冬季西伯利亚高压增强趋势是一致的。因此，这样一个气候趋势背景有助于欧亚大陆的严冬频发。Deser 和 Phillips（2009）分析了 1950 ~ 2000 年的冬季大气环流趋势，并指出，整个北极和欧亚大陆中高纬度地区 SLP 存在一致性降低趋势（表明冬季西伯利亚高压有减弱趋势）。这与本研究结果不同，其原因在于所选时段不同。

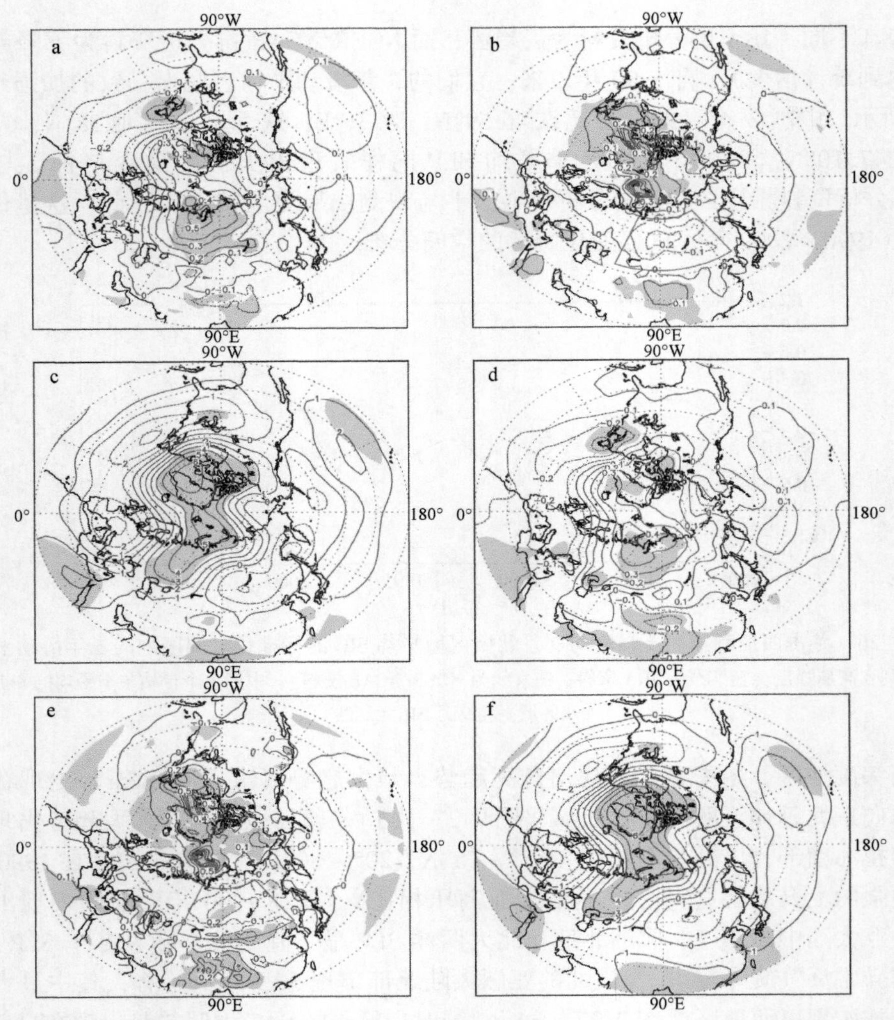

图 9-27　近 20 年（1990～2009 年）来冬季（a）SLP、（b）SAT 和（c）500hPa 高度变化趋势的空间分布

由 JRA 再分析资料计算得到，阴影区代表线性趋势超过 95% 信度检验，（d）～（f）为 NCEP/NCAR 再分析资料结果，其余同（a）～（c）

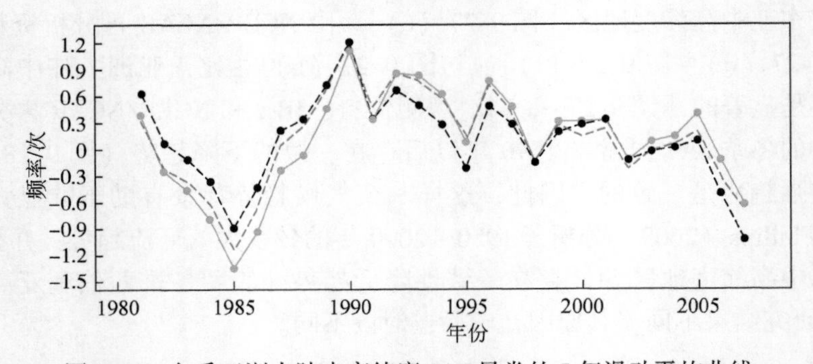

图 9-28　冬季亚洲大陆中高纬度 SAT 异常的 5 年滑动平均曲线

9.3.3 趋势的可能机制和讨论

秋季（9～11 月）SIC 下降趋势的显著区位于北冰洋大部分区域及其边缘海域，特别是巴伦支海—喀拉海及自东西伯利亚海向东至波弗特海［图 9-29（a)］。秋季 SST 显著增暖区出现在北大西洋和北冰洋边缘海域［图 9-29（b)］，与 SIC 下降趋势一致。在北大西洋，趋势大于 0.04°的区域主要位于 50°～70°N。在 99% 信度检验上的 SST 增暖趋势与 SLP 趋势大于 0.3hPa 区域［图 9-27（a)］相匹配。事实上，自 1990 年以来，秋季 SST 同样表现出持续性增暖趋势（图 9-30）。北大西洋 SST 异常在冬季乌拉尔山阻塞异常形成可能起到一定作用（Li，2004），而后者加强了冬季西伯利亚高压（Takaya and Nakamuta，2005）。另外，秋季区域（40°～60° N，60°～140° E）平均雪水当量（snow water equivalent，SWE）自 1990 年以来表现出上升趋势，这将有利于冬季西伯利亚高压的加强（Cohen and Entekhabi，1999）。Magnusdottir 等（2004a）利用数值试验研究了大气对冬季（12 月至次年 3 月）北极 SIE 的 1958～1997 年变化趋势的响应，结果表明：真实的北极海冰下降趋势直接导致在整个北极出现 500 hPa 位势高度正异常，在北大西洋和东亚中高纬度地区出现负位势高度异常，与本研究的观测分析结果一致［图 9-27（c)、图 9-27（f)］。Deser 和 Phillips（2009）同样证明，利用真实的 SST 和 SIC 作为外强迫，所模拟的冬季 SLP 在北极和欧亚大陆北部表现出一致的正趋势，表明冬季西伯利亚得到加强。

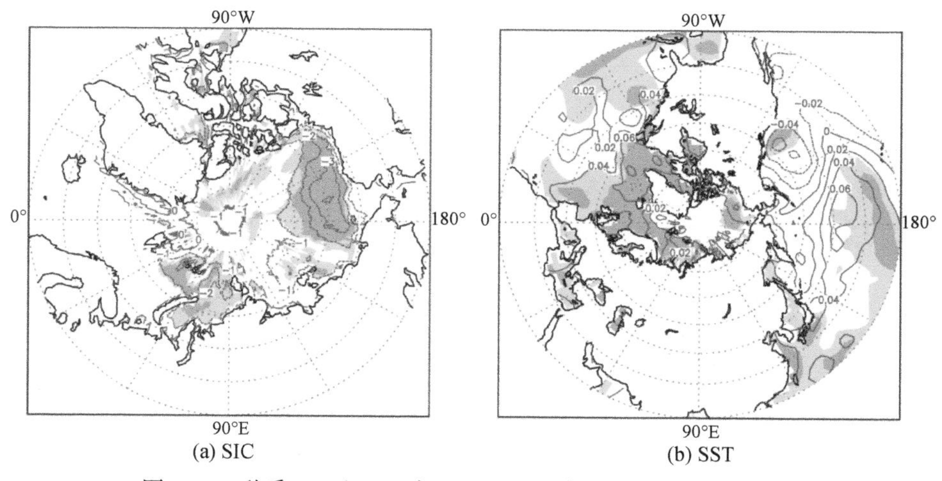

图 9-29　秋季 SIC 和 SST 在 1990～2009 年变化趋势的空间分布

黄色和绿色阴影区表示趋势超过 95% 和 99% 信度检验

许多作者，包括本书作者，认为异常大气环流型和大气活动中心主要反映了自然变率。因此，1990 年以来的冬季西伯利亚高压和 SAT 的短期变化趋势主要由年代际（或多年代际）变率所引起的，已有的研究结果也支持这一观点（Polyakov and Johnson，2000；Polyakov et al.，2004）。Polyakove 等（2004）指出，大西洋海水温度、北极海表气温、海冰范围及西伯利亚边缘海域固定冰厚度均表现出时间尺度在 50～80 年的低频变化，而低

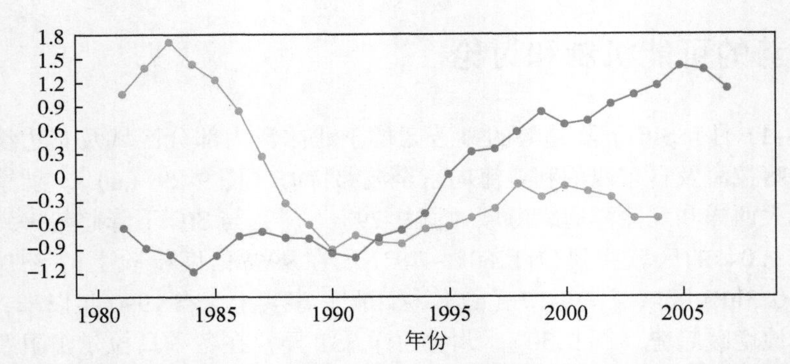

图9-30　秋季北大西洋区域平均 SST 和欧亚大陆区域平均 SWE 的标准化时间序列的5年滑动平均曲线

秋季区域（48°~66°N，30°~60°W）平均 SST（红线）和秋季区域（40°~60°N，60°~140°E）平均 SWE（蓝线）

频变化放大了短期变化趋势。另一冬季区域［42.5°~67.5°N，67.5°~127.5°E，由图9-27（b)红色框所示］平均 SAT 异常的5年滑动平均时间序列，其中包括基于观测资料①（红线），JRA 再分析资料（蓝线）和 NCEP/NCAR 再分析资料区域［42.8564°~67.6171°N，67.5°~127.5°E，图9-27（e）红色框所示］平均所得结果方面，北极和北大西洋的大气-海洋-海冰系统的低频变化（或多年代际变率）要求海冰异常对大气环流起到重要影响（Mysak et al.，1990；Mysak and Venegas，1998），关于北极海冰下降趋势对大气环流变化趋势（或多年代际变率）的影响已超出了本研究范围。

通过数值模拟试验，Deser 等（2007）已经提出了大气环流对北极海冰/北大西洋 SST 强迫的响应过程：大气环流对它们强迫的初始响应是斜压的，随后响应逐渐倾向于正压，并在空间范围和振幅上得到加强；在2~2.5个月后大气环流调整达到准平衡态，与本研究结果是一致的。当然，秋季 SIC 和 SST 影响冬季西伯利亚高压和 SAT 的精确机制，以及它们的相对贡献仍需要利用观测和模拟试验进一步研究。

9.4　冬春季节北极海冰异常对夏季欧亚大陆大气环流以及东亚中纬度地区降水的影响

海冰通过它的高反照率、绝热加热、水汽和海洋与大气之间巨大的交换在气候变化中扮演了很重要的角色（Honda et al.，1999；Wu et al.，1999；Rigor et al.，2002；Alexander et al.，2004a，200b；Deser et al.，2004；Magnusdottir et al.，2004a，2004b；Wu et al.，2004；Balmaseda et al.，2010）。北欧和巴伦支海海冰影响行星边界层的层结和稳定性，产生潜在的动力影响引发边界层气压异常（Wu et al.，2004）。减少的海冰导致增加向上的地表热通量，使得近地层增暖，增加降水，并且使得 SLP 低于正常，而增加的

① http：//www.cru.uea.ac.uk/cru/data/temperature/.

海冰导致相反的影响（Alexander et al.，2004）。然而实际上，很难去直接描述海冰对大气的影响，因为描述大气对海冰的主要强迫是建立在观测基础上的。海冰对大气的大尺度间接影响以 SST 为基础，很大程度上取决于表层湍流与大尺度环流之间的交换。

在过去的 20 年里，北极海冰数据表现出了一致的负趋势，特别是在夏季末。从 20 世纪 90 年代末，9 月 SIE 频繁突破先前的最低值，甚至减少的速率增加。夏季末减少的海冰，使得海洋吸收更多热量，从而推迟结冰过程。减少的北极海冰增强了北极增暖（Kumar et al.，2010；Screen and Simmonds，2010），并且通过它对大气的正负反馈影响气候变率（Deser et al.，2004b；Magnusdottir et al.，2004b；Honda et al.，1999，2009；Wu et al.，1999）。

有些研究表明，秋冬北极海冰异常影响冬季欧亚地区的大气（Wu et al.，1999；Honda et al.，2009；Petoukhov and Semenov，2010；Wu B et al.，2011）。巴伦支—喀拉海域高于平均冬季的海冰相关于中国减弱的冷空气和减弱的欧亚冬季风，反之亦然（Wu et al.，1999）。运用数值试验，Petoukhov 和 Semenov（2010）研究了巴伦支—喀拉海域冬季大气与冬季 SIC 的关系，研究表明减弱的冬季 SIC 帮助引发了极端的欧亚冷事件。在格陵兰—巴伦支海域减弱的冬季海冰，伴随拉布拉多海域增加的海冰，增加了北极涛动的负极性（Alexander et al.，2004）。Honda 等（2009）发现了初冬东亚地区显著的冷异常，以及在冬季末从欧洲到东亚相关于先前 9 月减弱的北极海冰的纬状冷异常。更进一步，Wu B 等（2011）证明了从秋季到冬季北极海冰一致的变化，提供了一个可能预测冬季西伯利亚高压和东亚冬季风的方法。

在过去的 20 年（1990 ~ 2009 年），冬季西伯利亚高亚的增强，伴随亚洲中纬度到高纬度减弱趋势的表层空气，支持了最近东亚频发的冷事件（Wu B et al.，2011）。这个发现，可能与在北极东部秋季 SIC 的减少趋势和北部大西洋、北极陆缘海、北太平洋变暖的海表温度有关。

相对于观测的秋冬季北极海冰与冬季大气之间的联系，冬季北极海冰与随后的夏季北部欧亚的大气环流并没有很好地被人理解。研究这个问题需要增加对北部欧亚大陆气候变率特征的理解，并且允许我们研究任何潜在的夏季大气变率的先导者。在此研究里，我们关注于冬季西格陵兰的 SIC，包括拉布拉多海、达维斯海峡、巴芬湾和哈德孙湾。我们选取了特定的区域［因其海气交换强烈（Kvamstø et al.，2004）］来进行研究，并且海冰是在年际和年代际时间尺度上近似相关于北大西洋 SST 的（Deser and Blackmon，1993；Deser et al.，2002）。

复合和回归分析方法应用于研究 SIC 和盛行大气环流的关系。另外，蒙特卡洛方法应用于检验数据的信度，如 Livezey 和 Chen（1983）。一个源于线性回归的异常区域，格点的比例在 0.05 级别上是统计上显著的，是相对于主要的格点第一识别的。这个过程再被重复 1000 次，从正态分布随机选择不同的 31 个成员（或者 31 个冬季从 1979 ~ 2010 年）。如果显著格点的比例超过源于 1000 次重复实验，这个异常区域是认为显著的。在此，冬季指 9 月至次年 2 月（DJF）和夏季指 6 ~ 8 月（JJA）。

9.4.1 冬季北极海冰与夏季欧亚大陆大气环流异常的联系

面积区域加权平均的冬季西格陵兰（49.5°～79.5°N，49.5°～85.5°W）SIC 表现出明显的年际变率，但在本研究的时间范围内无显著趋势（图 9-31）。这证明在 1994～1995 年冬季之前的 SIC 更多是相关于之后的。利用这个时间序列，首选复合分析方法，挑选事件。标准差大于 0.8（小于-0.8）被定义为重（轻）海冰事件。重海冰年事件包括 1982～1983 年、1983～1984 年、1989～1990 年、1990～1991 年、1992～1993 年、1993～1994 年和 2007～2008 年的冬季。轻的海冰事件被定义为 1979～1980 年、1981～1982 年、1985～1986 年、1998～1999 年、2003～2004 年、2005～2006 年、2006～2007 年和 2009～2010 年的冬季。图 9-32 描绘了季节平均的 SIC 的重年与轻年之差。显著的差异在拉布拉多海、戴维斯海峡、巴芬湾、哈德孙湾、格陵兰海及部分巴伦支海。在格陵兰海北部到冰岛和南部巴伦支海与格陵兰的西部海冰变化是异相的［图 9-32（a）］。随后的春季显现出相似的空间模态［图 9-32（b）］。春季与冬季的条件有关，夏季 SIC 平均的差异是不显著的（未给出）。

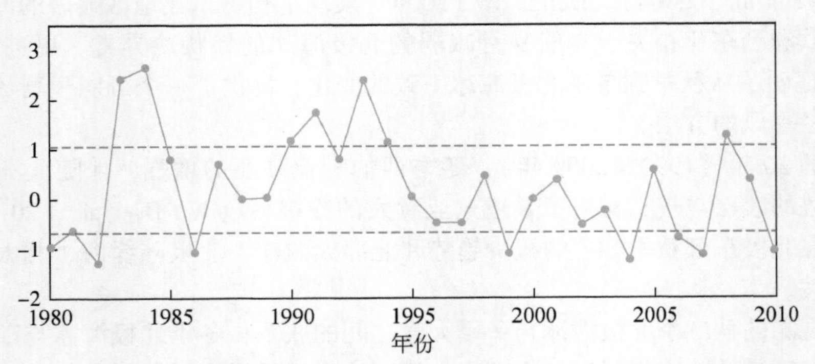

图 9-31　冬季格陵兰西部 SIC（49.5°～79.5°N，49.5°～85.5°W）的区域平均标准化后的时间序列

红色线代表其标准偏差 0.8（-0.8）和“1980 年”为 1979～1980 冬季

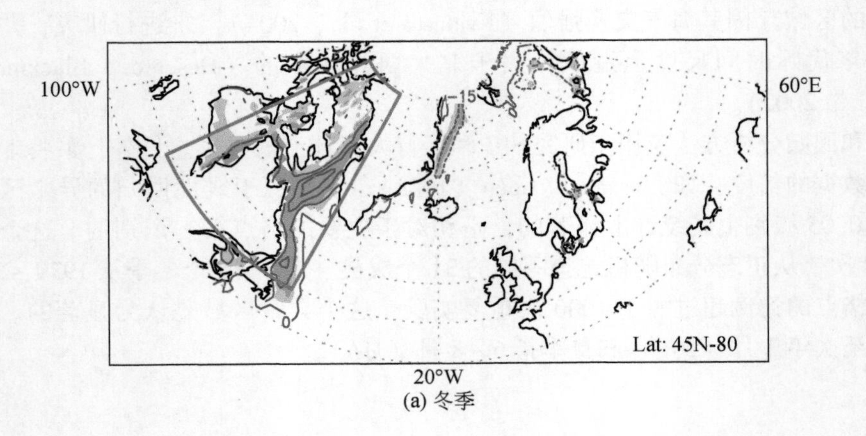

(a) 冬季

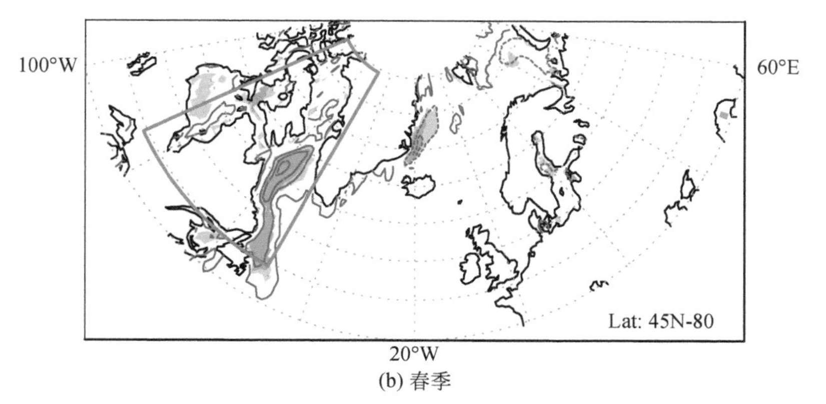

(b) 春季

图 9-32　冬季和春季重、轻海冰事件下 SIC 的季节平均差异冬季和春季

间隔为 15%，且黄色和绿色阴影区域分别表示 SIC 差异通过 95% 和 99% 的信度检验，计算得到的格陵兰西部（49.5°～79.5°N，49.5°～85.5°W）SIC 的冬季区域平均范围，在图中用红色框标出

图 9-33 表现出了在海冰重、轻年间的 500hpa 平均位势高度季节差异。在冬季，正高度异常在中纬度北大西洋，负异常在北部高纬度，负异常中心在南格陵兰［图 9-33（a）］。这个典型的空间模态一致于对流层低层异常气旋型风场。在西格陵兰的北部异常和格陵兰—巴伦支海的南部异常（未给出）动力上一致于冬季 SIC 异常空间分布，表现在图 9-32（a）。这个在北大西洋的环流类似于北大西洋涛动。这个区域-面积平均的冬季 SIC 是显著一致于冬季平均北大西洋涛动指数（0.42 通过了 95% 的信度检验）。

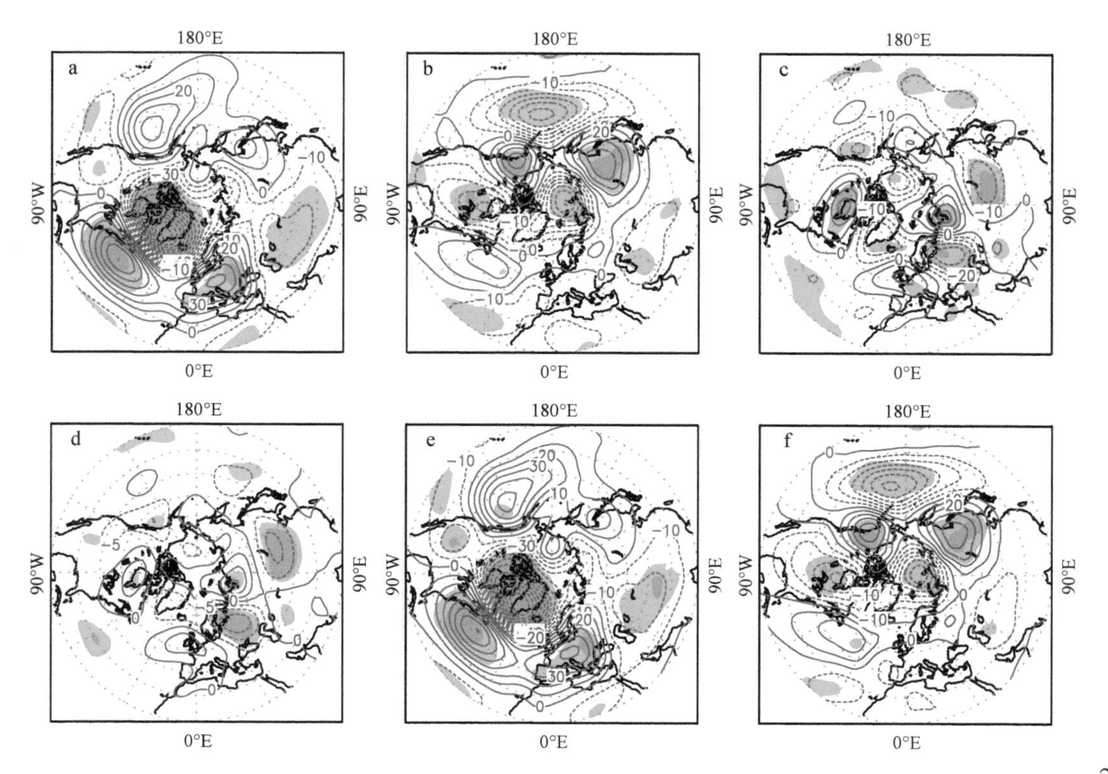

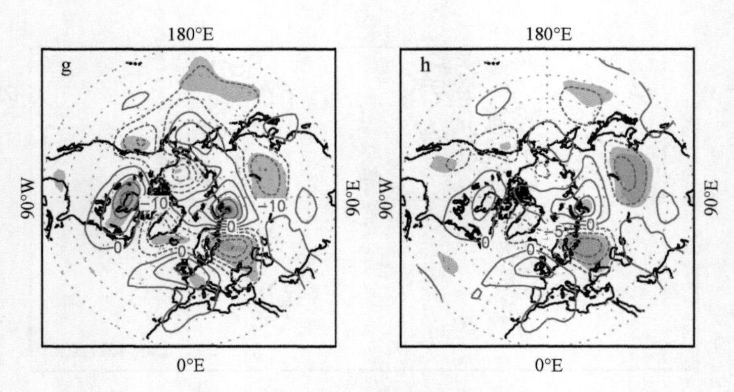

图 9-33　500hPa 高度异常的空间分布

季节平均 500hPa 高度场差异在重和轻海冰事件对应（a）冬季、（b）春季、（c）夏季、（d）夏季 500pHa 高度场异常，源于线性回归冬季区域平均西格陵兰 SIC。(e) ~ (h) 分别类似（a）~ (d)，但源于 JRA-25 数据。洋红色和绿色阴影表示通过 95% 和 99% 的信度检验的异常。间隔为 10gpm 在 (a) ~ (c) 和 (e) ~ (g)，5gpm 在（d）和（h）

在随后的春季，北极的西伯利亚陆缘海、远东地区和太平洋区域有显著的高度异常［图 9-33（b）］。在中纬度北大西洋，高度异常表现出偶极子结构，和相反的异常中心分别位于纽芬兰的东南部和北大西洋东部。在随后的夏季，高度异常表现出一个波列结构，两个正异常中心在欧洲西部和亚洲大陆西北部，两个负异常中心在东欧和东亚［图 9-33（c）］。夏季 500hPa 高度平均的回归示意图近似于图 9-33（c）所描绘的，回归利用了冬季面积−区域平均的 SIC。这意味着冬季西格陵兰 SIC 是显著相关于欧亚大陆北部夏季大气环流的异常。更接近的结果在 JRA-25 数据中表现［图 9-33（e）~ 图 9-33（h）］。

欧亚大陆从中纬度到高纬度的夏季降水表现出显著差异（图 9-34）。一致于重的 SIC 冬季，增加的夏季降水在欧洲北部向东南扩展到东亚中纬度地区，特别是 100°E 东部在 40° ~ 55°N，最大差异达到 66mm。另外，在东欧的部分地区夏季降水差异超过 60mm。相反，在欧洲西部 40°E 和南部 60°N 与亚洲大陆高纬度有减少的夏季降水。夏季降水差异的区域显著一致于 500hPa 高度异常中心。

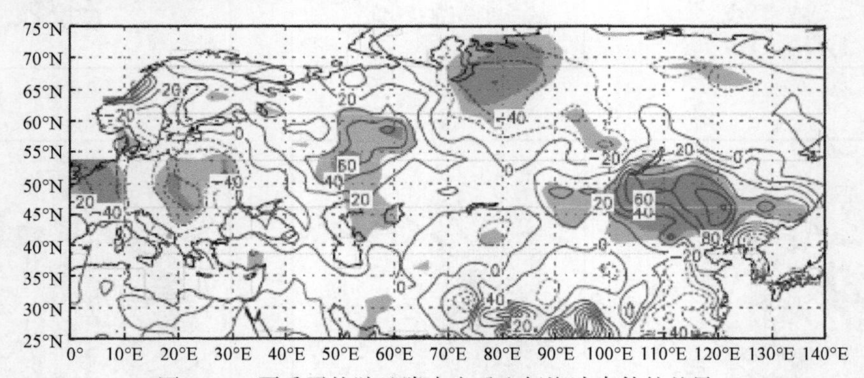

图 9-34　夏季平均陆地降水在重和轻海冰事件的差异

洋红色和绿色阴影区域表示为通过 95% 和 99% 的信度检验的异常，间隔为 20mm

9.4.2 夏季欧亚大陆大气环流变率的优势模态的主要特征

异常模态在图 9-33（c）和图 9-33（g）实际表现与中纬度到高纬度的欧亚大陆的大气环流紧密相关。为了证明此观点，我们设计了复 Hermitian 矩阵基于 40°~70°N 和 0°~120°E（格点 2.5°×2.5°）850hPa 风场异常的面积加权月平均，来提取 850hPa 风场从 1979~2010年（共 384 个月）变化的主要模态。这个矢量分析方法就是，CVEOF 与其他研究类似（Wu et al.，2012），。更多关于此方法的细节，请看 Wu 等（2012）的文章。

第一模态占据了 20% 的总异常动能。为了解释第一模态的空间演变，复合分析（composite analyses）设计了第一模态 4 个位相的变化：0°位相、90°位相、180°位相、270°位相。夏季（JJA）数据，4 个典型的位相变化分别出现了 22 次、24 次、22 次、28 次的事件。

对于 0°位相的风场的第一模态，有两对异常的气旋和反气旋分别在北大西洋的东北到 90°E 和欧亚地区，后者表现比前者弱些［图 9-35（a）］。在亚欧大陆北部，一致于 500hPa 高度异常在乌拉尔山和鄂霍次克海有正的异常中心，表现出一个波列结构，负位相中心在它俩之间［图 9-36（a）］。当风场的第一模态到达它的 90°位相，在西欧和北亚洲大陆-北冰洋的西伯利亚陆缘海，它们之间有异常气旋［图 9-35（b）］。同时，在贝加尔湖的东南侧有弱的异常反气旋。空间分布一致于 500hPa 高度异常，动力上一致于 850hPa 风场异常［图 9-36（b）］。当第一模态的风场在它的 180°（270°）位相时，结构是近乎相反于它的 0°（90°）位相。［图 9-35（c）、图 9-35（d）和图 9-36（c）、图 9-36（d）］。

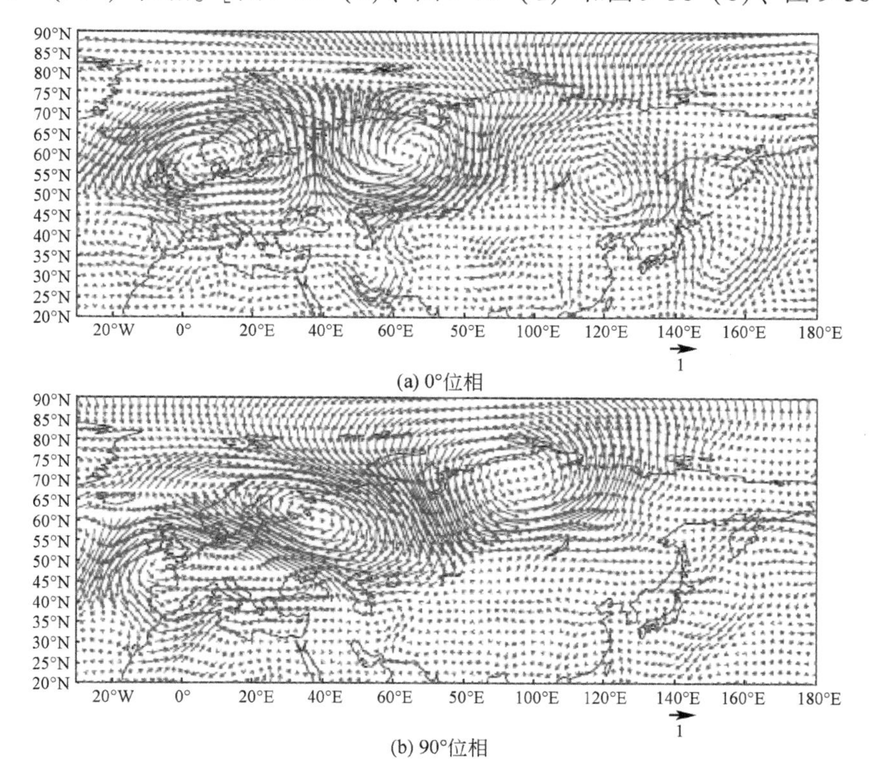

(a) 0°位相

(b) 90°位相

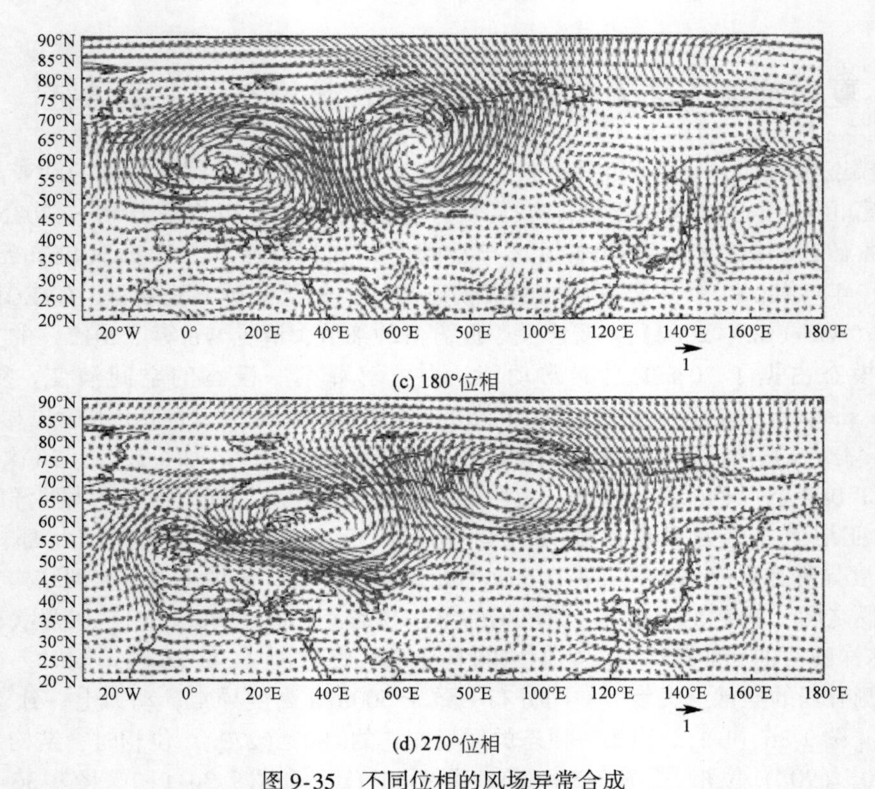

(c) 180°位相

(d) 270°位相

图 9-35　不同位相的风场异常合成

夏季850pha 月平均风异常（a）主模态的0°位相（b）~（d）类似（a）但分别为90°位相，180°位相和270°位相

图 9-35 表现出风场的第一模态一致于两个副模态，也一致于 500hPa 高度异常表现不同的空间结构（图 9-36）。这里，两个副模态分别叫作乌拉尔山-鄂霍次克（UO）模态和欧亚（EA）模态。在 Wu 等（2012），实部和虚部的复主分量可以被认作两个强度指标，来分别表示乌拉山-鄂霍次克模态和欧亚模态的特征。因此，乌拉山-鄂霍次克模态组成0°和 180°位相的风场的第一模态，正（负）位相的乌拉山-鄂霍次克模态一致于 0°和 180°位相。近似地，风场的第一模态的欧亚模态包括 90°和 270°位相，欧亚模态的一个正（负）位相一致于 90°和 270°位相。0°～270°位相，中纬度到高纬度槽脊的位置在夏季平均500hPa 高度展示出一个顺时针的移动过程（未给出）。因此，风场的第一模态主要的物理特征是槽脊高度场的位置演变。

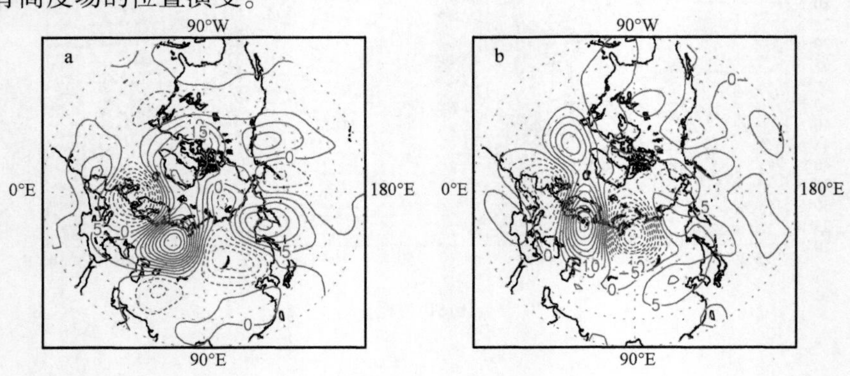

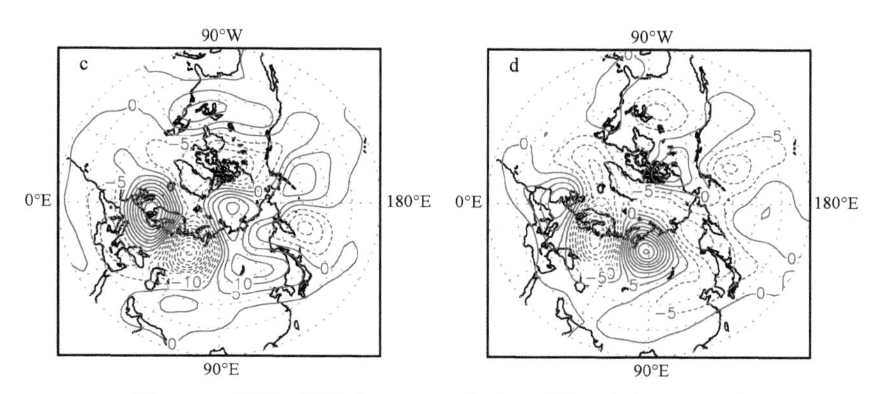

图9-36 夏季不同位相500hPa高度月平均异常的空间分布

（a）0°位相，（b）～（d）为90°位相、180°位相和270°位相500hPa高度月平均异常的空间分布，间隔为5gpm

图9-37表示标准化强度的乌拉山–鄂霍次克模态和欧亚模态的夏季月平均（JJA）的时间序列。它们之间的相关是不显著的，并且乌拉山–鄂霍次克模态未显示出任何趋势。但欧亚模态表现出显著趋势（近99%的信度检验）。这个短期趋势与年代际气候系统的变化有关，表示外强迫扮演重要的角色。实际上，欧亚模态是显著相关于冬季的西格陵兰（49.5°～79.5°N，49.5°～85.5°W）SIC的区域面积加权平均（$r=-0.65$，在去掉它们的

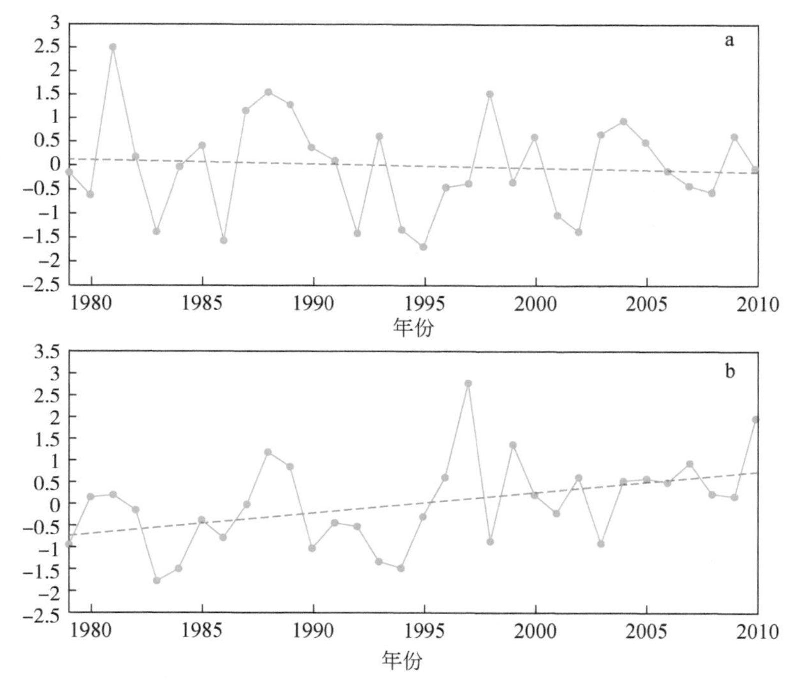

图9-37 乌拉山–鄂霍次克模态的强度和频次演变

（a）乌拉山–鄂霍次克模态的标准化时间序列（复合分析主模态的实部），3个夏季月（JJA）的平均，红色线是它的趋势。（b）类似（a），但为欧亚模态（复合分析主模态的虚部）

线性趋势后相关系数在 99% 信度检验下为-0.61)。更进一步的分析指出，1990 ~ 2010 年，欧亚模态与冬季西格陵兰 SIC 指数的相关系数是显著的（r=-0.501)。在 JRA-25 数据中也检测到非常类似的欧亚模态，这个风场模态也是显著负相关于冬季的 SIC 指数（r=-0.50，去线性趋势后)。因此，冬季西格陵兰的 SIC 是近似相关于夏季盛行大气环流的主要模态。

9.4.3 冬季北极海冰异常影响后期夏季欧亚大陆大气环流的可能机理

在本节，我们探索可能的机制来解释北部欧亚夏季大气环流异常和前期冬季西格陵兰的 SIC 之间的观测关系。春季高度异常展现了在 55°N 以北的斜压结构，以及在对流层低层正高度能量异常，低于 850hPa 有负异常。如此春季高度异常的垂直分布，不同于前期冬季高度异常具有主要的准斜压结构的垂直分布（未给出)。这个相对应的波活动通量在 60°N 以北表现出一致的向上传播，并且在对流层 700hPa 有一条波活动通量向南传播。因此，冬春季持续的能量传播和强的 SIC 的条件，共同贡献 40°N ~ 50°N、30°W ~ 60°W 的正高度异常 [图 9-33 (b)]。3 月之后，正 500hPa 高度异常显著的向东传播 [图 9-38 (b)]，同时正高度异常到达欧洲西海岸，欧亚模态活跃于欧亚大陆 [图 9-33 (c)]。随后的 6 月、7 月，500hPa 高度差异也支持这个观点（图 9-39)。

在中纬度到高纬度的北大西洋，春季正的 SLP 异常表现出一个扇形模态 [图 9-40 (a)]，并且最大的 SLP 正异常坐落于拉布拉多海南部，与重的 SIC 相关 [图 9-32 (b)]。我们计算了区域平均（47.5° ~ 57.5°N，25° ~ 60°W）春季 SLP [图 9-40 (a)] 作为指数来近似估计对流层低层的异常反气旋强度（未给出)。SLP 指数显著相关于前期冬季 SIC 指数（r=0.43，95% 信度检验)。从春季 SLP 指数线性回归衍生出来的春季 500hPa 高度异常 [图 9-40 (b)]。在北大西洋东北部和北欧有显著的正高度异常，负高度异常中心在亚洲大陆北部。在北大西洋北部，春季 SLP 异常联系随后的夏季的欧亚大气环流异常 [图 9-40 (c)]，表现出一个对夏季 500hPa 高度异常空间分布极好的近似并相关冬季的 SIC 指数 [图 9-33 (d)]。比较前期春季，在随后的夏季，异常中心向下游转移 [图 9-40 (b)、图 9-40 (c)]。因此，北大西洋北部春季大气环流的异常，作为一个桥梁连接前期冬季 SIC 和随后的夏季欧亚环流异常。

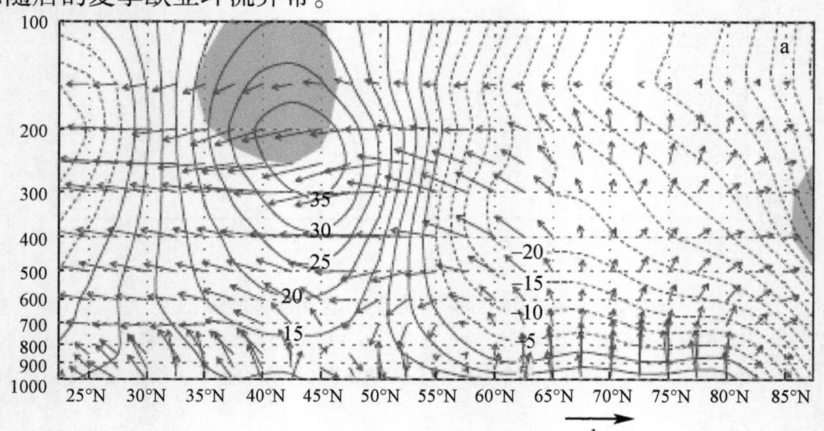

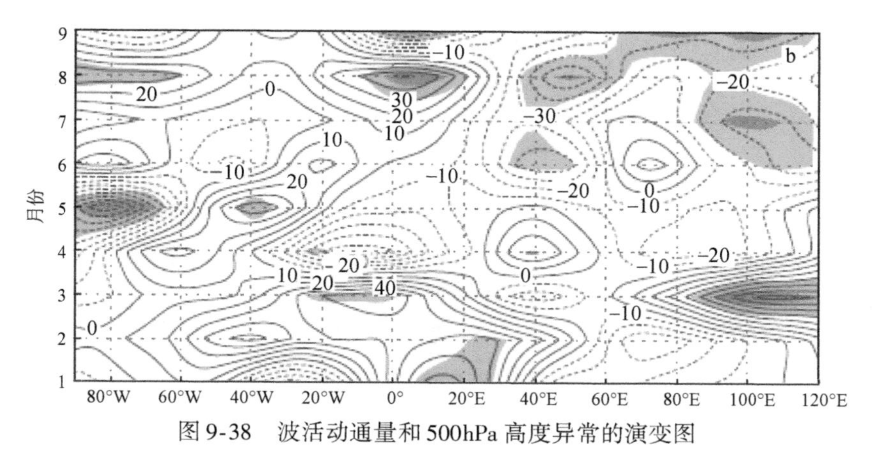

图 9-38 波活动通量和 500hPa 高度异常的演变图

（a）春季月平均高度场在重和轻海冰事件之间的差异和相应的沿经向 55°W 垂直剖面的（×0.17）波活动通量。等值线间隔为 5gpm，洋红色阴影为通过 95% 检验的高度异常。（b）50°N，500hPa 高度异常的演变在重和轻海冰事件；洋红色和绿色阴影代表通过 95% 和 99% 信度检验的异常

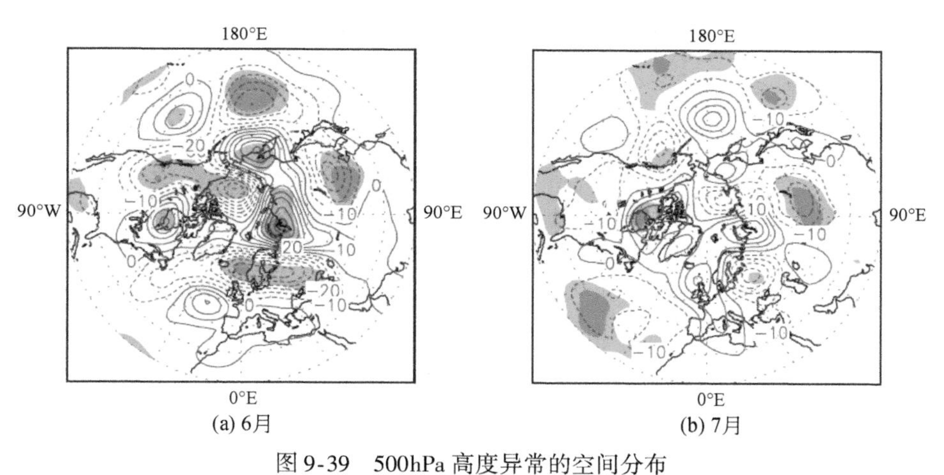

图 9-39 500hPa 高度异常的空间分布

（a）6 月（b）7 月 500hPa 高度场在重和轻海冰事件的差异；洋红色和绿色阴影区域代表通过 95% 和 99% 信度检验的异常，间隔为 10gpm

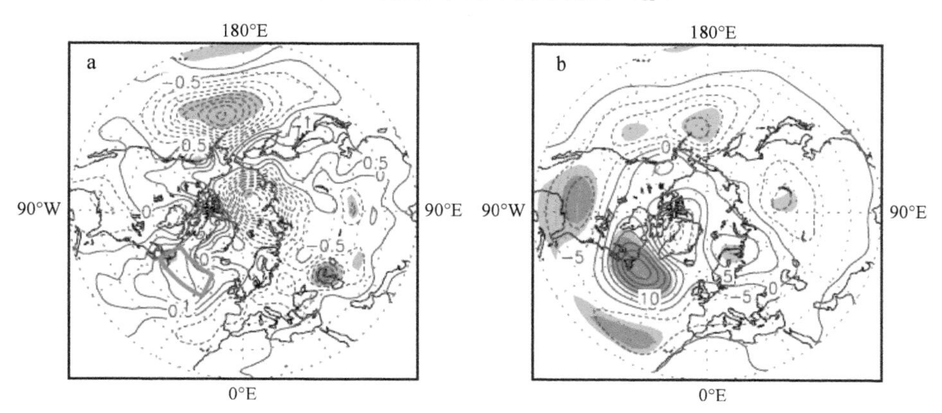

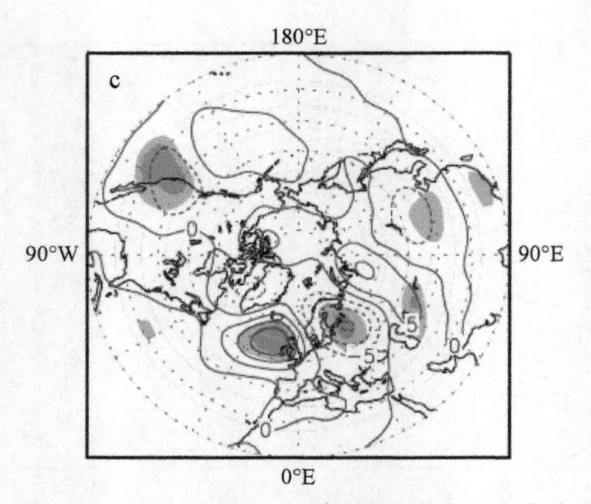

图 9-40　SLP 和 500hPa 高度异常的空间分布

(a) 春季 (3~4 月) 月平均 SLP 在重和轻海冰事件之间的差异。(b) 春季和 (c) 夏季 500hPa 高度异常，源于线性回归于春季区域平均 SLP [47.5°~57.5°N，25°~60°W，在 (a) 中红框区域]。洋红色和绿色阴影代表通过 95% 和 99% 信度检验的异常。间隔为 0.5pha 在 (a) 和 5gpm 在 (b) 和 (c)

我们检验了在 1979~2010 年冬季西格陵兰 SIC 和随后的夏季的北部欧亚的大气环流异常。结果表明伴随在北大西洋马蹄形的 SST 异常西格陵兰高于平均的 SIC，这两个异常都持续到随后的春季。在北大西洋如此的异常反馈对随后的春季的大气，像一个桥梁连接冬春 SIC 和 SST 异常与北部欧亚夏季大气环流的异常。因此，冬季西格陵兰的 SIC 对随后的夏季欧亚北部的大气环流和降水的异常起先导作用。但此研究仅提供了观测的证据和讨论的可能机制，更多准确的 SIC 和 SST 对大气的反馈需要进一步的数值试验的研究。

第10章　南极浅冰芯记录与海冰长期变化

10.1　用代用指标反演南极海冰的原理与方法

南大洋的海冰季节变化特征明显，对海洋和大气的关键过程有显著影响，因而也是影响全球气候变化的主要因素之一。虽然南极 SIE 在近几十年有略微增加的趋势，但这种现象是局地性的，并未在所有区域都发现 SIE 的增长，引人注目的是，Bellingshausen 海和 Amundsen 海的海冰是缩减的。因此，重建过去长时间尺度的海冰情况对于研究近期海冰变化的原因是十分重要的，并且有助于我们理解过去的气候状况，为未来气候预测提供依据。可用于重建南极海冰的代用指标比较少，最常用的是沉积物代用指标和冰芯代用指标。沉积物代用指标常常覆盖的时间尺度长而分辨率较低，而冰芯代用指标既可以覆盖较长的时间尺度，也可以具有较高的分辨率，本节将重点介绍冰芯中可用于重建的代用指标的原理与方法。

10.1.1　MSA 与 SIE

MSA 作为冰芯中反映海冰变化的重要指标，主要是由海洋浮游生物（藻类）腐烂后排出的 DMS 演化而成的。表层海水内的 DMS 来源于一些浮游生物细胞内的渗透调节质——DMSP（二甲基磺基丙酸酯），在冬季海冰较多时，海水温度降低而盐度升高，生物体内的 DMSP 浓度也相应增高（Vairavamurthy et al.，1985），而在夏季海冰融化时由于海水温度升高而盐度减少，DMSP 则被排出浮游生物体外。DMSP 从生物体内排出后形成不稳定的 DMS，进而从海洋挥发到大气中，迅速地被 OH 和 NO_3 自由基氧化，最终生成 H_2SO_4 和 MSA。由 DMS 形成的 H_2SO_4 和 MSA 的氧化反应过程比较复杂，但反应过程受温度的影响是十分显著的，低温有利于 MSA 形成，高温有利于 H_2SO_4 形成（效存德等，2001）。大量的浮游生物释放 MSA 会导致沉降在冰芯中的 MSA 增多，因此海冰的消融量与冰芯中记录的 MSA 之间存在正相关关系（Curran and Jones，2000）。虽然有学者用化学传输模式研究认为只有一小部分海冰中的硫元素才会沉积到南极大陆，但南大洋生物过程产生的 DMS 是南极雪冰中 MSA 的唯一来源（Hezel et al.，2011）。冰芯中 MSA 的浓度主要受四个方面的影响：①海冰区 DMS 的生产力；②从 DMS 到 MSA 的氧化过程；③MSA 传输沉降到冰盖的过程；④冰盖对于 MSA 的保存能力。表 10-1 总结已发表的关于南极冰芯中 MSA 与南极海冰关系的研究。Welch 等（1993）对取自 Newall 冰川雪芯（77°35′S，162°30′E）中的 MSA 序列进行研究，发现其与附近的 Ross 海 SIE 变化存在正相关关系。

Curran 等（2003）将 Law Dome 冰芯（66°44′S，112°50′E）中的 MSA 记录与 22 年的卫星资料的对比分析中发现，冰芯中的 MSA 记录与 80°E ~ 140°E 扇区 SIE 有显著的正相关（r=0.60，P<0.002），与整个南极海冰最大范围变化亦存在正相关关系（r=0.48，P<0.02，n=22），并将这个结果应用于 Law Dome 冰芯 1841 ~ 1995 年的 MSA 记录，发现 1950 年以来南极海冰相对于历史时期有 20% 的减少。Abram 等（2010）用南极半岛的三支冰芯的 MSA 记录重建了 20 世纪 Bellingshausen 海地区的冬季海冰历史变化，结果显示 20 世纪以来 SIE 持续减少。Thomas 和 Abram（2016）用西南及冰盖边缘一支 308 年冰芯记录的 MSA 重建了 Amundsen—Ross 海的海冰变化情况，估算得出自 1702 年冬季 SIE 向北扩张约 1.3 个纬度，而在 20 世纪 SIE 向北扩张 1 个纬度，指出此区域海冰近几十年的增长是长期的趋势。

表 10-1　南极沿岸冰芯 MSA 指示的环境信号

位置	MSA-海冰关系	MSA 可能的指示性	参考文献
Lambert Glacier（兰伯特冰川）	负相关	传输	Sun et al.，2002
Mount Brown（布朗山）	正相关	冬季 SIE	Foster et al.，2006
Law Dome	正相关	冬季 SIE	Curran et al.，2003
Talos Dome	正相关	冬季 SIE 和传输	Becagli et al.，2009
Newell Glacier（纽瓦尔冰川）	正相关	SIE	Welch et al.，1993
Erebus Saddle（伊利贝斯安）	负相关	夏季无冰	Rhodes et al.，2009，2012
South Pole	正相关	SIE 和传输	Meyerson et al.，2002
Siple Dome	负相关	夏季无冰	Kreutz et al.，2000
West Antarctica（西南极）	多变化	传输控制的变化	Sneed et al.，2011
Coastal West Antarctica（西南极海岸）	负相关	夏季无冰	Criscitiello et al.，2013
Beethoven Peninsula（贝多芬半岛）	正相关	冬季 SIE	Abram et al.，2010
Dyer Plateau（戴耶高原）	正相关	冬季 SIE	Abram et al.，2010
James Ross Island（詹姆斯罗斯岛）	正相关（1991 年前） 负相关（1992 年后）	冬季 SIE 夏季无冰	Abram et al.，2010，2011
Dolleman Island（多乐曼岛）	负相关	向岸-离岸传输	Pasteur et al.，1995； Abram et al.，2007
Berkner Island（贝克纳岛）	负相关	向岸-离岸传输	Abram et al.，2007
DML（毛德皇后地）	负相关	向岸-离岸传输	Abram et al.，2007
Whitehall Glacier（怀特霍尔冰川）	负相关	无冰	Sinclair et al.，2014
LGB69	正相关	冬季 SIE	Xiao et al.，2015
Ferrigno（费里尼奥地）	正相关	冬季 SIE	Thomas et al.，2016

在南极大陆沿岸的部分地区，尤其是在海冰持续到夏季并在夏季增长的冰间水域地区，海冰中 MSA 的浓度并不随冬季 SIE 的增长而增加（图 10-1）。在 Ross 海西南部 Erbus Saddle 山雪芯中的 MSA 浓度可以很好地指示 Ross 海冰间水域无冰水面的出现（Rhodes et al., 2009）。同样，Ross 海冰间水域以东 Siple Dome 冰芯中 MSA 浓度与夏季 SIE 有显著的负相关关系（Kreutz et al., 2000）。同时有研究表明毗邻派恩岛海湾和 Amundsen 海冰间水域的冰芯 MSA 浓度伴随夏季无冰水面面积的增加而增加（Criscitiello et al., 2013）。这些研究同时说明 Ross 海和 Amundsen 海海岸区冰芯 MSA 记录对于夏季海冰无冰水域的面积有很好的指示性。Rhodes 等（2012）用另一支 Erbus Saddle 冰芯 MSA 记录研究发现在 1825 年和 1875 年 MSA 浓度偏高，与指示硅藻的沉积物指标和其他化学指标相结合推测在当年夏季，由于南极大陆温度偏冷驱动下降风的产生，形成更为广阔的无冰水域。

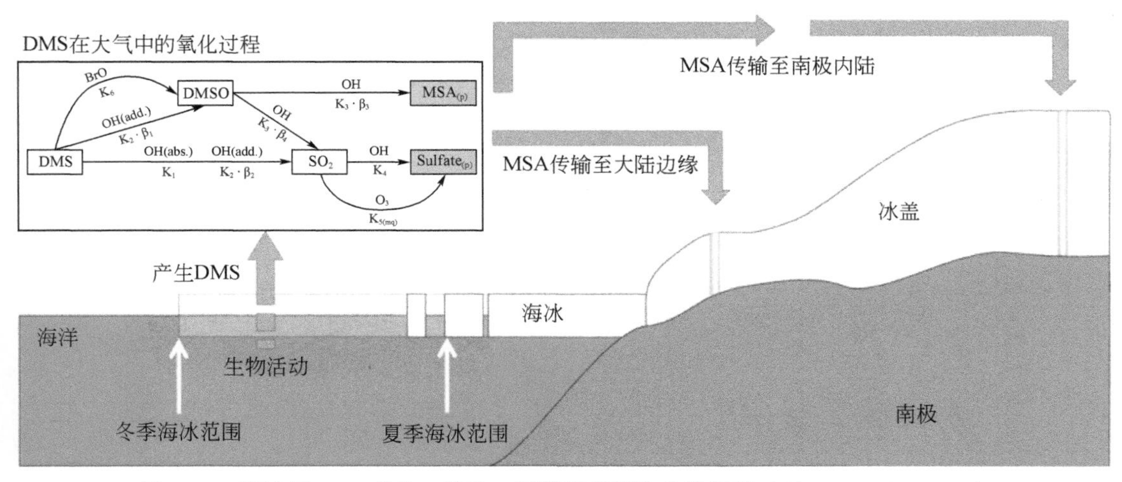

图 10-1 海冰区 MSA 产生、传输、沉降到南极冰盖的原理（Abram et al., 2013）

左上角插图为 DMS 转化为 MSA 和 SO_4^{2-} 的方程（Preunkert et al., 2008）

南极大陆虽由南大洋包围，地理环境的差异也会造成区域气候的不同，因而 MSA 与 SIE 的关系在不同地区也是有差异的，不同地区影响 MSA 传输的机制也不尽相同。冷的离岸风异常，一方面可以推动 SIE 的扩张，另一方面也会减少 MSA 向冰芯区的传输，因而在这些地区影响冰芯 MSA 记录的主要是风的传输方向。也有研究认为向岸和离岸不同的传输过程有可能造成相反的 MSA 与海冰相关关系（Sun et al., 2002）。已有研究表明在下降风强烈的 DML 地区，MSA 并不能很好地反映 SIE（Fundel et al., 2006）。在 Talos Dome 冰芯中，虽然 MSA 与 SIE 变化呈正相关关系，但大气传输仍然对 MSA 的分布有很大影响（Becagli et al., 2009）。Meyerson 等（2002）用 EOF 分析研究认为 South Pole 冰芯中 MSA 主要来源于 Amundsen—Ross 海海冰，同时，MSA 的变化也受厄尔尼诺事件的影响。

总的来说，南极大陆边缘地区冰芯中 MSA 的浓度与冬季 SIE 的变化一致，在夏季，增多的 MSA 反映的是夏季海冰的无冰状况。MSA 可以指示局地到区域的海冰变化，横跨

20~60 个经度。在重建工作中，多支冰芯资料的融合可以提高重建的精度，减少因单个地区降雪事件产生的噪声。高分辨率的冰芯不仅可以重建长时间尺度的海冰变化，也可以再现海冰的年际变化特征。当然用 MSA 重建海冰也有潜在的问题，如下降风是对 MSA 作为海冰代用指标影响最大的因素，在 Weddell 海域尤其明显。另外，大气的氧化能力会在冰期-间冰期时间尺度上影响 MSA 的变化。

基于已有的冰芯 MSA 重建南极海冰的研究，在未来的重建工作中需要注意以下几点：

1）南极大陆沿岸高积累率地区冰芯中的 MSA 记录是重建海冰变化最好的代用指标；

2）需运用海冰和气象资料细致地分析区域环境特征；

3）多冰芯和多元素的结合可以减少重建结果的噪声，提高可信度；

4）需要更多依据用以解释冰芯 MSA 指示区域环境的变化，并估计没有观测站区域 MSA 的可能源区；

5）冰芯 MSA 快速分析会减少由 MSA 损失引起的可能偏差；

6）目前 MSA 作为海冰重建代用指标只在近 160 年得到验证，但 MSA 很有可能可以重建横跨全新世的海冰变化；

7）对海冰区产生 MSA 的特性认识仍比较缺乏，需要多学科的研究以及化学模型的发展为我们理解冰芯 MSA 如何记录海冰信号提供依据；

8）MSA 反映 SIE 可能需要加入更多参数，如径向风速、SIC 以及海冰结冰期，很有可能是一个多元一次方程的关系。

表 10-1 南极沿岸冰芯 MSA 指示的环境信号。正相关表示 MSA 浓度增加对应 SIE 扩张，而负相关代表 MSA 高浓度与减少的 SIE 相对应。

10.1.2 海盐离子与 SIE

大部分海盐气溶胶由无冰水面的气泡破裂和海洋飞沫产生（de Leeuw et al.，2011）。大分子的气溶胶颗粒物会迅速沉降到海洋中，而小分子的会随大气传输至大陆，结果是大量的海盐气溶胶在至少由海岸向内陆几百千米内（Guelle et al.，2001）。海盐气溶胶的浓度和沉降通量可以通过测试冰芯中所记录的海水主要化学离子得到。Na^+是最可靠的海盐指标，如果说无冰水面是极地冰芯中海盐离子的最主要来源，那么冰芯中海盐离子的浓度是与从内陆向海洋的距离呈反比的，同时揭示了大气环流的强度和路径。SIE 的扩大会将无冰水面推到距离观测站更远的地方，从而增加海盐离子传输过程中的损失量（Röthlisberger et al.，2010）。因而冰芯中的海盐离子浓度与海冰很有可能存在一种联系，即随着 SIE 的增加海盐离子的浓度减少。

这个概念已经被运用于北极地区的许多研究中。一支钻取于 Penny 冰帽的冰芯中海盐钠离子的记录与巴芬湾春季 SIE 有显著的负相关关系（Grumet et al.，2001）。这说明了用海盐离子重建长时间尺度 SIE 的可能性。在南极，一种观点认为无冰水面并不是南极近海岸地区海盐气溶胶的唯一来源。首先，在南极大陆边缘观测站（如 Halley 站和 Neumayer 站）观测到夏季海盐气溶胶最少而冬春季最多，已知春季无冰水面要比夏季远 1000km，如果说海盐气溶胶来源于无冰水面，这就很难解释观测到的海盐气溶胶的季节变化。海盐气溶胶的无冰水面来源很大程度上依赖于风速、传输强度的变化以及持续时间。已有研究指出在不计算表面来源的情况下，由气团从龙尼冰架到内陆的断面上输送海盐离子的浓度以 30%/100km 的速率下降（Minikin et al.，1994）。因而我们认为，如果无冰水面是海盐气溶胶的唯一来源，那么，在其他条件相等的情况下，春季浓度将比夏季少 20%，然而事实上春季比夏季略高。虽然在南大洋的春季和夏季风速比在盛夏的风速强，也不足以解释上述假设与观测事实相违背的情况（Wolff et al.，2003）。有研究表明在南极大陆沿岸地区，最主要的海盐气溶胶来源是海冰表面而不是开阔海面（Wagenbach et al.，1998；Rankin et al.，2002）。新形成的海冰表面被高盐度的卤水覆盖，并且经常会有脆弱的霜花晶体生成（图 10-2）。海冰的盐度比海水低，在海冰形成的过程中，随着海冰的不断增长，海冰表面的卤水盐度不断增加；研究表明，霜花的盐度往往是标准海水盐度的 3 倍左右（Rankin et al.，2002），海冰表面含有高浓度海盐离子的霜花是很强的海盐气溶胶来源。新形成海冰表面的霜花在−16 ~ −12℃可以不断地增长（Martin et al.，1996），而海水中的硫酸根在−8℃以下即会以 $Na_2SO_4 \cdot 10H_2O$ 的形式析出，在−10℃的时候卤水中的硫酸根已经减少一半，在−20℃时只剩下 1/10，这使得卤水和霜花中发生严重的硫酸根亏损，SO_4^{2-}/Na^+的质量比是比较低的（Rankin et al.，2002）。通过对南极沿岸 Halley 站（75°S，26°W）和 Mertz 冰川（67°S，145°W）附近捕获的气溶胶、霜花、海水以及卤水中 SO_4^{2-}/Na^+的质量比做对比发现，到达南极大陆沿岸的海盐气溶胶与海冰表面霜花中的质量比是一致的，这是内陆冰芯中海盐气溶胶的主要来源是海冰表面的霜花，而不是开阔海面的有力证据。

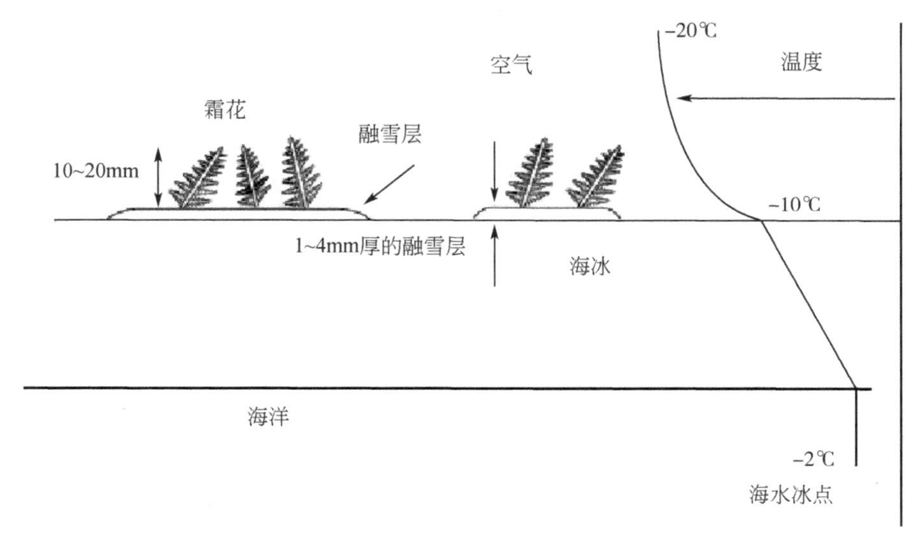

图 10-2 新形成海冰表面的霜花图解，以及海洋−海冰−大气的典型温度廓线（Rankin et al.，2002）

一些研究表明，海冰表面是南极内陆地区海盐气溶胶的重要来源，Jourdain 等

(2008) 通过分馏对比分析冬季 Dome C 地区海盐和非海盐离子的分子大小，结果表明源于海冰表面的较大的海洋气溶胶（直径>0.4μm）可以到达南极内陆地区。此外，除了在冬季内陆海盐气溶胶浓度达到最大值之外，在小冰期的海盐气溶胶浓度要高于全新世（Reader and Mcfarlane，2003；Mahowald et al.，2006）。Abram 等（2013）通过分析 Dome C、Taylor Dome、Dome F、EDML 冰芯中 Na^+通量的变化特征，并与可以指示 Ross 海海冰季节覆盖的海洋沉积物岩芯，指示 Weddell 海 SIE 的硅藻记录对比发现，Dome C 的 Na^+通量在过去 5000 年增加了 30%，Taylor Dome 亦有相同增加趋势，Dome Fuji 的 Na^+通量在全新世早期降低之后，从过去 8000 年至今呈增长趋势，EDML 冰芯中的 Na^+通量是在过去约 6500 年是减少的，而在过去 6500～3000 年是增加的。而海冰指示指标反映 Ross 海区域的海冰在过去 6000 年至今有所增加（Steig et al.，1998），Weddell 海区 SIE 在过去 6000 年时有显著减小，在过去 5500～3000 年显著增加（Hodell et al.，2001），Adelie 地近岸水域和 Prydz 湾的海冰在过去 7000 年呈增加趋势（Denis et al.，2010）。冰芯中海盐离子通量的变化与海冰变化很好地吻合，可以反映 SIE 的变化。

综上所述，冰芯中的海盐气溶胶可以指示区域海冰的变化，弥补海洋沉积物指示海冰时间分辨率低的缺点，但是其很难确切地描述海冰变化的属性。从区分冰芯中海盐气溶胶相关的元素比例可知，南极大陆近岸地区以及很有可能在内陆地区有相当一部分地区的海盐气溶胶来源于海冰表面。而冰芯记录年变化与卫星资料的对比分析表明海盐离子并不能用于重建海冰的年变化，因为其他气象要素的变化会制造更多噪声，但是其仍可以希望用作重建长时间尺度海冰变化的代用指标。冰芯中海盐气溶胶有重建海冰变化的合理性，但由于其自然来源仍未清楚，还不能作为可靠的定量的重建海冰变化的指标。为解决这个问题，亟待有更多的野外试验来评估风吹雪的影响，并且需要全球大气环流模式中有更好确定其来源的参数化方案。需要评估海盐气溶胶反映的是海冰变化的哪一种属性（范围、季节变化、浓度）。冰芯资料也需要跟其他南极海冰相关的代用指标结合，同化为更高质量的代用资料。

10.1.3 其他代用指标

从南极不同地点的雪冰化学研究中，除 MSA 与海盐气溶胶与海冰的直接关系外，还揭示出其他可间接用于反演海冰演化历史的代用指标。例如，稳定同位素过量氘（deuterium excess，$d=\delta D-8\delta^{18}O$）是降水源区的示踪物，主要由水汽源区的蒸发条件所控制，尤其与相对湿度和 SST 相关。这些参数特征贯穿整个大气-海洋边界层发生的物理过程，使得 SST 与过量氘之间有十分显著的正相关关系（Merlivat and Jouzel，1979；Ciais and Jouzel，1994）。海冰的季节变化跟过量氘有很好的对应关系，由于海冰在秋冬季节快速增长，下降风驱动海冰平流向北扩张，Ross 海海冰在冬春季（8～10 月）达到最大，不久之后，Ross 海冰间湖周围脆弱的海冰容易消融并破裂，增加 Ross 海南部无冰水面的面积（Arrigo et al.，2008）。过量氘则可以反映 SIA 的季节性转变，因而很有可能冰芯中的过量氘可以指示海冰变化。在南风较强海冰平流向北移动增强的年份，SIE 扩张，由于携带水汽的风暴穿过南 Ross 海吸收多余的水分，携带低纬度水汽来源信号的冰芯中的过量氘呈低值，Sinclair 等（2014）通过研究 WHG 冰芯中过量氘与 SIA 的关系，发现年平均的 SIE 与过量氘之间呈显著的负相关关系（$r=0.53$，$p=0.006$，$n=26$），验证了上述假设。

除了冰芯中的化学代用指标，也有大量研究用生物化学代用指标来重建南极海冰的长期变化特征，如分析海洋沉积物中的硅藻化石也可重建南极冬季和夏季 SIE，但其缺点是分辨率较低。近年来，一种高支链化程度的有机地球化学脂类生物标记二烯被用来作为重建南极海冰的代用指标。北半球海冰的这种代用指标为 IP_{25}，但在南半球未检测到 IP_{25}，而将南半球发现的类似也有 25 个 C 原子的某种硅藻通过生物化学合成的这类有机物简称为 $IPSO_{25}$，与稳定同位素（$\delta^{13}C=-18‰\sim-5‰$）一起可以指示海冰硅藻的来源。Belt 等（2016）通过分析西南极半岛附近海冰硅藻沉积物中的 $IPSO_{25}$ 和 $\delta^{13}C$，得出海冰样品中 $IPSO_{25}$ 的来源，推测沉积物中的二烯是附着于陆地的海冰的潜在代用指标，此处的海冰受冰川和冰架的融水排放影响显著。

10.2 南印度洋过去 300 年 SIE 的变化特征

南极大陆虽由南大洋包围，但其局地环境差异较大，因而在重建南极海冰的研究中，需要分区域进行冰芯与海冰关系的诊断与重建，本节以反映南印度洋 SIE 变化的 LGB69 冰芯为例，重点介绍冰芯代用指标重建 SIE 的过程以及南印度洋过去 300 年 SIE 的变化特征。

10.2.1 LGB69 冰芯记录

2001～2002 年中国第 18 次南极科学考察，在东南极冰盖边缘伊丽莎白公主地 LGB69（70°50′S，77°04′E；海拔为 1850m）钻取了一支总长为 102.18m 的冰芯（图 10-3）。该点距离南极大陆海岸线为 160km，积累率较高约为 70cm/a，雪面分布高度为 0～0.2m 雪波纹，长轴走向与主风向一致，垂直于等高线指向 Lambert 冰盆。LGB69 冰芯于 2002 年在美国的缅因大学用离子质谱仪（Dionex IC）测试了其主要离子（Na^+、K^+、Mg^{2+}、Ca^{2+}、Cl^-、NO_3^-、SO_4^{2-}）和 MSA 的浓度，总共获得 4768 组数据。Li 等（2012）根据主要海盐离子（Na^+、Mg^{2+}、Cl^-）的季节性变化，利用年层法对 102.18m 的 LGB69 冰芯进行定年，确定包含 293 年（1708～2001 年），定年结果的准确性由冰芯中火山喷发事件参考层核定，结果表明季节性参数所确定的定年结果与冰芯中保存的历史重大火山记录所处年代一致，通过与全球火山喷发计划（Global Volcanism Program）进行对比可知在 1708～2001 年，该计划包含的可能保存于南极冰盖的 11 个重大火山喷发事件（Pinatubo/Cerro Hudson 1991 年，El Chichón 1982 年，Agung 1963 年，Cerro Azul 1932 年，Santa Maria 1902 年，Tarawera 1886 年，Krakatoa 1883 年，Cosiguina 1835 年，Tambora 1815 年，Unknown 1809 年，Little Sunda Island 1752 年）在 LGB69 冰芯中均能精确地辨析出来，且自火山喷发到喷发出来的物质沉降到南极冰盖的滞后时间亦在误差范围之内，表明一些不明确的季节循环而导致的冰芯最底部的积累误差为±2 年。

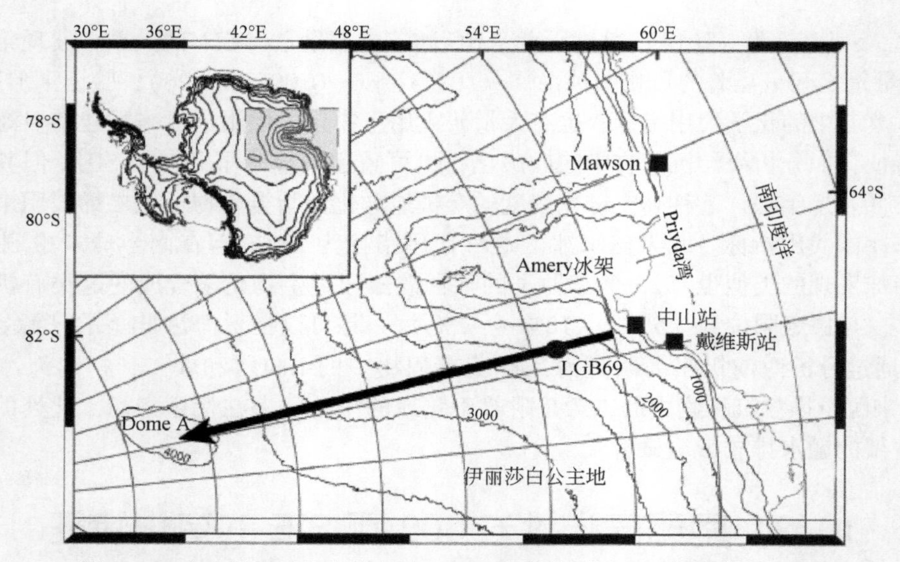

图 10-3　东南极伊丽莎白公主地 LGB69 冰芯钻取地点（杨佼等，2015）

戴维斯站是距离 LGB69 最近的、拥有较长的气象观测资料的站点，提供 1973 ~ 2000 年月平均地面风速、风向资料，戴维斯站地面风速季节性变化不是很显著，月平均风速在 8 ~ 12m/s；但是风向随季节变化却很显著，南半球冬季接近 90°（东风）而夏季则风向逐渐偏北（东北风），月平均的地面经向风皆为负数（偏北风），地面风向的季节变化可以导致经向风速的变化。另外，戴维斯站常年存在偏东风，从南半球对 28 年每个月的经向风速做平均，来观察戴维斯站附近经向风速的季节变化。通过对比发现，戴维斯站月平均经向风具有显著的季节变化：在每年的南半球夏季达到最高，风速最大可达 9m/s；而在冬季达到最低，只有不到 1m/s。这说明在每年夏季南印度洋海冰融化区域 MSA 产量较高时，有较强的向南的经向风输送存在，将 MSA 自南印度洋产生区域输送至 LGB69 冰芯处。戴维斯站的经向风资料与 LGB69 冰芯中的 MSA 浓度记录进行对比，结果发现，MSA 浓度年平均记录与戴维斯站整年平均的经向风速呈显著的负相关关系（$r=-0.59$，$P<0.01$，$n=28$），表明沉降到南极大陆的 MSA 与局地大气传输之间的关系：由北向南的经向风会大大加强 MSA 从海洋向南极大陆的输送。冰芯中的 MSA 记录尤其和夏末（1 ~ 3 月）戴维斯站的平均经向风速呈显著的负相关关系（$r=-0.67$，$P<0.01$，$n=28$），这也充分证明在季节变化中，MSA 在夏季达到最大浓度值的时候，此时向南极大陆的输送也最强。值得注意的是每年的 11 ~ 12 月的经向风也很强，几乎达到一年中的最大值，但是冰芯中的 MSA 年平均记录和这两个月的经向风速相关性并没有那么显著。这主要是因为冰芯中记录的 MSA 是由海冰融化区域的浮游藻类释放的 DMS 氧化而来，而海冰融化集中在南半球夏季至夏末，同时这也是一年中 MSA 浓度最高的时候，因此只有 MSA 产量较高和经向风速较强时，才会有更多的 MSA 沉降至南极冰盖之上。

10.2.2　LGB69 冰芯内 MSA 与南印度洋 SIE

Xiao 等（2015）通过对 LGB69 冰芯中的 MSA 记录与海冰最北界以及海冰持续时间进

行对比，发现 1979 年以来冰芯中记录的 MSA 与南印度洋海域 62°～92° E 海冰变化存在显著的正相关关系，冰芯中记录的 MSA 浓度变化能从一定程度上反映南印度洋海冰的历史变化，再加之冰芯中记录的 MSA 与大尺度气象要素场的显著相关性，因而 LGB69 冰芯中记录的 MSA 可以作为重建南印度洋海域海冰历史变化的代用指标。从过去 300 年 MSA 浓度的 20 年滑动平均的变化趋势来看：18～19 世纪 50 年代（1708～1850 年）海冰经历了大幅度减少的变化，19 世纪 50 年代～20 世纪 40 年代的近百年之间，海冰变化一直处于一个比较稳定的时期；20 世纪中期开始，海冰开始有所减少，特别是从 50 年代之后，海冰明显减少，该研究结果与由 Law Dome 冰芯中记录的 MSA 浓度变化反演出来的其周围海域的海冰历史变化趋势是一致的（Curran et al.，2003）。SIE 的变化与气候系统的变化是密切相关的，其中海冰对温度变化的响应尤其明显。由于南半球气象站点资料匮乏，从欧洲四个站点（central England、De Bilt、Berlin and Uppsala）与 HadCRUT2v 英国气象局哈德利气候研究中心序列的温度距平资料相对比可以发现，在时间重合阶段欧洲四个站点的温度距平资料具有很好的相关性，即 4 个欧洲站点的温度资料可以指示北半球（全球）温度的变化。将欧洲四个站点的历史年平均温度距平序列与 MSA 时间序列进行对比（图 10-4），可以明显地看出温度变化与冰芯中的 MSA 记录呈显著的负相关，即北半球（全球）温度升高时，南极 SIE 减少，冰芯中记录的 MSA 浓度也相应地降低；北半球（全球）温度降低时，南极 SIE 增加，冰芯中记录的 MSA 浓度也相应地升高。1760～1770 年、1830～1840 年冰芯中记录的 MSA 浓度一直处于较低的范围，同时北半球（全球）温度距平为极高值；从 1920 年开始，冰芯中记录的 MSA 浓度逐步降低，这与 20 世纪全球温度的迅速攀升是一致的。LGB69 冰芯中记录的 MSA 与全球温度距平的显著相关，证实了冰芯中记录的 MSA 与全球温度、SIE 等气候场具有密切地联系，这也进一步证实了 LGB69 冰芯中记录的 MSA 作为南印度洋海冰代用指标的可行性。LGB69 冰芯中记录的 MSA 和其他物质可以作为海冰历史重建的重要参考。

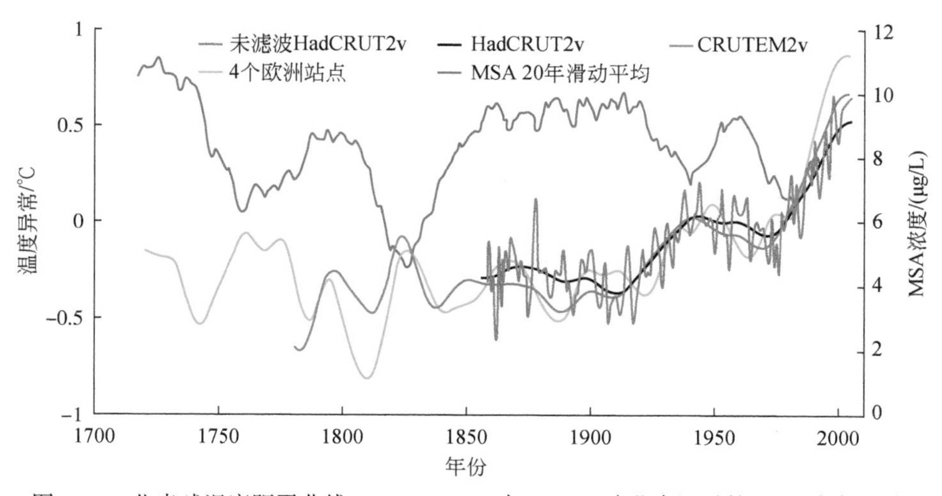

图 10-4　北半球温度距平曲线（IPCC AR4）与 LGB69 冰芯中记录的 MSA 浓度 20 年滑动平均曲线（Xiao et al.，2015）

与南极其他地区（南极半岛、Law Dome 冰芯和南奥克尼群岛）的海冰重建结果进行对比发现：南极不同地区的海冰历史范围变化具有明显的差异。南极半岛的冰芯 MSA 记录表明，Bellingshausen 海的海冰在整个 20 世纪都呈不断减少的趋势，在 1958 年之后尤为明显（Abram et al.，2010）。近海岸的 Law Dome 冰芯中记录的 MSA 显示海冰减少从 1950 年开始（Curran et al.，2003），而南奥克尼群岛则显示周围的 SIE 在 1930 ~ 1960 年经历了明显减少的过程。与 Law Dome 冰芯相比，LGB69 冰芯中记录的 MSA 浓度将时间序列拓展到过去 300 年（图 10-5）。总体来看，近 300 年来虽然南印度洋海冰经历了减少—增加—稳定—减少的变化过程，但是南印度洋海冰变化一直处于比较稳定的范围之内；300 年以来，即使是在全球变暖的今天，南印度洋海冰总体并没有发现增加或者减少的趋势。20 世纪 50 年代之后南印度洋海冰的明显减少，以及 1980 年之后南印度洋海冰的略微增加，都是在南印度洋海冰历史变化的范围之内，即南印度洋海冰变化并未在很大程度上受到全球变暖的影响。从图 10-5 可见，在多个年代际尺度上，海冰变化与气候冷暖波动是一致的，即暖期 SIA 趋小，冷期 SIA 趋大。但最近 30 多年是例外，没有遵从上述规律，这很有可能是由 SAM 异常导致，而 SAM 异常目前还没有公认的解释。由于海冰变化的局地特征，南极海冰变化的重建需要用多个局地海冰重建结果进行分析，才能更好地理解 SIE 变化的驱动因子，进而对 SIE 变化进行预测。

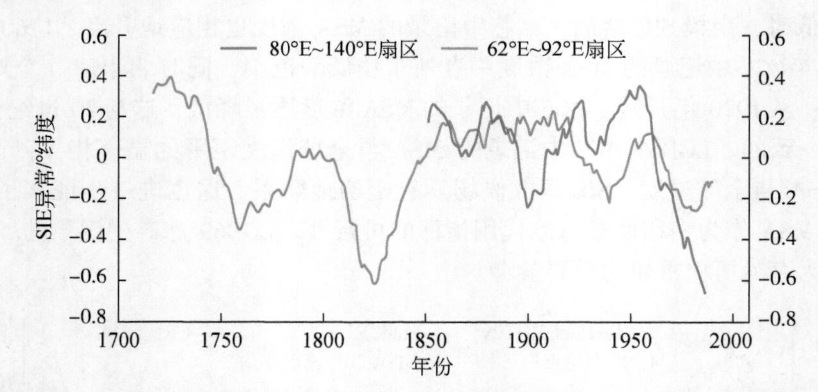

图 10-5　LGB69 冰芯和 Law Dome 冰芯 MSA 分别记录的 62°E ~ 92°E（绿线）和 80°E ~ 140°E 扇区 SIE 的变化（红色实线）（Xiao et al.，2015）

10.3　南极海冰长期变化的驱动因子探讨

自 20 世纪 70 年代以来，两极的海冰变化呈现不同的变化趋势。在北极，冬季海冰覆盖面积持续缩减，夏季海冰在 2012 年达到有卫星观测资料以来的最小值；而相反的，在南极，SIE 在同期是增长的。Zwally 等（2002b）年指出 1979 ~ 1998 年南极 SIE 以每年 $(11.2 \pm 4.2) \times 10^3 km^2$ 或者每 10 年 $(0.98 \pm 0.37)\%$ 的速率增加。如今，SIE 在 Weddell 海、太平洋、Ross 海呈显著增长的趋势，而在印度洋、Amundsen/Bellingshausen 海（ABS）是减少的。近年来很多研究已经证实了南极海冰总体呈增长趋势，而区域变化有不同的特点（Yuan and Martison，2000；Comiso and Nishio，2008）。关于南极海冰变化的原因目前还没有公认的解释，在此列举几种观点加以探讨，以供参考。

10.3.1 对南极海冰增长趋势原因的几种观点

一种观点认为，南极海冰变化存在的跷跷板式变化，是由于区域 SLP 场的不同从而改变风的强度造成的。南半球高纬度对流层的大气环流呈三波形态，Baines 和 Fraedrich（1989）提出南极沿岸由于不规则地形产生的气流分支强迫形成气旋型涡旋，在 Ross 海区域，由于 150°E 附近山脉向北延伸，以及 Ross 海海湾的存在，在其西北部形成 Amundsen 海低压（Amundsen sea low，ASL）。Turner 等（2009）通过观测数据和模拟实验认为造成秋季 Ross 海海冰增加的主要原因是 ASL 的增强，ASL 强度的变化是南半球大气大尺度环流的主要模态，即 SAM 近几十年向正位相转变的反映，有研究表明这种大气环流的变化主要是温室气体增加和南极平流层出现臭氧洞的综合结果。臭氧洞的出现减少了平流层臭氧对于入射太阳辐射的吸收，从而使平流层中高纬度的温度梯度加大（Randel and Wu，1999）。平流层大气环流的异常之后的 60 天左右，对流层也会出现相应的异常（Baldwin and Dunkerton，2001）。Lefebvre 等（2004）发现在 SAM 指数高时 Ross 海海冰偏多，反之偏少。SAM 正位相时，东南太平洋异常强的气旋风暴，在 Ross/Amundsen 海（Bellingshausen/Weddell 海）表面引起向赤道（向极）的热通量，利于（限制）海冰增长。在 Ross/Amundsen 海区域，增强的西风引起向北的 Ekman 流，向北输送冷水，减少了海洋向极的热输送，并且在冷季增强了向北的冰流。向北的海冰辐散减小了海冰厚度，在 Ross 海的无冰水面为新的海冰形成提供了有利条件。新形成的海冰在 Ekman 流的驱动下向北移动，因而增加了海冰的覆盖面积和更北部（Ross 海北部）海冰的厚度。SAM 变化引起的气压场变化对海冰的影响在 Ross 海最为显著。臭氧损耗会造成秋季南极大陆上的风速增强，进而加之地形的作用加强 ASL。ASL 的加强伴随 Ross 海冰架边缘 SLP 梯度的增加，驱动冷流由南向北，一方面维持岸边的冰间水域，另一方面产生更多的海冰和向北的冰流（Turner et al.，2009）。

大部分观点认为，臭氧损耗对 SAM 正位相转变有决定性的作用（Arblaster and Meehl，2006）。虽然南极臭氧洞是南半球春季出现的现象，但其对对流层的影响是在夏季和秋季最显著。Thompson 和 Solomon（2002）利用观测结果发现 SAM 的正位相趋势同南半球春季平流层臭氧损耗变化一致，平流层臭氧层空洞所产生的影响会在南半球夏秋季到达对流层的时间上滞后 1 ~2 个月（Gillett and Thompson，2003），而温室气体的作用可以发生于一年的每个季节中。Gillett 和 Thompson（2003）利用逐步减少的臭氧层臭氧浓度作为强迫场对南半球的气候变化进行了模拟，结果同观测结果一致，在南半球夏季产生非常显著的 SAM 正位相趋势。Shindell 和 Schmidt（2004）利用模式对平流层臭氧层空洞和 CO_2 排放对大气环流的作用进行了模拟，指出臭氧损耗和温室气体的排放共同导致了 SAM 向正位相发展，Arblaster 和 Meehl（2006）利用不同的控制实验对臭氧层空洞、二氧化碳排放、自然变化对 SAM 的作用分别进行了模拟，结果显示臭氧层空洞对 20 世纪中期以来 SAM 在南半球夏季呈现的正位相变化趋势起到了最为重要的作用，二氧化碳排放同样可以对 SAM

产生正位相的变化趋势，两者一起主导了近几十年观测到的 SAM 变化趋势。而 Lee 和 Feldstein（2013）用观测数据区分了臭氧损耗与温室气体的作用，认为臭氧损耗在近几十年中 SAM 转为正位相的贡献更大。

SAM 的年际和年代际变率受不同因子的影响，还有研究表明 ENSO 也是影响 SAM 的年际变化的原因之一。通常认为，大气环流的瞬变波、天气尺度的涡旋与涡旋强迫的背景流的正反馈过程来决定和维持 SAM 的位相变化（Karoly，1990；Limpasuvan and Hartmann，1999；Lorenz and Hartmann，2001；Rashid and Simmonds，2004；Gerber and Vallis，2007；Kidston et al.，2010）。研究表明，南半球夏季 ENSO 的作用在一定程度上会影响 SAM 的变率，因为 ENSO 异常会改变 Hadley 环流的强度和下沉支的位置，引起副热带西风急流的变化，从而使得涡动通量辐合或辐散，涡旋强迫的背景流移动，SLP 场变化产生 SAM 位相的变化。有研究表明（王国建，2014）ENSO 的发生会导致 SAM 转为负位相，使 SAM 在年际尺度上与全球平均温度呈负相关关系，而在年代际尺度上，在全球平均温度的上升趋势下，SAM 亦向正位相发展，两者向正相关转变，形成了与年代际变率完全相反的相关关系，表明了温室气体排放对气候的影响。王国建（2014）通过分析 ENSO 事件发生时大气海洋的变化对 SAM 的影响，认为全球变暖和臭氧损耗对 SAM 的调控作用远大于 ENSO 的影响。

亦有研究发现 ABS/Ross 海的海冰变化模态，尤其是海冰发展和消退的时期与 ENSO 有很好的对应关系（Yuan，2004；Yuan and Martinson，2000）。Yuan 和 Martinson（2000）通过分析南极海冰变化与全球气候变化的关系，发现 Amundsen 海、Bellingshausen 海以及 Weddell 海地区延伸至 40°E 的区域海冰与 ENSO 变化（Niño. 3 指数）显著相关，其中 120°W ~ 132°W（Amundsen 海区）SIE 与 ENSO 信号相关性最强，SIE 的变化滞后于海温变化 6 个月。ENSO 事件时，赤道中东太平洋（热带大西洋）赤极温度梯度的增加（减小）使 Hadely 环流增强（减弱），引起亚热带急流向赤道（向极）转换，从而在 Ross/Amundsen 海（Bellingshausen/Weddell 海）导致风暴路径向赤道（向极）转移，通过热通量的辐合辐散和潜热释放区的改变进一步加强（减弱）了相应的向极的 Ferrel 环流分支，减弱（加强）了向赤道的分支。局地 Ferrel 环流的改变引起经向热通量向南（向北）的异常输送到 Ross/Amundsen 海域（东 Bellingshausen/Weddell 海域），从而限制（加速）此区域的海冰增长（Liu et al.，2004）。

除上述大尺度大气环流对海冰长期变化的影响之外，背景场的变化引起的局地气象要素场的变化会对海冰的变化有直接的影响。观测到 20 世纪中叶后南大洋 SST 持续上升，Liu 和 Curry（2010）通过分析南大洋海温的主要模态，用模式模拟大气和海洋热通量以及高纬度地区降水的变化，认为南大洋中低纬度海温增加，高纬度海温降低，因而中低纬度海洋蒸发量增多，对流层低层水汽含量增加，增加的水汽通过 Ferrel 环流向极地输送，造成高纬度降水增加，并使海洋表层水淡化。高纬度增加的淡水将降低海洋上层水的盐度，形成更加稳定的温盐层，减弱对流翻转，减少了海洋上层用以融化海冰的热通量，使得海冰净增加。同时，与 50 年代相比，模式模拟的 90 年代的南大洋高纬度总降水增多，并且主要以降雪的形式增加，这就会减小吸收的太阳辐射，从而促进海冰增长。

而在通过模拟对未来的预测中，海洋和大气不断升温的情况下，伴随水汽循环加速引起的液态降水的增多，最终会导致海冰减少（图 10-6）。与观测结果相似，模式模拟在增加融水热通量的试验下，大陆边缘的位温降低，海水变淡，因而增加上层海洋的垂直稳定度，伴随 SIE 扩张。物理机制的解释是：冬季混合层较厚，海洋增暖导致的冰架融解产生的冷、淡水在海洋上层积累，减小了其与次表层暖、高盐度水的对流混合，从而使大气冷空气能更加有力的使 100m 以上的海水变冷，尤其是在秋冬季海气温差最大的时候，使冷淡水更加容易结冰。

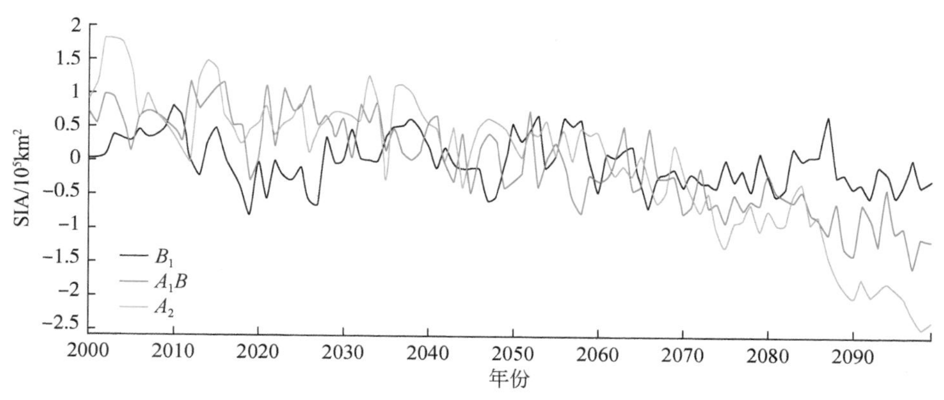

图 10-6　21 世纪三种情景下南极 SIA 的变化（Liu and Curry，2010）

B_1 代表低排放情景；A_1B 代表中间排放情景；A_2 代表高排放情景

10.3.2　南极海冰的长期变化

南极海冰的范围比北极大约 20%，直接影响行星反照率的大小，通过调节大气–海洋间的热量和 CO_2 输送影响气候系统。南大洋对 CO_2 的吸收导致大洋表层水和南极海冰对人类活动引起的气候变暖等响应不如北极敏感，但南大洋深层水的持续增暖将通过上翻流大量融化南极海冰，这种影响是潜在的、长期的、巨大的。由于观测资料的短缺，目前关于南极海冰消长、驱动海冰变化的过程和机制的认识还很不清楚，这就要求在未来的研究中，完善和延长海冰观测资料，应用和探寻可信度高的代用资料重现海冰历史变化，从年际、年代际尺度研究海冰变化的影响因子，尤其是人类活动引起的温室效应、臭氧空洞等现象对南极海冰变化的影响。从而基于观测资料，提出假设，利用统计学、气候模式等归因分析工具，根据热力学、动力学理论，定性、定量地分析各个因子在不同区域对海冰的影响，从机理上解开南极海冰变化长期趋势之谜，并从不同时间尺度上厘清气候内部变率和人类活动对南极海冰变化影响的比例，进一步预测未来情景下南极海冰变化特征及其对全球气候变化的影响。

南极大陆由海洋包围，各个扇区地形和环境差异十分巨大，Yang 等（待发表）基于南极各个扇区高分辨率的 MSA 代用指标重建了过去百年尺度的不同扇区冬季最大 SIE 时间序列，补充了 Ross 海历史海冰变化的空缺，建立了空间连续性较高的环南极 SIE 序列

(图 10-7)。初步的重建结果显示，在过去近 300 年，太平洋和 Ross 海 SIE 呈显著增加趋势，其中 Ross 海变化最显著的是在 Ross 海中部地区，太平洋和 Ross 海分别以每 10 年 0.06 个纬度和 0.03 个纬度向北扩张，东印度洋 SIE 无明显变化趋势，Amundsen 海和 Weddell 海虽呈相反的变化趋势，但变化趋势并未通过信度检验。对比长时间尺度的 SIE 变化可见，在过去 50 年太平洋扇区冬季海冰最大范围是异常减小的，而 Ross 海 SIE 的增加趋势较过去 300 年的整体趋势更加显著，其他区域近 50 年的变化趋势并不十分显著。可以看出，各个扇区海冰的变化特征不尽相同，因而在研究海冰变化机理的研究中，需要充分考虑不同地区的气候状态和地理环境特征。

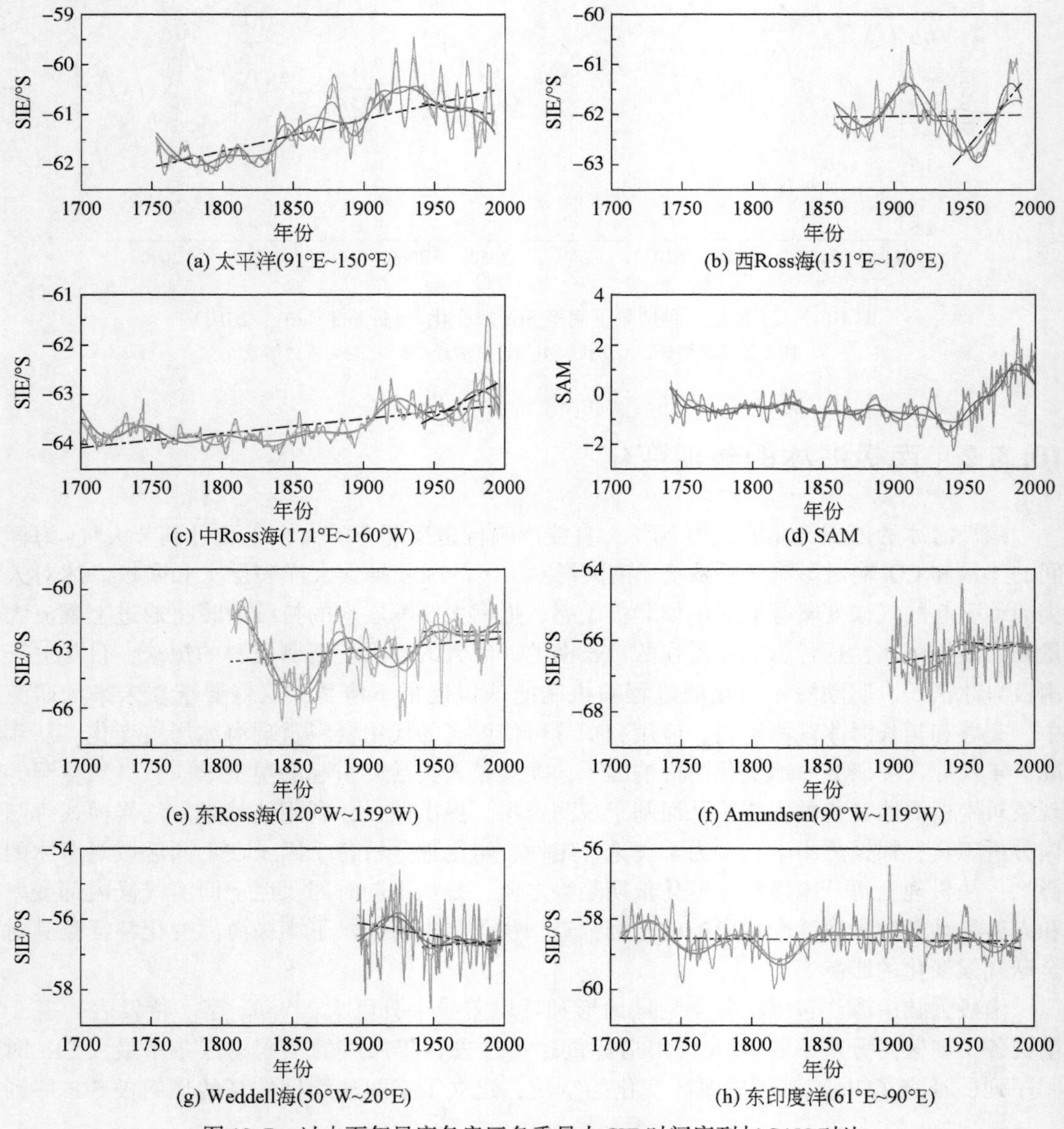

图 10-7　过去百年尺度各扇区冬季最大 SIE 时间序列与 SAM 对比

10.3.3 SAM 与 SIE 的可能关联

关于南极臭氧洞造成的 SAM 向正位相转变是否是南极海冰增长的主要原因，人类活动对 SAM 位相的变化又能产生多大的影响，器测资料的短缺和模式模拟结果的不确定性较大，对于这方面的认识还比较局限，还需要更长时间的资料去验证，因而恢复历史时期 SAM 的变化亦是十分必要的。有研究通过代用资料重建南半球大气环流指数，通过恢复过去百年，乃至千年的大气环流状况来研究长时间尺度上大气环流对于海冰变化的影响（Villalba et al.，2012；Abram et al.，2014）。Yang 和 Xiao（2017）通过收集南极冰盖边缘高分辨的冰芯代用指标，重建过去 300 年（1700～2000 年）的 SAM 指数（SAMI），重建结果表明过去 50 年 SAM 急速增强向正位相转变是过去 300 年中的异常现象［图 10-8（a）、图 10-8（c）］，从 1970 年开始 SAM 指数的平均态呈阶段性增强的转化［图 10-8（b）］，近 30 年的增强趋势最为显著［图 10-8（c）］。引起南半球大气环流年际与年代际变化的原因比较复杂，目前还没有明确的定论，总结已有的研究成果，大致可以归为两类，一类是气候系统内部，大气和海洋耦合振荡引起的，另一类是（如太阳活动、强火山）事件的发生，以及人类活动产生的温室效应、臭氧损耗等的外强迫作用。重建 SAM 指数序列显示的 3～7 年周期性振荡和准 22 年周期性变化很有可能分别与 ENSO 循环和太阳活动有关。进一步的研究发现，在有强火山事件发生的当年或之后两年，总是伴随着 SAM 指数减弱。最近的模式研究结果表明，SAM 对火山事件的响应是增强的，但这种响应能够持续的时间目前还尚未定论。不管是从有器测以来的纪录还是重建的 SAM 来看，在火山爆发之后 SAM 是有不同程度的减弱趋势，这与模式所得的结果并不一致，一些研究认为这很有可能是气候内部变率 ENSO 事件的发生覆盖了火山强迫的信号：在火山爆发后，若出现 ENSO 负位相即拉尼娜事件会导致 SAM 正异常，若有 ENSO 正位相即 ENSO 事件会减弱 SAM（McGraw et al.，2016）。在筛选能引起全球或半球气候异常的火山事件，通过时间序列叠加法，并分别去除 ENSO 和拉尼娜事件发生的年份，可知强火山事件的发生会使得 SAM 在随后的 1～3 年有短时间的增强趋势，但是，如果在火山事件发生的当年或次年有强 ENSO 事件的发生，这种增强的信号或被 ENSO 事件削弱或覆盖，或被拉尼娜事件影响进一步加强（图 10-9）。

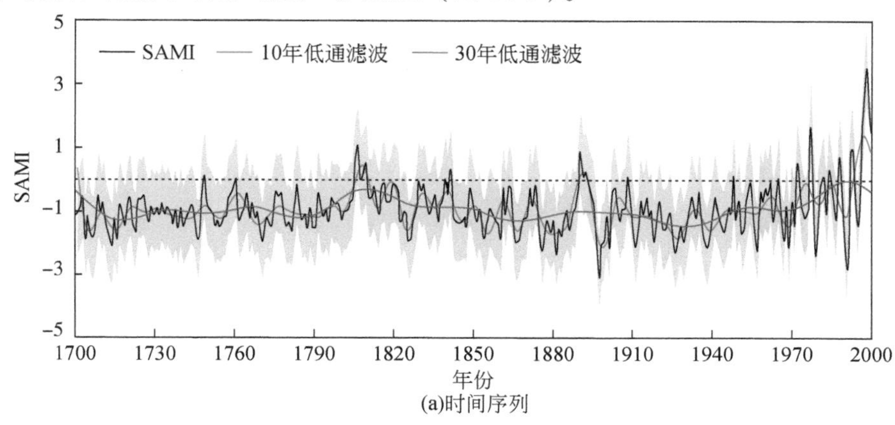

(a)时间序列

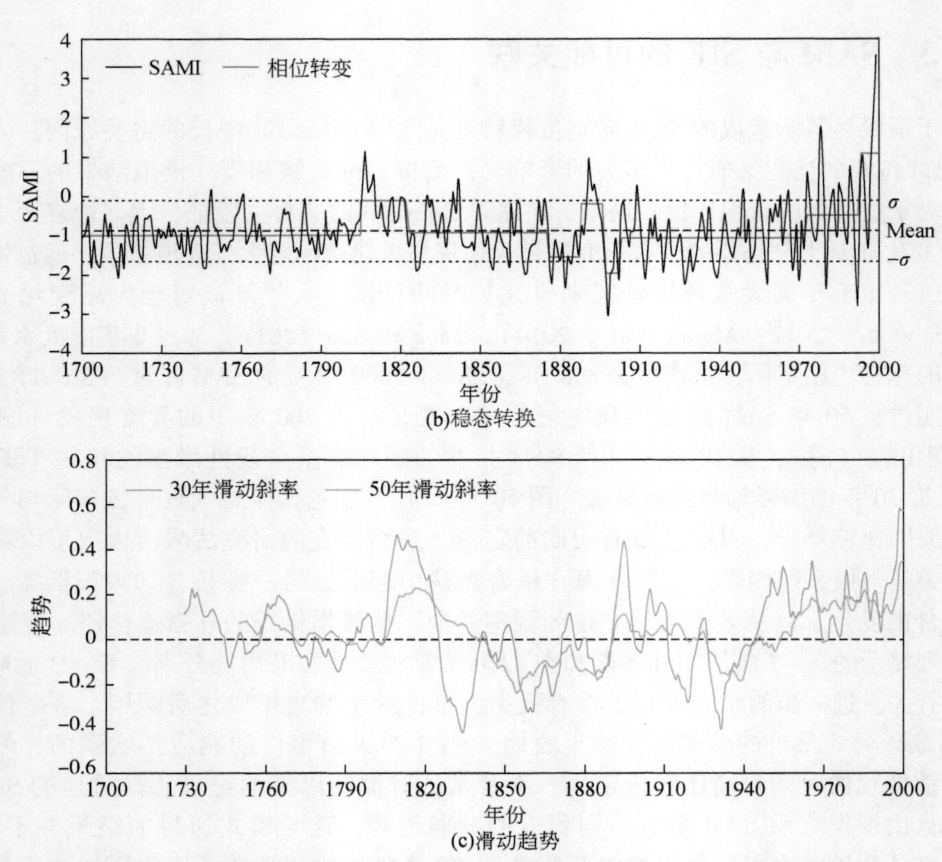

图 10-8　SAM 指数的时间序列、稳态转换和滑动趋势（Yang and Xiao，2017）

（a）重建的 1700～2000 年 SAM 指数时间序列，黑色实线为重建的序列，红色实线与蓝色实线分别为 10 年和 30 年低通滤波后的序列，灰色阴影代表不确定性区间；（b）过去 300 年 SAM 指数稳态转换（红色实线）图；（c）SAM 指数 30 年（蓝色实线）和 50 年（橙色实线）的滑动趋势

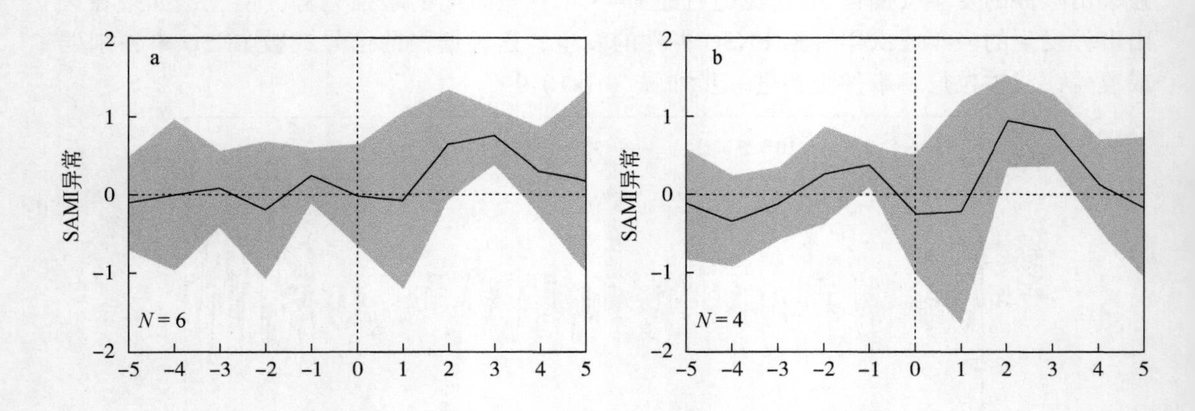

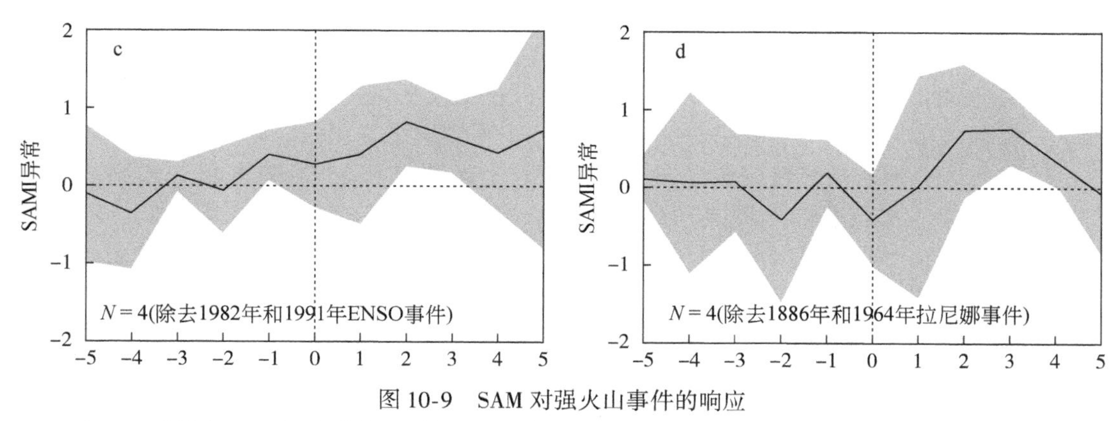

图 10-9 SAM 对强火山事件的响应

（a）和（b）分别为 SAM 对 6 次强火山事件（硫酸盐气溶胶浓度>1Tg）和 4 次最强火山事件（硫酸盐气溶胶浓度>3Tg）的响应；（c）和（d）分别为除去 ENSO 事件和拉尼娜事件后 SAM 对强火山事件的响应（Yang and Xiao，2017），横坐标表示相对于火山事件发生的年份（0 表示火山事件发生的当年，−1 表示火山事件发生的前一年，1 表示火山事件发生的次年）

将重建的百年尺度 SIE 序列与过去约 300 年的 SAM 序列比较（图 10-7），可以看出 1950 年开始 SAM 向正位相转变，Ross 海中西部 SIE 呈显著的大幅度增加趋势，而太平洋地区 SIE 退缩，其他地区无显著变化。这表明 Ross 海和太平洋扇区海冰在 20 世纪 50 年代左右出现的异常变化很有可能与人类活动引起的大气环流的变化有关，SAM 异常变化对海冰影响的关键区域在 Ross 海和太平洋区域，且区域差异显著。SAM 是南半球大气环流的主要模态，其对南极海冰的变化有显著影响，而目前研究认为臭氧、温室效应、火山事件、ENSO 等对 SAM 异常变化有显著影响，那么有必要在未来的研究中借助地球系统模式，同时考虑自然因素和人类活动因素两方面的作用，分析在不同强迫场下 SAM 的变化、SIE 的变化，评估不同影响因子的重要性，为未来气候预测提供依据。

10.4 指示南极冰盖水汽来源的同位素和化学指标

10.4.1 南大洋断面水汽同位素反映的纬向水汽输送通道

水体同位素作为反映区域及全球尺度水循环的重要指标，广泛应用于古气候重建和现代水循环研究中，其中大气水汽同位素实时监测结果实现了对地表多圈层物质能量循环核心环节的定量认识。本节主要根据水汽同位素观测分析高纬度区域水循环特征和极地水汽来源判别，基于技术成熟的激光光谱技术（PICARRO），完成 38°N ~ 69°S 海表大气水汽同位素的观测，结合同步海水和气象观测对行星尺度多水相水体同位素的空间特征进行分析；借助目前较为完善的同位素环流模型与观测数据进行模拟对比，进而根据模拟结果分析南极内陆水汽同位素反映的南极冰盖水汽源区。

南大洋水汽同位素实时观测依托我国南极科学考察破冰船完成，整体观测包括同位素、同步气象要素、海水采样分析（图 10-10）。根据水汽同位素 δ^{18}O 和 δD 的实测修正结果，结合表层海水同位素测值以及全球降水同位素监测网的降水同位素数据，对比分析了三者在南半球的纬向变化特征（图 10-11），观测结果显示三者 δ^{18}O 和 δD 的递变规律呈现出一致性，即副热带区域最高，赤道相对副热带 δ^{18}O 和 δD 均较低；从副热带向高纬度区延伸，水汽、降水和表层海水的同位素 δ^{18}O 和 δD 均逐渐贫化降低，在全球尺度上呈现规律性分布。海水同位素的纬向变化与水汽和降水类似，但 60°S 以南有明显的升高特点，这可能与海冰表面的升华过程有关，而水汽同位素对应的过量氘则在高纬度南极周边明显升高。

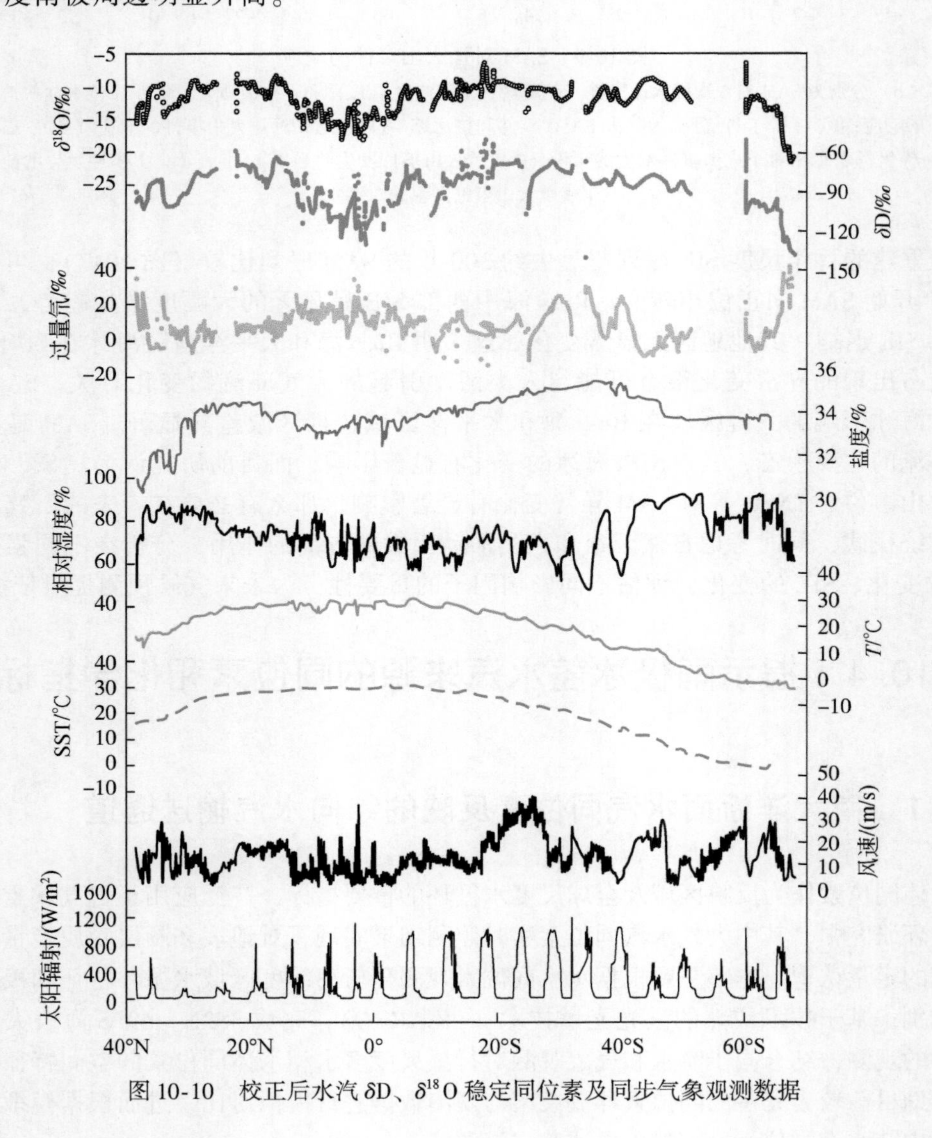

图 10-10　校正后水汽 δD、δ^{18}O 稳定同位素及同步气象观测数据

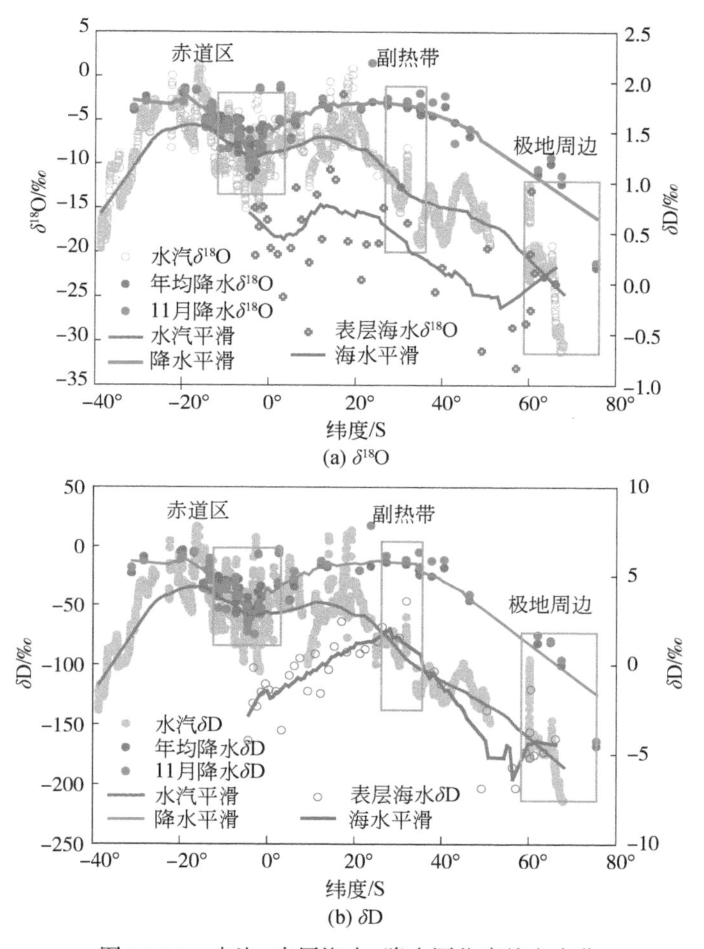

图 10-11　水汽-表层海水-降水同位素纬向变化

水汽、降水和表层海水同位素随纬度的递变规律从同期的大气环流背景分析可以看出，同位素反映的环流信息。观测海区同步时段近地表风速风向和相对湿度状况显示，赤道和副热带近地表风速较低，而高纬度极地周边风速强烈，并且气团源自极地冰盖。为进一步分析影响水汽同位素的因素，利用 NOAA/NCEP 再分析资料做 HYSPLIT 模型的后向模拟（图 10-12）。模型模拟源自大气边界层海拔 50m，追溯 48 h 的运行轨迹。结果显示，不同纬度的气团运行在水平和垂直方向上明显受大尺度环流的影响，其中低纬度赤道下沉气流对应较高的 δD、$\delta^{18}O$ 同位素比率和较低的过量氘，这可能是因为随着气流的下沉，水汽压逐渐增大造成 δD 较 $\delta^{18}O$ 更大程度的平衡分馏。海表边界层气团多源自洋面或海洋上空，但南极大陆边缘海区的气团运移则源自极地大陆内部，同时显示较高的过量氘，说明极地冷气团在经过相对温暖的开放洋面时源自海表的强烈蒸发引起动力分馏，这一现象在北极附近年际降水观测中也有反映（Kurita，2011）。源自南极内陆的极端干冷气团越过相对温暖的开放水体表面时，会产生强烈的蒸发作用，这一物理过程引起的动力分馏非常明显，造成水汽中较高的过量氘。因此，环流背景分析证明副热带下沉气流的过饱和水汽形成了 $\delta^{18}O$ 和 δD 的相对高值区，而源自高纬度冰盖的干冷气团经过开阔温暖水面时的动力分馏则造成过量氘异常升高。

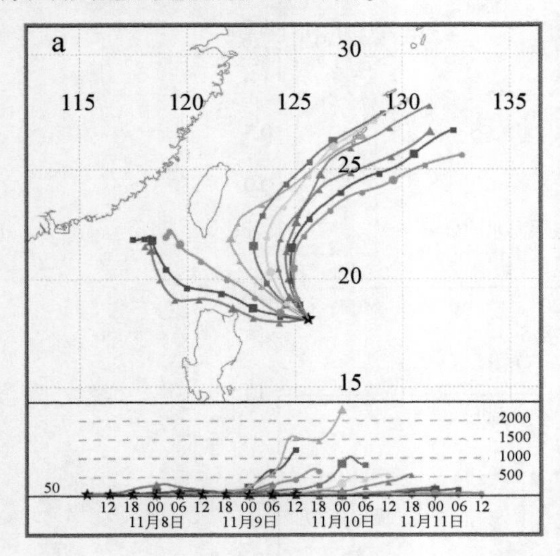

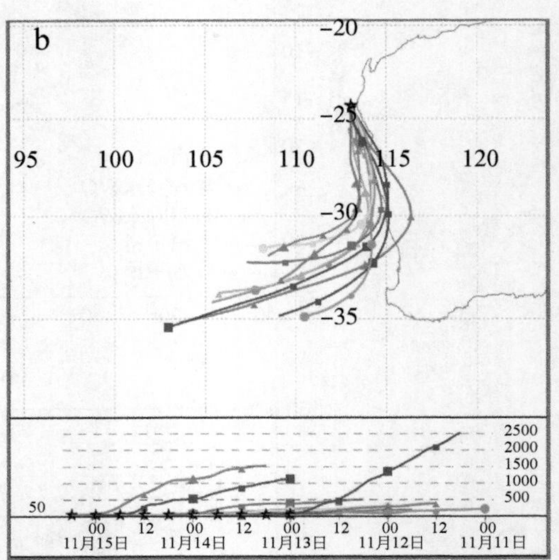

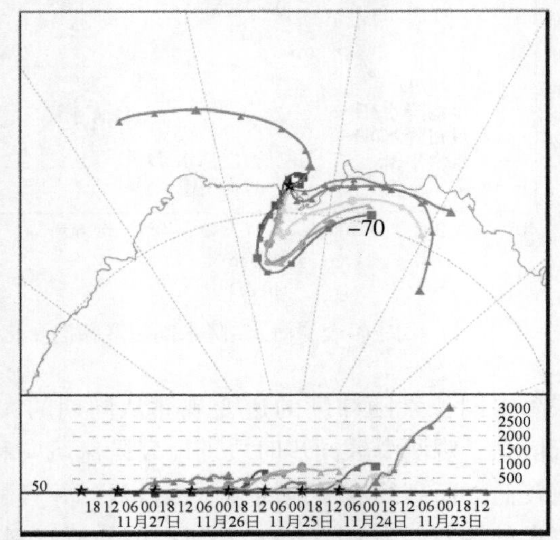

图 10-12 水汽同位素 $\delta^{18}O$ 和 δD 观测副热带高值区以及高纬度变化区的三维后向轨迹分析

（a）和（b）分别为南北半球代表性副热带观测点，（c）为地表 50m 48h 的三维后向轨迹分析，显示副热带下沉气流估计，极地边缘区源自内陆冰盖的气流轨迹

将实测水汽同位素 $\delta^{18}O$ 和 δD 以及对应的过量氘与 LMDZ4-iso 和 ECHAM5-wiso 模型模拟结果进行了对比分析，利用这两个内置同位素分馏参数化的大气环流模型分别模拟了同期观测点的日均水汽同位素 δD 和 $\delta^{18}O$ 以及过量氘，图 10-13 为模拟结果与实测数据的比较。总体来说，LMDZ-iso 和 ECHAM5-wiso 模拟结果均较好地反映了大尺度水汽同位素 $\delta^{18}O$、δD 和过量氘与实地观测变化趋势吻合，但两个模型在南极洲边缘均低估了水汽同位素比率。

LMDZ4-iso 模型在低纬度比 ECHAM5-iso 更接近实测值，而 ECHAM5-wiso 模型在高纬度尤其是南极大陆边缘区域的模拟结果更接近实测值，同时也模拟了高纬度极地边缘区水汽同位素含量的突变信息。

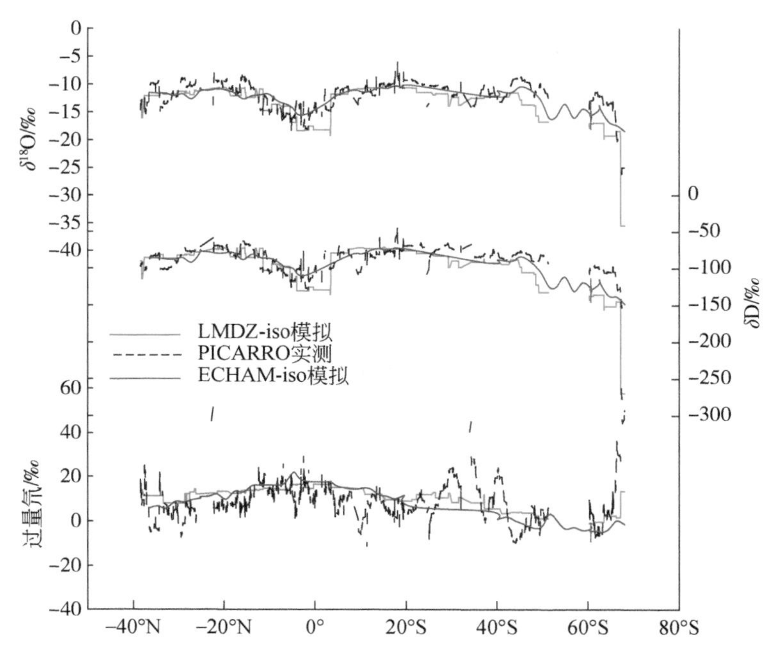

图 10-13　LMDZ-iso、ECHAM5-wiso 模拟与实测水汽 $\delta^{18}O$ 和 δD 及过量氘的纬向比较

为进一步明确影响模拟结果的各模型参数特征，对两模型中涉及同位素分馏的湿度（2m 高度湿度）、SST 以及风速（10m 高度风速）等信息做了对比，两模型中用于模拟同位素的分馏的这些参数基本一致，差别较大的是在 30°～50°S，LMDZ-iso 模型中的 10m 纬向风速相对 ECHAM5-wiso 模型更高，两者相差 10m/s 左右。而两模型中湿度和 SST 差别较小，作为水面蒸发同位素分馏的重要影响因素，风速差别可能是造成两者在高纬度区域过量氘差异较大的原因之一。综合上述结果，借助 ECHAM5-wiso 模型进一步模拟 Dome A 区域 1960～2013 年的地表水汽 $\delta^{18}O$、δD 以及过量氘，以期从水汽同位素的角度认识 Dome A 的水汽来源。

ECHAM5-wiso 模拟 Dome A 区域 1960～2013 年的逐月地表水汽 $\delta^{18}O$、δD 以及过量氘数据，与 KNMI 的长序列南半球海表水汽、海温等做了相关分析，分析模拟结果与逐月海表湿度、SST 以及水汽通量的关系，结果反映过量氘及降水量（积累率）与南半球海表水汽湿度有很好的相关性，而与海表的温度关系并不明显，由于过量氘能较好地反映水汽源区，结合降水量与过量氘，从水汽同位素角度分析极地内陆的水汽来源。

图 10-14 为主降水月（10～12 月）（Xiao et al.，2008；Wang et al.，2013）过量氘与南半球海表湿度的空间相关性以及降水量（积累率）与海表湿度的相关性。从过量氘的相关性可以看出 Dome A 水汽来源与南半球中低纬度海表水汽湿度全年呈负相关，而这

也与过量氘与湿度在理论上呈负相关一致（Jouzel and Merlivat，1984）。其中相关性最强的区域除印度洋中纬度之外，还有太平洋低纬度区域，即赤道东太平洋。水汽同位素过量氘与南半球逐月 SST 呈正相关，总体来说 SST 与过量氘的相关性并不明显。过量氘和积累率数据共同表明，除中纬度大西洋和印度洋外，低纬度太平洋也是很重要的水汽源区。这与以前基于其他方法研究得出的结果有所不同，即除中纬度海域外，低纬度东太平洋也可能是南极内陆的水汽源区，尽管这一结果需要进一步确认，但水汽同位素在反映水汽传输方面的优势提供了认识这一问题的不同视角。同时需要指出的是水汽过量氘与南极大陆及边缘区的地表温度呈正相关，这也为 Dome A 区域水汽来源的复杂和多源性提供了线索。

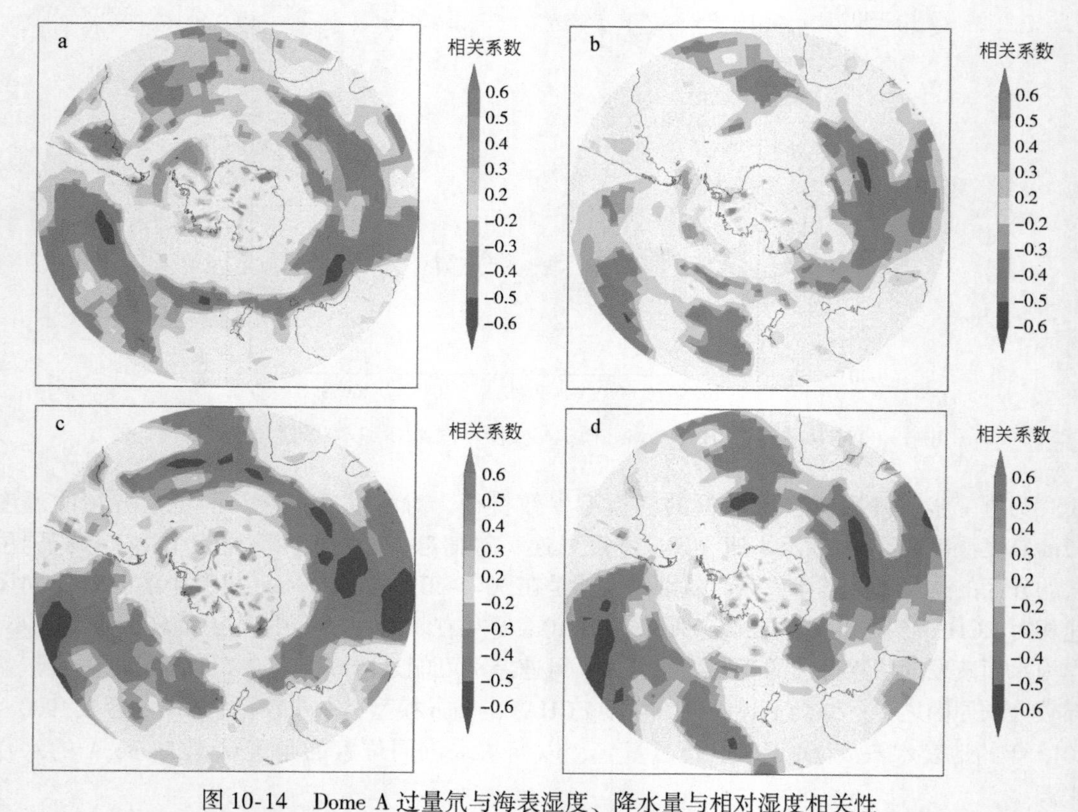

图 10-14 Dome A 过量氘与海表湿度、降水量与相对湿度相关性

（a）和（b）分别为 10 月和 12 月过量氘与海表湿度的相关性，（c）和（d）为 11 月和 12 月降水量与海表湿度相关性分布（两者均显示在主降水月（10～12 月）除与印度洋、大西洋中纬度海表湿度相关性明显外，与低纬度东太平洋海域也有明显相关性

10.4.2 冰盖水汽和降水稳定同位素比率反映的水汽来源

关于南极内陆冰盖的水汽来源，现有的研究认识并不一致，Ciais 和 Jouzel（1994）通

过模型检验了安德烈地与南极点雪样中过量氘与 δD 之间的关系，认为内陆地区现代降水主要来源于 20°S ~ 40°S 的大洋表面；James（1989）和 King（1997）通过模拟认为中低纬度地带的气团能在高空穿过南极绕极波影响内陆地区，而冰盖近岸地带只受沿岸海域影响；Connolley 和 King（1996）和 Delaygue 等（2000）根据观测与模拟数据认为尽管有南极绕极波影响，但南极冰盖的降水主要受固定经度范围内海域的影响；从近岸向内陆行进，源区则从高纬度向低纬度转移，同时源区的可能范围增大。Sodemnn 和 Stohl（2009）及 Wang 等（2013）基于改进的拉格朗日方法认为南极冰盖内陆的水汽主要源于 40°S ~ 45°S，其中 Dome A 主要源自 45°S 印度洋海表。Ding 等（2015）使用 MCIM 模型检验得出研究断面不同地区水汽源区的分界线，以 1900m 和 2850m 两个海拔作为拐点，认为在南半球夏季 1 ~ 2 月，近岸地带（0 ~ 185km）主要受来自近岸海域即普里兹湾的气团控制，而内陆地带（185 ~ 830km）的水汽来源于印度洋西部中低纬度地带（20°S ~ 40°S），高海拔冰穹地区（830 ~ 1248km）的水汽来源则非常广泛，可变性很高，很难确定该处水汽的来源。

对南极内陆水汽来源的认识没有一致结论主要受实测以及可靠方法的局限，不同的方法有不同的结论，尤其是基于模拟的结果差异更大，水汽同位素作为定量化的可靠手段，在南极内陆中山站—Dome A 断面没有实测数据，本节主要利用断面实测的水汽同位素以及表层雪同位素空间分异规律对比分析南极内陆的水汽输送的空间差异，实测数据分布如图 10-15 所示，沿途地势逐渐升高至 4000m。

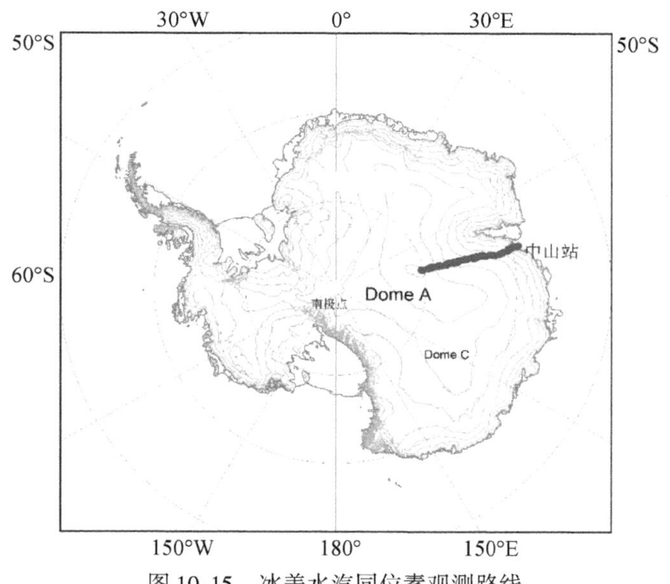

图 10-15　冰盖水汽同位素观测路线

对内陆水汽同位素的观测主要依托激光光腔衰荡光谱仪（PICARRO）以及相关的辅助设施，为内陆极端寒冷环境专门改装了实验舱和进气网路，加装了保温设施和仪器校准系统，观测方法为行进间间歇式观测，观测结果经过校正如图 10-16 所示，同步气象观测指标主要有气温、风速、湿度等。观测结果显示了水汽 δD、δ^{18}O 稳定同位素随离岸距离和海拔逐渐贫化的明显趋势，同步湿度和温度也明显降低，δD 在海拔 2000m 附近变化差异较大，δD 和过量氘在海拔 3000m 之后也出现明显的升高。因此总体而言，随着冰盖内陆地势和气象条件的变化，水汽同位素也显示了规律性的渐变趋势，但直接的空间分布不能反映内在的分异机制，因此主要借助于过量氘以及 δD、δ^{18}O 同位素的对比关系，确定不同区域的同位素分馏特征，以此进一步辨识水汽同位素特征和来源的差异。

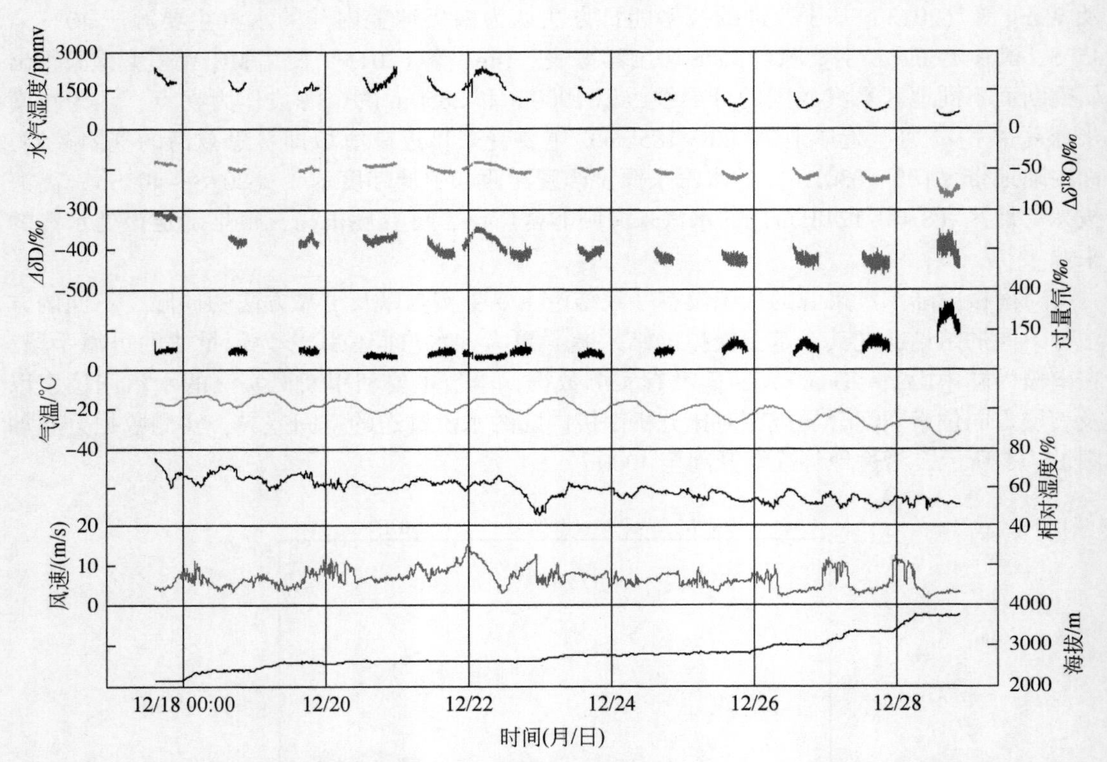

图 10-16 南极内陆考察断面水汽同位素与同步气象（湿度、风速、气温）和地形参数

南极冰盖表层水汽 δD、δ^{18}O 同位素的空间分布整体特征为：从中山站（近岸区域）向内陆 Dome A 逐渐降低（越来越贫化），δ^{18}O 从近岸约 -40‰一直降低至内陆 -80‰，δD 从-280‰降低至-410‰。内陆不同区域水汽同位素波动浮动很大，δ^{18}O 和 δD 随着向内陆的延伸逐渐降低，但过量氘呈逐渐升高的趋势，并且在内陆海拔 3000m 以上的 Dome A附近明显升高。水汽同位素显示出明显的与气温和湿度同步的日循环波动特征。

对水汽 δD、δ^{18}O 稳定同位素比率对比的分析结果反映出，沿途观测结果可以分三种关系类型，即海拔 2000m 以下，高 δD 高 δ^{18}O 特征分布，反映了沿海的水汽同位素分馏特征；内陆海拔 3000m 以上低 δD 低 δ^{18}O 特征；其余内陆区域介于两者之间的同位素分馏特征。

海拔和温度是影响水汽同位素的直接因素，为了解水汽稳定同位素与各影响因子的关系，分析了水汽同位素 δ^{18}O、δD 和过量氘与温度和海拔的关系，结果反映了水汽同位素明显的温度和海拔梯度效应，如图 10-17 所示，水汽 $\delta^{18}O$ 与温度显示出明显的相关性，表现了冰盖内陆表层水汽的温度效应，$\delta^{18}O$ 温度变化梯度整体为 1.61‰/℃，同时也反映了明显的海拔梯度效应，随海拔降低的梯度变化率为−2.13‰/100m。同样，δD 与温度也呈正相关的变化趋势，并且温度变化率为 2.54‰/℃，随海拔递减的变化率为 −3.52‰/100m。过量氘的变化与温度呈负相关的变化趋势，温度变化梯度为−10.4‰/℃，但随海拔升高变化率增大，升高梯度为 13.55‰/100m。从结果可以看出，水汽同位素 δD 和过量氘的变化梯度没有 $\delta^{18}O$ 明显，$\delta^{18}O$ 反映出明显的湿度和海拔梯度效应，过量氘也有较为明显的温度和海拔梯度效应。值得指出的是，在内陆海拔 3000m 以上，水汽同位素与温度和海拔的关系与冰盖外围区域不同，主要体现在变化梯度更大，这种同位素分馏的区域差异指示了内陆同位素分馏的区域差异，不同的水汽来源和不同的分馏过程造成水汽同位素特征的不同，也反映出不同的水汽环流背景和控制类型，内陆高海拔 3000m 以上的区域极端干燥寒冷，水汽传输路径和动力分馏频繁造成同位素特征异常。

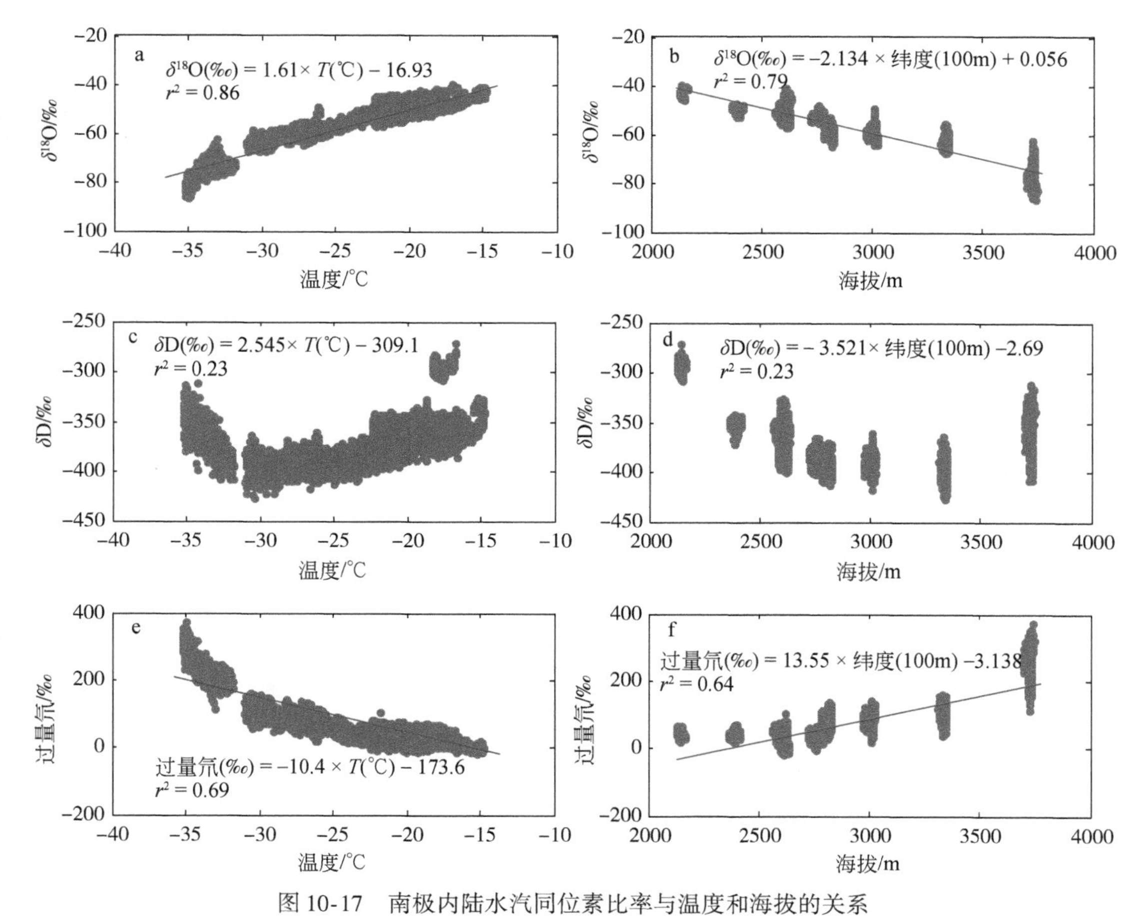

图 10-17 南极内陆水汽同位素比率与温度和海拔的关系

(a) 和 (b)、(c) 和 (d) 以及 (e) 和 (f) 分别表示 $\delta^{18}O$、δD 以及过量氘与温度和海拔的关系

图 10-18 为内陆水汽稳定同位素 δD 和 δ^{18}O 的关系分布，从两者对应关系结果反映出三组不同的分布，即海拔 2000m 以下，这也是近岸 200km 范围，δD 和 δ^{18}O 值都较高，且明显高于内陆其他区域；海拔 2000～3000m 的广大内陆区域，δD 和 δ^{18}O 相对较为贫化，而且越靠近内陆斜率越低，但同位素基本表现出规律性渐变的趋势；而海拔 3000m 以上，δD、δ^{18}O 水汽同位素则呈现不同的分布关系，说明具有不同的来源或传输与分馏过程。因此根据水汽同位素比率特征可以将内陆水汽同位素分成三组，即约以海拔 2000m、3000m 为界，分为沿岸 200km 范围地形抬升区域、广大内陆平原区域和 3000m 以上的冰穹附近的高原区域三个分区。关于海拔 2000m 以下的水汽来源问题，目前的研究基本形成共识，即沿岸陡峭抬升的地形在冷却环境中阻挡了来自中高纬度的水汽（Masson- Delmotte, 2008），从而造成大量的降水并且显示出极高的积累率，为 100～200kg/（m·a）（Ding 等，2015），这也与我们的观测结果一致（图 10-19），即沿海区域水汽 δD、δ^{18}O 相对内陆区域较为富集，并且两者关系呈正相关性。对于海拔 2000～3000m，距离海岸 200～1080km 广大的内陆平原区，水汽同位素含量则逐渐贫化，距离海岸越远，δD、δ^{18}O 含量越低，而且两者的关系越来越不明显。相对应的，这一区域的积累率为 60～65kg/（m·a），低积累率反映了不同于近岸区域的水汽环流背景，越深入内陆，下降风的影响越大，水汽来源也更多的来自遥远的中纬度甚至低纬度区域，因此同位素越贫化而且水汽含量越少。从观测分析可以看出，考察断面沿线的大气水汽同位素随距离深入逐渐变化反映了内陆动力分馏作用的影响逐渐增强。另外需要指出的是，在内陆高原区域，水汽同位素非常贫化，而且两者的关系与其他区域相反，反映了内陆高原独特的水汽传输过程和来源。图 10-18 为南极内陆断面的地形、积累率和水汽及表雪层 δD、δ^{18}O 的空间特征，综合图 10-18 和图 10-19，可以看出东南极从沿岸至内陆最高点规律性的同位素分异规律，环流和水汽条件在不同的气象条件下形成了三个区域的不同特征。

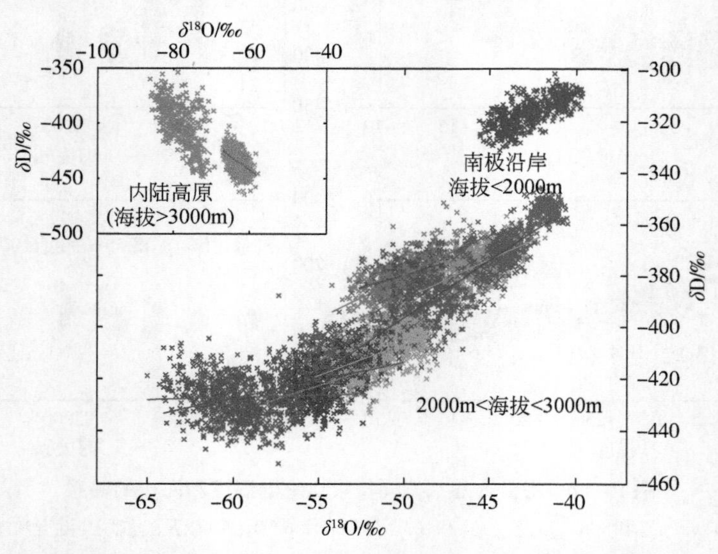

图 10-18　内陆断面不同区域过量氘与大气相对湿度关系分析

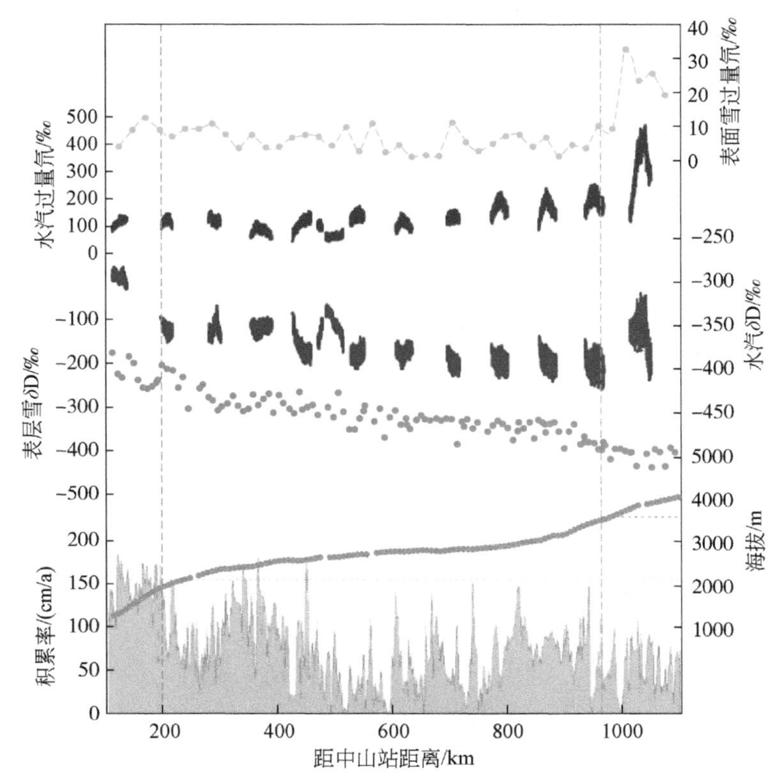

图 10-19　南极冰盖中山站—Dome A 断面同位素、海拔、积累率对比分析

综合分析显示了控制冰盖断面环流格局和水汽输送特征的三个分区

结合水汽大尺度水汽的模拟结果可以看出，南极内陆的水汽传输与水汽同位素的特征有一定关系，甚至明显反映出不同的分馏过程，根据水汽同位素的分馏特征，将内陆的水汽传输分为三个不同的区域，即沿岸 2000m 海拔以下区域、广大的 2000 ~ 3000m 海拔区域、3000m 海拔以上区域，水汽同位素观测与模拟结果显示，3000m 海拔以上区域的水汽来源除中纬度印度洋和太平洋之外，低纬度东太平洋暖池也可能是水汽来源的区域，而沿岸 2000m 以下主要受近岸气团和东风带影响，内陆其他区因地形和距离呈现较为一致但渐变的水汽传输和同位素特征，可能不完全为普里兹湾气团水汽控制。

10. 4. 3　海盐离子反映的水汽来源和高程分布

雪冰中海盐沉积记录是研究物质源区及传输机制的良好指示剂。东南极海盐物质的沉积不仅受物质源区及传输机制的控制，沉积后过程等对海盐物质的分布也具有显著影响。通过对第 29 次南极中山站—Dome A 考察断面上获取的雪冰样品中化学离子的分析，结果显示，周边海域是近岸带雪冰中海源物质输入的主要源区，表现为海源物质浓度随距海岸距离的增加浓度呈指数级降低趋势（图 10-20）。内陆地区海源物质的输入与近岸带有较大差异，浓度较近岸带显著为低，分析结果显示可能源于中低纬度海洋地区的长距离输送。中山站向内陆 600km 可能是物质输入源区变化的分界线，表现为海盐物质浓度显著变化。另外，积累率在 600km 处也存在较为显著的变化（Qin et al.，2014；Li et al.，2014a）。沉积通量的空间分布与浓度表现为一致的分布趋势，指示不同区域的积累率对各种海盐离子的空间分布影响较小，物质的源区及传输机制是影响物质沉积的主要因素。

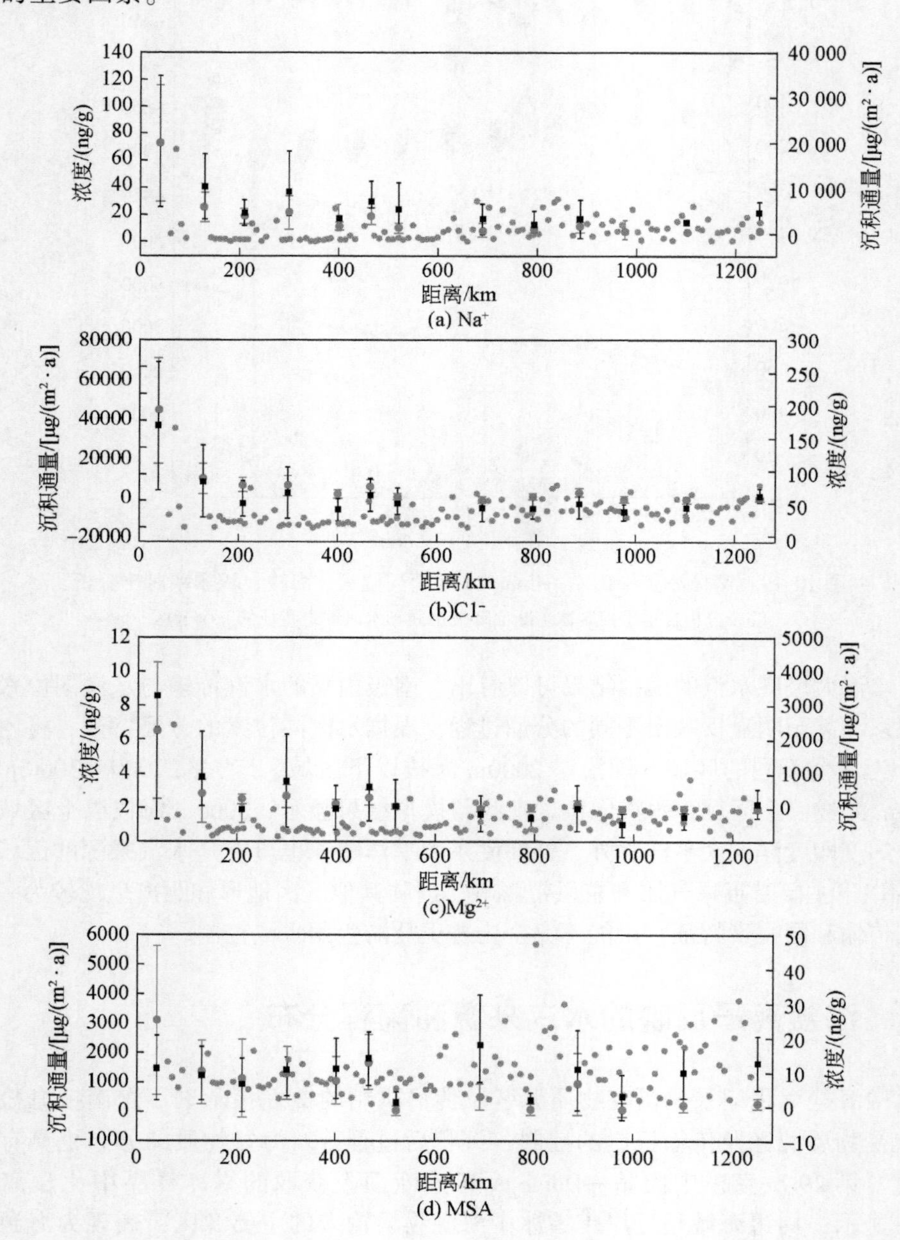

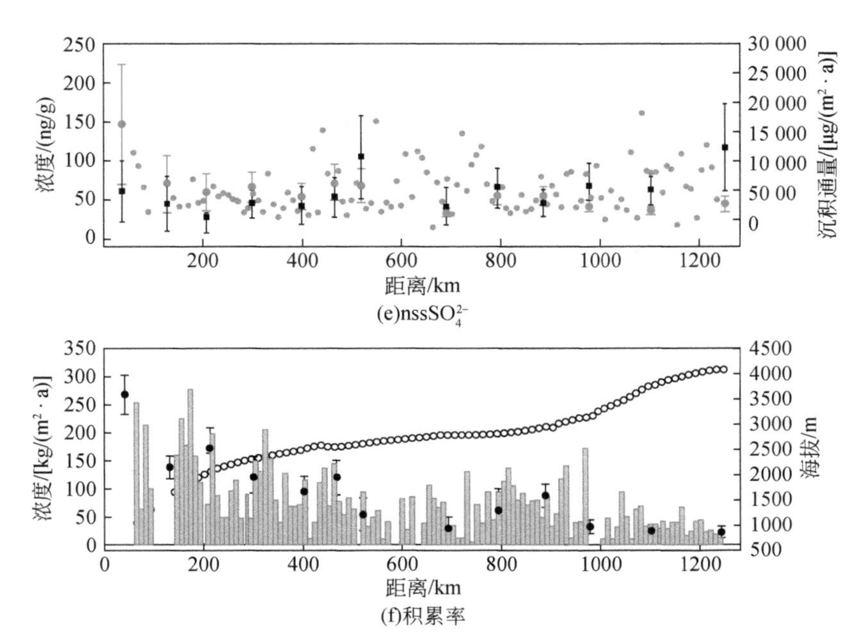

图 10-20　中山站—Dome A 断面上海源物质（Na^+、Cl^-、Mg^{2+}、MSA、nssSO_4^{2-}）及积累率空间分布

我们还对东南极 Lambert 冰川流域的几个雪坑（雪芯）中海源离子（Na^+、MSA 等）浓度的进行了深入研究，发现：近岸带雪坑（LH406）中海盐离子（Na^+、Cl^-、Mg^{2+}）呈现春季高、夏季低的季节分布形势；而内陆地区的雪坑（ZG050）中海盐离子在冬季呈现较高值，夏季则为低值期。该季节变化形势与东南极印度洋扇区 SIA（或 SIE）的季节变化趋势一致，指示周边海冰分布区域可能是近岸带及内陆地区海盐离子的主要贡献源。近岸带雪坑（LH406）中两种海源硫化物（SO_4^{2-}和 MSA）的季节变化形势与海盐离子变化相近；而内陆地区的雪坑中两种离子的变化则表现出与海盐离子差异较大的分布形势。在 ZG050 雪坑记录的 1988 ~ 2002 年中，nssSO_4^{2-}浓度与周边 SIA 呈现较高的一致性，然而，这种对应关系与 Lambert 冰川的西侧的对应关系正好相反。其中 1994 ~ 1995 年该区域盛行风向存在一个显著的转变，这种转变可能是各种海源离子在 1994 ~ 1995 年发生变化的重要原因，其中离子源区的改变可能是主要原因（Li et al.，2014a）。

10.4.4　中山站—Dome A 断面水汽源区及其气候学意义

南极冰盖表面不同海拔和内陆区的表层雪化学特征、水汽及雪冰同位素特征和物质平衡综合分析，有助于了解影响冰盖水汽来源的环流和气候背景特征，对解释冰芯记录也提供了基础。

水汽同位素反映了南极内陆沿岸与内陆截然不同的环流背景和水汽同位素特征，沿岸受来自海洋近岸风的影响，造成了所观测的高积累率、高海盐离子、水汽稳定同位素相对内陆较高的特征；随着距离的深入，控制环流和最终沉降特征的环流背景变得越来越复杂；显示出同时受下降风以及地形、冰川物理特性等共同影响的特点（Ding et al.，

2015）。内陆高海拔区域明显受到极地下降风和内陆局地大气环流的控制，主要体现在水汽和雪冰同位素特征和积累率特征。

图 10-21 为综合中山站—Dome A 断面的冰雪物理特征最终区分的物质来源分区，即约近岸 200km、200～1040km 以及 1040km 至 Dome A 区域，也反映了不同维度环流控制背景的差异。另外随着近年南极臭氧的恢复，平流层对南极高纬度区域水汽的影响应该受到重视，这在本研究中的相关观测中也得到了反映，即平流层对极地高纬度区域水汽同位素、化学离子及气象特征均造成影响，极地高纬度环流受到大尺度环流（如平流层）低纬度水汽源的输送补给应该进一步的深入研究。

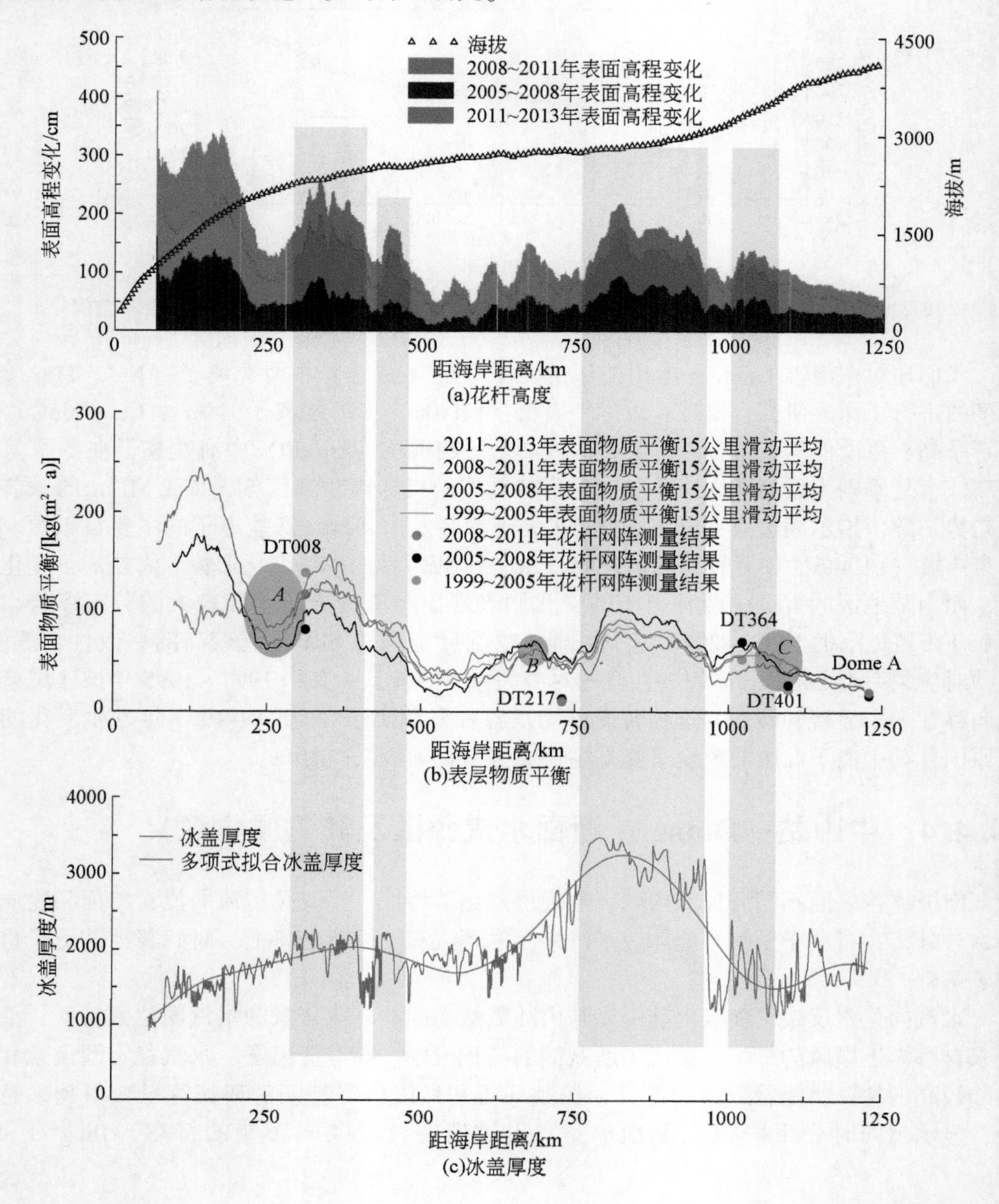

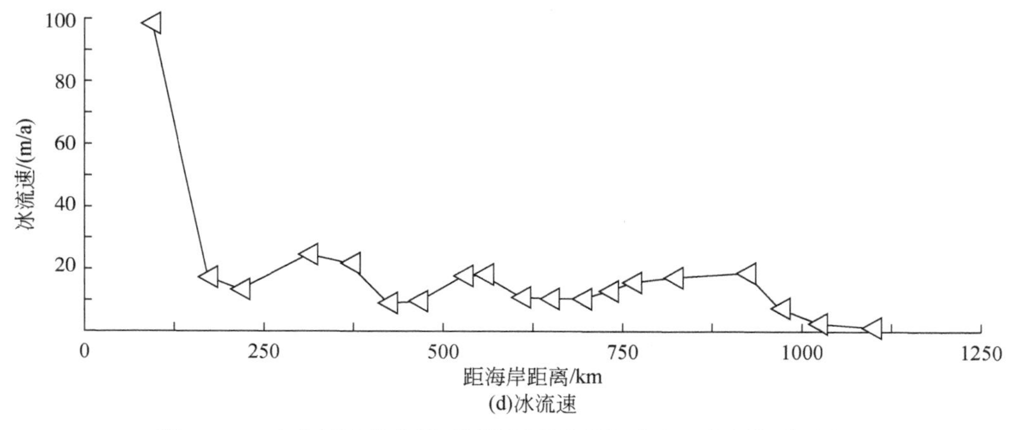

图 10-21　东南极冰盖表层不同位置处的花杆高度、表层物质平衡、冰盖厚度和冰流速（Ding et al. , 2015）

10.5　南极冰盖气温和积累率长期变化特征

10.5.1　根据冰芯重建的冰盖千年气温记录序列

雪冰中稳定同位素作为气温的替代指标及水汽源区的良好指标，在极地气候及现代过程研究中被广泛地应用（Xiao et al. , 2012；Wang et al. , 2013）。Hou 等（2008）根据 2004 ~ 2005 年中国第 21 次南极科学考察队在南极冰盖最高区域——Dome A 地区钻取的一支 109.91m 的冰芯中 δD、δ^{18}O 稳定同位素分析资料，结合东南极冰盖其他内陆冰芯稳定同位素资料，重建了过去 4000 多年来东南极气候的变化情况。表明东南极内陆地区晚全新世以来气候状况较为稳定（气温波动幅度为±0.6℃），且变化趋势具有一致性。Dome A 冰芯中过量氘的值较高（平均值为 17.1‰），是南极雪冰中过量氘的高值中心，这可能与过饱和环境下降雪过程中稳定同位素动力分馏效应有关，同时 Dome A 冰芯过量氘自晚全新世以来的升高趋势主要反映了水汽源区位置向赤道方向的总体迁移，研究结果为开展 Dome A 地区深冰芯研究奠定了基础。

有研究针对过去工业革命以来的南极特别是东南极气候开展时，也普遍使用了代用指标来进行重建。例如，Graf 等（2002）使用 DML 地区的 16 支冰芯同位素比率重建了该区域过去 200 年的气温记录；Schneider 等（2006）则使用南极冰盖 8 支高分辨率冰芯重建了南极地区过去 200 年的气温变化，图 10-23 也分别展示了东西南极过去 200 年的气温变化趋势。过去 2000 年以来，从百年至几百年尺度来看，南极气温主要受太阳活动的影响；如欧洲苏黎世天文台自 1750 年开始的太阳黑子记录和放射性同位素反演的太阳活动强弱，表明在 17 世纪的 100 多年中，太阳黑子非常少，太阳活动极端弱化，成为蒙德极小期（Maunder minimum），普遍认为这可能是小冰期的主要原因，对南极特别是西南极的气候也产生了重要影响；但是公元1000～1400年的太阳活动剧烈造成中世纪暖期，对东南极未造成影响，其原因可能和东西南极气候变化机制不同有关。从几十年的尺度来看，南极地区在1800～2000年的气温并未发生明显的变化（图10-22），1900～2000年的气温只上升了0.2℃，与南半球的整体变化态势一致。对比冰芯硫化物和氮氧化物记录，我们还发现太阳活动对过去200年的气候变化影响不大；造成亚洲粮食绝收的Tambora火山事件，引起了约5年的东西南极同时降温，其他火山事件的影响不明显（Schneider et al.，2006）。

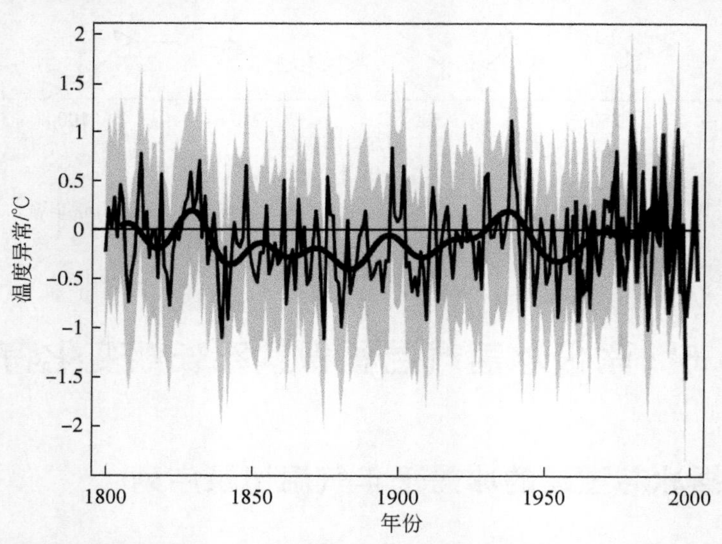

图10-22　通过气象站和冰芯记录重建过去200年南极洲气温（Schneider et al.，2006）

黑线表示通过冰芯$\delta^{18}O$记录重建的年均气温变化；黑粗线表示10年滑动平均；阴影表示±2σ的误差水平；灰色线表示通过气象站记录重建的1958年以来的气温

10.5.2　积累率长期变化及其空间差异

利用浅冰芯记录恢复过去百年来积累率变化的尝试已在中山站—Dome A断面开展，其结果因不同海拔带冰心分辨率的差异而难以有效对比（详见第3章），积累率长期变化研究的突破：一是需延长序列（当然要保证分辨率较高）；二是以流域作为区重建。位于南极内陆地区的DT401冰芯记录的时间序列较长（公元前680年～公元1999年）。其积累率结果显示，公元前680年～公元700年积累率呈现持续降低的趋势，在公元700～1100年积累率则呈现较低但较为稳定的分布形势，公元11世纪末～13世纪，积累率则快速的增加。在公元1000～1280年，积累率的增加幅度达到0.025m H_2O/a，且这种快速的增长一直保持到接下来的半个世纪。公元1300年左右，积累率呈现显著的降低，导致在峰值期呈现典型的“双峰形”（图10-23）。在公元1330年左右，积累率呈显著的降低趋势，并持续的降低至19世纪中期，这个积累率持续降低的时段与历史上著名的“小冰期”事件较为吻合。根据前人的研究结果，“小冰期”事件的发生，会伴随着14世纪末～15世纪末显著的积累率降低，接下来的半个世纪里，DT401记录的积累率呈显著的增加趋势。另一个显著的积累率降低时段出现在 1820 ~ 1850 年，降低幅度达到 0.009m H_2O/a。积累率最低的时段出现在 19 ~ 20 世纪，积累率均值仅约为 0.019m H_2O/a。1920 年之后，积累率快速的增加，在研究时段的最后 60 年（20 世纪 30 ~ 90 年代）积累率维持在中度水平（约为 0.025m H_2O/a）。另外，基于 DT401 冰芯记录的最近 1000 年内的六次火山事件（Agung 1963 年，Krakatoa 1883 年，Tambora 1815 年，Unknown 1809 年，Kuwae 1454 年和 Unknown 1259 年），我们还研究了历次火山事件之间的积累率变化情况，并与其他东南极冰芯［Plateau Remote（PR-B）、DML、DT263 和 Dome A］的相关结果进行了对比。不同冰芯记录的不同时段内积累率在量值上存在较大差异，总体上呈现距离临近海洋越远，积累率越低的空间形势，其中 DT263 冰芯的积累率最高，Dome A 冰芯的积累率最低，但 5 支冰芯记录的几次火山事件之间积累率的波动情况存在较好的一致性。所有的冰芯均显示公元 1259 ~ 1454 年的积累率为高值期，在公元 1454 ~ 1809 年则快速的降低。不同冰芯积累率的降低幅度不尽相同，DT263 冰芯降低幅度最大。公元 1809 年之后，DML 冰芯积累率持续增加，但 PR-B 和 Dome A 冰芯则呈降低趋势，DT401 冰芯则呈先降后增的趋势。同样，DT263 波动幅度最大，在 1883 ~ 1963 年为 0.11m H_2O/a。公元 1450 ~ 1850 年较低的积累率及化学离子沉积浓度的低值期可能较好地指示了“小冰期”事件在东南极内陆地区的存在，然而更多及更有利的证据尚待进一步研究和确定。

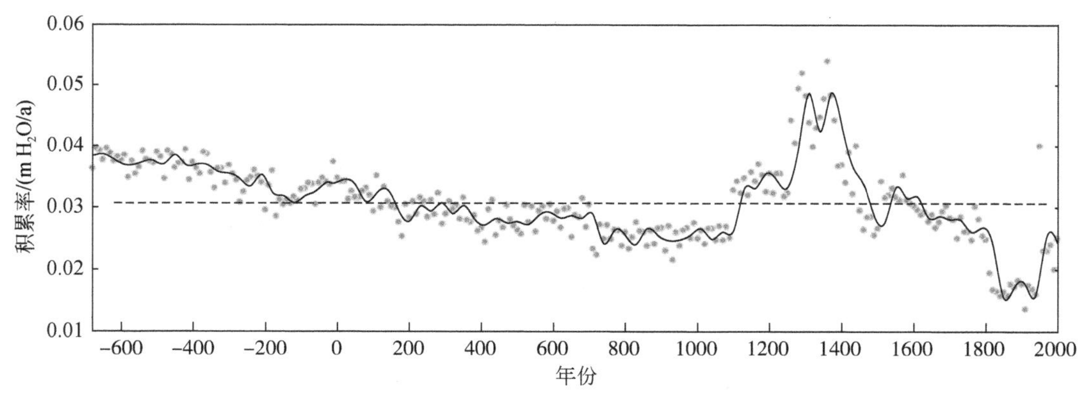

图 10-23　DT401 冰芯记录的过去 2680 年间（公元前 680 年 ~ 公元 1999 年）东南极内陆地区的积累率变化

灰色点为 10 年的平均值；黑色实线代表了 30 年滑动平均；中间的点状线指示了整个时段内的平均值（0.031m H_2O/a）

10.5.3　构建分流域序列

1957 ~ 1958 年国际地球物理年（International Geophysics Year）的推动，使得我们加强了对南极气象的观测，迄今为止积累了大量的数据，但大都集中在海岸地区。因此，早期南极气温实测研究普遍使用统计方法开展，如 Turner 等（2005）和 Steig 等（2009）都是使用南极科学考察站或自动气象站资料，使用统计方法（如 CPS 和 PCA 法）重建了约从 1950 年以来的南极气温变化记录。由于实测数据点太少，分布也不均匀，这些结果的精度受到多人的质疑（Yuan et al.，2015）。随着遥感观测和数据处理技术的发展以及再分析资料精度的提高，Nicolas 和 Bromwich（2014）结合气象站实测记录、MERRA 再分析资料、CFSR 再分析资料和遥感资料，重建了南极冰盖气温在 1958～2012 年的变化，是目前较为准确的结果（图 10-24）。

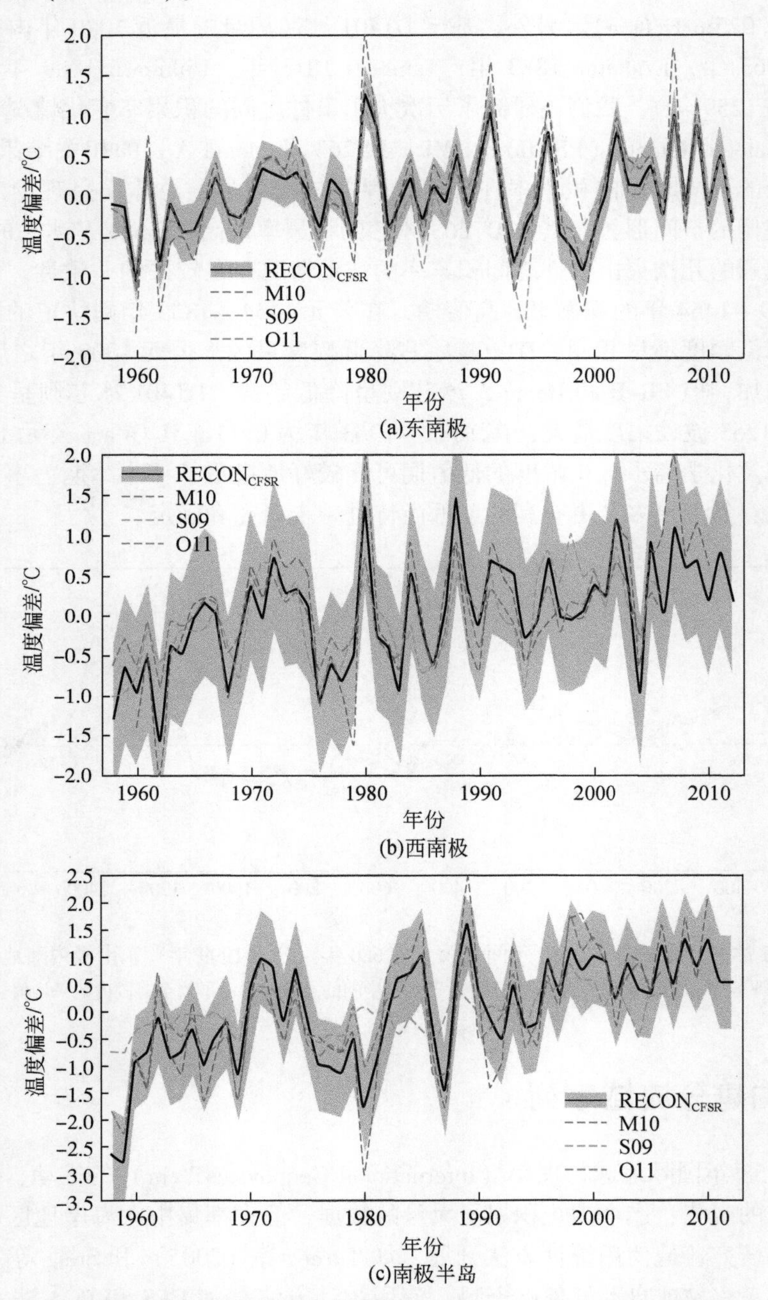

图 10-24　多种器测资料结合重建的 1958～2012 年南极气温变化

不同颜色线表示不同的方法得到的结果（Nicolas and Bromwich，2014），阴影表示 ±2σ 的误差水平。所有的异常水平均以 1960～2006 年均值计算综合各研究结果和观测记录，近 60 年来南极地区增温最快的地区在南极半岛的西部和北部，其增温速率超过了 0.56℃/10a（使用 Faraday 和 Vernadsky 气象站数据计算，信度检验超过 95%）。南极半岛最北端的 Orcadas 超过 100 年的记录则显示，该区域过去百年的增温速率为 0.20℃/10a。根据 Nicolas 和 Bromwich（2014）的研究结果，整个南极半岛的增温速率为（0.33±0.17）℃/10a。

冬季的增温速率最快，达到了（0.58±0.36）℃/10a（其中 Faraday 站增温速率为 0.5℃/10a），同时伴随着 Amundsen/Bellingshausen 海（ABS）区域冬季 SIA 的快速减少。据研究，在 20 世纪 50 年代和 60 年代，该海域的大气活动较弱，西风环流北移，造成海冰边缘的异常增长，因此大气环流和海洋环流输送的能量较少，气温较低。

与南极半岛相似，西南极地区的气温也处于增温状态，其年均增温速率达到（0.22±0.12）℃/10a，但其最快增温发生在春季（9～11 月）。Byrd 站的 1957～2015 年的气象观测记录也显示出相似结果。

与西南极相比，东南极冰盖是个更稳定的系统，且常常显示出相反的趋势。最近几十年的人类活动，似乎已经接近或超过了东南极的平衡阈值，其 1958～2012 年的年均增温速率为（0.06±0.09）℃/10a，显示出增温的趋势（图 10-25）。需要特别指出的是，其增温主要发生在海岸区域，内陆地区和 Wedell 海附近仍然处于降温状态。另外，对秋季温度进行统计，发现东南极冰盖大部分地区都处于降温状态。中山站、Davis 站、Scott 基地、Mawson 站等多个站点气象观测也证明了这种态势。

第 11 章　主要结论与展望

本研究对极地冰冻圈关键过程及其对气候的影响与响应研究主要集中在以下四个方面：冰盖物质平衡的观测、模拟及多源数据的融合计算；冰盖动力学模型的研发；海冰变化及其对气候的影响与响应（特别是北极增暖、北极海冰融化对中纬度区域的影响研究）；通过冰芯等代用资料反演极地冰盖与海冰的长期变化。主要的研究区域为：南极中山站—Dome A 断面、LGB-AIS 系统、南极冰盖和格陵兰冰盖、阿拉斯加巴罗角、巴伦支海—喀拉海—拉普捷夫海以及这些海域的北部相邻海域的北极海冰变化关键海域。通过本研究拟达到如下目标：

1）初步设计和构建包含冰架系统的三维 Stokes 冰盖模型，重点模拟接地线的动力过程；

2）建立南极冰盖表面物质平衡数据库和卫星数据校正方法，获取过去 10 ~ 30 年准确测高数据和重力数据；评估南极冰盖物质变化特征；

3）揭示北极海冰消融对冬季欧亚大陆盛行天气型及其所对应的极端天气的影响；揭示夏、秋季节北极海冰变化的主要特征；

4）揭示反映南半球不同纬度大尺度环流变化的长期规律，利用南极冰芯重建关键海域海冰变化的长期序列。

11.1　主要结论

在上述目标下，本研究取得的主要研究进展包括以下几方面内容。

（1）南极冰盖典型流域表面物质平衡过程观测研究

结合大量多年的实地观测资料，以 ITASE 三个重要考察断面为例，研究南极冰盖海岸至内陆表面物质平衡的变化规律。研究表明，可将中山站—Dome A 考察断面划分为五个不同地带：SSS、TS、SIS、IDS 和 DS，给出了上述地带冰盖表面物质平衡的时空分布特征，认为年均积累率的空间分布除水汽量因素外，还与局部地形关系密切，尤其和坡度呈正相关关系；并认为这可能与气团向内陆运行过程中，不同地形下沉降过程不同有关。此外还分析了 Syova—Dome F 断面、Terra Nova Bay—Dome C 断面表面物质平衡变化并对上述断面物质平衡变化的差异进行了比较，对造成差异的原因进行了探讨。

（2）影响冰盖物质平衡的冰下和冰内过程

结合我国历次在南极雪地车载冰雷达系统及国内外机载雷达探测资料，对中山站—Dome A 断面、Dome A 核心区域、泰山站、格罗夫山等地区的冰厚和冰下地形进行了探测，填补了东南极地区的某些空白。

得到了 Dome A 地区 6 个不同年代（过去 3 万 ~ 16 万年）的等时层埋深–年代数据，使用 D-J 模式计算了 Dome A 地区近 16 万年以来的古积累率时空分布。

得到了中山站—昆仑站冰盖考察断面上约 1300km 的雷达数据，发现断面上的伊丽莎白公主地 Lambert 冰川流域以及 Dome A 地区存在复冻结冰分布。机载雷达观测证实了东南极冰盖伊丽莎白公主地下方可能存在一个底部方圆 140km×20km 的冰下水系。

得到了中山站—Dome A 断面的双参数粗糙度，研究表明冰床粗糙度大小的变化是冰流方向、基底热机制、基岩岩性和冰下地质构造的综合作用的结果，最后对冰盖稳定性与冰下过程的关系进行了探讨。

（3）南极冰盖物质平衡模拟研究

广泛收集了南极冰盖冰芯、雪坑、自动气象站、物质平衡花杆观测资料，建立了经质量控制的共计 3550 个位置观测数据构成的南极冰盖多年平均表面物质平衡空间数据库，形成了年分辨率的南极冰盖表面物质平衡时间序列集。对区域冰芯记录和花杆测量通过均一化和合成处理，形成了 29 个具有代表性的南极冰盖表面物质平衡序列。利用这 29 个具有代表性序列对目前广泛使用的再分析资料 ERA-Interim、MERRA、CFSR、JRA-55 和 NCEP-2 等进行了评估，认为 ERA-Interim 最真实地再现了自 1979 年以来的南极冰盖表面物质平衡年际变化。

对 PMM5、Polar WRF、RACMO2.1 和 RACMO2.3 多区域气候模式相互比较与评估，认为耦合风吹雪物理过程的区域气候模式 RACMO2.3 的模拟结果很好地再现了南极表面物质平衡海拔控制的经向变化特征。RACMO2.3 模拟的 1979 ~ 2012 年的表面物质平衡及各分量结果表明，冰盖尺度上表面物质平衡与降水季节变化一致，秋季最高，夏季最低。受冬季风速更大和夏季出现表面消融影响，风吹雪引起的升华量从夏季到冬季波动为 10 ~ 20Gt/月。由于表面蒸发和消融受表面温度所控制，仅夏季显著，风吹雪引起的侵蚀/沉积在局地尺度上显著，但冰盖尺度上年际变化不大（4Gt/a）。对表面物质平衡主要的负贡献量是风吹雪的升华作用，但是过去 40 多年来并没有显著的年际变化。表面物质平衡与降水年际变化大，1979 ~ 2012 年都呈显著的下降趋势。

以 HADCM3 的输出结果驱动 LMDZ4 和 SMHiL，模拟 21 世纪和 22 世纪南极冰盖表面物质平衡，结果表明：在 SRESA1B 情景下，LMDZ4 模拟的南极冰盖未来气温呈显著增加趋势，到 21 世纪末约增加 2.8℃，到 22 世纪中期约增加 4℃，气温异常增加伴随着相应的表面物质平衡增加，与现代表面物质平衡相比，LMDZ4 模拟的 21 世纪和 22 世纪南极冰盖表面物质平衡将分别增加 13% 和 21%。

（4）冰盖变化的遥感监测与算法改进

利用改进的 FFM 重新计算了高度计对冰盖表面高程变化的估算结果，其结果在同类计算方法中精度最高、误差最小。本研究提取了 491 条有效的 ICESat 卫星重复轨道数据参与计算，得到了南极冰盖 2003 ~ 2008 年的表面高程变化率，去除 GIA 引起的南极冰盖垂向变化以及 ICESat 卫星数据系统偏差影响之后，得到南极冰盖冰雪表面高程变化；此外，基于重复轨道分析算法，采用选定的最佳波形重定算法，分别利用 ERS-1、ERS-2、Envisat 和 CryoSat-2 数据，计算得到了 1992 ~ 1996 年、1995 ~ 2003 年、2002 ~ 2012 年和

2010～2016 年的格陵兰冰盖表面高程变化率。评估了针对重力卫星 GRACE 冰盖冰量变化的滤波算法，分别评估了高斯滤波、维纳滤波、各向异性滤波和扇形滤波四种滤波方法的效果。为了弥补 GRACE 计算结果分辨率偏低的问题，采用反演的冰雪密度，并借助与平滑前后的高程变化结果，修正由于数据平滑处理导致的泄露效应，计算得到了校正后的冰雪质量变化，在空间上，高度计与重力卫星相结合的方法，互相弥补，得到精细化的冰盖质量变化的空间分布。

（5）冰盖-冰架动力学模型研发

完成了三维 Stokes 冰盖动力学模型的构建，即 FELIX-S。在构建过程中，使用了四面体网格，在同样的网格单元数目下，六面体网格拥有比四面体网格更少的格点，因而在一定程度上减小了模型计算量，但在一些复杂边界上，四面体网格刻画的会比六面体网格更好，自由度类型的选择是影响数值计算的重要因素。FELIX-S 使用的是 P2-P1 类型，即除了每个格点上分别有一个速度自由度和压力自由度，还在每条边上分布一个速度场自由度，P2-P1 类型虽然需要的计算量大，但对于 Stokes 问题天然稳定，同时计算迭代方法也是影响模型效率的因素。传统的 Picard 方法收敛速度慢（一阶），在一定程度上无法有效地满足大规模并行计算问题的需求，因而目前广泛使用具有二阶收敛性的 Newton 方法。当这些问题的解决后，FELIX-S 得以发布，是 CIMP6 全球冰盖动力模型对比计划的成员之一。本研究就新开发的冰盖-冰架动力模型 FELIX-S 对于开展接地线变迁和冰架底部过程开展了适用性讨论。

除冰盖部分，本研究的第二大内容是针对两极海冰变化特征、影响因素及其对气候变化的响应机理方面，在两极海冰研究中，侧重点是北极海冰研究。

（6）北极海冰快速变化的观测事实

综合北极 SIC、SIE 及 SIA、海冰厚度的变化、海冰流速、海冰冰龄等参数观测资料，总体上给出了近几十年来北极海冰快速变化的事实。采用高度计数据计算了北极区域 2003～2008 年部分时间段的海冰干舷高，北极海冰分布情况并不是纬度越高海冰干舷高就越大。较厚的海冰多数分布在格陵兰冰盖以及格陵兰以西伊丽莎白女王群岛北部区域。此外，本研究还系统分析了碳气溶胶的沉降对北极海冰消融的影响。北极地区春季雪冰黑碳浓度水平依次为：俄罗斯>加拿大—阿拉斯加>北冰洋>斯瓦尔巴>格陵兰；北极地区春季雪冰黑碳浓度随纬度增加而降低；平均而言，整个北极地区春季雪冰黑碳的辐射强迫约为 $1W/m^2$；夏季北冰洋地区雪冰黑碳浓度水平普遍高于春季，在积雪覆盖区，单位面积上的辐射强迫也强于春季。另外，我们的观测与分析表明，随着近年来北极快速变暖，北极出现降水的频次在增加，初雨时间在提前，这不仅对消融期海冰的加速消融有推动作用，同时降水也可能是海冰夏季变化预测的前兆因子之一。

（7）北极海冰变化的归因与影响

分析了夏季北极表面风场变率优势模态的空间特征，揭示北极风场的第一主模态包含了两个子模态，与之相对应的 SLP 也表现出不同的空间结构，我们将这两个子模态分别命名为 NLS 模态和 AD 模态；第二主模态也包含了两个子模态，分别被命名为 NKS 模态和 CA 模态。研究表明，风场对海冰输送起重要作用，异常的纬向风有利于穿过北极的海流将海冰从北冰洋向格陵兰—巴伦支海域输运。此外，研究了秋冬季节北极海冰融化对欧亚大陆冬季盛行天气模态的影响。揭示了北极大气环流“三极子模态”的强度与前期秋季北极 SIC 显著相关。北冰洋的太平洋扇区和靠近西伯利亚边缘海的北部区域是显著的正相关区域，表明秋季海冰的正（负）异常与三极子模态的正（负）位相可能有关系。三极子模态极端负位相的发生频次与前期秋季的海密集度也有统计关系，北冰洋的太平洋扇区和从北部巴伦支海至北部拉普捷夫海地区是显著的负相关。此外，从大气长波角度整体上阐述了北极海冰的减少如何影响欧亚大陆冬季 SAT 和降水的机制。另外，揭示了近 20 年来西伯利亚高压北移可能是造成欧亚大陆一侧（尤其喀拉海和巴伦支海）海冰异常减少的原因之一。减少的夏季海冰反过来又激发了后期对中低纬度造成极大影响的极端天气和气候事件。我们的研究认为：喀拉海和巴伦支海是激发后期东亚极端天气气候事件的关键区。

（8）长期海冰变化序列重建与变化的驱动机制探讨

用高分辨率冰芯代用指标重建了南极海冰过去 300 年来的变化，并揭示了环状模变化可能是驱动近 30 年来海冰异常的主要原因。从水汽来源等现代过程入手，研究了海洋水汽与冰盖不同高度带稳定同位素比率之间的对应关系，进一步明确了不同高度带代用指标的气候指代性。北极海冰的长序列重建工作也在本研究中有所涉猎，主要是重建喀拉海和巴伦支海海冰夏季范围的长期变化，并寻求其与东亚极端天气气候事件频次之间的可能联系，探讨关键海区的海冰异常与极端事件之间内在联系机制的时间稳定性。

11.2 极地冰盖物质平衡研究展望

综上取得的初步成果，分析国际研究态势、方法和技术进步，提出未来深入研究应该关注的方面。

11.2.1 影响冰盖物质平衡计算的主要不确定性

主要从冰盖与其他圈层的界面过程，简要阐述冰盖物质计算中的不确定性。

（1）表面物质平衡，即冰-气界面过程

影响极地冰盖表面物质平衡的过程是降水、表面蒸发、风吹雪引起的升华和积雪沉积/侵蚀及表面雪融化。冰盖表面物质平衡大尺度空间变化主要由降水控制。受极地恶劣环境下后勤保障条件及观测技术（如区分降雪和吹雪）等的限制，极地特别是南极冰盖降水的观测非常困难，极地降水时空规律分析常常借助于间接方法。此外，在南极内陆地区，除常规降雪外，冰晶降水（diamond dust）或晴天降水（clear sky precipitation）是重要的降水方式，在目前所有的模式中并没有这方面的参数化。强烈的冷空气从大陆高原沿着大陆冰面陡坡急剧下滑，形成下降风，将迎风坡雪表面吹蚀成波状起伏的风蚀，被吹起的雪部分升华，剩余的在背风坡回落形成沉积。风吹雪引起的极地冰盖升华量超过了表面蒸发量。持续的风吹雪导致南极 2.7% ~6.6% 表面出现负物质平衡（即蓝冰区）。风吹雪引起的侵蚀和沉积对整个冰盖表面物质平衡的影响是小的，但是局地尺度上不可忽视。在极地冰盖物质平衡时，以前风吹雪过程常常被忽略，近年来，已有区域气候模式（如RACMO2 和 MAR）已开始考虑风吹雪物理过程，然而它们模拟风吹雪作用能力不足使南极表面物质平衡估算值偏高了 11～36.5Gt/a。由于南极极低的气温，表面雪融化是微量的，然而受全球气候变暖影响，不能排除未来表面融化显著的可能性，但是冰面消融及其作用机制在分析格陵兰冰盖物质平衡时不能回避，冰面消融占冰盖物质损失的40%以上。

（2）冰架与海洋之间的物质能量交换，即冰-海界面过程

冰架与下伏海洋之间不断进行能量与水量（相变）交换，但这一过程是目前对南极冰盖系统了解最为薄弱的环节之一。随着全球变暖，部分冰架周围和下伏的海水也可能在升温，可能正在对整个冰架下部的水循环、冰架物质的增加与损失、冰架不同位置的物质分配造成重要影响，从而影响冰架的稳定性。多数研究者认为，变暖的海洋终将导致冰架更加脆弱易崩解，但对此过程及其阈限知之甚少，观测数据尚难以正确地模拟海洋与冰架相互作用的时间演变，越来越多的观测系统正在向冰架系统布设，希望对其稳定性问题有进一步地深入理解。

（3）冰盖与下伏基岩相互作用形成的冰下水文系统，即冰-岩界面过程

冰盖下方冰体与冰底基岩相互作用形成的冰下水系对计算冰盖物质平衡有着重要的影响。底部发育的冰下水系的润滑剥蚀作用会改变冰下地貌，重塑冰底环境，从而会增强冰盖底部的滑动速率，加速底部融化，并改变冰盖的动力机制和冰体内部的热力学效应。由此使得在获取底部消融项、底部热通量以及下边界形态和内部流速初始条件等参数时可能出现显著的不确定性，导致在计算冰盖物质平衡时，极大地高估或低估物质平衡项的支出项。另外，冰下水文、地质环境和特定冰下地貌的不确定性对特定区域的内部热力学稳定性和接地线稳定性会产生直接影响，导致在数值模拟计算汇入海洋的物质通量，特别是在估算液态水的体积时，其计算结果往往与实际情况相比较存在显著的差异。估算冰盖底部融水、含水沉积层、液态水体水压和水量变化等要素的不确定程度通常也会影响估计冰盖与海洋的物质交换结果，即得出不能忽略的较大偏差。

（4）冰盖动力学过程的复杂性

除界面过程导致的误差外，冰盖动力学机制及其长期演变也是导致不确定的重要因子。当前，学术界对接地线变迁引发的冰盖物质向海的通量变化问题非常感兴趣，其原因是这一过程会间接影响到后期海平面效应，是估算冰盖-海平面关系时容易产生较大误差的来源。

11.2.2 消除不确定性的途径

要减小上述不确定性，需要在如下几方面加强研究。

（1）通过多源资料融合消除计算冰盖表面物质平衡的误差

通过波形重定算法、交叉点分析和重复轨道分析算法等多方面的研究，卫星测高能高精度确定冰盖表面高程变化时间序列，并通过对不同测高卫星的共同时间段观测资料融合，基于多源卫星测高获取高精度高分辨率长时段冰盖高程变化时间序列，然而高程变化

转换为物质平衡，仍然受冰雪密度、密实化等多因素的影响。经过滤波算法和 GIA 模型的研究，基于卫星重力 GRACE 获得长时段冰盖物质平衡，但其空间分辨率较低。通过对高程变化时间序列和物质平衡时间序列的联合数据分析，可获得冰雪密度、冰/雪引起的高程变化与物质平衡，在此基础上，联合表面观测约束，可对卫星测高和卫星重力联合反演结果进行修正，进一步消除冰盖表面物质平衡的误差。

（2）进一步改进气候模式与表面物质平衡计算方法

对风吹雪物理过程的刻画准确程度是改进极地冰盖表面物质平衡模拟效果的关键之一。风吹雪动力过程野外观测增强基础上的参数化方案改进是重要选择。区域气候模式由于分辨率较高，能更好地再现区域尺度的气候特征，但在区域较大的情况下，长时间积分计算累积的系统误差使区域气候模式的环流模拟容易出现较大偏差，到目前为止没有一个区域气候模式能很好地再现物质积累率年际变化的能力，耦合风吹雪过程的区域气候模式动力降尺度是提高南极冰盖表面物质平衡模拟性能的有效途径。

（3）加强冰架-海洋相互作用的实测与模拟

需要选择后勤保障相对容易的冰架系统，系统化设计冰架-海洋相互作用监测系统。通过钻孔、冰下机器人等手段，监测物质和能量交换过程及其时间演变。同时，冰下过程与冰架稳定性模拟是一个完整体系，冰架周围海域的海洋学参数也应成为冰架变化预测的重要参照。

（4）探索冰下科学的前沿问题与研发可用的研究手段

研究广泛分布于冰盖下方的液态水体、地热分布、连通水体、冰盖接地线区域与海洋的相互作用如今已成为冰盖研究的热点。鉴于大范围探测冰盖底部的特定难度和伴随的局限性，实践中，研究手段和研究能力受环境的相对限制，导致目前对冰盖底部的力学效应和演化细节仍知之甚少。未来，亟待通过拓展卫星遥感、地球物理和常规的局部钻探和表面地面观测联系起来，以便获得持续的大范围的可验证数据，并在此基础上，发展出能耦合冰盖各个物理过程的非线性系统，通过融合观测数据的冰盖数值模拟方式，强化对极地冰盖演化过程的理解，从而增强预测快速冰流、接地线变化、冰盖内部水体迁移的能力，并提升冰盖对海平面升降变化影响的精度。

（5）通过加入冰盖动力模型与国际比对计划，努力减小冰盖动力学模拟误差

在耦合模式比较计划 CMIP6 框架下，针对南极和格陵兰冰盖的动力模式比对（ISMIP6）也正在进行当中。ISMIP6 是国际上首次同时考虑单独的冰盖模式和大气-冰盖耦合模式的比对。过去 20 年，冰盖动力模式一直朝着更为准确和精细的方向发展，通过各比对计划的实施，对冰盖的动力学机理的认识也逐步提高。

11.2.3 相关国际计划

与冰盖物质平衡有关的国际计划不断涌现，以下仅介绍几种大型国际计划。

1）Ice2Sea 计划：是欧盟科学界提出的冰盖与海平面变化关系研究计划。涉及影响海平面变化的冰冻圈因子和其他综合因子，目的是通过更加合理和准确地理解冰冻圈变化机

理，预估未来海平面变化及其可能影响。

2）IceBridge 计划：是 NASA 发起的对冰盖开展机载雷达冰流速测量的计划。以期获取南极冰盖和格陵兰冰盖、冰架和周边海冰的高分辨率流速，尤其关注冰盖快速冰流区的流速分布及其变化，之所以称为“冰桥”，其意也在于在 NASA 发射的先后两个卫星 ICESat 和 ICESat2 之间架设起连贯的数据桥。

3）冰盖动力模型比对（CIMP6）计划：是评估不同冰盖动力模式的模拟能力。20 世纪 90 年代，欧洲率先展开简易的（模拟区域理想化）三维浅冰近似冰盖模式的比对（EISMIP）；随着高阶模式的发展，在 2008 年，在较为复杂的地形条件下，人们开始尝试比较在二维情形下不同高阶冰流模式的模拟效果（ISMIP-HOM）；以此为基础，在 2013 年，为了解海洋性冰盖的动力机制，世界上十几个三维冰盖动力模式（包括冰架和接地线的动力过程）就理想形态下的冰盖进退情形进行了比对（MISMIP3d），并以完全 Stokes 冰盖模型的模拟结果为基准，对不同简化模式的模拟能力进行了评估；目前，为进一步研究海洋性冰盖的不稳定性，国际上正在开展最新的冰盖模式比对（MISMIP+），包括：①引入与实际情形更为接近的地形条件，②耦合海洋模式，探讨在更为复杂但实际的条件下，海洋性冰盖接地线的动力敏感性。冰盖动力模式一直朝着更为准确和精细的方向发展，通过各比对计划的实施，对冰盖的动力学机理的认识也逐步提高。

4）冰下科学相关计划：目前极地的冰下科学领域已有多个研究计划得到顺利执行或正在开展中。有关深冰芯钻探方面，在格陵兰冰盖，除已经执行完毕的 GRIP/GISP、NGRIP、NEEM 等深冰芯外，又开始计划执行 EastGRIP 深冰钻探计划（2015 ~ 2020 年）；在南极冰盖，除 Vostok、EPICA/Dome C、Dome F、WAIS Divide 等长度超过 3000m 的冰芯钻探计划已完成钻探和分析工作外，Dome A 的深冰芯钻探工作目前掘进深度已超过 600m，在东南极 Kohnen 站，深冰钻探计划预期会很快开始。有关冰下湖研究方面，截至 2016 年，俄罗斯在 Vostok 冰下湖的钻探已到达冰盖底部湖面上方，并获得了相关水体和微生物样品；英国在南极冰盖的 Ellsworth 冰下湖已经执行了一次热水钻探，未钻探到底部，因此未获得相关湖水样品。另外，美国领导的 Whillans Ice Stream（WISSARD）冰下湖钻探计划业已开展钻探；中国在伊丽莎白公主地的冰下钻探计划已进入前期准备阶段，在设备研制，科学目标预研方面取得了显著进展。在大范围的冰盖地球物理探测方面，使用业已完成的多个国际合作探测计划获得的数据已形成 Bedmap 数字高程数据库，如 ICECAP、IceBridge 等。

11.3 冰盖动力学模型与地球系统的耦合

目前的气候系统模式中，有关冰冻圈物理过程的参数化方案还不够精细，诸多物理过程的参数化方案过于理想化。在现有的全球气候模式和区域气候模式中，对积雪过程参数化的描述不够精细，对冻土过程参数化的描述更为粗糙，水、热参数缺乏，多以均一下垫面处理或仅考虑地表温度，甚至很多模式尚未包括冻土物理过程，从而无法较好地研究积雪和冻土对气候变化影响的物理机制。目前几乎所有的海冰模式以及气候系统模式对海冰盐度的处理都非常简单，要么为常数，要么为一条固定曲线（顶部小底部大），且盐度不随时间变化。参加 IPCC 第四次评估的海冰模式，绝大部分只考虑热力学，尚未包括海冰动力学，几乎所有模式都采用固定冰盖，没有考虑冰盖动力学过程。

在当前和未来相当长的一段时期，国际上气候系统模式的发展趋势就是改进和完善冰冻圈-气候相互作用物理过程，以加强模式的参数化研究和发展陆面过程模式，特别是陆面过程的反馈作用及其与大气环流模式的耦合研究等。

为实现冰冻圈过程与全球和区域气候模式的耦合，必须在把大量观测结果的分析研究和参数化改进结合起来的同时，重点要将冰冻圈各要素能量、水分和物质变化同步考虑，解决冰冻圈非线性物理过程在耦合气候系统模式中的制约问题，才能取得实质性进展。

11.3.1 冰盖稳定性与海平面变化的关系

冰盖变化是近百年海平面上升的主要贡献之一。如果格陵兰和西南极冰盖全部融化，海平面将分别上升 7m 左右和 3 ~ 5m，因此即使冰盖有较少的冰量损失，也会对海平面变化产生实质性影响。近期极地冰量的加速损失已经抵消了由海洋热膨胀减缓对海平面上升的贡献，并使海平面几乎以相同的速率持续上升。GRACE 数据显示，2003 ~ 2010 年格陵兰和南极冰盖冰量损失显示出显著的增加之势，冰量以 392.8±70.0Gt/a 的速率减少，相当于同期对海平面上升的贡献速率为 1.09±0.19mm/a。尽管估算存在差异，2003 ~ 2010 年冰盖物质损失可解释约 25% 的海平面上升量。

对于格陵兰和南极冰盖，两者对海平面变化的贡献途径略有不同。格陵兰冰盖物质平衡由其表面物质平衡和流出损失量组成，而南极物质平衡主要由积累量和以崩解与冰架冰流损失的形式构成，两大冰盖对海平面变化贡献的观测真正开始于有卫星和航空测量的近 20 多年，主要有三种技术应用于冰盖测量：物质收支方法、重复测高法和地球重力测量法。

未来研究中，冰盖与海平面的关系问题仍然是科学界关注的热点问题，尤其是冰盖动力特征对海平面预估的不确定性影响。为此，IPCC 已经启动了《海洋与冰冻圈变化特别报告》，其中包括了对该问题的评估。

11.3.2 地球系统模式中应该引入更加精细化的冰盖动力学模块

应努力将冰盖动力学模式精细化嵌套到地球系统模型，尝试开展数十年至数百年不同尺度冰盖-海平面预估的可行性。虽然目前已在一定程度上做到了相关嵌套，但考虑冰盖动力学因素（如着地线变化）尚不足。在全球变暖条件下，环冰盖入海冰川、峡湾冰川和冰架系统的变化很可能对后期内陆冰盖动力产生滞后影响，从而影响全球和区域海平面预估的精度。

11.3.3 全球海平面变化的长期预估

目前关于海平面预估通常聚焦于21世纪末，然而，由于海洋热容量计算、冰盖动力学问题的长期性，以及各类影响因子在海平面问题上的滞后性，预估100年之后的海平面变化是重要的科学问题之一。200年以上的海平面变化预估问题是第五次IPCC会议关注的内容之一；当前关于排放情景只限定于21世纪末，对长期气候情景一般只设定几个固定的全球平均温度情景，因此解决长期预估问题仍然是一个见仁见智的命题。

11.4 两极海冰变化的影响研究及其展望

南北极海冰研究将在相当长的时期内占据国际研究热点地位。与本研究相衔接，未来的研究可从如下方面着眼和入手。

11.4.1 北极海冰变化与航道、资源及其地缘政治

气候变暖背景下北极地区资源开发权益的博弈也引起了广泛关注。北极地区蕴藏巨大的矿产、油气和生物等资源，是21世纪世界能源战略高度关注的重点区域。北极地区已发现超过550个油气田，归属近40个不同的石油体系；已发现的石油和天然气约占已知世界油气资源总量的15%，已发现的天然气资源量占常规油气资源量的81%以上。北极油气资源是偏气型的，其中绝大部分在俄罗斯，占总量的88.3%。北极气候变暖影响石油、天然气能源的易采性，研判未来油气资源的开发前景，需要预估海冰与多年冻土的未来变化。同时，气候变暖引发的海水升温、海平面上升和海冰融化等，不仅直接影响北极渔业资源的种类习性及时空分布，而且通过对洋流、北极涛动、臭氧层等的影响间接地影响北极渔业资源的格局。总之，预估未来矿产和渔业资源等开发利用及其对北极地区经济社会结构的改变，需要科学研究的强力支撑。

随着海冰消退，北极航道开通将对地缘政策带来巨大的影响，将成为影响21世纪世界经济和军事格局的重大事件。北极航线一旦完全开通，必将大大缩短欧洲、北美和东亚之间的海上距离，从而改变世界贸易格局，形成以俄罗斯、北美、西欧、东亚为主体的超强的环北极经济圈，进而影响整个世界的地缘政策和经济格局。同时，海冰是隐藏潜水艇的天然屏障，随着海冰消融，屏蔽洞开，潜水艇的隐蔽性降低，但是舰艇则可以畅行无阻，将深刻影响被称为“全球地中海”的北冰洋军事平衡。预估未来航道的开通是目前的科学热点，航道“窗口期”的预测是目前的难题。海冰预测是与政治、经济乃至军事密不可分的基础科学服务项目。此外，北极人文科学研究也是北极科学研究中独具特色的重要课题。环北极八国居住了诸多原住民，形成世界上一道特色的人文景观。北极地区冰冻圈的快速变化以及现代化的双重冲击对环北极人文造成深刻影响，从生活方式、文化传承、乃至政治法律等都将发生改变。在传承与适应之间的艰难挣扎将成为原住民长期存在的状

态。北极的科学研究迫切需要将北极多圈层相互作用与区域可持续发展、地缘问题相结合的集成研究。

进入 21 世纪以来，环北极国家各自制定了明确的北极战略目标。我国虽然是非北极国家，但北极气候变化对我国的天气气候具有重要影响，同时未来北极地区的政治、军事、经济等国际事务也与我国有密切关系。我国已成为北极理事会永久观察员国，为了使我国能够在国际北极事务中有所作为，需要先从科学研究上提供基础支撑。

未来应加紧研判北极资源、航运和工程等问题的国际形势，评估可能存在的风险，调研和厘清支撑北极气候变化对资源环境和社会经济影响研究中存在的科学热点和难点，提出提升我国北极科研能力的举措和战略步骤，为提高我国对北极地区事务的参与能力和地缘政策的制定提供坚实的科技支撑。

11.4.2 南极海冰变化机理研究

应继续从机理上解开南极海冰变化长期趋势之谜，尤其是人类活动在南极海冰变化中起多大作用（如温室效应和臭氧洞），以及如何利用归因分析工具（如模式）开展此项研究。

南极海冰的范围比北极大 20% 左右，直接影响行星反照率的大小，通过调节大气–海洋间的热量和 CO_2 输送影响气候系统。南大洋对 CO_2 的吸收导致目前大洋表层水和南极海冰对人类活动引起的气候变暖等响应不如北极敏感，但南大洋深层水的持续增暖将通过上翻流大量融化南极海冰，这种影响是潜在的、长期的、巨大的。由于观测资料的短缺，目前关于南极海冰消长、驱动海冰变化的过程和机制的认识还很不清楚。这就要求在未来的研究中，完善和延长海冰观测资料，应用和探寻可信度高的代用资料重现海冰历史变化，从年际、年代际尺度研究海冰变化的影响因子，尤其是人类活动引起的温室效应、臭氧空洞等现象对南极海冰变化的影响。从而基于观测资料，提出假设，利用统计学、气候模式等归因分析工具，根据热力学、动力学理论，定性、定量地分析各个因子在不同区域对海冰的影响，从机理上解开南极海冰变化长期趋势之谜，并从不同时间尺度上厘清气候内部变率和人类活动对南极海冰变化影响的比例，进一步预测未来情景下南极海冰变化特征及其对全球气候变化的影响。

11.4.3 两极海冰变化异同

北极海冰变化与南极海冰变化的长期关系如何？两者联动如何影响全球气候？应该从归因研究、长期演化等角度深入探讨；需要建立可信度较高的两极海冰长序列变化，区分不同扇区和海域加以研究；从全球能量角度研究两极海冰协同变化带来的全球影响。

11.5 极地冰冻圈长期演变与预估

对于这一问题，本课题组应该紧跟国际趋势，本着自主创新和国际合作相结合原则，近期应努力在如下方面开展研究。

11.5.1 East GRIP 等深冰芯与冰盖动力学的结合

当前，课题组参与南极冰盖与格陵兰冰盖诸多国际合作计划，尤其通过冰芯记录与冰盖动力学相结合的研究。例如，南极罗斯福岛冰芯计划（RICE）、东北格陵兰快速冰流钻探计划（EGRIP）、拟议中的西南极冰盖边缘系列冰钻计划（Coastal Dome），等等。努力将古气候研究与冰盖动力学研究相结合，加深理解冰盖与全球海平面变化之间的定量关系。

11.5.2 格陵兰冰盖和南极冰盖的联动变化与全球海平面

通过 NEEM 冰芯研究，我们初步判断：我们当前与末次间冰期盛期类似，正经历着格陵兰冰盖和西南冰盖联动，共同推动全球海平面上升的阶段。是否真如此，建议从地球系统模式构建的角度，将冰盖、大西洋反转环流相结合，研究历史时期两极冰盖（尤其是格陵兰冰盖和西南极冰盖）联动产生的海平面效应，以便更好地理解当今和未来海平面变化与极地冰盖的关联性，提高预估的可信度。

11.5.3 构建极地海冰长期变化序列

从目前研究看，对极地海冰长期变化的研究还很欠缺，原因是海冰变化的代用指标尚存在诸多缺陷。一方面需要寻找未来海冰长期变化序列构建的可能突破口，另一方面需要加深理解如何利用古气候模式手段，研究海冰变化与全球气候演化的关系。

参 考 文 献

陈昀，孙波，刘春，等.2014. 南极冰盖地形数据库 BEDMAP 2 述评. 极地研究，26：254-261.

程晓，李小文，邵芸，等.2006. 南极格罗夫山地区冰川运动规律 dinsar 遥感研究. 科学通报，51（17），2060-2067.

崔祥斌.2010. 基于冰雷达的南极冰盖冰厚和冰下地形探测及其演化研究. 杭州：浙江大学博士学位论文.

崔祥斌，孙波，张向培，等.2009a. 极地冰盖冰雷达探测技术的发展综述. 极地研究，21（4）：322-335.

崔祥斌，孙波，田钢，等.2009b. 冰雷达探测研究南极冰盖的进展与展望. 地球科学进展，24（4）：392-402.

邓方慧，周春霞，王泽民，等.2015. 利用偏移量跟踪测定 Amery 冰架冰流汇合区的冰流速. 武汉大学学报：信息科学版，40（7）：901-906.

丁明虎.2013. 南极冰盖物质平衡最新研究进展. 地球物理学进展，28（1）：24-35.

丁明虎，效存德，明镜，等.2009. 南极冰盖表面物质平衡实测技术综述. 极地研究，21（004）：308-321.

鄂栋臣，杨元德，晁定波.2009. 基于 GRACE 资料研究南极冰盖消减对海平面的影响. 地球物理学报，52（9）：2222-2228.

方之芳，张丽，程彦杰.2005. 北极海冰的气候变化与 20 世纪 90 年代的突变. 干旱气象，（03）：1-11.

郝光华，苏洁，黄菲.2015. 北极冬季季节性海冰双模态特征分析. 海洋学报，（11）：11-22.

胡宪敏，苏洁，赵进平，等.2007. 白令海楚科奇海的海冰范围变化特征. 冰川冻土，（01）：53-60.

韩微.2018. 极区春夏季降水形态变化特征，成因及影响研究. 北京：中国气象科学研究院博士学位论文.

黄龙.2013. 南极 Lambert 冰川盆地中部表面高程、冰厚度及底部地形数字模型构建与分析. 上海：上海师范大学博士学位论文.

蒋芸芸，孙波，柯长青，等.2009. 用雷达电磁波探测研究南极冰盖浅层散射特征：以中山站至 Dome A 冰盖断面为例. 极地研究，21（1）：48-59.

鞠晓蕾，沈云中，张子占.2013. 基于 GRACE 卫星 RL05 数据的南极冰盖质量变化分析. 地球物理学报，56（9）：2918-2927.

李亚炜，刘小汉，康世昌，等. 2015. 东南极内陆格罗夫山地区冰厚及冰下地形特征. 冰川冻土，37（3）：580-586.

刘春，苏小岗，孙波，等.2015. 基于 Bedmap2 与冰雷达数据的南极局部冰盖三维建模. 大地测量与地球动力学，35（6）：957-962.

罗志才，李琼，张坤，等.2012. 利用 GRACE 时变重力场反演南极冰盖的质量变化趋势. 中国科学：地球科学，42（10）：1590-1596.

秦大河.1995. 南极冰盖表层雪内的物理过程及现代气候与环境记录. 北京：科学出版社.

任贾文，秦大河.1996. 南极冰盖表面积累速率与物质平衡. 冰川冻土，18：83-89.

任贾文，秦大河，效存德. 2001. 东南极冰盖中山站-Dome A 断面路线考察的初步结果. 冰川冻土，23（1）：51-56

任贾文，秦大河，效存德，等.2002. 冰芯记录揭示 Lambert 冰川谷地是东南极洲重要的气候分界线. 世界科技研究与发展，24（04）：71-78.

隋翠娟，张占海，吴辉碇，等 . 2015. 1979 ~ 2012 年北极海冰范围年际和年代际变化分析 . 极地研究，27（2）：174-182.

孙波，崔祥斌 . 2008. 2007/2008 年度中国南极冰穹 A 考察新进展 . 极地研究，4（20）：371-378.

唐学远 . 2010. 基于雷达等时层的东南极 Dome A 冰层断代与晚更新世古积累率重建 . 青岛：中国海洋大学博士学位论文 .

唐学远，孙波，李院生，等 . 2009. 南极冰盖研究最新进展 . 地球科学进展，24（11）：1210-1218.

唐学远，孙波，张占海，等 . 2010. 东南极冰盖 Dome A 的内部等时层结构 . 中国科学：地球科学，（11）：1504-1509.

唐学远，孙波，李院生，等 . 2012. 冰穹 A 冰川学研究进展及深冰芯计划展望 . 极地研究，24（1）：77-86.

唐学远，孙波，崔祥斌 . 2015. 南极冰盖内部等时层研究进展综述 . 极地研究，（1）：104-114.

汪代维，杨修群 . 2002. 北极海冰变化的时间和空间型 . 气象学报 .（02）：129-138.

王帮兵 . 2007. 基于双频极化雷达技术的东南极冰盖内部结构特性研究 . 长春：吉林大学博士学位论文 .

王国建 . 2014. 南半球环状模年际与年代际变化的调控机理及其对 Supergyre Circulation 的影响 . 青岛：中国海洋大学博士学位论文 .

王慧，孙波，李斐，等 . 2015. 极地冰盖物质平衡的最新进展与未来挑战 . 极地研究，27（3）：32-336.

王清华，宁津生，任贾文，等 . 2002. 东南极 Amery 冰架与陆地冰分界线的重新划定及验证 . 武汉大学学报（信息科学版），27（06）：591-597.

王甜甜，孙波，关泽群，等 . 2013. 冰雷达探测数据处理方法研究——以南极冰盖 Dome A 地区的数据处理为例. 极地研究,25（2）：197-204.

王维波，赵进平 . 2014. 累积海冰密集度及其在认识北极海冰快速变化的作用 . 地球科学进展，（06）：712-722.

王小兰，范钟秀，彭公炳，等 . 1991. 北极海冰面积时空分布特征的统计学分析 . 海洋学报，13（4）：475-488.

王泽民，艾松涛，张胜凯，等 . 2011. 格罗夫山冰原岛峰高程测定 . 极地研究，23（2）：77-81.

王泽民，谭智，艾松涛，等 . 2014. 南极格罗夫山核心区冰下地形测绘 . 极地研究，26（4）：399-404.

温家洪，Kenneth C Jezek，Beata M Csathó，等 . 2007. 南极 Lambert，Mellor 和 Fisher 冰川的物质平衡及 Amery 冰架底部物质通量的估算 . 中国科学，37（9）：1192-1204.

武炳义，高登义，黄荣辉 . 2000. 冬春季节北极海冰的年际和年代际变化 . 气候与环境研究，5（3）：249-258.

效存德，孙俊英，秦大河，等 . 2001. 南太平洋降水中 MSA 的纬度分布及其分解的气温敏感性 . 海洋学报，23（3）：112-116.

效存德，秦大河，卞林根，等 . 2004. 东南极 Lambert 冰盆- Amery 冰架区域雪面相对高程变化的精确监测. 中国科学 D 辑，34（7）：675-685.

杨佼，效存德，丁明虎，等 . 2015. 东南极冰盖 Princess Elizabeth 地区 LGB69 冰芯化学记录反映的南印度洋过去 300 a 大气环流变化 . 冰川冻土，37（2）：286-296.

张胜凯，鄂栋臣，闫利，等. 2006. 东南极格罗夫山 GPS 控制网的布设与数据处理. 极地研究，18（2）：123 - 129.

赵玉春，孙照渤，王叶红 . 2001. 南、北极海冰的长期变化趋势及其与大气环流的联系 . 南京气象学院学报，（01）：119-126.

Abdalati W，Steffen K. 2001. Greenland ice sheet melt extent：1979 – 1999. Journal of Geophysical Research Atmospheres, 106 (D24): 33983-33988.

Abram N J, Mulvaney R, Wolff E W, et al. 2007. Ice core records as sea ice proxies: An evaluation from the Weddell Sea region of Antarctica. Journal of Geophysical Research Atmospheres, 112 (D15101).

Abram N J, Thomas E R, McConnell J R, et al. 2010. Ice core evidence for a 20th century decline of sea ice in the Bellingshausen Sea, Antarctica. Journal of Geophysical Research, 115 (D23).

Abram N J, Mulvaney R, Arrowsmith C. 2011. Environmental signals in a highly resolved ice core from James Ross Island, Antarctica. Journal of Geophysical Research Atmospheres, 116 (D20116).

Abram N J, Wolff E W, Curran M A J. 2013. A review of sea ice proxy information from polar ice cores. Quaternary Science Reviews, 79: 168-183.

Abram N J, Mulvaney R, Vimeux F, et al. 2014. Evolution of the southern annular mode during the past millennium. Nature Climate Change, 4: 564-569.

Agosta C, Favier V, Genthon C, et al. 2012. A 40-year accumulation dataset for Adelie Land, Antarctica and its application for model validation. Climate Dynamics, 38: 75-86.

Agosta C, Favier V, Krinner G, et al. 2013. High-resolution modelling of the Antarctic surface mass balance, application for the twentieth, twenty first and twenty second centuries. Climate Dynamics, 41 (11-12): 3247-3260.

Alexander M A, Bhatt U S, Walsh J E. 2004. The atmospheric response to realistic sea ice anomalies in an AGCM during winter. Journal of Climate, 17: 890-905.

Allison I. 1979. The mass budget of the Lambert Glacier drainage basin, Antarctica. Journal of Glaciology, 22 (87):223-235.

Allison I, Alley R B, Fricker H A, et al. 2009. Ice sheet mass balance and sea level. Antarctic Science, 21 (5):413-426.

AMAP. 2015. Black Carbon and Ozone as Arctic Climate Forcers. Arctic Monitoring and Assessment Programme (AMAP), Oslo, Norway.

Anandakrishnan S, Blankenship D D, Alley R B, et al. 1998. Influence of subglacial geology on the position of a West Antarctic ice stream from seismic observations. Nature, 394: 62-65.

Anschutz H, Müller K, Isaksson E, et al. 2009. Revisiting sites ofthe South Pole Queen Maud Land Traverses in East Antarctica: Accumulation data from shallow firn cores. Journal of Geophysical Research, 114: D24106.

Anschutz H, Sinisalo A, Isaksson E, et al. 2011. Variation of accumulation rates over the last eight centuries on the East Antarctic Plateau derived from volcanic signals in ice cores. Journal of Geophysical Research, 116: D20103.

Arblaster J M, Meehl G A. 2006. Contributions of external forcings to southern annular mode trends. Journal of Climate, 19 (12): 2896-2905.

Armstrong R L, Brodzik M J, Knowles K, et al. 2007. Global monthly EASE-Grid snow water equivalent climatology. Boulder, CO: National Snow and Ice Data Center.

Arrigo K R, van Dijken G L, Bushinsky S. 2008. Primary production in the Southern Ocean, 1997-2006. Journal of Geophysical Research Oceans, 113 (C8).

Arthern R J, Gudmundsson G H. 2010. Initialization of ice-sheet forecasts viewed as an inverse Robin problem. Journal of Glaciology, 56 (197): 527-533.

Arthern R J, Winebrenner D P, Vaughan D G. 2006. Antarctic snow accumulation mapped using polarization of 4. 3-cm wavelength microwave emission, Journal of Geophysical Research Atmospheres, 111 (D6): D0618.

Bacmeister J T, Suarez M J, Robertson F R. 2006. Rain re-evaporation, boundary-layer/convection interactions and Pacific rainfall patterns in an AGCM. Journal of Atmospheric Science, 63.

Baines P G, Fraedrich K. 1989. Topographic effects on the mean tropospheric flow patterns around Antarctica. Journal of the Atmospheric Sciences, 46 (22): 3401-3415.

Baldwin M P, Dunkerton T J. 2001. Stratospheric harbingers of anomalous weather regimes. Science, 294 (5542):581-584.

Balmaseda M, Ferrantic L, Molteni F, et al. 2010. Impact of 2007 and 2008 Arctic ice anomalies on the atmospheric circulation: Implications for long-range predictions. Quarterly Journal of the Royal Meteorological Society, 136: 1655-1664.

Bamber J L, Riva R E M, Vermeersen B L A, et al. 2009. Reassessment of the Potential Sea-Level Rise from a Collapse of the West Antarctic Ice Sheet. Science, 324: 901-903.

Barnes E A, Screen J A. 2015. The impact of Arctic warming on the midlatitude jet-stream: Can it? Has it? Will it? Wiley Interdisciplinary Reviews Climate Change, 6 (3): 277-286.

Bartholomew I, Nienow P, Sole A, et al. 2012. Short-term variability in Greenland Ice Sheet motion forced by time-varying meltwater drainage: Implications for the relationship between subglacial drainage system behavior and ice velocity. Journal of Geophysical Research: Earth Surface, 117 (F3) .

Becagli S, Castellano E, Cerri O, et al. 2009. Methanesulphonic acid (MSA) stratigraphy from a Talos Dome ice core as a tool in depicting sea ice changes and southern atmospheric circulation over the previous 140 years. Atmospheric Environment, 43 (5): 1051-1058.

Belchansky G I. 2004. Spatial and temporal multiyear sea ice distributions in the Arctic: A neural network analysis of SSM/I data, 1988–2001. Journal of Geophysical Research, 109 (109): 743-756.

Belchansky G I. 2005. Spatial and temporal variations in the age structure of Arctic sea ice. Geophysical Research Letters, 32 (18): 109-127.

Bell R E, Studinger M, Shuman C A, et al. 2007. Large subglacial lakes in East Antarctica at the onset of fast-flowing ice streams. Nature, 445: 904-907.

Bell R E, Ferraccioli F, Creyts T T, et al. 2011. Widespread persistent thickening of the east antarctic ice sheet by freezing from the base. Science, 331 (6024): 1592-1595.

Belt S T, Smik L, Brown T A, et al. 2016. Source identification and distribution reveals the potential of the geo-chemical Antarctic sea ice proxy IPSO25. Nature Communications, 7.

Bergmann I, Ramillien G, Frappart F, 2012. Climate-driven interannual ice mass evolution in Greenland. Global and Planetary Change, 82: 1-11.

Bindschadler R, Vaughan D G, Vornberger P. 2011. Variability of basal melt beneath the Pine Island Glacier ice shelf, West Antarctica. Journal of Glaciology, 57 (204): 581-595.

Bingham R G, Siegert M J. 2007. Radar-derived bed roughness characterization of Institute and Möller ice streams, West Antarctica, and comparison with Siple Coast ice streams. Geophysical Research Letters, 34 (21):L21504.

Bingham R G, Siegert M J. 2009. Quantifying subglacial bed roughness in Antarctica: Implications for ice-sheet dynamics and history. Quaternary Science Reviews, 28 (3-4): 223-236.

Bingham R G, Siegert M J, Young D A, et al. 2007. Organized flow from the South Pole to the Filchner-Ronne ice shelf: An assessment of balance velocities in interior East Antarctica using radio echo sounding data. Journal of Geophysical Research, 112 (F3): 325-327.

Bintanja R, Reijmer C H. 2001. A simple parameterization for snowdrift sublimation over Antarctic snow surfaces. Journal of Geophysical Research Atmospheres, 106 (D23): 31739-31748.

Blankenship D D, Bentley C R, Rooney S T, et al. 1986. Seismic measurements reveal a saturated porous layer beneath an active Antarctic ice stream. Nature, 322: 54-57.

Blatter H. 1995. Velocity and stress fields in grounded glaciers: A simple algorithm for including deviatoric stress gradients. Journal of Glaciology, 41 (138): 333-344.

Bond T C, Doherty S J, Fahey D W, et al. 2013. Bounding the role of black carbon in the climate system: A scientific assessment. Journal of Geophysical Research Atmospheres, 118: 5380-5552.

Box J E, Cressie N, Bromwich D H, et al. 2013. Greenland ice sheet mass balance reconstruction. Part I: Net snow accumulation (1600-2009). Journal of Climate, 26: 3919-3933.

Braun A, Kim H R, Csatho B, et al. 2007. Gravity-inferred crustal thickness in Greenland. Earth and Planetary Science Letters, 262: 138-158.

Bromwich D H, Wang S H. 2008. A review of the temporal and spatial variability of Arctic and Antarctic atmospheric circulation based upon ERA-40. Dynamics of Atmospheres & Oceans, 44 (3-4): 213-243.

Bromwich D H, Monaghan A J, Guo Z. 2004. Modeling the ENSO Modulation of Antarctic Climate in the Late 1990s with the Polar MM5. Journal of Climate, 17 (1): 109-132.

Bromwich D H, Hines K M, Bai L S. 2009. Development and testing of Polar Weather Research and Forecasting model: 2. Arctic Ocean. Journal of Geophysical Research Atmospheres, 114: D08112.

Bromwich D H, Nicolas J P, Monaghan A J. 2011. An Assessment of Precipitation Changes over Antarctica and the Southern Ocean since 1989 in Contemporary Global Reanalysis. Journal of Climate, 24 (16): 4189-4209.

Brown R, Derksen C, Wang L B. 2010. A multi-data set analysis of variability and change in Arctic spring snow cover extent, 1967-2008. Journal of Geophysical Research Atmospheres, 115: D16111.

Brown R D, Mote P W. 2009. The response of Northern Hemisphere snow cover to a changing climate. Journal of Climate 22: 2124-2145.

Brunt K M, Fricker H A, Padman L, et al. 2010. Mapping the grounding zone of the Ross Ice Shelf, Antarctica, using ICESat laser altimetry. Annals of Glaciology, 51 (55): 71-79.

Budd W F, Jenssen D. 1975. Numerical modelling of glacier systems. IASH Publ, 104 (Symposium at Moscow 1971 - Snow and Ice): 257-291.

Budd W F, Smith I N. 1981. The growth and retreat of ice sheets in response to orbital radiation changes. IASH Publ, 131 (Symposium at Canberra 1979 - Sea Level, Ice and Climatic Change): 369-409.

Budd W F, Smith I N. 1982. Large-scale numerical modelling of the Antarctic ice sheet. Annals of Glaciology, 3: 42-49.

Budd W F, Jenssen D, Smith I N. 1984. A three-dimensional time-dependent model of the West Antarctic ice sheet. Annals of Glaciology, 5: 29-36.

Bulygina O N, Razuvaev V N, Korshunova N N. 2009. Changes in snow cover over Northern Eurasia in the last few decades. Environmental Research Letters, 4: 045026.

Böhmer W J, Herterich K. 1990. A simplified three-dimensional ice-sheet model including ice shelves. Annals of Glaciology, 14: 17-19.

Barnes E A. 2013. Revisiting the evidence linking Arctic amplification to extreme weather in midlatitudes. Geophys. Res. Lett., 40 (17): 4734-4739.

Bekryaev R V, Polyakov I V, Alexeev V A. 2010. Role of polar amplification in long-term surface air temperature variations and modern Arctic warming. Journal of Climate, 23 (14): 3888-3906.

Campbell W J, Rasmussen L A. 1969. Three- dimensional surges and recoveries in a numerical glacier model. Canadian Journal of Earth Sciences, 6 (4): 979-986.

Carmack E, Melling H. 2011. Cryosphere: Warmth from the deep. Nature Geoscience, 4 (1): 7-8.

Cassou C, Terray L, Hurrell J W, et al. 2004. North Atlantic winter climate regimes: Spatial asymmetry, stationarity with time, and oceanic forcing. Journal of Climate, 17: 1055-1068.

Champon W I, Walsh J E. 2000. Recent variations of sea ice and air temperature in high latitude. Bulletin of the American Meteorological Society,74 (1): 33-47.

Chen J L, Wilson C R, Tapley B D, 2006. Satellite gravity measurements confirm accelerated melting of Greenland ice sheet. Science, 313: 1958-1960.

Chen M, Xie P, Janowiak J E, et al. 2002. Global land precipitation: A 50-yr monthly analysis based on gauge observations. Journal of Hydrometeorol, 3: 249-266.

Cheng M K, Tapley D B, Ries J C. 2013. Deceleration in the Earth's oblateness. Journal of Geophysical Research Solid Earth, 118 (2): 740-747.

Christoffersen P, Tulaczyk S. 2003. Response of subglacial sediments to basal freezeon. 1. Theory and comparison to observations from beneath the West Antarctic Ice Sheet. Journal of Geophysical Research soild Earth, 108 (B4), doi: 10. 1029/2002JB001935.

Chugunov V A, Wilchinsky A V. 1996. Modelling of a marine glacier and ice-sheet-ice-shelf transition zone based on asymptotic analysis. Annals of Glaciology, 23: 59-67.

Church J A, Clark P U, Cazenave A, et al. 2013. Sea level change//Stocker T F, Qin D, Plattner G K, et al. Climate Change 2013: The Physical Science Basis. Contribution of Working Group I to the Fifth Assessment Report of the Intergovernmental Panel on Climate Change. Cambridge: Cambridge University Press.

Ciais P, Jouzel J. 1994. Deuterium and oxygen 18 in precipitation: Isotopic model, including mixed cloud processes. Journal of Geophysical Research: Atmospheres, 99 (D8): 16793-16803.

Clarke A D, Noone K J. 1985. Soot in the Arctic snowpack: A cause for perturbations in radiative transfer. Atmospheric Environment, 19: 2045-2053.

Cohen J, Entekhabi D. 1999. Eurasian snow cover variability and northern hemisphere climate predictability. Geophysical Research Letters, 26: 345-348.

Cohen J, Barlow M, Saito K. 2009. Decadal fluctuations in planetary wave forcing modulate global warming in late boreal winter. Journal of Climate, 22: 4418-4426.

Cohen J, Furtado J, Barlow M, et al. 2012. Arctic warming, increasing snow cover and widespread boreal winter cooling. Environmental Research Letters, 7 (7): 14007-14014.

Colony R, Thorndike A S. 1984. An estimate of the mean field of Arctic sea ice motion. Journal of Geophysical Research Atmospheres, 891 (C6): 10623-10630.

Comiso J C, Nishio F. 2008. Trends in the sea ice cover using enhanced and compatible AMSR-E, SSM/I, and SMMR data. Journal of Geophysical Research Oceans, 113 (C2): 228-236.

Comiso J C, Parkinson C L, Gersten R, et al. 2008. Accelerated decline in the Arctic sea ice cover. Geophysical Research Letters, 35 (1): 179-210.

Cook A J, Vaughan D G. 2010. Overview of areal changes of the ice shelves on the Antarctic Peninsula over the past 50 years. The Cryosphere, 4: 77-98.

Cook A J, Fox A J, Vaughan D G, et al. 2005. Retreating glacier fronts on the Antarctic Peninsula over the past half-century. Science, 308: 541-544.

Corbett J J, Lack D A, Winebrake J J, et al. 2010. Arctic shipping emissions inventories and future scenarios. Atmospheric Chemistry and Physics Discussions, 10: 9689-9704.

Cornford S L, Martin D F, Graves D T, et al. 2013. Adaptive mesh, finite volume modeling of marine ice sheets. Journal of Computational Physics, 232 (1): 529-549.

Criscitiello A S, Das S B, Evans M J, et al. 2013. Ice sheet record of recent sea- ice behavior and polynya variability in the Amundsen Sea, West Antarctica. Journal of Geophysical Research Oceans, 118 (1): 118-130.

Cucurull L, Kuo Y H, Barker D, et al. 2005. Assessing the impact of simulated COSMIC GPS radio occultation data on weather analysis over the Antarctic: A case study. Monthly Weather Review, 134 (11): 3283-3296.

Cui X B, SUN B, Tian G, et al. 2010a. Preliminary results of ice radar investigation along the traverse from Zhongshan to Dome A: ice thickness and subglacial topography. Chinese Science Bulletin, 55 (24): 2712-2722.

Cui X B, Sun B, Tian G, et al. 2010b. Ice radar investigation at Dome A, East Antarctica: Ice thickness and subglacial topography. Chinese Science Bulletin, 55 (4-5): 425-431.

Cui X B, Sun B, Guo J X, et al. 2015. A new detailed ice thickness and subglacial topography DEM for Dome A, East Antarctica. Polar Science, 9 (4): 354-358.

Cullather R I, Bosilovich M G. 2010. The moisture budget of the polar atmosphere in MERRA. Journal of Climate, 24 (11): 2861-2879.

Curran M A J, Jones G B. 2000. Dimethyl sulfide in the Southern Ocean: Seasonality and flux. Journal of Geophysical Research Atmospheres, 105 (D16): 20451-20459.

Curran M A J, van Ommen T D, Morgan V I, et al. 2003. Ice Core Evidence for Antarctic Sea Ice Decline Since the 1950s. Science, 302 (5648): 1203-1206.

Campbell W J, Lowell A R. 1970. A heuristic numerical model for three-dimensional time-dependent glacier flow. International Association of Hydrologic Sciences Publication, 86: 177-190.

Champon W I, Walsh J E. 2007. Recent variations of sea ice and air temperature in high latitude. Bulletin of the American Meteorological Society, 4 (1): 33-47.

Connolley W M, King J C. 1996. A modeling and observational study of East Antarctic surface mass balance. Journal of Geophysical Research: Atmospheres, 101 (D1): 1335-1343.

Cui X B, Sun B, Su X G, et al. 2016. Distribution of ice thickness and subglacial topography of the "Chinese Wall" around Kunlun Station, East Antarctica. APPLIED GEOPHYSICS, 13 (1): 209-216.

Dahl-Jensen D, Johnsen S J, Hammer C U, et al. 1993. Past accumulation rates derived from observed annual layers in the GRIP ice core from Summit, Central Greenland. Ice in the Climate System, I-12: 517-532.

Dansgaard W. 1964. Stable isotopes in precipitation. Tellus, 16 (4): 436-468.

Dansgaard W, Johnsen S J. 1969. A flow model and a time scale for the ice core from Camp Century, Greenland. Journal of Glaciology, 8 (53): 215-223.

Das I, Bell R E, Scambos T A, et al. 2013. Influence of persistent wind scour on the surface mass balance of Antarctica. Nature Geoscience, 6 (5): 367-371.

Das S B, Joughin I, Behn M D, et al. 2008. Fracture propagation to the base of the Greenland Ice Sheet during supraglacial lake drainage. Science, 320 (5877) 778-781.

Das I, Bell R E, Scambos T A, et al. 2013. Influence of persistent wind scour on the surface mass balance of

Antarctica. Nature Geosci. , 6: 367-371, doi: 10. 1038/ngeo1766.

Davis C H. 1993. A combined surface-and volume-scattering model for ice-sheet radar altimetry. IEEE Transactions on Geoscience and Remote Sensing, 31 (4): 811-818.

Davis C H, Segura D. 2001. An algorithm for time-series analysis of ice sheet surface elevations from satellite altimetry. IEEE Transactions on Geoscience and Remote Sensing, 39: 202-206.

Davis C H, Ferguson A. 2004. Elevation change of the Antarctic ice sheet, 1995–2000, from ERS-2 satellite radar altimetry. IEEE Transactions on Geoscience and Remote Sensing, 42: 2437-2445.

Davis C H, Li Y, McConnell J R, et al. 2005. Snowfall-driven growth in East Antarctic ice sheet mitigates recent sea-level rise. Science, 308 (5730): 1898-1901.

de Leeuw G, Andreas E L, Anguelova M D, et al. 2011. Production flux of sea spray aerosol. Reviews of Geophysics, 49 (2) .

Dee D P, Uppala S M, Simmons A J, et al. 2011. The ERA-Interim reanalysis: Configuration and performance of the data assimilation system. Quarterly Journal of the Royal Meteorological Society, 137 (656): 553-597.

Deng X, Featherstone W E. 2006. A coastal retracking system for satellite radar altimeter waveforms: Application to ERS-2 around Australia. Journal of Geophysical Research Atmospheres, 111 (C6): 012.

Denis D, Crosta X, Barbara L, et al. 2010. Sea ice and wind variability during the Holocene in East Antarctica: Insight on middle-high latitude coupling. Quaternary Science Reviews, 29 (27-28): 3709-3719.

Denton G E, Sugden D E. 2005. Meltwater features that suggest Miocene ice-sheet overriding of the transant Arctic Mountains in Victoria Land, Antarctica. Geografiska Annaler, 87: 67-85.

Derksen C, Brown R, 2012. Spring snow cover extent reductions in the 2008-2012 period exceeding climate model projections. Geophysical Research Letters, 39: L19504.

Deser C, Blackmon M. 1993. Surface climate variations over the North Atlantic Ocean during winter: 1900-1989. Journal of Climate, 6: 1743-1753.

Deser C, Phillips A S. 2009. Atmospheric circulation trends, 1950- 2000: The relative roles of sea surface temperature forcing and direct atmospheric radiative forcing. Journal of Climate, 22: 396-413.

Deser C, Magnusdottir G, Saravanan R. 2004. The effects of North Atlantic SST and sea ice anomalies on the winter circulation in CCM3. Part II: Direct and indirect components of the response. Journal of Climate, 17: 877-889.

Deser C, Tomas R A, Peng S. 2007. The transient atmospheric circulation response to North Atlantic SST and sea ice anomalies. Journal of Climate, 20: 4751-4767.

Deser C, Tomas R, Alexander M, et al. 2010. The seasonal atmospheric response to projected arctic sea ice loss in the late twenty-first century. Journal of Climate 23, 333-351.

Deser C, Holland M, Reverdin G, et al. 2013. Decadal variations in Labrador Sea ice cover and North Atlantic sea surface temperature. Journal of Geophysical Research Oceans, 107 (C5) . doi: 10. 1029/2000JC 00683.

Dethloff K, Rinke A, Benkel A, et al. 2006. A dynamical link between the Arctic and the global climate system. Geophysical Research Letters, 33 (3): 279-296.

DiMarzio J, Brenner A, Schutz R, et al. 2007. GLAS/ICESat 500 m laser altimetry digital elevation model of Antarctica. Boulder, Colorado USA: National Snow and Ice Data Center. Digital media.

Ding M H, Xiao C D, Li C J, et al. 2015. Surface mass balance and its climate significance from the coast to Dome A, East Antarctica. Science China Earth Science, 58 (10): 1-11.

Ding M H, Xiao C D, Yang Y D, et al. 2016. Re-assessment of recent (2008-2013) surface mass balance over

Dome Argus, Antarctica. Polar Research, 35: 26133.

Ding Y H. 1990. Build-up, air mass transformation and propagation of Siberian High and its relation to cold surge in east Asia. Meteorolog and Atmospheric physics, 44: 281-292.

Ding Y H, Krishnamurti T N. 1987. Heat budget of Siberian High and winter monsoon. Monthly Weather Review, 115: 2428-2449.

Ding M H, Zhang T, Xiao C D, et al. 2017. Snowdrift effect on snow deposition: Insights from comparison of a snow pit profile and meteorological observations in east Antarctica. Science China Earth Sciences, 60: 672-685.

Doherty S J, Warren S G, Grenfell T C, et al. 2010. Light-absorbing impurities in Arctic snow. Atmospheric Chemistry and physics, 10: 11647-11680.

Dou T, Xiao C, Shindell D T, et al. 2012. The distribution of snow black carbon observed in the Arctic and compared to the GISS-PUCCINI model. Atmospheric Chemistry and Physics, 12: 7995-8007.

Drewry D J. 1983. Antarctica: Glaciological and Geophysical Folio. Cambridge: Cambridge University Press.

Drewry D J, Meldrum D T. 1978. Antarctic airborne radio echo sounding, 1977-78. Polar Record, 19 (120): 267-273.

Drews R, Eisen O, Hamann I, et al. 2009. Layer disturbances and the radio-echo free zone in ice sheets. The Cryosphere, 3 (2): 195-203.

Dumont M, Brun E, Picard G, et al. 2014. Contribution of light-absorbing impurities in snow to Greenland´s darkening since 2009. Nature Geoscience, 7 (7): 509-512.

Durand G, Gagliardini O, De F B, et al. 2009. Marine ice sheet dynamics: Hysteresis and neutral equilibrium. Journal of Geophysical Research Atmospheres,114 (F3): 139-156.

Déry S J, Yau M K. 1999. A bulk blowing snow model. Boundary Layer Meteorology, 93 (2): 237-251.

Delaygue G, Masson V, Jouzel J, et al. 2000. The origin of Antarctic precipitation: A modelling approach. Tellus B, 52 (1): 19-36.

Deser C, Holland M, Reverdin G, et al. 2002. Decadal variations in Labrador sea ice cover and North Atlantic sea surface temperature. J. Geophysical Research, 107 (C5), doi: 10.1029/2000JC000683.

Ding B, Yang K, Qin J, et al. 2014. The dependence of precipitation types on surface elevation and meteorological conditions and its parameterization. Journal of Hydrology, 513: 154-163.

Ding M, Xiao C, Li Y, et al. 2011. Spatial variability of surface mass balance along a traverse route from Zhongshan Station to Dome A, Antarctica. Journal of Glaciology, 57 (204): 658-666.

Ding M, Xiao C, Li C, et al. 2015. Surface mass balance and its climate significance from the coast to Dome A, East Antarctica, Science China Earth Sciences, 58 (10): 1787-1797.

Dou T F, Xiao C D. 2016. An overview of black carbon deposition and its radiative forcing over the Arctic. Advances in Climate Change Research, 7 (3): 115-122.

Ebita A, Kobayashi S, Ota Y, et al. 2011. The Japanese 55-year Reanalysis "JRA-55": An Interim Report. Scientific Online Letters on the Atmosphere Sola, 7 (1): 149-152.

Eisen O, Nixdorf U, Wilhelms F, et al. 2004. Age estimates of isochronous reflection horizons by combining ice core, survey, and synthetic radar data. Journal of Geophysical Research, 109 (B4): B04106.

Eisen O, Frezzoti M, Genthon C, et al. 2008. Ground-based measurements of spatial and temporal variability of snow accumulation in east Antarctica. Reviews of Geophysics, 46 (2): RG2001-1-RG2001-39.

Ettema J, van Broeke M R D, van Meijgaard E, et al. 2010. Climate of the Greenland ice sheet using a high-resolution climate model—Part 1: Evaluation. The Cryosphere, 4: 511-527.

Evans S, Robin G Q. 1996. Glacier depth sounding from the air. Nature, 210: 883-885.

Emanuel K A. 1993. The effect of convective response time on WISHE modes. Journal of the Atmospheric Sciences, 50: 1763-1775.

Fahnestock M, Abdalati W, Luo S, et al. 2001. Internal layer tracing and age-depth-accumulation relationships for the northern Greenland ice sheet. Journal of Geophysical Research, 106 (D24): 789-33.

Favier V, Agosta C, Parouty S, et al. 2013. An updated and quality controlled surface mass balance dataset for Antarctica. The Cryosphere, 7 (2): 583-597.

Ferguson A C, Davis C H, Cavanaugh J E. 2004. An autoregressive model for analysis of ice sheet elevation change time series. IEEE Transactions on Geoscience and Remote Sensing, 42: 2426-2436.

Fernandoy F, Meyer H, Oerter H, et al. 2010. Temporal and spatial variation of stable-isotope ratios and accumulation rates in the hinterland of Neumayer station, East Antarctica. Journal of Glaciology, 56 (198): 673-687.

Ferraccioli F, Jones P C, CurtisM L, et al. 2005. Subglacial imprints of early Gondwana break-up as identified from high resolution aerogeophysical data over western Dronning Maud Land, East Antarctica. Terra Nova, 17: 573-579.

Flament T, Rémy F. 2012. Dynamic thinning of Antarctic glaciers from along-track repeat radar altimetry. Journal of Glaciology, 58 (211): 830-840.

Flanner M G, Zender C S, Randerson J T, et al. 2007. Present-day climate forcing and response from blackcarbon in snow. Journal of Geophysical Research Atmospheres, 112: D11202.

Flanner M G, Zender C S, Hess P G, et al. 2009. Spring time warming and reduced snow cover from carbonaceous particles. Atmospheric Chemistry and Physics, 9 (7): 2481-2497.

Forsström S, Isaksson E, Skeie R B, et al. 2013. Elemental carbon measurements in European Arctic snow packs. Journal of Geophysical Research Atmospheres, 118: 13614-13627.

Foster A F M, Curran M A J, Smith B T, et al. 2006. Covariation of sea ice and methanesulphonic acid in Wilhelm II Land, East Antarctica. Annals of Glaciology, 44 (1): 429-432.

Fowler C, Emery W J, Maslanik J. 2004. Satellite-derived evolution of Arctic sea ice age: October 1978 to March 2003. IEEE Geoscience & Remote Sensing Letters, 1 (2): 71-74.

Francis J A, Varus S J. 2012. Evidence linking Arctic amplification to extreme weather in mid-latitudes. Geophysical Research Letters, 39, L06801, doi: 10. 1029/2012GL051000.

Francis J A, Chan W, Leathers D J, et al. 2009. Winter Northern Hemisphere weather patterns remember summer Arctic sea-ice extent. Geophysical Research Letters, 36 (7): 157-163.

Fretwell P, Pritchard H D, Vaughan D G, et al. 2013. Bedmap 2: Improved ice bed, surface and thickness datasets for Antarctica. The Cryosphere, 7 (1): 375-393.

Frey K E, Maslanik J A, Kinney J C, et al. 2014. Recent Variability in Sea Ice Cover, Age, and Thickness in the Pacific Arctic Region. Netherlands: Springer.

Frezzotti M, Gandolfi S, Marca F L, et al. 2002a. Snow dunes and glazed surfaces in Antarctica: New field and remote-sensing data. Annals of Glaciology, 34: 81-88.

Frezzotti M, Gandolfi S, Urbini S. 2002b. Snow megadunes in Antarctica: Sedimentary structure and genesis. Journal of Geophysical Research, 107 (D18): 4344.

Frezzotti M, Pourchet M, Flora O, et al. 2004. New estimations of precipitation and surface sublimation in East Antarctica from snow accumulation measurements. Climate Dynamics, 23 (7-8): 803-813.

Frezzotti M, Pourchet M, Flora O, et al. 2005. Spatial and temporal variability of snow accumulation in East Antarctica from traverse data. Journal of Glaciology, 51 (172): 113-124.

Frezzotti M, Urbini S, Proposito M, et al. 2007. Spatial and temporal variability of surface mass balance near Talos Dome, East Antarctica. Journal of Geophysical Research Earth Surface, 112 (F2): 224-238.

Frezzotti M, Proposito M, Urbini S, et al. 2008. Snow accumulation in the Talos Dome Area: preliminary results. Terra Antartica Reports, 14: 21-25.

Frezzotti M, Scarchilli C, Becagli S, et al. 2013. A synthesis of the Antarctic surface mass balance during the last 800 yr. The Cryosphere, 7 (1): 303-319.

Fricker H A, Hyland G, Coleman R, et al. 2000. Digital elevation models for the Lambert Glacier- Amery Ice Shelf system, East Antarctica, from ERS- 1 satellite radar altimetry. Journal of Glaciology, 46 (155): 553-560.

Fricker H A, Scambos T, Bindschadler R, et al. 2007. An active subglacial water system in West Antarctica mapped from space. Science, 315: 1544-1548.

Fricker H A, Coleman R, Padman L, et al. 2009. Mapping the grounding zone of the Amery Ice Shelf, East Antarctica using InSAR, MODIS and ICESat. Antarctic Science, 21 (5): 515-532.

Frieler K, Clark P U, He F, et al. 2015. Consistent evidence of increasing Antarctic accumulation with warming. Nature Climate Change, 5: 348-352.

Fricker H A, Siegfried M R, Carter S P, et al. 2016. A decade of progress in observing and modelling Antarctic subglacial water systems. Philosophical Transactions, 374: 20140294.

Fudge T J, Markle B R, Cuffey K M, et al. 2016. Variable relationship between accumulation and temperature in West Antarctica for the past 31, 000 years. Geophysical Research Letters, 43: 3795-3803.

Fujita S, Mae S J. 1994. Causes and nature of ice-sheet radio-echo internal reflections estimated from the dielectric properties of ice. Annals of Glaciology, 20 (1): 80-87.

Fujita S, Maeno H, Uratsuka S, et al. 1999. Nature of radio echo layering in the Antarctic ice sheet detected by a two-frequency experiment. Journal of Geophysical Research, 104 (B6): 13013-13024.

Fundel F, Fischer H, Weller R, et al. 2006. Influence of large-scale teleconnection patterns on methane sulfonate ice core records in Dronning Maud Land. Journal of Geophysical Research, 111 (D4) .

Furukawa, Kamiyama K, Maeno H. 1996. Snow surface features along the traverse route from the coast to Dome Fuji Station, Queen Maud Land, Antarctica. National Institute of Polar Research.

Fischer H, Fundel F, Ruth U, et al. 2007. Reconstruction of millennial changes in dust emission, transport and regional sea ice coverage using the deep EPICA ice cores from the Atlantic and Indian Ocean sector of Antarctica. Earth and Planetary Science Letters, 260 (1): 340-354.

Fowler C, Emery W J, Maslanik J. 2004. Satellite-derived evolution of Arctic sea ice age: October 1978 to March 2003. IEEE Geoscience & Remote Sensing Letters, 1 (2): 71-74.

Gagliardini O, Zwinger T. 2008. The ISMIP-HOM benchmark experiments performed using the Finite-Element code Elmer. The Cryosphere Discussions, 2 (1): 75-109.

Gagliardini O, Zwinger T, Gilletchaulet F, et al. 2013. Capabilities and performance of Elmer/Ice, a new generation ice-sheet model. Geoscientific Model Development Discussions, 6 (1): 1689-1741.

Gagliardini O, Brondex J, Gillet chaulet F, et al. 2016. Brief communication: Impact of mesh resolution for MISMIP and MISMIP3d experiments using Elmer/Ice. Cryosphere, 10 (1): 307-312.

Gallée H, Agosta C, Gential L, et al. 2011. A downscaling approach toward high-resolution surface mass balance over antarctica. Surveys in Geophysics, 32 (4-5): 507-518.

Gallée H, Trouvilliez A, AgostaC, et al. 2013. Transport of snow by the wind: A comparison between observations in Adélie Land, Antarctica, and simulations made with the Regional Climate Model MAR. Bound-Lay Meteorol, 146: 133-147.

Gerber E P, Vallis G K. 2007. Eddy-zonal flow interactions and the persistence of the zonal index. Journal of the Atmospheric Sciences, 64 (9): 3296-3311.

Gillett N P, Thompson D W. 2003. Simulation of recent southern hemisphere climate change. Science, 302 (5643): 273-275.

Gillet-Chaulet F, Gagliardini O, Meyssonnier, et al. 2006. Flow-induced anisotropy in polar ice and relatedice-sheet flow modeling. Journal of Non-Newtonian Fluid Mechanics, 134: 33-43.

Glen J W. 1952. Experiments on the deformation of ice. Journal of Glaciology, 2 (12): 111-114.

Goldberg D N, Sergienko O V. 2011. Data assimilation using a hybrid ice flow model. The Cryosphere, 5 (2): 315-327.

Gong D Y, Wang S W, Zhu J H. 2011. East Asian winter monsoon and Arctic Oscillation. Geophysical Research Letters, 28 (10): 2073-2076.

Goodwin I D. 1990. Snow accumulation and surface topography in the katabatic zone of eastern Wilkes Land, Antarctica. Antarctic Science, 2 (3): 232-235.

Graf W, Oerter H, Reinwarth O, et al. 2002. Stable-isotope records from Dronning Maud Land, Antarctica. Annals of Glaciology, 35 (1): 195-201.

Grenfell T, Light B, Sturm M. 2002. Spatial distribution and radiative effects of soot in the snow and sea ice during the SHEBA experiment. Journal of Geophysical Research Oceans, 107 (C10): 8032.

Greuell W, Konzelmann T. 1994. Numerical modelling of the energy balance and the englacial temperature of the Greenland Ice Sheet. Calculations for the ETH-Camp location (West Greenland, 1155 m a. s. l.). Global & Planetary Change, 9 (1-2): 91-114.

Groot Zwaaftink C D, Cagnati A, Crepaz A, et al. 2013. Event-driven deposition of snow on the Antarctic Plateau: Analyzing field measurements with SNOWPACK. The Cryosphere, 7: 333-347.

Grumet N S, Wake C P, Mayewski P A, et al. 2001. Variability of sea-ice extent in Baffin Bay over the last millennium. Climatic Change, 49 (1): 129-145.

Guelle W, Schulz M, Balkanski Y, et al. 2001. Influence of the source formulation on modeling the atmospheric global distribution of sea salt aerosol. Journal of Geophysical Research: Atmospheres, 106 (D21): 27509-27524.

Gunter B, Urban T, Riva R, et al. 2009. A comparison of coincident GRACE and ICESat data over Antarctica. Journal of Geodesy, 83: 1051-1060.

Guo Z, Bromwich D H, Cassano J J. 2003. Evaluation of Polar MM5 Simulations of Antarctic Atmospheric Circulation. Journal of Climate, 131 (2): 384-411.

Garcia R R, Boville B A. 1994. "Downward Control" of the mean meridional circulation and temperature distribution of the Polar winter stratosphere. Journal of the Atmospheric Sciences, 51: 2238-2245.

Haas C, Druckenmiller M. 2009. Ice thickness and roughness measurements. Haas Christian.

Hambrey M J. 1991. Structure and dynamics of the Lambert Glacier-Amery Ice Shelf System implications for the origin of Prydz Bay sediments. Proc Odp Sci Results.

Hanna E, Huybrechts P, Cappelen J, et al. 2011. Greenland Ice Sheet surface mass balance 1870 to 2010 based on twentieth century reanalysis, and links with global climate forcing. Journal of Geophysical Research Atmospheres, 116 (D24): 191-200.

Hansen J, Nazarenko L. 2004. Soot climate forcing via snow and ice albedos. Proceedings of the National Academy of Sciences of the United States of America, 101: 423-428.

Haywood J M, Shine K P. 1995. The effect of anthropogenic sulfate and soot aerosol on the clear sky planetary radiation budget. Geophysical Research Letters, 22: 0094-8276.

Hezel P J, Alexander B, Bitz C M, et al. 2011. Modeled methanesulfonic acid (MSA) deposition in Antarctica and its relationship to sea ice. Journal of Geophysical Research Atmospheres, 116 (D23).

Hindmarsh R. 1996. Stability of ice-rises and uncoupled marine ice- sheets. Annals of Glaciology, 23: 105-115.

Hindmarsh R C A, Raymond M J, Gudmundsson G H. 2006. Draping or overriding: The effect of horizontal stress gradients on internal layer architecture in ice sheets. Journal of Geophysical Research, 111 (F2): 347-366.

Hines K M, Bromwich D H. 2008. Development and Testing of Polar Weather Research and Forecasting (WRF) Model. Part I: Greenland Ice Sheet Meteorology. Monthly Weather Review, 136 (6): 1971-1989.

Hines K M, Bromwich D H, Bai L S, et al. 2011. Development and testing of Polar WRF. Part III: Arctic Land. Journal of Climate, 24 (24): 26-48.

Hodell D A, Kanfoush S L, Shemesh A, et al. 2001. Abrupt Cooling of Antarctic Surface Waters and Sea Ice Expansion in the South Atlantic Sector of the Southern Ocean at 5000 cal yr B. P. Quaternary Research, 56 (2): 191-198.

Holland D M, Thomas R H, de Young B, et al. 2008. Acceleration of Jakobshavn Isbrae triggered by warm subsurface ocean waters. Nature Geoscience, 1: 659-664.

Holland M, Reverdin G, Timlin M. 2002. Decadal variations in Labrador sea ice cover and North Atlantic sea surface temperature. Journal of Geophysical Research, 107 (C5).

Holloway G, Sou T. 2002. Has Arctic Sea Ice Rapidly Thinned? Journal of Climate, 15 (15): 1691-1701.

Holt J W, Blankenship D D, Morse D L, et al. 2006. New boundary conditions for the West Antarctic Ice Sheet: Subglacial topography of the Thwaites and Smith Glacier catchments. Geophysical Research Letters, 33: L09502.

Honda M, Yamazaki K, Nakamura H, et al. 1999. Dynamic and thermodynamic characteristics of atmospheric response to anomalous sea-ice extent in the Sea of Okhotsk. Journal of Climate, 12: 3347-3358.

Honda M, Inous J, Yamane S. 2009. Influence of low Arctic sea- ice minima on anomalously cold Eurasian winters. Geophysical Research Letters, 36 (36): 262-275.

Hopsch S, Cohen J, Dethloff K. 2012. Analysis of a link between fall Arctic sea ice concentration and atmospheric patterns in the following winter. Tellus, 64 (3): 389-400.

Horwath M, Dietrich R. 2009. Signal and error in mass change inferences from GRACE: the case of Antarctica. Geophysical Journal International, 177: 849-864.

Horwath M, Legrésy B, Rémy F, et al. 2012. Consistent pat- terns of Antarctic ice sheet interannual variations from Envisat radar altimetry and GRACE satellite gravimetry. Geophysical Journal International, 189: 863-876.

Hou S G, Li Y S, Xiao C D, et al. 2007. Recent accumulation rate at Dome A, Antarctica. Chinese Science Bulletin, 52 : 428-431.

Howat I M, Smith B E, Joughin I, et al. 2008. Rates of southeast Greenland ice volume loss from combined ICESat and ASTER observations. Geophysical Research Letters, 35 (17): 179-190.

Hutter K. 1983. Theoretical glaciology; material science of ice and the mechanics of glaciers and ice sheets. Dordrecht, etc., D. Reidel Publishing Co. /Tokyo, Terra Scientific Publishing Co.

Huybrechts P. 1990a. A 3-D model for the Antarctic ice sheet: A sensitivity study on the glacial-interglacial contrast. Climate of Dynamics, 5 (2): 79-92.

Huybrechts P. 1990b. The Antarctic ice sheet during the last glacial-interglacial cycle: A three-dimensional experiment. Annals of Glaciology, 14: 115-119.

Huybrechts P, Oerlemans J. 1988. Evolution of the East Ant arctic ice sheet: anumerical study of thermo-mechanicalresponse patterns with changing climate. Annals of Glaciology, 11: 52-59.

Huybrechts P, de Wolde J. 1999. The dynamic response of the Greenland and Antarctic ice sheets to multiple-century climatic warming. Journal of Climate, 12: 2169-2188.

Huybrechts P, Steinhage D, Wilhelms F, et al. 2000. Balance velocities and measured properties of the Antarctic ice sheet from a new compilation of gridded data for modelling. Annals of Glaciology, 30 (30): 52-60.

Huybrechts P, Rybak O, Steinhage D, et al. 2009. Past and present accumulation rate reconstruction along the Dome Fuji-Kohnen radio-echo sounding profile, Dronning Maud Land, East Antactica. Annals of Glaciology, 50 (51): 112-120.

Hwang C, Yang Y, Kao R, et al. 2016. Time-varying land subsidence detected by radar altimetry: California, Taiwan and north China. Scientific Reports, 6: 28160.

Han F, Szunyogh I. 2018. How well can an ensemble predict the uncertainty in the location of winter storm precipitation? Tellus A: Dynamic, Meteorology and Oceanography, 70 (1): 1440870.

Hasnain S I. 2002. Himalayan glaciers meltdown: Impact on South Asian Rivers. International Association of Hydrological Sciences, Publication, 274: 417-423.

Herterich K. 1988. A three-dimensional model of the Antarctic ice sheet. Annals of Glaciology, 11: 32-35.

IPCC. 2013. Climate Change, 2013: The Physical Science Basis. Cambridge: Cambridge University Press.

Isaksson E, Karlen W. 1994. Spatial and Temporal Pattern in Snow Accumulation, Western Dronning Maud Land, Antarctica. Journal of Glaciology, 40 (135): 399-409.

Jacobel R W, Welch B C, Osterhouse D, et al. 2009. Spatial variation of radar-derived basal conditions on Kamb Ice Stream, West Antarctica. Annals of Glaciology, 50 (51): 10-16.

Jacobs S S, Hellmer H, Doake C S M, et al. 1992. Melting of ice shelves and mass balance of Antarctica. Journal of Glaciology, 38 (130): 375-387.

Jaiser R, Dethloff K, Handorf D, et al. 2012. Impact of sea ice cover changes on the Northern Hemisphere atmospheric winter circulation. Tellus, 64 (3): 53-66.

Jamieson S S R, Ross N, Greenbaum J S, et al. 2016. An extensive subglacial lake and canyon system in Princess Elizabeth Land, East Antarctica. Geology, 44 (2): 87-90.

Jay-Allemand M, Gillet-Chaulet F, Gagliardini O, et al. 2011. Investigating changes in basal conditions of Variegated Glacier prior to and during its 1982–1983 surge. The Cryosphere, 5 (3): 659-672.

Jekeli C. 1981. Alternative methods to smooth the Earth's gravity field. Tech. Rep. 327. Dept. of Geod. Sci. and Surv., Ohio State Univ., Columbus.

Jenkins A, Holland D M. 2007. Melting of floating ice and sea level rise, Geophysical Research Letters, 34: L16609.

Jenssen D. 1977. A three-dimensional polar ice-sheet model. Journal of Glaciology, 18 (80): 373-389.

Jeong J H, Ou T, Linderholm H W, et al. 2011. Recent recovery of the Siberian high intensity. Journal of Geophysical Research, 116: D23102.

Joughin I, Alley R B. 2011. Stability of the West Antarctic ice sheet in a warming world. Nature Geoscience, 4: 506-513.

Joughin I, Macayeal D R, Tulaczyk S. 2004. Basal shear stress of the Ross ice streams from control method inversions. Journal of Geophysical Research, 109 (B9): 405.

Jourdain B, Preunkert S, Cerri O, et al. 2008. Year-round record of size-segregated aerosol composition in central Antarctica (Concordia station): Implications for the degree of fractionation of sea-salt particles. Journal of Geophysical Research, 113 (D14).

Jung T, Doblasreyes F, Goessling H, et al. 2015. Polar Lower-Latitude Linkages and Their Role in Weather and Climate Prediction. Bulletin of the American Meteorological Society, 96: 197-200.

James I N. 1989. The Antarctic drainage flow: Implications for hemispheric flow on the Southern Hemisphere. Antarctic Science, 1 (3): 279-290.

Jouzel J, Merlivat L. 1984. Deuterium and oxygen 18 in precipitation: Modeling of the isotopic effects during snow formation. Journal of Geophysical Research: Atmospheres, 89 (D7): 11749-11757.

Kameda T, Azuma N, Furukawa T, et al. 1997. Surface mass balance, sublimation and snow temperatures at Dome Fuji station, antarctica, in 1995. National Institute of Polar Research, 24-34.

Kameda T, Motoyama H, Fujita S, et al. 2008. Temporal and spatial variability of surface mass balance at Dome Fuji, East Antarctica, by the stake method from 1995 to 2006. Journal of Glaciology, 54 (54): 107-116.

Kapitsa A P, Ridley J K, de Robin G Q, et al. 1996 Large deep freshwater lake beneath the ice of central East Antarctica. Nature, 381: 684-686.

Karoly D J. 1990. The role of transient eddies in low-frequency zonal variations of the Southern Hemisphere circulation. Tellus A, 42 (1): 41-50.

Kidston J, Frierson D M W, Renwick J A, et al. 2010. Observations, simulations, and dynamics of jet stream variability and annular modes. Journal of Climate, 23 (23): 6186-6199.

King M A, Bingham R J, Moore P, et al. 2012. Lower satellite- gravimetry estimates of Antarctic sea- level contribution. Nature, 491 (7425): 586.

Kinnard C, Zdanowicz C M, Fisher D A, et al. 2011. Reconstructed changes in Arctic sea ice over the past 1450 years. Nature, 479 (7374): 509-512.

Kobayashi S, Ota Y, Harada Y. 2015. The JRA- 55 reanalysis: General specifications and basic characteristics. Journal of the Meteorological Society of Japan, 93: 5-48.

Koch D, del Genio A D. 2010. Black carbon absorption effects on cloud cover: Review and synthesis. Atmospheric Chemistry and Physics, 10: 7685-7696.

Krabill W, Abdalati W, Frederick E, et al. 2000. Greenland ice sheet: High-elevation balance and peripheral thinning. Science, 289: 428-430.

Kreutz K J, Mayewski P A, Pittalwala I I, et al. 2000. Sea level pressure variability in the Amundsen Sea region inferred from a West Antarctic glacio chemical record. Journal of Geophysical Research: Atmospheres, 105 (D3): 4047-4059.

Krinner G, Magand O, Simmonds I, et al. 2007. Simulated Antarctic precipitation and surface mass balance at the end of the twentieth and twenty-first centuries. Climate Dynamics, 28 (2-3): 215-230.

Krinner G, Guicherd B, Ox K, et al. 2008. Influence of oceanic boundary conditions in simulations of Antarcticclimate and surface mass balance change during the coming century. Journal of Climate, 21: 938-962.

Kuhle M, Herterich K, Calov R. 1989. On the Ice Age glaciation of the Tibetan Highlands and its transformation into a 3-D model. Geography Jaurnal, 19 (2): 201-206.

Kumar A, Perlwitz J, Eischeid J, et al. 2010. Contribution of sea ice loss to Arctic amplification. Geophysical Research Letters, 37: 389-400.

Kvamstø N G, Skeie P, Stephenson D B. 2004. Impact of Labrador Sea-ice extent on the North Atlantic Oscillation. International Journal of Climatology, 24: 603-612.

Kwok R, Rothrock D A. 2009. Decline in Arctic sea ice thickness from submarine and ICESat records: 1958–2008. Geophysical Research Letters, 36 (L15501): 1-5.

Kwok R, Spreen G, Pang S. 2013. Arctic sea ice circulation and drift speed: Decadal trends and ocean currents. Journal of Geophysical Research Oceans, 118 (5): 2408-2425.

King J C, Turner J. 1997. Antarctic Meteorology and Climatology. Cambridge, Eng.: Cambridge University Press.

Knowles N, Dettinger M D, Cayan D R. 2006. Trends in snowfall versus rainfall in the western United States. Journal of Climate, 19 (18): 4545-4559.

Kurita N. 2011. Origin of Arctic water vapor during the ice-growth season. Geophysical Research Letters, 38 (2), doi: 10.1029/2010GL046064.

Kwok R, Cunningham G F. 2015. Variability of Arctic sea ice thickness and volume from CryoSat-2. Philos Trans A Math Phys Eng Sci, 373 (2045), doi: 10.1098/rsta.2014.0157.

Kwok R, Cunningham G F. 2016. Contributions of growth and deformation to monthly variability in sea ice thickness north of the coasts of Greenland and the Canadian Arctic Archipelago. Geophysical Research Letters, 43 (15): 8097-8105.

Lamarque J F, Bond T C, Eyring V, et al. 2010. Historical (1850-2000) gridded anthropogenic and biomass burning emissions of reactive gases and aerosols: Methodology and application. Atmospheric Chemistry and Physics, 10: 7017-7039.

Larour E, Rignot E, Joughin I, et al. 2005. Rheology of the Ronne Ice Shelf, Antarctica, inferred from satellite radar interferometry data using an inverse control method. Geophysical Research Letters, 32 (5): L05503.

Larour E, Seroussi H, Morlighem M, et al. 2012. Continental scale, high order, high spatial resolution, ice sheet modeling using the Ice Sheet System Model (ISSM). Journal of Geophysical Research Atmospheres, 117 (F1): 214-222.

Law K S, Stohl A. 2007. Arctic air pollution: Origins and impacts. Science, 315: 1537-1540.

Laxon S, Peacock N, Smith D. 2003. High interannual variability of sea ice thickness in the Arctic region. Nature, 425 (6961): 947-50.

Lee S, Feldstein S B. 2013. Detecting ozone-and greenhouse gas-driven wind trends with observational data. Science, 339 (6119): 563-567.

Lefebvre W, Goosse H, Timmermann R, et al. 2004. Influence of the Southern Annular Mode on the sea ice-ocean system. Journal of Geophysical Research Oceans, 109 (C9).

Legresy B, Remy F. 1997. Altimetric observations of surface characteristics of the Antarctic ice sheet. Journal of Glaciology, 43: 265-275.

Lenaerts J T M, van den Broeke M R. 2012. Modeling drifting snow in Antarctica with a regional climate model: 2. Results. Journal of Geophysical Research Atmospheres, 117 (117): 214-221.

Lenaerts J T M, van den Broeke M R, Déry S J, et al. 2010. Modelling snow drift sublimation on an Antarctic ice shelf. Cryosphere, 4 (2): 179-190.

Lenaerts J T M, van den Broeke M R, Déry S J, et al. 2012a. Modeling drifting snow in Antarctica with a regional climate model: 1. Methods and model evaluation. Journal of Geophysical Research, 117: 1-17.

Lenaerts J T M, van den Broeke M R, van Angelen J H, et al. 2012b. Drifting snow climate of the Greenland ice sheet: A study with a regional climate model. The Cryosphere, 6: 891-899.

Lenaerts J T M, van den Broeke M R, van den Berg W J, et al. 2012c. A new, high-resolution surface mass balance map of Antarctica (1979-2010) based on regional atmospheric climate modeling. Geophysical Research Letters, 39 (4): 54-62.

Leng W, Ju L, Gunzburger M, et al. 2012. A parallel high-order accurate finite element nonlinear Stokes ice sheet model and benchmark experiments. Journal of Geophysical Research, 117 (F1): 24.

Leng W, Ju L, Xie Y, et al. 2014. Finite element three-dimensional Stokes ice sheet dynamics model with enhanced local mass conservation. Journal of Computational Physics, 274: 299-311.

Letréguilly A, Huybrechts P, Reeh N. 1991a. Steady-state characteristics of the Greenland ice sheet under different climates. Journal of Glaciology, 37 (125): 149-157.

Letréguilly A, Reeh N, Huybrechts P. 1991b. The Greenland ice sheet through the last glacial-interglacial cycle. Palaeogeography Palaeoclimatology Palaeoecology, 90 (4): 385-394.

Lewis A R, Marchant D R, Kowalewski D E, et al. 2006. The age and origin of the Labyrinth, western Dry Valleys, Antarctica: Evidence for extensive middle Miocene subglacial floods and freshwater discharge to the Southern Ocean. Geology, 34: 513-516.

Leysinger-Vieli M C, Hindmarsh R C A, Siegert M J, et al. 2011. Time-dependence of the spatial pattern of accumulation rate in East Antarctica deduced from isochronic radar layers using a 3-D numerical ice flow model. Journal of Geophysical Research, 116: F02018.

Li R X, Xiao C D, Sneed S B, et al. 2012. A continuous 293-year record of volcanic events in an ice core from Lambert Glacier basin, East Antarctica. Antarctic Science, 24 (3): 293-298.

Li S. 2004. Impact of northwest Atlantic SST anomalies on the circulation over the Ural Mountains during early winter. Journal of the Meteorological Society of Japan, 82: 971-988.

Li Y, Davis C H. 2006. Improved methods for analysis of decadal elevation-change time series over Antarctica. IEEE Transactions on Geoscience and Remote Sensing, 44: 2687-2697.

Li Y S, Cole-Dai J, Zhou L Y. 2009. Glaciochemical evidence in an East Antarctica ice core of a recent (AD 1450-1850) neoglacial episode. Journal of Geophysical Research, 114 (D08): 117.

Limpasuvan V, Hartmann D L. 1999. Eddies and the annular modes of climate variability. Geophysical Research Letters, 26 (20): 3133-3136.

Lin S J. 2004. A vertically Lagrangian finite-volume dynamicalcore for global models. Monthly Weather Review, 132: 2293-2307.

Lindsay R W, Zhang J. 2005. The Thinning of Arctic Sea Ice, 1988-2003: Have We Passed a Tipping Point?. Journal of Climate, 18 (18): 4879-4894.

Liu H, Jezek K, Li B , et al. 2001. Radarsat Antarctic Mapping Project digital elevation model version 2. Boulder, CO: National Snow and Ice Data Center.

Liu J, Curry J A. 2010. Accelerated warming of the Southern Ocean and its impacts on the hydrological cycle and sea ice. Proceedings of the National Academy of Sciences, 107 (34): 14987-14992.

Liu J, Curry J A, Martinson D G. 2004. Interpretation of recent Antarctic sea ice variability. Geophysical Research Letters, 31 (2): 2205.

Liu J, Tong X, Liu S, et al. 2012. Elevation change of Lambert-Amery system from ICESat/GLAS data//Second International Workshop on Earth Observation and Remote Sensing Applications. Institute of Electrical and Electronics Engineers, 246-248.

Liu X, Huang F, Kong P, et al. 2010. History of ice sheet elevation in East Antarctica: Paleoclimatic implications. Earth and Planetary Science Letters, 290 (3): 281 - 288.

Livezey R E, Chen W Y. 1983. Statistical field significance and its determination by Monte Carlo techniques. Monthly Weather Review, 111: 46-59.

Lock A P, Brown A R, Bush M R, et al. 2000. A new boundary layer mixing scheme. Part I: Scheme description and single-column model tests. Monthly Weather Review, 138: 3187-3199.

Lopez P, Schmith T, Kaas E. 2000. Sensitivity of the Northern Hemisphere circulation to North Atlantic SSTs in the ARPEGE climate AGCM. Climate Dynamics, 16: 535-547.

Lorenz D J, Hartmann D L, 2001. Eddy- zonal flow feedback in the Southern Hemisphere. Journal of the atmospheric sciences, 58 (21): 3312-3327.

Losada T, Rodrigue- Fonseca B, Mechoso C R, et al. 2007. Impacts of SST anomalies on the North Atlantic atmospheric circulation: A case study for the northern winter 1995/1996. Climate Dynamics, 29: 807-819.

Louis J, Tiedtke M, Geleyn J. 1982. A short history of the PBL parameterization at ECMWF. Proc. ECMWF Workshopon Planetary Boundary Layer Parameterization, Reading, United Kingdom, ECMWF, 59-80.

Luckman A, Murray T, Lange R D, et al. 2006. Rapid and synchronous ice-dynamic changes in East Greenland. Geophysical Research Letters,33 (3): 155-170.

Lythe M B, Vaughan D G. 2001. BEDMAP: A new ice thickness and subglacial topographic model of Antarctica. Journal of Geophysical Research, 106: 11335-11351.

Li Chuanjin, Shichang Kang, Guitao Shi, et al. 2014a. Spatial and temporal variations of total mercury in Antarctic snow along the transect from Zhongshan Station to Dome A. Tellus B, 66: 25152.

Lindsay R, Zhang J, Schweiger A, et al. 2009. Arctic sea ice retreat in 2007 following thinning trend. J. Climate, 22: 165-176, doi: 10. 1175/2008JCLI2521.

Livingstone S J, Clark C, Woodward J, et al. 2013. Potential subglacial lake locations and meltwater drainage pathways beneath the Antarctic and Greenland ice sheets. Cryosphere, 7 (6): 1721-1740.

Loth B, Graf H, Oberhuber J M. 1993. Snow cover model for global climate simulations. Journal of Geophysical Research Atmospheres, 98 (D6): 10451-10464.

MacAyeal D R. 1993. A tutorial on the use of control methods in ice- sheet modeling. Journal of Glaciology, 39 (131): 91-98.

Macgregor J A, Matsuoka K, Koutnik M R, et al. 2009. Millennially averaged accumulation rates for the Vostok Subglacial Lake region inferred from deep internal layers. Annals of Glaciology, 50 (51): 25-34.

Magand O, Genthon C, Fily M, et al. 2007. An up-to-date quality-controlled surface mass balance data set for the 90° – 180° E Antarctica sector and 1950- 2005 period. Journal of Geophysical Research Atmospheres, 112: D12106.

Magnusdottir G, Derser C, Saravanan R. 2004a. The effects of North Atlantic SST and sea ice anomalies in the winter circulation in CCM3. Part I: Main features and storm track characteristics of the response. Journal of Climate, 17: 857-876.

Magnusdottir G, Saravanan R, Phillips AS. 2004b. The effects of North Atlantic SST and sea ice anomalies on the winter circulation in CCM3. Part II: Direct and indirect components of the response. Journal of Climate, 17:

877-889.

Mahaffy M W. 1976. A three-dimensional numerical model of ice sheets: tests on the Barnes Ice Cap, Northwest Territories. Journal of Geophysical Research, 81 (6): 1059-1066.

Mahowald N M, Lamarque J F, Tie X X, et al. 2006. Sea-salt aerosol response to climate change: Last Glacial Maximum, preindustrial, and doubled carbon dioxide climates. Journal of Geophysical Research, 111 (D5) .

Margerison H R, Phillips W M, Stuart F M, et al. 2005. Cosmogenic He-3 concentrations in ancient flood deposits from the Coombs Hills, northern Dry Valleys, East Antarctica: Interpreting exposure ages and erosion rates. Earth and Planetary Science Letters, 230: 163-175.

Martin S, Yu Y, Drucker R. 1996. The temperature dependence of frost flower growth on laboratory sea ice and the effect of the flowers on infrared observations of the surface. Journal of Geophysical Research Oceans, 101 (C5): 12111-12125.

Martin T V, Zwally H J, Brenner A C, et al. 1983. Analysis and retracking of continental ice sheet radar altimeter waveforms. Journal of Geophysical Research Oceans, 88 (C3), 1608-1616.

Maslanik J, Serreze M C, Agnew T. 1999. On the record reduction in 1998 western Arctic Sea-ice cover. Geophysical Research Letters, 26 (13): 1905-1908.

Maslanik J, Drobot S, Fowler C, et al. 2007. On the Arctic climate paradox and the continuing role of atmospheric circulation in affecting sea ice conditions. Geophysical Research Letters, 34 (3): 340-354.

Maslanik J, Stroeve J, Fowler C, et al. 2011. Distribution and trends in Arctic sea ice age through spring 2011. Geophysical Research Letters,38 (L13502): 1-6.

Matsuoka T, Fujita S, Mae S. 1996. Effect of temperature on dielectric properties of ice in the range 5-39 GHz. Journal of Applied Physics, 80 (10): 5884-5890.

Matsuoka K, Furukawa T, Fujita S, et al. 2003. Crystal orientation fabrics within the Antarctic ice sheet revealed by a multipolarization plane and dual-frequency radar survey. Journal of Geophysical Research: Solid Earth, 108 (B10): 2499.

Mayer C, Huybrechts P. 1999. Ice-dynamic conditions across the grounding zone, Ekströmisen, East Antarctica. Journal of Glaciology, 45 (150): 384-393.

Mayewski P A, Goodwin I D. 1997. International Trans-Antarctic Scientific Expedition (ITASE), “200 Years of Past Antarctic Climate and Environmental Change,” Science and Implementation Plan, 1996, PAGES Workshop Rep. , Ser. 97-1, 48 pp.

McGraw M C, Barnes E A, Deser C. 2016. Reconciling the observed and modeled Southern Hemisphere circulation response to volcanic eruptions. Geophysical Research Letters, 43 (13): 7259-7266.

McVicar T R, Roderick M L, Donohue R J, et al. 2012. Global review and synthesis of trends in observed terrestrial near-surface wind speeds: Implications for evaporation. Journal of Hydrology, 416: 182-205.

Mercer J. 1978. West Antarctic Ice Sheet and CO_2 greenhouse effect: A threat of disaster, Nature, 271: 321-325.

Merlivat L, Jouzel J. 1979. Global climatic interpretation of the deuterium - oxygen 18 relationship for precipitation. Journal of Geophysical Research Oceans, 84 (C8): 5029-5033.

Meyerson E A, Mayewski P A, Kreutz K J, et al. 2002. The polar expression of ENSO and sea-ice variability as recorded in a South Pole ice core. Annals of Glaciology, 35 (1): 430-436.

Ming J, Xiao C, Cachier H, et al. 2009. Black carbon (BC) in the snow of glaciers in west China and its potential effects on albedo. Atmospheric Research, 92 (1): 114-123.

Minikin A, Wagenbach D, Graf W, et al. 1994. Spatial and seasonal variations of the snow chemistry at the central Filchner-Ronne Ice Shelf, Antarctica. Annals of Glaciology, 20 (1): 283-290.

Moholdt G, Nuth C, Hagen J O, et al. 2010. Recent elevation changes of Svalbard glaciers derived from ICESat laser altimetry. Remote Sensing of Environment, 114 (11): 2756-2767.

Moholdt G, Padman L, Fricker H A. 2014. Basal mass budget of Ross and Filchner- Ronne ice shelves, Antarctica, derived from Lagrangian analysis of ICESat altimetry. Journal of Geophysical Research: Earth Surface, 119 (11): 2361-2380.

Monaghan A J, Bromwich D H, Fogt R L, et al. 2006. Insignificant Change in Antarctic Snowfall since the International Geophysical Year. Science, 313 (5788): 827-831.

Moore J C. 1988. Dielectric variability of a 130m Antarctic ice core: Implications for radar sounding. Annals of Glaciology, 11: 95-99.

Morgan V I, Goodwin I D, Etheridget D M, et al. 1991. Evidence from Antarctic ice cores for recent increases in snow accumulation. Nature, 354 (6348): 58-60.

Morland L W. 1984. Thermomechanical balances of ice sheet flows. Geophysical Fluid Dynamics, 29 (1-4): 237-266.

Morlighem M, Rignot E, Seroussi H, et al. 2010. Spatial patterns of basal drag inferred using control methods from a full-Stokes and simpler models for Pine Island Glacier, West Antarctica. Geophysical Research Letters, 37 (14): L14502.

Munneke P K, Broeke M R V D, Lenaerts J T M, et al. 2011. A new albedo parameterization for use in climate models over the Antarctic ice sheet. Journal of Geophysical Research Atmospheres, 116 (D5): 420-424.

Mysak L A, Manak D K, Marsden R F. 1990. Sea-ice anomalies observed in the Greenland and Labrador Seas during 1901-1984 and their relation to an interdecadal Arctic climate cycle. Climate Dynamics, 5: 111-133.

Mysak L A, Venegas S A. 1998. Decadal climate oscillation in the Arctic: A new feedback loop for atmosphere-ice-ocean interactions. Geophysical Research Letters, 25: 3607-3610.

Mémin A, Flament T, Rémy F, et al. 2014. Snow- and ice-height change in Antarctica from satellite gravimetry and altimetry data. Earth and Planetary Science Letters, 404 (C): 344-353.

Mémin A, Flament B, Alizier C, et al. 2015. Interannual variation of the Antarctic Ice Sheet from a combined analysis of satellite gravimetry and altimetry data. Earth and Planetary Science Letters, 422: 150-156.

Masson-Delmotte V, Hou S, Ekaykin A, et al. 2008. A Review of Antarctic Surface Snow Isotopic Composition: Observations, Atmospheric Circulation, and Isotopic Modeling, Journal of Climate, 21 (13), 3359-3387.

Matsuoka T, Fujita S, Mae S. 1996. Effect of temperature on dielectric properties of ice in the range 5-39 GHz. Journal of Applied Physics, 80 (10): 5884-5890, doi: 10.1063/1.363582.

Miller G H, Brigham-Grette J, Alley R B, et al. 2010. Temperature and precipitation history of the Arctic. Quaternary Science Reviews, 29 (15-16): 1679-1715.

Neumann T A, Conway H, Price S F, et al. 2008. Holocene accumulation and ice sheet dynamics in central West Antarctica. Journal of Geophysical Research, 113 (F2): F02018.

Noone D, Turner J, Mulvaney R. 1999. Atmospheric signals and characteristics of accumulation in Dronning Maud Land, Antarctica. Journal of Geophysical Research Atmospheres, 104 (D16): 19191-19211.

Nowicki S M J, Wingham D J. 2007. Conditions for a steady ice sheet-ice shelf junction. Earth and Planetary Science Letters, 265: 246-255.

Nicolas J P. 2014. Atmospheric change in Antarctica since the 1957-1958 International Geophysical

Year. Dissertations & Theses-Gradworks.

Nye J F. 1951. The flow of glaciers and ice-sheets as a problem in plasticity. Proceedings of the Royal Society of London, Series A, Mathematical and Physical Sciences, 207 (1091): 554-572.

Nye J F. 1952a. A comparison between the theoretical and the measured long profile of the Unteraar glacier. Journal of Glaciology, 2 (12): 103-107.

Nye J F. 1952b. The mechanics of glacier flow. Journal of Glaciology, 2 (12): 82-93.

Nye J F. 1953. The flow law of ice from measurements in glacier tunnels, laboratory experiments and the Jungfraufirn borehole experiment. Proceedings of the Royal Society of London, 219 (1139): 477-489.

Nye J F. 1965. The flow of a glacier in a channel of rectangular, elliptic or parabolic cross-section. Journal of Glaciology, 5 (41): 661-690.

Oerter H, Wilhelms F, Jungrothenhäusler F, et al. 2000. Accumulation rates in Dronning Maud Land, Antarctica, as revealed by dielectric-profiling measurements of shallow firn cores. Annals of Glaciology, 30 (1): 27-34.

Ogi M, Yamazaki K, Wallace J M. 2010. Influence of winter and summer surface wind anomalies on summer Arctic sea ice extent. Geophysical Research Letters, 37 (7): 256-265.

Onogi K, Tsutsui J, Koide H, et al. 2007. The JRA-25 Reanalysis. Journal of Meteorological Society of Japan, 85: 369-432.

Oswald G K A, Robin G Q. 1973. Lakes beneath the Antarctic Ice Sheet. Nature, 245: 251-254.

Overland J E, Wang M. 2010. Large-scale atmospheric circulation changes are associated with the recent loss of Arctic sea ice. Tellus, 62A: 1-9.

Overland J E, D'Arrigo R. 2012. Anomalous arctic surface wind patterns and their impacts on September sea ice minima and trend. Tellus, 64 (11): 5275-5308.

Overland J E, Wang M. 2013. When will the summer arctic be nearly sea ice free? Geophysical Research Letter, 40 (10): 2097-2101.

Palmer S, Mcmillan M, Morlighem M. 2015. Subglacial lake drainage detected beneath the Greenland ice sheet. Nature Communications, 6: 8408.

Paren J G. 1973. The electrical behaviour of polar glaciers//Whalley E, Jones S J, Gold L W. Physics and chemistry of ice: Papers presented at the symposium on the physics and chemistry of ice, Ottawa, Canada, 14-18/08/73. Ottawa: Royal Society of Canada: 262-267.

Paren J G, de Robin G Q. 1975. Internal reflection in polar ice sheets. Journal of Glaciology, 14 (71): 251-259.

Parizek B R, Alley R B. 2004. Implications of increased Greenland surface melt under global-warming scenarios: Ice-sheet simulations. Quaternary Science Reviews, 23 (9): 1013-1027.

Parkinson M L, Dyson P L, Pinnock M, et al. 2003. Signatures of the midnight open-closed magnetic field line boundary during balanced dayside and nightside reconnection. Annales Geophysicae, 20 (10): 1617-1630.

Pasteur E C, Mulvaney R, Peel D A, et al. 1995. A 340 year record of biogenic sulphur from the Weddell Sea area, Antarctica. Annals of Glaciology, 21 (1): 169-174.

Pattyn F. 2003. A new three-dimensional higher-order thermomechanical ice sheet model: Basic sensitivity, ice stream development, and ice flow across subglacial lakes. Journal of Geophysical Research: Solid Earth, 108 (B8).

Pattyn F. 2008. Investigating the stability of subglacial lakes with a full Stokes ice-sheet model. Journal of Glaciology, 54 (54), 353-361.

Pattyn F. 2010. Antarctic subglacial conditions inferred from a hybrid ice sheet/ice stream model. Earth and Planetary Science Letters, 295 (3): 451-461.

Pattyn F, Huyghe A, Sang D B, et al. 2006. Role of transition zones in marine ice sheet dynamics. Journal of Geophysical Research Earth Surface, 111 (F2): 304-305.

Pattyn F, Schoof C, Perichon L, et al. 2012. Results of the Marine Ice Sheet Model Intercomparison Project, MISMIP. Cryosphere Discussions, 6 (3): 573-588.

Pattyn F, Perichon L, Durand G, et al. 2013. Grounding- line migration in plan- view marine ice- sheet models: results of the ice2sea MISMIP3d intercomparison. Journal of Glaciology, 59 (215): 410-422 (13) .

Paulson A, Zhong S, Wahr J. 2007. Inference of mantle viscosity from GRACE and relative sea level data. Geophysical of Journal International, 171 (2): 497-508.

Payne A J, Vieli A, Shepherd A P, et al. 2004. Recent dramatic thinning of largest West Antarctic ice stream triggered by oceans. Geophysical Research Letters, 31 (23): 275-295.

Peel D A, Robert M, Davison B M. 1988. Stable- Isotope/Air- Temperature relationships in Ice Cores from Dolleman Island and the Palmer Land Plateau, Antarctic Peninsula. Annals of Glaciology, 10: 130-136.

Peng S, Whitaker J S. 1999. Mechanisms determining the atmospheric response to midlatitude SST anomalies. Journal of Climate, 12: 1393-1408.

Peng S, Robinson W A, Li S. 2003. Mechanisms for the NAO response to the North Atlantic SST tripole. Journal of Climate, 16: 1987-2004.

Perovich D K, Polashenski C. 2012. Albedo evolution of seasonal Arctic sea ice. Geophysical Research Letters, 39 (8): 8501.

Perovich D K, Light B, Eicken H, et al. 2007. Increasing solar heating of the Arctic Ocean and adjacent seas, 1979-2005: Attribution and role in the ice- albedo feedback. Geophysical Research Letters, 34 (19): 255-268.

Perovich D, Payne J, Eicken H. 2012. Improving coordination and integration of observations of Arctic change. Eos Transactions American Geophysical Union,93 (43): 428-428.

Perovich D K, Richter- Menge J A, Jones K F, et al. 2008. Sunlight, water, and ice: Extreme Arctic sea ice melt during the summer of 2007. Geophysical Research Letters, 35 (11): 194-198.

Petit J R, Jouzel J, Pourchet M, et al. 1982. A detailed study of snow accumulation and stable isotope content in Dome C (Antarctica) . Journal of Geophysical Research Oceans, 87 (C6): 4301-4308.

Petoukhov V, Semenov V. 2010. A link between reduced Barents- Kara sea ice and cold winter extremes over northern continents. Journal of Geophysical Research Atmospheres, 115: D21111.

Petra N, Zhu H, Stadler G, et al. 2012. An inexact Gauss- Newton method for inversion of basal sliding and rheology parameters in a nonlinear Stokes ice sheet model. Journal of Glaciology, 58 (211): 889-903.

Plewes L A, Hubbard B. 2001. A review of the use of radio-echo sounding in glaciology. Progress in Physical Geography, 25 (2): 203-236.

Pollard D, DeConto R M, Alley R B. 2015. Potential Antarctic Ice Sheet retreat driven by hydrofracturing and ice cliff failure. Earth and Planetary Science Letters, 412: 112-121.

Polyakov I V, Johnson M A. 2000A. Arctic decadal and interdecadal variability. Geophysical Research Letters, 27: 4097-4100.

Polyakov I V, Alekseev G V, Bekryaev R V, et al. 2003. Long- Term Ice Variability in Arctic Marginal Seas. Journal of Climate,16 (12): 2078-2085.

Polyakov I V, Alekseev G V, Timokhov L A, et al. 2004. Variability of the intermediate Atlantic water of the Arctic Ocean over the last 100 years. Journal of Climate, 17: 4485-4497.

Polyakov I V, Timokhov L A, Alexeev V A, et al. 2010. Arctic Ocean Warming Contributes to Reduced Polar Ice Cap. Journal of Physical Oceanography, 40 (12): 2743-2756.

Porter D, Cassano J, Serreze M. 2012. Local and large-scale atmospheric responses to reduced Arctic sea ice and ocean warming in the WRF model. Journal of Geophysical Research, 117: D11115.

Pourchet M, Pinglot F, Lorius C. 1983. Some meteorological applications of radioactive fallout measurements in Antarctic snows. Journal of Geophysical Research Oceans, 88 (C10): 6013-6020.

Preunkert S, Jourdain B, Legrand M, et al. 2008. Seasonality of sulfur species (dimethyl sulfide, sulfate, and methanesulfonate) in Antarctica: Inland versus coastal regions. Journal of Geophysical Research- Atmospheres 113 (D15): D15302.

Pritchard H D, Vaughan D G. 2007. Widespread acceleration of tidewater glaciers on the Antarctic Peninsula. Journal of Geophysical Research-Earth Surface, 112: 1-10.

Pritchard H D, Arthern R J, Vaughan D G, et al. 2009. Extensive dynamic thinning on the margins of the Greenland and Antarctic ice sheets. Nature, 461: 971-975.

Pritchard H D, Ligtenberg S R M, Fricker H A, et al. 2012. Antarctic ice-sheet loss driven by basal melting of ice shelves. Nature, 484: 502-505.

Proshutinsky A Y, Johnson M A. 1997. Two circulation regimes of the wind - driven Arctic Ocean. Journal of Geophysical Research Atmospheres, 1021 (C6): 12493-12514.

Parkinson C L, Cavalieri D J, Gloersen P, et al. 1999. Arctic sea ice extents, areas, and trends, 1978 - 1996. Journal of Geophysical Research, 104 (C9): 20837.

Parkinson M L, Breed A M, Dyson P L, et al. 1999. Signatures of the ionospheric cusp in digital ionosonde measurements of plasma drift above Casey, Antarctica. Journal of Geophysical Research, 104 (A10): 22487.

Perovich D K, Richter- Menge J A. 2009. Loss of Sea Ice in the Arctic. Annual Review of Marine Science, 1 (1): 417.

Perovich D K, Richter-Menge J A, Jones K F, et al. 2008. Sunlight, water, and ice: Extreme Arctic sea ice melt during the summer of 2007. Geophysical Research Letters, 35 (11): 194-198.

Putkonen J, Roe G. 2003. Rain-on-snow events impact soil temperatures and affect ungulate survival. Geophysical Research Letters, 30 (4), doi: 10. 1029/2002gl016326.

Qin D H, Wang W T. 1990. The historical climatic records in ice cores from the surface-layer OF Wilkes Land, Antarctica. Science in China Series B-Chemistry, 33 (4): 460-466.

Qin X, Li C J, Xiao C D, et al. 2014. Spatial distribution of marine chemicals along a transect from Zhongshan Station to the Grove Mountain area, Eastern Antarctica. Science China: Earth Sciences, 57: 2366-2373.

Quinn P K, Stohl A, Arneth A, et al. 2011. The Impact of Black Carbon on Arctic Climate. Arctic Monitoring and Assessment Programme (AMAP), Oslo.

Ramillien G, Lombard A, Cazenave A, et al. 2006. Interannual variations of the mass balance of the Antarctica and Greenland ice sheets from GRACE. Global and Planetary Change 53: 198-208.

Rampal P, Weiss J, Marsan D. 2009. Positive trend in the mean speed and deformation rate of Arctic sea ice, 1979-2007. Journal of Geophysical Research Atmospheres, 114 (C5): 1289-1301.

Randel W J, Wu F. 1999. A stratospheric ozone trends data set for global modeling studies. Geophysical Research Letters, 26 (20): 3089-3092.

Rankin A M, Wolff E W, Martin S. 2002. Frost flowers: Implications for tropospheric chemistry and ice core interpretation. Journal of Geophysical Research Atmospheres, 107 (D23): AAC 4-1-AAC 4-15.

Rashid H A, Simmonds I. 2004. Eddy- zonal flow interactions associated with the Southern Hemisphere annular mode: Results from NCEP- DOE reanalysis and a quasi- linear model. Journal of the atmospheric sciences, 61 (8):873-888.

Rasmussen LA, Campbell W J. 1973. Comparison of three contemporary flow laws in a three-dimensional, time-dependent glacier model. Journal of Glaciology, 12 (66): 361-373.

Raymo M E, Hearty P, Conto R D, et al. 2009. PLIOMAX: Pliocene maximum sea level project. Pages news, 17 (2): 58-59.

Reader M C, Mcfarlane N. 2003. Sea-salt aerosol distribution during the Last Glacial Maximum and its implications for mineral dust. Journal of Geophysical Research, 108 (D8) .

Ren J W, Qin D H, Xiao C D. 2001. Preliminary results of the inland expeditions along a transect from the Zhongshan Station to Dome A, East Antarctica. Journal of Glaciolog and Geocryology, 23: 51-56.

Ren J W, Allison I, Xiao C D, et al. 2002. Mass balance of the Lambert Glacier basin, East Antarctica. Science in China, 45 (9): 842-850.

Ren J W, Xiao C D, Hou S G, et al. 2009. New focuses of polar ice- core study: NEEM and Dome A. Chinese Science Bulletin, 54: 1009-1011.

Rhodes R H, Bertler N A N, Baker J A, et al. 2009. Sea ice variability and primary productivity in the Ross Sea, Antarctica, from methylsulphonate snow record. Geophysical Research Letters, 36 (10): 92-103.

Rhodes R H, Bertler N A N, Baker J A, et al. 2012. Little Ice Age climate and oceanic conditions of the Ross Sea, Antarctica from a coastal ice core record. Climate of the Past, 8 (4): 1223-1238.

Rienecker M M, Suarez M J, Gelaro R, et al. 2011. MERRA: NASA's Modern- Era Retrospective Analysis for Research and Applications. Journal of Climate, 24 (14): 3624-3648.

Ries J C, Bettadpur S, Poole S, et al. 2011. Mean Background Gravity Fields for GRACE Processing. GRACE Science Team Meeting, Austin, TX, 8-10 May 2011.

Rignot E, Vaughan D G, Schmeltz M, et al. 2002. Acceleration of Pine Island and Thwaites glaciers, West Antarctica. Annals of Glaciology, 34, 189-194.

Rignot E, Bamber J L, van Broeke M R D, et al. 2008. Recent Antarctic ice mass loss from radar interferometry and regional climate modelling. Nature Geoscience, 1 (2): 106-110.

Rignot E, Mouginot J, Scheuchl B. 2011a. Ice flow of the Antarctic ice sheet. Science, 333 (6048): 1427-30.

Rignot E, Velicogna I, van Broeke M R D, et al. 2011b. Acceleration of the contribution of the Greenland and Antarctic ice sheetsto sea level rise. Geophysical Research Letters, 38 (5): 132-140.

Rignot E, Jacobs S, Mouginot J, et al. 2013. Ice shelf melting around antarctica. Science, 34 (6143): 266-270.

Rigor I G, Wallace J M. 2004. Variations in the age of Arctic sea- ice and summer sea- ice extent. Geophysical Research Letters, 310 (9): 111-142.

Rigor I G, Wallace J M, Colony R L. 2002. Response of sea ice to the Arctic Oscillation. Journal of Climate, 15: 2648-2663.

Rippin D M, Bamber J L, SiegertM J, et al. 2004. The role of ice thickness and bed properties on the dynamics of the enhanced-flow tributaries of Bailey Ice Stream and Slessor Glacier, East Antarctica. Annals of Glaciology, 2004, 39: 3662372.

Rippin D M, Siegert M J, Bamber J L, et al. 2006. Switch-off of a major enhanced ice flow unit in East Antarctica. Geophysical Research Letters, 33 (15): L15501.

Robin G Q, Millar D H M. 1982. Flow of ice sheets in the vicinity of subglacial peaks. Annals of Glaciology, 3: 290-294.

Robin G Q, Evans S, Bailey J T. 1969. Interpretation of radio echo sounding in polar ice sheets. Philosophical Transactions of the Royal Society A: Mathematical, Physical and Engineering Sciences, 265 (1166): 437-505.

Robin G Q, Evans S, Drewry D J, et al. 1970. Radio echo sounding of the Antarctic Ice Sheet. Antarctic Journal of the United States, 5: 229-232.

Robin G Q, Drewry D J, Meldrum D T. 1977. International studies of ice sheet and bedrock. Philosophical Transactions of the Royal Society B: Biological Sciences, 279 (963): 185-196.

Robinson W A, Li S. 2003. Mechanisms for the NAO responses to the North Atlantic SST tripole. Journal of Climate, 16: 1987-2004.

Rodrigues J. 2008. The rapid decline of the sea ice in the Russian Arctic. Cold Regions Science & Technology, 54 (2):124-142.

Rothrock D A, Yu Y, Maykut G A. 1999. Thinning of the Arctic sea-ice cover. Geophysical Research Letters, 26 (23): 3469-3472.

Rothrock D A, Percival D B, Wensnahan M. 2008. The decline in arctic sea- ice thickness: Separating the spatial, annual, and interannual variability in a quarter century of submarine data. Journal of Geophysical Research Oceans, 113 (C05003): 1-9.

Robin G de Q. 1955. Ice movement and temperature distribution in glaciers and ice sheets. Journal of Glaciology, 2 (18): 523-532.

Röthlisberger R, Crosta X, Abram N J, et al. 2010. Potential and limitations of marine and ice core sea ice proxies: An example from the Indian Ocean sector. Quaternary Science Reviews, 29 (1-2): 296-302.

Sasgen I, van den Broeke M, Bamber J L, et al. 2012. Timing and origin of recent regional ice- mass loss in Greenland. Earth and Planetary Science Letters, 333: 293-303.

Sasgen I, Konrad H, Ivins E R, et al. 2013. Antarctic ice- mass balance 2003 to 2012: regional re- analysis of GRACE satellite gravimetry measurements with improved estimate of glacial- isostatic adjustment based on GPS uplift rates. The Cryosphere, 7: 1499-1512.

Scambos T A, Frezzotti M, Haran T, et al. 2012. Extent of low- accumulation 'wind glaze' areas on the East Antarctic plateau: Implications for continental ice mass balance. Journal of Glaciology, 58 (210): 633-647.

Scarchilli, Tecnologie E P , L'Ambiente L E, et al. 2008. The Impact of Precipitation and Sublimation Processes on Snow Accumulation: Preliminary Results. 02. mass Balance.

Scarchilli C, Frezzotti M, Grigioni P, et al. 2010. Extraordinary blowing snow transport events in East Antarctica. Climate Dynamics, 34 (7-8): 1195-1206.

Schodlok M P, Menemenlis D, Rignot E, et al. 2012. Sensitivity of the ice shelf ocean system to the sub-ice shelf cavity shape measured by NASA Ice Bridge in Pine Island Glacier, West Antarctica. Annals of Glaciology, 53 (60): 156-162.

Schoof C. 2007a. Marine ice sheet dynamics. Part I. The case of rapid sliding. Journal of Fluid Mechanics, 573: 27-55.

Schoof C. 2007b. Ice sheet grounding line dynamics: Steady states, stability, and hysteresis. Journal of

Geophysical Research: Earth Surface, 112 (F3).

Screen J A, Simmonds I. 2010. The central role of diminishing sea ice in recent Arctic temperature amplification. Nature, 464: 1334-1337.

Screen J A, Simmonds I. 2013. Caution needed when linking weather extremes to amplified planetary waves. Proceedings of National Academy of Sciences of the United States of America, 110 (26): E2327.

Seddik, H, Greve R, Zwinger T, et al. 2011. A full Stokes ice flow model for the vicinity of Dome Fuji, Antarctica, with inducedanisotropy and fabric evolution. The Cryosphere, 5: 495-508.

Seo K, Waliser D, Lee C, et al. 2015. Accelerated mass loss from Greenland ice sheet: Links to atmospheric circulation in the North Atlantic. Global and Planetary Change 128: 61-71.

Seroussi H, Morlighem M, Larour E, et al. 2014. Hydrostatic grounding line parameterization in ice sheet models. Cryosphere Discussions, 8 (3): 3335-3365.

Serreze M C, Francis J A. 2006. The Arctic Amplification Debate. Climatic Change, 76 (3-4): 241-264.

Serreze M C, Stroeve J. 2015. Arctic sea ice trends, variability and implications for seasonal ice forecasting. Philosophical Transactions of the Royal Society A Mathematical Physical & Engineering Sciences, 373 (2045): 327-336.

Serreze M C, Maslanik J A, Scambos T A, et al. 2003. A record minimum arctic sea ice extent and area in 2002. Geophysical Research Letters, 30 (3): 365-389.

Serreze M C, Holland M M, Stroeve J. 2007. Perspectives on the Arctic´s Shrinking Sea- Ice Cover. Science, 315 (5818):1533-1536.

Shepherd A, Wingham D J. 2007. Recent sea-level contributions of the Antarctic and Greenland ice sheets. Science, 315: 1529-1532.

Shepherd A, Wingham D J, Mansley J. 2002. Inland thinning of the Amundsen Sea sector, West Antarctica. Geophysical Research Letters, 29 (10): 1364.

Shepherd A, Wingham D J, Rignot E. 2004. Warm ocean is eroding West Antarctic Ice Sheet. Geophysical Research Letters, 31 (23): 1-4.

Shimada K, Kamoshida T, Itoh M, et al. 2006. Pacific Ocean inflow: Influence on catastrophic reduction of sea ice cover in the Arctic Ocean. Geophysical Research Letters, 33 (8).

Shindell D T, Schmidt G A. 2004. Southern Hemisphere climate response to ozone changes and greenhouse gas increases. Geophysical Research Letters, 31 (18).

Siegert M J. 2003. Glacial- interglacial variations in central East Antarctic ice accumulation rates. Quaternary Science Reviews, 22: 741-750

Siegert M J. 2005. Lakes beneath the ice sheet: The occurrence, analysis, and future exploration of lake vostok and other antarctic subglacial Lakes. Annual Review of Earth and Planetary Sciences, 33: 215-245.

Siegert M J, Kwok R. 2000. Ice- sheet radar layering and the development of preferred crystal orientation fabrics between Lake Vostok and Ridge B, central East Antarctica. Earth and Planetary Science Letters, 179 (2): 227-235.

Siegert M J, Payne A J. 2004. Past rates of accumulation in central West Antarctica. Geophysical Research Letters, 31 (12): 577-588.

Siegert M J, Hodgkins R, Dowdeswell J A. 1998. A chronology for the Dome C deep ice-core site through radio-echo layer correlation with the Vostok ice core. Antarctica. Geophysical Research Letters, 25 (7): 1019-1022.

Siegret M J, Hindmarsh R C A, HamiltonG S. 2003. Evidence for a large surface ablation zone in central East

Antarctica during the last Ice Age. Quternary Research, 59 (1): 114-121.

Siegert M J, Hindmarsh R, Corr H, et al. 2004a. Subglacial Lake Ellsworth: A candidate for in situ exploration in West Antarctica. Geophysical Research Letters, 31 (23): 345-357.

Siegert M J, Welch B, Morse D, et al. 2004b. Ice flow direction change in interior West Antarctica. Science, 305 (5692): 1948-1951.

Siegert M J, Taylor J, Payne A J. 2005a. Spectral roughness of subglacial topography and implications for former ice-sheet dynamics in East Antarctica. Glob Planet Change, 45 (1-3): 249-263.

Siegert M J, Carter S, Tabacco I, et al. 2005b. A revised inventory of Antarctic subglacial lakes. Antarctic Science, 17 (3): 453-460.

Siegert M J, Priscu J C, Alekhina I A, et al. 2016. Antarctic subglacial lake exploration: first results and future plans. Philosophical Transactions, 374: 20140466.

Simmons A J, Uppala S M, Dee D P, et al. 2007. ERA-Interim: New ECMWF reanalysis products from 1989 onwards. ECMWF Newsletter, 110: 29-35.

Sinclair K E, Bertler N A N, Bowen M M, et al. 2014. Twentieth century sea-ice trends in the Ross Sea from a high-resolution, coastal ice-core record. Geophysical Research Letters, 41 (10): 3510-3516.

Slobbe D C, Ditmar P, Lindenbergh R C. 2009. Estimating the rates of mass change, ice volume change and snow volume change in Greenland from Icesat and GRACE data. Geophysical Journal International, 176: 95-106.

Smith T, Reynolds R. 2003: Extended reconstruction of global sea surface temperature based on COADS data (1854-1997) . Journal of Climate, 16: 1495-1510.

Sneed S B, Mayewski P A, Dixon D A. 2011. An emerging technique: Multi- ice- core multi- parameter correlations with Antarctic sea-ice extent. Annals of Glaciology, 52 (57): 347-354.

Sole A, Payne T, Bamber J, et al. 1994. Testing hypotheses of the cause of peripheral thinning of the Greenland Ice Sheet: Is land-terminating ice thinning at anomalously high rates? The Cryosphere, 2 (2): 205-218.

Sole A, Nienow P, Bartholomew I, et al. 2013. Winter motion mediates dynamic response of the Greenland Ice Sheet to warmer summers. Geophysical Research Letters, 40 (15): 3940-3944.

Solomon S, Qin D, Manning M, et al. 2007. Climate change 2007: Synthesis Report. Contribution of Working Group I, II and III to the Fourth Assessment Report of the Intergovernmental Panel on Climate Change. Summary for Policymakers// Contribution of Working Group I to the Fourth Assesment Report of the Intergovernmental Panel on Climate Change, Climate Change 2007: The Physical Science Basis: 159-254.

Spreen G, Kwok R, Menemenlis D. 2011. Trends in Arctic sea ice drift and role of wind forcing: 1992-2009. Geophysical Research Letters, 38 (19): L19501.

Stearns L A, Smith B E, Hamilton G S. 2008. Increased flow speed on a large East Antarctic outlet glacier caused by subglacial floods. Nature Geoscience, 1 (12): 827-831.

Steele M, Ermold W, Zhang J. 2008. Arctic Ocean surface warming trends over the past 100 years. Geophysical Research Letters, 35 (2): 2614.

Steig E J, Hart C P, White J W C, et al. 1998. Changes in climate, ocean and ice-sheet conditions in the Ross embayment, Antarctica, at 6ka. Annals of Glaciology, 27 (1): 305-310.

Steinhage D, Nixdorf U, Meyer U, et al. 2001. Subglacial topography and internal structure of central and western Dronning Maud Land, Antarctica, determined from airborne radio echo sounding. Journal of Applied Geophysics, 47 (3-4): 183-189.

Stroeve J C, Serreze M C, Fetterer F, et al. 2005. Tracking the Arctic's shrinking ice cover: Another extreme

September minimum in 2004. Geophysical Research Letters, 32 (4) . DOI: 10. 1029/2004GL021810.

Stroeve J C, Kattsov V, Barrett A, et al. 2012a. Trends in Arctic sea ice extent from CMIP5, CMIP3 and observations. Geophysical Research Letters, 39 (16): 16502.

Stroeve J C, Serreze M C, Holland M M, et al. 2012b. The Arctic's rapidly shrinking sea ice cover: a research synthesis. Climatic Change, 110 (3-4): 1005-1027.

Stroeve J, Serreze M, Drobot S, et al. 2013. Arctic Sea Ice Extent Plummets in 2007. Eos Transactions American Geophysical Union, 89 (2): 13-14.

Studinger M, Bell R E, Blankenship D D, et al. 2011. Subglacial sediments: A regional geological template for ice flow in West Antarctica. Geophysical Research Letters, 28: 3493-3496.

Su J, Zhang R. 2011. Effects of autumn-winter arctic sea ice on winter Siberian high. Chinese Science Bulletin, 56: 3220-3228.

Su J, Wei J, Li X, et al. 2011. Sea Ice Area Inter-annual Variability in the Pacific Sector of the Arctic and its Correlations with Oceanographic and Atmospheric Main Patterns. The proceedings of the Twenty First International Offshore and Polar Engineering Conference, (1): 962-967.

Su X, Shum C K, Guo J, et al. 2015. High resolution Greenland ice sheet inter-annual mass variations combining GRACE gravimetry and Envisat altimetry. Earth and Planetary Science Letters, 422: 11-17.

Sun B, Siegert M J, Mudd S M, et al. 2009. The Gamburtsev Mountains and the origin and early evolution of the Antarctic Ice Sheet. Nature, 459: 690-693.

Sun B, Moore J C, Zwinger T, et al. 2014. How old is the ice beneath Dome A, Antarctica? The Cryosphere, 8: 1121-1128.

Sun J, Ren J, Qin D. 2002. 60 years record of biogenic sulfur from Lambert Glacier basin firn core, East Antarctica. Annals of Glaciology, 35 (1): 362-367.

Sutton R T, Norton W A, Jewson S P. 2001. The North Atlantic oscillation—What role for the ocean? Atmospheric Science Letters, 1: 89-100.

Swenson S, Wahr J. 2002. Methods for inferring regional surface-mass anomalies from Gravity Recovery and Climate Experiment (GRACE) measurements of time-variable gravity. Journal of Geophysical Research Solid Earth, 107 (B9): 2193.

Swenson S, Chambers D, Wahr J. 2008. Estimating geocenter variations from a combination of GRACE and ocean model ouput. Journal of Geophysical Research Atmospheres, 113: B08410.

Scambos T A, Haran T M, Fahnestock M A, et al. 2007. MODIS-based Mosaic of Antarctica (MOA) data sets: Continent-wide surface morphology and snow grain size. Remote Sensing of Environment, 111 (2-3): 242-257.

Screen J A, Simmonds I. 2012. Declining summer snowfall in the Arctic: Causes, impacts and feedbacks. Climate dynamics, 38 (11-12): 2243-2256.

Sodemann H, Stohl A. 2009. Asymmetries in the moisture origin of Antarctic precipitation. Geophysical Research Letters, 36 (22), doi: 10. 1029/2009GL040242.

Steig E J, Morse D L, Waddington E D, et al. 2000. Wisconsinan and Holocene climate history from an ice core at Taylor Dome, western Ross Embayment, Antarctica. Geografiska Annaler: Series A, Physical Geography, 82 (2-3): 213-235.

Stroeve J, Serreze M, Drobot S, et al. 2008. Arctic sea ice extent plummets in 2007. EOS, 89: 2-8.

Stroeve J, Maslanik J, Serreze M, et al. 2011. Sea ice response to an extreme negative phase of the Arctic Oscillation during winter 2009/2010. Geophysical Research Letters, 38: L02502, doi: 10. 1029/2010GL045662.

Takahashi S, Kameda T. 2007. Instruments and Methods Snow density for measuring surface mass balance using the stake method. Journal of Glaciology, 53 (183): 677-680.

Tachibana Y, Honda M, Takeuchi K. 1996. The abrupt decrease of the sea ice over the southern part of the Sea of Okhotsk in 1989 and its relation to the recent weakening of the Aleutian low. Journal of Meteorological Society of Japan 74: 579-584.

Takaya K, Nakamuta H. 2005. Mechanisms of intraseasonal amplification of the cold Siberian High. Journal of Atmospheric Sciences, 2005, 62: 4423-4439.

Tanaka H L, Kanohgi R, Yasunari T. 1996. Recent abrupt intensification of the northern polar vortex since 1988. Journal of Meteorological Society of Japan, 74: 947-954.

Tang Q H, Zhang X J, Yang X H, et al. 2013. Cold winter extremes in northern continents linked to Arctic sea ice loss. Environmental Research Letters, 8 (1): 014036.

Tang X Y, Sun B, Zhang Z H, et al. 2010. Structure of the internal isochronous layers at Dome A, East Antarctica. Science China Earth Sciences, 54 (3): 445-450.

Tang X Y, Sun B, Li Y S, et al. 2012. Dome Argus: Ideal site for deep ice drilling. Advances in Polar Science, 23 (01): 47-54.

Tang X Y, Guo J X, Sun B, et al. 2016. Ice thickness, internal layers, and surface and subglacial topography in the vicinity of Chinese Antarctic Taishan station in Princess Elizabeth Land, East Antarctica. Applied Geophysics, 13 (1): 203-208.

Tastula E M, Vihma T. 2011. WRF model experiments on the Antarctic atmosphere in winter. Monthly Weather Review, 139: 1279-1291.

Thomas E R, Abram N J. 2016. Ice core reconstruction of sea ice change in the Amundsen-Ross Seas since 1702 A. D. Geophysical Research Letters, 43 (10): 5309-5317.

Thomas E R, Marshall G J, Mcconnell J R. 2008. A doubling in snow accumulation in the western Antarctic Peninsula since 1850. Geophysical Research Letters, 35 (1): 568-569.

Thomas R H. 1985. Responses of the polar ice sheets to climatic warming, in Glaciers, ice sheets and sea level: Effects of a CO_2- induced cli matic change, Rep. DOE/ER/60235- 1, pp. 301- 316, Dep. of Energy, Washington, D. C.

Thomas R H. 1997. Calving bay dynamics and ice- sheet retreat up the St. Lawrence Valley System. Geographic Physique Et Quatemaire, 31: 347-356.

Thomas R H. 2004. Force- perturbation analysis of recent thinning and acceleration of JakobshavnIsbrae, Greenland. Journal of Glaciology, 50 (168): 57-66.

Thomas R H, Bentley C R. 1978. A model for the Holocene retreat of the West Antarctic Ice Sheet. Quaternary Research, 10: 150-170.

Thomas R H, Abdalati W, Frederick E, et al. 2003. Investigation of surface melting and dynamic thinning on JakobshavnIsbrae, Greenland. Journal of Glaciology, 49: 231-239.

Thompson D W, Solomon S. 2002. Interpretation of recent Southern Hemisphere climate change. Science, 296 (5569): 895-899.

Thorndike A S, Colony R. 1982. Sea ice motion in response to geostrophic winds. Journal of Geophysical Research Oceans, 87 (C8): 5845-5852.

Tikku A A, Bell R E, Studinger M, et al. 2004. Ice flow field over Lake Vostok, East Antarctica inferred by structure tracking. Earth and Planetary Science Letters, 227 (3-4): 249-261.

Turner J, Colwell S R, Marshall G J, et al. 2005. Antarctic climate change during the last 50 years. International Journal of Climatology, 25: 279-294.

Turner J, Comiso J C, Marshall G J, et al. 2009. Non- annular atmospheric circulation change induced by stratospheric ozone depletion and its role in the recent increase of Antarctic sea ice extent. Geophysical Research Letters, 36 (8): 134-150.

Tang X Y, Sun B, Guo J X, et al. 2015. A Freeze-on ice zone along the Zhongshan-Kunlun Ice Sheet profile from a new ground- based ice- penetrating radar, East Antarctica. Science Bulletin, 60 (5): 574- 576, doi: 10. 1007/s11434-015-0732-0.

Thomas R H. 1979. The dynamics of marine ice sheets. Journal of Glaciology, 24 (90): 167-177.

Wang Yetang, Sodemann H, Hou Shugui, et al. 2013. Snow accumulation and its moisture origin over Dome Argus, Antarctica. Climate Dynamics, 40 (3/4): 731-742

Undén P, Rontu L, Järvinen H, et al. 2002. HIRLAM- 5 Scientific Documentation, technical report, Swedish Meteorological and Hydrological Institute, Norrköping, Sweden.

Urbini S, Frezzotti M, Gandolfi S, et al. 2008. Historical behaviour of Dome C and Talos Dome (East Antarctica) as investigated by snow accumulation and ice velocity measurements. Global and Planetary Change, 60 (3): 576-588.

Vairavamurthy A, Andreae M O, Iverson R L. 1985. Biosynthesis of dimethylsulfide and dimethylpropiothetin by Hymenomonas carterae in relation to sulfur source and salinity variations. Limnology and Oceanography, 30 (1):59-70.

Valkonen T, Vihma T, Doble M, 2008. Mesoscale modeling of the atmosphere over Antarctic sea ice: a late-Autumn case study. Monthly Weather Review, 136 (4): 1457-1474.

van de Berg W J, Medley B. 2016. Brief Communication: Upper-air relaxation in RACMO2 significantly improves modelled interannual surface mass balance variability in Antarctica. The Cryosphere, 10: 459-463.

van de Berg W J, van de Broke M R, Reijmer C H, et al. 2005. Characteristics of the Antarctic surface mass balance, 1958-2002, using a regional atmospheric climate model. Annals of Glaciology, 41 (1): 97-104.

van de Berg W J, van den Bro M R, Reijmer C H, et al. 2006. Reassessment of the Antarctic surface mass balance using calibrated output of a regional atmospheric climate model, Journal of Geophysical Research, 111 (D11): 1937-1952.

van den Broeke M R, van de Berg W J, van Meijgaard E. 2004. A study of the surface mass balance in Dronning Maud Land, Antarctica, using automatic weather stations. Journal of Glaciology, 50 (171): 565-82.

van den Broeke M R, Bamber J, Ettema J et al. 2009. Partitioning recent Greenland mass loss. Science, 326: 984-986.

van der Veen C J. 1985. Response of a marine ice sheet to changes at the grounding line. Quaternary Research, 24, 257-267.

van der Veen C J. 2007. Fracture propagation as means of rapidly transferring surface meltwater to the base of glaciers. Geophysical Research Letters, 34 (1): 374-375.

van der Werf G R, Randerson J T, Giglio L, et al. 2010. Global fire emissions and the contribution of deforestation, savanna, forest, agricultural, and peat fires (1997-2009). Atmospheric Chemistry and Physics, 10: 11707-11735.

van Lipzig N P M, van den Broeke M R. 2010. A model study on the relation between atmospheric boundary-layer dynamics and poleward atmospheric moisture transport in Antarctica. Tellus Series A-dynamic Meteorology & Oceanography, 54 (5): 497-511.

van Wessem J M, Reijmer C H, Lenaerts J T M, et al. 2014a. Updated cloud physics in a regional atmospheric climate model improves the modelled surface energy balance of Antarctica. The Cryosphere, 8 (1): 125-135.

van Wessem J M, Reijmer C H, Morlighem M, et al. 2014b. Improved representation of East Antarctic surface mass balance in a regional atmospheric climate model. Journal of Glaciology, 60 (222): 761-770.

Vaughan D G, Comiso J C. 2013. Chapter 4, Observation: Cryosphere. WGI, IPCC, AR6. Cambridge: Cambridge University Press.

Vaughan D G, Bamber J L, Giovinetto M, et al. 1999. Reassessment of net surface mass balance in Antarctica, Journal of Climate, 12: 933-946.

Vaughan D G, Anderson P S, King J C, et al. 2004. Imaging of firn isochrones across an Antarctic ice rise and implications for patterns of snow accumulation rate. Journal of Glaciology, 50 (170): 413-418.

Vaughan D G, Corr H F J, Ferraccioli F, et al. 2006. New boundary conditions for the West Antarctic Ice Sheet: Subglacial topography beneath Pine Island Glacier. Geophysical Research Letters, 33: L09501.

Velicogna I. 2009. Increasing rates of ice mass loss from the Greenland and Antarctic ice sheets revealed by GRACE. Geophysical Research Letters, 36 (19): 158-168.

Velicogna I, Wahr J. 2006. Measurements of time- variable gravity show mass loss in Antarctica. Science, 311 (5768): 1754-1756.

Vieli A, Payne A J. 2003. Application of control methods for modelling the flow of Pine Island Glacier, West Antarctica. Annals of Glaciology, 36: 197-204.

Vihma T, Tisler P, Uotila P. 2012. Atmospheric forcing on the drift of Arctic sea ice in 1989-2009. Geophysical Research Letters, 39 (L02506): 1-6.

Villalba R, Lara A, Masiokas M H, et al. 2012. Unusual Southern Hemisphere tree growth patterns induced by changes in the Southern Annular Mode. Nature geoscience, 5 (11): 793.

von Storch H, Zwiers F W. 1999. Statistical Analysis in Climate Research. Cambrige: Cambridge University Press.

Waddington E D, Neumann T A, Koutnik M R, et al. 2007. Inference of accumulation- rate patterns from deep layers in glaciers and ice sheets. Journal of Glaciology, 53 (183): 694-712.

Wagenbach D, Ducroz F, Mulvaney R, et al. 1998. Sea- salt aerosol in coastal Antarctic regions. Journal of Geophysical Research Atmospheres, 103 (D9): 10961-10974.

Wahr J, Molenaar M, Bryan F. 1998. Time variability of the Earth's gravity field: Hydrological and oceanic effects and their possible detection using GRACE. Journal of Geophysical Research Solid Earch, 103 (B12): 30205-30229.

Waite A H, Schmidt S J. 1962. Gross errors in height indication from pulsed radar altimeters operating over thick ice or snow. Proceedings of the ERE, 50 (6): 1515-1520.

Walsh J, Chapman W, Sky T. 1996. Recent decrease of sea level pressure in the central Arctic. Journal of Climate, 9: 480-486.

Wang B B, Tian G, Cui X B, et al. 2008. The internal COF features in Dome A of Antarctica revealed by multi-polarization-plane RES. Applied Geophysics, 5 (3): 230-237.

Wang J, Zhang J, Watanabe E, et al. 2009. Is the Dipole Anomaly a major driver to record lows in Arctic summer sea ice extent? Geophysical Research Letters, 36 (5): 277-291.

Wang T T, Sun B, Tang X Y, et al. 2016. Spatio-temporal variability of past accumulation rates inferred from i-sochronous layers at Dome A, East Antarctica. Annals of Glaciology, 1-7.

Wang X, Zhao J. 2012. Seasonal and inter-annual variations of the primary types of the Arctic sea-ice drifting patterns. Advances in Polar Science, 23 (2): 72-81.

Wang Y, Hou S, Sun W, et al. 2015. Recent surface mass balance from Syowa Station to Dome F, East Antarctica: Comparison of field observations, atmospheric reanalysis, and a regional atmospheric climate model. Climate Dynamics, 45 (9-10): 2885-2899.

Wang Y, Ding M, van Wessem J M, et al. 2016. A comparison of Antarctic Ice Sheet surface mass balance from atmospheric climate models and in situ observations. Journal of Climate, 29: 5317-5337

Warren S, Wiscombe W. 1980. A model for the spectral albedo of snow 2: Snow containing atmospheric aerosols. Journal of Atmosphere Science 37: 2734-2745.

Watanabe M, Nitta T 1999. Decadal changes in the atmospheric circulation and associated surface climate variations in the Northern Hemisphere winter. Journal of Climate, 12: 494-510.

Watanabe O. 1978. Distribution of surface features of snow cover in Mizuho Plateau. Memoirs of National Institute of Polar Research, 7: 44-62.

Weertman J. 1974. Stability of the junction of an ice sheet and an ice shelf. Journal of Glaciology, 13: 3-11.

Wei J, Su J. 2014. Mechanism of an Abrupt Decrease in Sea-Ice Cover in the Pacific Sector of the Arctic during the Late 1980s. Atmosphere-Ocean. 52 (5): 434-445.

Welch B C, Jacobel R W. 2005. Bedrock topography and wind erosion sites in East Antarctica: observations from the 2002 US-ITASE traverse. Annals of Glaciology, 41 (1): 92-96.

Welch K A, Mayewski P A, Whitlow S I. 1993. Methanesulfonic acid in coastal Antarctic snow related to sea-ice extent. Geophysical Research Letters, 20 (6), 443-446.

Wen J H, Wang Y F, Liu J Y, et al. 2008. Mass budget of the grounded ice in the Lambert Glacier-Amery Ice Shelf system. Annals of Glaciology, 48 (1): 193-197.

Wever N. 2012. Quantifying trends in surface roughness and the effect on surface wind speed observations. Journal of Geophysical Research, 117: D11104.

Whitt D B, Wilkerson J T, Jacobson M Z, et al. 2011. Vertical mixing of commercial aviation emissions from cruise altitude to the surface. Journal of Geophysical Research Atmospheres, 116: D14109.

Wilchinsky A V, Chugunov V A. 2000. Ice-stream-ice-shelf transi- tion: Theoretical analysis of two-dimensional flow. Annals of Glaciology, 30: 153-162.

Williams W J, Carmack E C. 2015. The 'interior' shelves of the Arctic Ocean: Physical oceanographic setting, climatology and effects of sea-ice retreat on cross-shelf exchange. Progress in Oceanography, 139: 24-41.

Winberry J P, Anandakrishnan S, Wiens D A, et al. 2011. Dynamics of stick-slip motion, Whillans Ice Stream, Antarctica. Earth and Planetary Science Letters, 305 (3): 283-289.

Wingham D J, Ridout A J, Scharroo R, et al. 1998. Antarctic elevation change from 1992 to 1996, Science, 282: 456-458.

Wingham D J, Siegert M J, Shepherd A, et al. 2006a. Rapid discharge connects Antarctic subglacial lakes. Nature, 440: 1033-1036.

Wingham D J, Shepherd A, Muir A, et al. 2006b. Mass balance of the Antarctic ice sheet. Philosophical Transactions, 364 (1844): 1627-1635.

Winsor P. 2001. Arctic sea ice thickness remained constant during the 1990s. Geophysical Research Letters, 28 (6): 1039-1042.

Wolff E W, Rankin A M, Röthlisberger R. 2003. An ice core indicator of Antarctic sea ice production?

Geophysical Research Letters, 30 (22): 2158.

Wolovick M J, Bell R E, Creyts T T, et al. 2013. Identification and control of subglacial water networks under Dome A, Antarctica. Journal of Geophysical Research: Earth Surface, 118 (1): 140-154.

Wright A P, Siegert M J. 2012. A fourth inventory of Antarctic subglacial lakes. Antarctic Science, 24: 659-664.

Wright A P, Young D A, Roberts J L, et al. 2012. Evidence of a hydrological connection between the ice divide and ice sheet margin in the Aurora Subglacial Basin, East Antarctica. Journal of Geophysical Research Earth Surface, 117 (F1): 239-256.

Wu B Y, Wang J. 2002. Winter Arctic Oscillation, Siberian High and East Asian winter monsoon. Geophysical Research Letters, 29 (19): 1897.

Wu B Y, Johnson M A. 2010. Distinct Modes of Winter Arctic Sea Ice Motion and Their Associations with Surface Wind Variability. Advances in Atmospheric Sciences, 27 (2): 211-229.

Wu B Y, Huang R H, Gao D Y. 1999. Effects of variation of winter sea-ice area in Kara and Barents seas on East Asian winter monsoon. Journal of Meteorological Research, 13: 141-153.

Wu B Y, Wang J, Walsh J. 2004. Possible feedback of winter sea ice in the Greenland and Barents Seas on the local atmosphere. Monthly Weather Review, 132: 1868-1876.

Wu B Y, Zhang R H, D'Arrigo R. 2006. Distinct modes of the East Asian winter monsoon. Monthly Weather Review, 134: 2165-2179.

Wu B Y, Su Z, Zhang R. 2011. Effects of autumn-winter Arctic sea ice on winter Siberian high. Chinese Science Bulletin, 30: 3220–3228.

Wu B Y, Overland J E, D' Arrigo R. 2012. Anomalous Arctic surface wind patterns and their impacts on September sea ice minima and trend. Tellus, 64 (11): 5275-5308.

Wu B Y, Handorf D, Dethloff K, et al. 2013. Winter weather patterns over northern Eurasia and Arctic sea ice loss, Monthly Weather Review, 141: 3786-3800.

Wu R, Yang S, Liu S, et al. 2011. Northeast China summer temperature and North Atlantic SST. Journal of Geophysical Research Atmospheres, 116: D16116.

Wu Z, Wang B, Li J, et al. 2009. Anempirical seasonal prediction model of the East Asian summer monsoon using ENSO and NAO. J. Geophys. Res. , 114, D18120, Doi: 10. 1029/ 2009JD011733.

Xiao C, Mayewski P A, Qin D, et al. 2004. Sea Level Pressure Variability Over the Southern Indian Ocean Inferred from a Glaciochemical Record in Princess Elizabeth Land, East Antarctica. Journal of Geophysical Research Atmospheres, 109 (16): 1291-1299.

Xiao C, Qin D, Bian L, et al. 2005. A precise monitoring of snow surface height in the region of Lambert Glacier basin-Amery Ice Shelf, East Antarctica. Science in China Series D, 48 (1): 100.

Xiao C, Dou T, Sneed S B, et al. 2015. An ice-core record of Antarctic sea-ice extent in the southern Indian Ocean for the past 300 years. Annals of Glaciology, 56 (69): 451-455.

Xiao C D, Li Y S, Hou S G, et al. 2008. Preliminary evidence indicating Dome A (Antarctica) satisfying pre-conditions for drilling the oldest ice core. Chinese Science Bulletin, 53 : 102-106.

Yang J, Xiao C. 2017. The evolution and volcanic forcing of the southern annular mode during the past 300 years. International Journal of Climatology. Doi: 10. 1002/joc. 5290.

Yang Y, Hwang C, Hsu H, et al. 2012. A sub-waveform threshold retracker for ERS-1 altimetry: A case study in the Antarctic Ocean. Computers and Geosciences, 41: 88-98.

Yang Y, Hwang C, Dong C E. 2014. A fixed full-matrix method for determining ice sheet height change from satellite altimeter: An Envisat case study in East Antarctica with backscatter analysis. Journal of Geodesy, 88: 901-914.

Yi D, Bentley C R, Stenoien M D. 1997. Seasonal variation in the apparent height of the East Antarctic ice sheet. Ann Glaciol, 24: 191-198.

Young D A, Wright A P, Roberts J L, et al. 2011. A dynamic early East Antarctic Ice Sheet suggested by ice-covered fjord landscapes. Nature, 474 (7349): 72-5.

Yu J, Liu H, Jezek K C, et al. 2010. Analysis of velocity field, mass balance, and basal melt of the Lambert Glacier-Amery Ice Shelf system by incorporating Radarsat SAR interferometry and ICESat laser altimetry measurements. Journal of Geophysical Research Atmospheres, 115 (B11): 226-234.

Yu Y, Maykut G A, Rothrock D A. 2004. Changes in the thickness distribution of Arctic sea ice between 1958-1970 and 1993-1997. Journal of Geophysical Research Oceans, 109 (8): 741-746.

Yuan X. 2004. ENSO-related impacts on Antarctic sea ice: A synthesis of phenomenon and mechanisms. Antarctic Science, 16 (4): 415-425.

Yuan X, Martinson D G. 2000. Antarctic sea ice extent variability and its global connectivity. Journal of Climate, 13 (10): 1697-1717.

Ye H, Cohen J, Rawlins M. 2013. Discrimination of solid from liquid precipitation over northern Eurasia using surface atmospheric conditions. Journal of Hydrometeorology, 14 (4): 1345-1355.

Ye H. 2008. Changes in frequency of precipitation types associated with surface air temperature over northern Eurasia during 1936-90. Journal of climate, 21 (22): 5807-5819.

Zhang J, Lindsay R, Steele M, et al. 2008. What drove the dramatic retreat of arctic sea ice during summer 2007? Geophysical Research Letters, 35 (11): 58-70.

Zhang S, Dongcheng E, Wang Z, et al. 2008. Ice velocity from static GPS observations along the transect from Zhongshan station to Dome A. East Antarctica: Annals of Glaciology, 48 (1): 113-118.

Zhang T, Ju L, Leng W, et al. 2015. Thermomechanically coupled modelling for land-terminating glaciers: A comparison of two-dimensional, first-order and three-dimensional, full- Stokes approaches. Journal of Glaciology, 61 (228): 702-712.

Zhang T, Price S, Ju L, et al. 2017. A comparison of two Stokes ice sheet models applied to the Marine Ice Sheet Model Intercomparison Project for plan view models (MISMIP3d). The Cryosphere, 11 (1): 179.

Zwinger T, Moore J C. 2009. Diagnostic and prognostic simulations with a full Stokes model accounting for superimposed iceof MidtreLovénbreen, Svalbard. The Cryosphere, 3: 217-229.

Zwally H J, Abdalati W, Herring T, et al. 2002a. Surface melt-induced acceleration of Greenland ice-sheet flow. Science, 297 (5579): 218-22.

Zwally H J, Comiso J C, Parkinson C L, et al. 2002b. Variability of Antarctic sea ice 1979-1998. Journal of Geophysical Research Oceans, 107, C53041, doi: 10. 1029/2000JC000733.

Zwally H J, Giovinetto M B, Li J, et al. 2005. Mass changes of the Greenland and Antarctic ice sheets and shelves and contributions to sea level rise: 1992-2002. Journal of Glaciology, 51 (175): 509-527.

Zhang Y, Hunke E. 2001. Recent Arctic change simulated with a coupled ice-ocean model. J. Geophys. Res., 106: 4369-4390.